"十三五"职业教育规划教材

普通高等教育"十一五"国家级规划教材（高职高专教育）

热工学理论基础
（第三版）

刘学来　宋永军　金洪文　编
戎卫国　龚海兴　主审

内 容 提 要

本书为"十三五"职业教育规划教材。全书分为两篇,分别为工程热力学和传热学。工程热力学主要内容包括:热力学第一、第二定律,气体的热力性质和热力过程,水蒸气,湿空气,动力循环,热力循环;传热学主要内容包括:导热,对流换热,热辐射,质交换等。本书结合高职高专教学的特点,紧紧围绕着高职高专应用型人才培养目标进行编写。在编写过程中注重理论联系实际,强调应用,并遵循认知规律,精选内容。教材充分体现"应用性、实用性、综合性、先进性"的原则。

本书可作为高职高专供热通风与空调工程专业教材,也可作为函授和自考辅导教材,还可作为相关专业工程技术人员的参考用书。

图书在版编目(CIP)数据

热工学理论基础/刘学来,宋永军,金洪文编. —3版. —北京:中国电力出版社,2017.1

"十三五"职业教育规划教材 普通高等教育"十一五"国家级规划教材. 高职高专教育

ISBN 978-7-5123-9899-3

Ⅰ.①热… Ⅱ.①刘…②宋…③金… Ⅲ.①热工学-高等职业教育-教材 Ⅳ.①TK122

中国版本图书馆CIP数据核字(2016)第246317号

中国电力出版社出版、发行
(北京市东城区北京站西街19号 100005 http://www.cepp.sgcc.com.cn)
北京市同江印刷厂印刷
各地新华书店经销

*

2004年7月第一版
2017年1月第三版 2017年1月北京第六次印刷
787毫米×1092毫米 16开本 22.75印张 550千字 2插页
定价 46.00元

敬 告 读 者

本书封底贴有防伪标签,刮开涂层可查询真伪
本书如有印装质量问题,我社发行部负责退换

版 权 专 有 翻 印 必 究

前言

本书自2004年出版至今，历经12年，如今已经是第三版。由于本书紧随教育事业的发展步伐，力求不断满足建筑环境与能源应用工程专业对"热工学"教学的基本要求，被国内高职高专学校作为教材广泛应用。

在过去的十几年中，世界范围内科学技术得到迅速发展。我国经济建设也取得了显著成绩，这都对热工学课程的发展产生了积极的影响。虽然热工学的基本规律没有变化，但研究的手段和应用领域扩展都大大丰富了热工学的内涵。本书主编所参加的传热学课程获得山东省首批精品课程称号，本书也列入"十一五"国家级规划教材。

此次修订，仍然坚持把基本概念、基本理论和基本计算作为第一教学重点任务。对全书的重点概念及典型计算，在前一版的基础上做了更深入的探讨，力求更加准确地阐述最基本的内容。本着深入浅出、简明扼要的原则，在紧密结合建筑环境与能源应用工程专业实际应用的同时，适当扩大知识面，兼顾其他专业的需要。

特别提出的是，"节能减排"是我国现阶段的重要国策。热工学在其中起到十分重要的作用。本书从宏观观点出发，从工程实际出发来研究物质热力性质、能源的转换和传递规律，把能源节约、高效能源转化、高效换热作为重点内容予以关注。

书中秉承了第二版的特点，在每章后都附有小结，以突出各章重点，在各章的后面均列有针对性习题，使读者能结合实际理解扩大对基本内容的掌握。在例题和习题的编写上，着眼于专业要求，强调专业实用性，注重例题和习题的质量，适当减少了习题数量。

本书编写分工如下：绪论、第一～六章、第十九章由山东建筑大学刘学来编写，第七～十三章由黑龙江建筑职业技术学院宋永军编写，第十四～十八章、第二十章由长春工程学院金洪文编写，全书由刘学来统稿。

在新版发行时，限于编者水平及教学经验，书中难免有错误和不妥之处，恳请读者批评指正。

编　者
2016年12月

第二版前言

  本书是在新的高职高专教材编写领导小组的组织下，按照供热通风与空调工程专业高职高专的培养目标与基本要求，根据供热通风与空调工程专业高职高专"热工学理论基础"课程教学基本要求编写的。

  本书共分两篇：工程热力学和传热学。在内容取舍和结构编排上，充分吸收同类教材的经验并充分考虑高职高专的特点，对工程热力学和传热学的基本概念、基本定律以及基本方法做了简单明了的阐述，力求做到深入浅出、简明扼要。对提高热能的利用效率和能源的可持续发展等问题也做了一定深度的叙述。同时强调结合供热通风与空调工程专业的特点，既注重加强理论教学，又兼顾基本技能的训练，以便使学生在掌握基本理论和基本方法的基础上，获得解决实际问题的初步能力。

  为了使学生更好地理解和掌握所学内容，抓住各部分的重点，本书每章都附有小结以突出各章的重点；在各章的后面均列有针对性习题，并对各章的主要内容都编制了例题。在例题和习题的编写上，着眼于专业要求，强调专业实用性，并注意了例题和习题的质量，适当减少了习题数量。全书按104学时的教学内容编写。

  本书采用法定单位，在书后附有各种常用单位的换算表。本书第二十章作为选学内容，各学校可以根据自己对学生的培养要求自行确定是否讲授。

  本书承请山东建筑大学戎卫国教授和山东大学龚海兴教授任主审，并对初稿提出了许多宝贵意见和建议，对本书质量的提高有很大帮助，在此谨致以深切的感谢。

  本书绪论、第一～六章、第十九章由山东建筑大学刘学来编写，第七～十三章由黑龙江建筑职业技术学院宋永军编写，第十四～十八章、第二十章由长春工程学院金洪文编写，全书由山东建筑大学刘学来统稿。

  限于编者水平，加之时间仓促，书中难免会有错误和不妥之处，恳请读者批评指正。

编 者

2008.6

第一版前言

本书是在新的高职高专教材编写领导小组的组织下，按照供热通风与空调工程专业高职高专的培养目标与基本要求，根据供热通风与空调工程专业高职高专"热工学理论基础"课程教学基本要求编写的。

本书共分两篇：工程热力学和传热学。在内容取舍和结构编排上，充分吸收同类教材的经验并充分考虑高职高专的特点，对工程热力学和传热学的基本概念、基本定律以及基本方法做了简单明了的阐述，力求做到深入浅出、简明扼要。对提高热能的利用效率和能源的可持续性发展等问题也做了一定深度的叙述。同时强调结合供热通风与空调工程专业的特点，既注重加强理论教学，又兼顾基本技能的训练，以便使学生在掌握基本理论和基本方法的基础上，获得解决实际问题的初步能力。

为了使学生更好地理解和掌握所学内容，抓住各部分的重点，本书每章都附有小结以突出各章的重点；在各章的后面均列有针对性习题，并对各章的主要内容都编制了例题。在例题和习题的编写上，着眼于专业要求，强调专业实用性，并注意了例题和习题的质量，适当减少了习题数量。全书按 104 学时的教学内容编写。

本书采用法定单位，在书后附有各种常用单位的换算表。本书第二十章作为选学内容，各学校可以根据自己对学生的培养要求自行确定是否讲授。

本书承请山东建筑工程学院戎卫国教授主审，并对初稿提出了许多宝贵意见和建议，对本书质量的提高有很大帮助，在此谨致以深切的感谢。

本书绪论、第一～六章、第十九章由山东建筑工程学院刘学来编写，第七～十三章由黑龙江建筑职业技术学院宋永军编写，第十四～十八章、第二十章由长春工程学院金洪文编写，全书由山东建筑工程学院刘学来统稿。

限于编者水平，加之时间仓促，书中难免会有错误和不妥之处，恳请读者批评指正。

编 者
2004.1

主要符号

A	温度波振幅，℃	m	质量，kg
a	范德瓦尔数，$MPa \cdot m^6/kmol^2$；热扩散率，m^2/s	$\dot{m}$	质量流量，kg/s
		N	分子数目
b	范德瓦尔常数，$m^3/kmol$	NTU	传热单元数
C	辐射系数，$W/(m^2 \cdot K^4)$	n	摩尔数；多变指数
c	速度，m/s；质量比热，$kJ/(kg \cdot K)$	P	功率，W，kW
c_s	音速，m/s	p	压力，Pa
c'	余隙百分比；容积比热，$kJ/(Nm^3 \cdot K)$	p_b	当地大气压，MPa
c_p	定压比热，$kJ/(kg \cdot K)$	p_H	真空度，Pa
c_V	定容比热，$kJ/(kg \cdot K)$	Q	热量，J，kJ
d	直径，m；含湿量，$g/kg(d \cdot a)$	Φ	热流量，W
E	能量、储存能，J，kJ；辐射力，W/m^2	q	单位质量传递热量，J/kg，kJ/kg；热流密度，W/m^2
e	单位质量能量、储存能，J/kg，kJ/kg	R	气体常数，$J/(kg \cdot K)$；热阻，℃/W
E_k	动能，J，kJ	R_0	通用气体常数，$J/(kmol \cdot K)$
e_k	单位质量动能，J/kg，kJ/kg	r	半径，m；容积成分
E_p	位能(势能)，J，kJ	S	位移，距离，m；熵，kJ/K
e_p	单位质量位能(势能)，J/kg，kJ/kg	s	单位质量熵(比熵)，$kJ/(kg \cdot K)$
F	力，N；表面积，m^2	T	热力学温度，K；周期，s，h
f	摩擦系数；截面积，m^2	t	摄氏温度，℃
G	质流量，kg/s；投射辐射，W/m^2	U	内能，J，kJ；周边长度，m
g	质量成分；重力加速度，m/s^2	u	单位质量内能(比内能)，J/kg，kJ/kg
I	辐射强度，$W/(m^2 \cdot sr)$		
H	高度，m	V	容积，m^3
h	单位质量焓，J/kg，kJ/kg	v	比容，m^3/kg
J	有效辐射，W/m^2	W	膨胀功，J，kJ
K	热能利用系数(率)；传热系数，$W/(m^2 \cdot ℃)$	w	单位质量传递膨胀功(容积功)，J/kg，kJ/kg；速度，m/s
k	比例常数；波尔兹曼常数	W_f	流动功，kJ
L	长度，m	w_f	单位质量流动功，kJ/kg
M	质量，kg；分子量	W_s	轴功，kJ
Ma	马赫数	w_s	单位质量轴功，kJ/kg

W_t	技术功,kJ	η_n	喷管效率
w_t	单位质量技术功,kJ/kg	η_t	循环效率
x	摩尔成分;干度	κ	等熵指数
z	高度,m	θ	过余温度,℃或K
α	换热系数,W/(m²·℃);吸收率	λ	导热系数,W/(m·℃);射线波长,m,μm
β	临界压力比;气压机增压比;容积膨胀系数;肋化系数	λ_V	容积效率
γ	比热比;汽化潜热,J/kg	μ	动力粘度,N·s/m²
δ	厚度,m	μ_J	绝热节流系数
Δ	差值	ξ	延迟时间,s,h;热能利用率
ε	角系数(热湿比);发射率;换热器效能	ν	运动黏度(动量扩散系数),m²/s
ε_1	制冷系数	ρ	密度,kg/m³;发射率
ε_2	制热系数(供热系数)	ρ_{vap}	绝对湿度,kg/m³
ζ	能量损失系数	τ	时间,s,h;剪应力,Pa;透射率
η	效率	φ	相对湿度;辐射角系数
η_d	扩压管效率	ω	分子运动速度,m/s;角速度,rad/s

目　录

前言
第二版前言
第一版前言
主要符号

绪论
　　第一节　热能及其利用 ··· 1
　　第二节　热工学理论的发展 ··· 2
　　第三节　热工学理论基础的研究对象及主要内容 ······························· 3

第一篇　工程热力学

引言 ··· 4
第一章　气体的性质 ··· 5
　　第一节　热力系统 ··· 5
　　第二节　工质的热力状态及其基本状态参数 ······································ 6
　　第三节　热力平衡状态及状态方程 ·· 9
　　第四节　理想气体的状态方程 ··· 10
　　第五节　理想气体的比热 ··· 13
　　第六节　混合气体 ··· 18
　　小结 ·· 23
　　习题 ·· 23
第二章　热力学第一定律 ·· 25
　　第一节　热力过程 ··· 25
　　第二节　系统储存能 ·· 27
　　第三节　系统与外界能量交换 ··· 28
　　第四节　闭口系统能量方程 ·· 31
　　第五节　开口系统能量方程 ·· 34
　　第六节　稳定流动能量方程及应用 ·· 35
　　小结 ·· 39
　　习题 ·· 39
第三章　理想气体的热力过程 ··· 42
　　第一节　热力过程的一般分析方法 ·· 42

第二节　气体的基本热力过程　…………………………………………… 44
　　第三节　多变过程　………………………………………………………… 51
　　小结　……………………………………………………………………… 54
　　习题　……………………………………………………………………… 55

第四章　热力学第二定律　…………………………………………………… 57
　　第一节　热力循环　………………………………………………………… 57
　　第二节　热力学第二定律　………………………………………………… 59
　　第三节　卡诺循环及卡诺定律　…………………………………………… 60
　　第四节　熵与熵方程　……………………………………………………… 64
　　第五节　孤立系统的熵增原理　…………………………………………… 68
　　小结　……………………………………………………………………… 71
　　习题　……………………………………………………………………… 72

第五章　水蒸气　……………………………………………………………… 75
　　第一节　水蒸气的产生过程　……………………………………………… 75
　　第二节　水蒸气图表　……………………………………………………… 78
　　第三节　水蒸气的基本热力过程　………………………………………… 82
　　小结　……………………………………………………………………… 86
　　习题　……………………………………………………………………… 87

第六章　湿空气　……………………………………………………………… 89
　　第一节　湿空气的性质　…………………………………………………… 89
　　第二节　湿空气的焓湿图　………………………………………………… 96
　　第三节　湿空气的热力过程　……………………………………………… 100
　　小结　……………………………………………………………………… 103
　　习题　……………………………………………………………………… 104

第七章　气体和蒸汽的流动　………………………………………………… 106
　　第一节　绝热稳定流动基本方程　………………………………………… 106
　　第二节　定熵流动的基本特性　…………………………………………… 108
　　第三节　通过喷管的流速及流量计算　…………………………………… 110
　　第四节　绝热节流　………………………………………………………… 115
　　小结　……………………………………………………………………… 116
　　习题　……………………………………………………………………… 118

第八章　蒸汽动力循环　……………………………………………………… 120
　　第一节　朗肯循环　………………………………………………………… 120
　　第二节　再热循环　………………………………………………………… 125
　　第三节　回热循环　………………………………………………………… 127
　　第四节　热电循环　………………………………………………………… 129
　　小结　……………………………………………………………………… 131
　　习题　……………………………………………………………………… 131

第九章　气体压缩与制冷循环 ... 133
第一节　气体的压缩 ... 133
第二节　蒸汽压缩式制冷循环 ... 139
第三节　其他形式制冷循环 ... 143
第四节　热泵 ... 147
小结 ... 148
习题 ... 149

第二篇　传　热　学

引言 ... 151
第一节　热量传递的基本方式 ... 151
第二节　传热过程与传热系数 ... 153
小结 ... 155
习题 ... 155

第十章　导热的理论基础 ... 157
第一节　导热基本概念 ... 157
第二节　傅里叶定律 ... 158
第三节　导热系数 ... 158
第四节　导热过程的数学描述 ... 161
第五节　导热过程的单值性条件 ... 164
小结 ... 165
习题 ... 166

第十一章　稳态导热 ... 167
第一节　平壁的稳态导热 ... 167
第二节　圆筒壁的稳态导热 ... 170
第三节　肋片的稳态导热 ... 172
第四节　接触热阻 ... 176
第五节　二维稳态导热问题 ... 177
小结 ... 178
习题 ... 179

第十二章　非稳态导热 ... 180
第一节　非稳态导热的概念 ... 180
第二节　周期性变化边界条件下非稳态导热 ... 181
小结 ... 186
习题 ... 186

第十三章　导热问题的数值解 ... 187
第一节　导热方程的离散 ... 187
第二节　稳态导热问题的数值计算 ... 188

第三节　非稳态导热问题的数值计算	192
小结	193
习题	194
第十四章　对流换热基础	**195**
第一节　概论	195
第二节　边界层	197
第三节　边界层换热方程组	199
第四节　相似理论	205
小结	209
习题	210
第十五章　单相流体的对流换热	**213**
第一节　自然对流换热	213
第二节　流体受迫运动时的换热	221
小结	232
习题	232
第十六章　沸腾与凝结对流换热	**235**
第一节　沸腾换热	235
第二节　凝结换热	239
小结	245
习题	245
第十七章　辐射换热	**247**
第一节　辐射换热的基本概念	247
第二节　热辐射的基本定律	249
第三节　辐射换热量的计算	255
第四节　气体辐射	263
小结	270
习题	270
第十八章　传热过程	**273**
第一节　复合换热	273
第二节　通过平壁的传热	274
第三节　通过圆筒壁的传热	276
第四节　通过肋壁的传热	277
第五节　传热的增强与减弱	279
小结	284
习题	284
第十九章　换热器	**287**
第一节　换热器的基本类型与构造	287
第二节　平均温度差	292
第三节　换热器的热计算	296

  小结 303
  习题 304
第二十章 质交换概论 306
 第一节 质交换的基本方式及基本概念 306
 第二节 质扩散基本定律 307
 第三节 对流质交换和对流换热的类比 312
 小结 316
 习题 316
附录 318
 附录1 各种单位制常用单位换算 318
 附录2 饱和水与饱和水蒸气表（按温度排列） 319
 附录3 饱和水与饱和水蒸气表（按压力排列） 321
 附录4 未饱和水与过热蒸汽表 323
 附录5 在0.1MPa时的饱和空气状态参数表 329
 附录6 干空气的热物理性质（$p=1.013\times10^5$ Pa） 331
 附录7 饱和水的热物理性质 332
 附录8 干饱和水蒸气的热物理性质 333
 附录9 几种饱和液体的热物理性质 334
 附录10 几种油的热物理性质 335
 附录11 各种材料的密度、导热系数、比热容及蓄热系数 335
 附录12 几种保温、耐火材料的导热系数与温度的关系 337
 附录13 常用材料表面的法向发射率ε_n 337
 附录14 不同材料表面的绝对粗糙度k_s 338
 附录15 双曲函数表 338
 附录16 高斯误差补函数的一次积分值 339
 附录17 容积式换热器技术参数 339
 附录18 螺旋板换热器技术参数 340
 附录19 板式换热器技术性能表 341
 附录20 浮动盘管换热器技术性能表 342
 附图1 水蒸气焓熵图 文末插页
 附图2 湿空气焓湿图 文末插页
 附图3 氨（NH_3，R717）的lg$P$-h图 344
 附图4 氟利昂—134a（$C_2H_2F_4$，R134a）的lg$P$-h图 345
 附图5 氟利昂—22（$CHCl_2F_2$，R22）的lg$P$-h图 346

参考文献 347

绪 论

能源是人类生存不可缺少的物质基础之一，人类社会的文明史与人类开发利用能源的广度、深度紧密相连。

能源是指提供各种有效能量的物质资源。自然界中可被人们利用的能源主要有煤、石油、天然气等天然矿物燃料的化学能。在我国就目前探明的煤炭、石油储量及产量，均居世界各国的前列，但是就人均能源占有量来讲，却远远低于世界人均占有量，并且我国目前能源的利用率较低。随着生产的发展和人民生活水平的提高，在今后相当长的时期内，能源的供需关系将处于非常紧张的状态。针对这种状况，提高能源利用率，节约能源，减少燃料消耗是世界各国长期的战略任务。另一方面，新能源的开发利用（诸如风能、水力能、太阳能、地热能、原子能等）也是极为重要的。但是在这些能源形式中，除风能和水力能是以机械能的形式直接提供的能量外，其他则主要以热能的形式或者转换为热能的形式供人们利用。可见能量的利用过程实际上是能量的传递和转换过程。据统计，世界上经过热能形式被人们利用的能量平均超过 85%，而我国则有 90% 以上的是热能，因此热能的开发、利用对人类社会的发展有着重要的意义。

第一节 热能及其利用

煤、石油、天然气等燃料通过燃烧，这些燃料的化学能便转换为热能，被人类所利用，这也是人类所获得热能的最基本的方法。对于热能的利用可分为两种基本方式，一种是热能的直接利用，即将热能用于直接加热，如采暖、烘干、熔化、蒸煮、冶炼等，这些直接加热过程，必须是在各种加热设备或热交换器中完成。另一种是热能的间接利用，即将热能转换为其他形式的能量加以利用，如将热能转化为机械能，进而转化为电能为人类社会各方面提供动力。

在工农业生产的各部门以及人们的日常生活中，热能被广泛地利用。在供热、通风与空调工程中热能利用的设备有很多。锅炉设备是供热工程的热源，在锅炉中，煤、石油、天然气等燃料燃烧释放出大量的热能，然后这些热能在锅炉中传递给水，并且产生一定压力和温度的水蒸气（或热水），这些携带一定热能的水蒸气可以在生产过程中起加热、加湿等作用。在热电厂或火力发电厂中，锅炉所产生的高温高压水蒸气，通过汽轮机将热能转换为电能，同时将一部分做过功的乏汽用于供热。

在通风、空调系统中，为使空气达到一定的温度要求，常需要用水蒸气或热水将空气加热，或用低温冷冻水将空气冷却。这些加热或冷却过程常在各种热交换器中完成，而这都属于热能的直接利用。产生低温冷冻水的制冷装置是通风空调系统的冷源。常用的冷源有压缩式制冷系统、吸收式制冷系统等，而这些制冷系统都具有将热能从低温物体转移到高温物体的作用，从而实现制冷过程，产生冷冻水。

在当今科技条件下，人们已经开始把原子内部蕴藏的巨大能量通过原子裂变反应释放出来，并加以和平利用。人们还在努力地将太阳能、地热能转化为动力，供人们利用。热能通过热能动力装置转换为机械能的效率较低，即使是大型蒸汽动力装置的热效率也仅仅是略超过 40%。因此寻求更直接的热—电转换是科学工作者一直努力追求的目标。

能源的开发利用一方面为人类社会的发展提供了必需的能量，另一方面也造成了对自然环境的破坏和污染。与能源开发利用密切相关的温室效应、酸雨、核废料辐射、臭氧层破坏等等，都对地球的生态系统造成了极为严重的威胁。因此人们正以极大的热情关注节能、可再生能源的开发，努力在满足人类社会对能量需求的同时不破坏或少破坏自然环境，实现可持续发展，为后代子孙留下一片生存空间。

第二节 热工学理论的发展

热现象是人类最早广泛接触的自然现象之一，但是直到 18 世纪初，在欧洲由于采煤、纺织、航海等产业的发展，产生了对热机的巨大需求，这样就促使了热学的发展。1763—1784 年间，英国人瓦特（James Watt，1736~1819）对当时用来带动煤矿水泵的原始蒸汽机做了重大改进，且研制成功了应用高于大气压的蒸汽和配有独立凝汽器的单缸蒸汽机，提高了蒸汽机的热效率。此后，蒸汽机被交通、纺织、冶金等部门广泛采用，使生产力得到了极大的提高，同时也大大促进了社会生产力的发展，并开拓了使用矿物质燃料的新途径。

蒸汽机的发明和应用，刺激和推动了热学的理论研究，促成了热力学及传热学的建立和发展。1928 年，卡诺（Sadi Carnot，1796~1832，法国人）提出了卡诺定律和卡诺循环，指出热机必须工作于不同温度的热源之间，并提出热机最高效率的概念，这在根本上阐明了热力学第二定律的基本内容。但是由于受当时基础理论的限制，卡诺没有能够正确地证明热力学第二定律。在卡诺研究地基础上，1850~1851 年间，克劳修斯（Rudolf Clausius，1822~1888）和汤姆逊（William Thomson，也就是开尔文，Lord Kelvin，1824~1907）分别独立地从热量传递和热量转变成功量的角度提出了热力学第二定律，阐述了热传递过程的方向性。

1850 年，焦耳（James Prescott Joule，1818~1889）在他的关于热功相当实验的总结论文中，以各种精确的实验结果使能量守恒与转换定律（即热力学第一定律）得到了充分的验证。1851 年，汤姆逊把能量这一概念引入热力学。

热力学第一定律的建立宣告第一类永动机的破灭（即不消耗能量的永动机），热力学第二定律的建立，则宣告了第二类永动机梦想的破灭（即只从一个热源吸热，并能连续做功，而不引起其他变化的永动机）。这两个定律奠定了热力学的理论基础。

传热学则是从热的一般学说的基础上发展起来的。人们对热机的研究发现，减少各种热损失，改善热量传递过程，也是提高热机效率的重要方面。同时在机械制造、建筑、制冷、冶炼等领域中，都涉及热量的传递。这样一来，有关传热问题的研究进展就变得很快，相继提出了对流换热的牛顿冷却定律、导热的傅里叶定律以及辐射换热的四次方定律等等。进入 20 世纪，传热学在理论上、研究方法上都获得了迅速发展，使传热学很快成为一门独立的学科。

由于热能广泛而大量的利用，燃料消耗量日益增加，燃料的供需矛盾日趋明显。同时，燃料燃烧放出大量的污染物，对人类生存的环境构成严重的污染。因此如何提高能源利用率、开发利用新能源、减少有害物质的排放量等问题的研究，都将大大推动热工学理论的发展，并为之增添新内容。

第三节 热工学理论基础的研究对象及主要内容

热工学理论基础是研究热能利用规律和方法的学科。其包括物质的热力性质，热能与机械能的相对转化规律，热量传递规律等，其具体内容分为工程热力学和传热学两大部分。

工程热力学部分的主要内容包括：

（1）基本概念与基本定律，如热力系统、热力平衡状态及状态参数、热力学第一定律、热力学第二定律等，这些基本概念和基本定律是全部工程热力学的基础。

（2）能量的转化过程，特别是热能转化为机械能是由工质的吸热、膨胀、排热等状态变化过程来实现的，因此过程以及循环的分析研究、计算方法是工程热力学的重要内容。

（3）常用工质的性质，对其状态变化过程有着极重要的影响。

传热学部分的主要内容包括：

（1）导热。导热的基本概念、基本定律、稳态导热和非稳态导热的求解。

（2）对流换热。对流换热的基本概念，对流换热过程的物理和数学模型的建立，一般求解方法，相似理论基础及对流换热过程的求解（包括单相流体和集态改变时对流换热的经验公式的选择和使用）。

（3）辐射换热。辐射换热的基本概念及基本定律，物体间辐射换热的一般计算及气体辐射。

（4）传热过程及换热器。传热过程的分析计算，换热器概述及一般计算，传热过程的强化。

（5）传质学的基本概念和基本理论。

可见，热工学理论基础所包含的内容很广泛，是研究热能利用所必需的技术基础，是现代科学的主要基础理论学科之一，是供热通风与空调工程的一门重要的技术基础课，是后续各课程，如供热工程、工业通风、空气调节、锅炉与锅炉房设备、空调用制冷技术等的理论基础。学好热工学理论基础，是学好这些专业课，乃至进一步研究热力工程中的各种问题，有效合理地利用能源，不断提高能源利用率的必要前提。

学好热工学理论基础首先要掌握学科的主要线索——研究热能转化为机械能的规律、方法，怎样提高转化效率和热能利用的经济性，热能的传递形式及传递规律，如何减弱和增强热量的传递。其次是在深刻理解基本概念的基础上运用抽象和简化的方法抽象出各种具体问题的本质，应用热工学基本定律和基本方法进行分析研究。最后还必须注重习题、实验等环节，通过习题等环节可以培养抽象、分析问题的能力，通过实验可以得到验证问题的方法，并加深对基本概念的理解和认识。

第一篇 工程热力学

引 言

　　工程热力学属于应用科学的范畴。它是从工程技术的观点出发，来研究热能与其他能量形式之间的转换关系及工质的热力性质。它采用宏观的研究方法，以从无数实践中归纳总结出来的热力学第一定律和第二定律作为分析推理的依据，把物质看作连续的整体，对其宏观现象和宏观过程进行研究。由于宏观分析不涉及物质内部结构，因此分析推理的条理清晰，其研究结果具有高度的可靠性和普遍性，适宜于工程上应用。而对于那些与微观结构有关的宏观现象的本质及其内在原因的解释，则需要依靠微观的研究方法——即统计热力学的研究方法。

　　工程热力学是各种动力装置、制冷装置、热泵空调机组、锅炉及各种热交换器进行分析和计算的理论基础。其主要内容大致可分为两个方面：基本理论部分和基本理论的应用部分。

　　基本理论部分包括工质的性质、热力学第一定律及热力学第二定律等内容。基本理论的应用部分主要是将热力学基本理论应用于各种热力过程。对气体和蒸汽的流动、制冷循环、动力循环等进行热力分析及计算，探讨影响能量转换效果的因素以及提高利用效率的途径和方法等。

第一章 气体的性质

本章就热力工程中热能与机械能的转换、热能的传递过程、工质的状态及状态的变化、热力研究方法等讨论热力系统、工质的状态及状态参数、热力过程、热力循环、功和热等有关概念。

第一节 热 力 系 统

在研究工程热力学问题时，常常将研究的对象从周围的物质中分离出来，人们把分离出来的研究对象称为热力系统，简称为系统。分离系统与周围物质的分界面，称为边界。边界的作用是确定研究对象，将系统与外界分割开来。边界以外与系统相互作用的物质，称为外界或环境。系统与外界的相互作用，通常通过功量、热量和物质的交换进行。

系统的边界可以是真实存在的，也可以是假想的；可以是固定不动的，也可以是移动变化的。如图 1-1 所示，当我们研究气缸内的气体进行热量与功量转化问题时，气缸内的气体就是热力系统，活塞的左端面及气缸的部分内壁面就是边界，很显然该系统的边界是真实的。

如图 1-2 所示，一个真空的容器，当与外界连通的阀门打开时，外界的气体在气压的作用下就流入容器，直至其内部的气压与外界气压平衡为止。如果把大气中流入容器的那部分气体用一个假想的边界从大气中划分出来，则容器内壁与假想的边界所包围的空气就是我们研究的热力系统。当阀门打开后，随着气流流入容器，假想的边界受外界气压的压缩，是逐渐缩小的，当然整个系统也随之缩小。

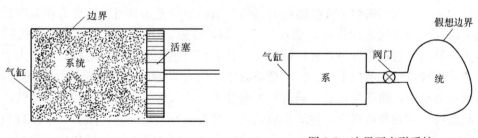

图 1-1 热力系统   图 1-2 边界可变形系统

在热力过程中，系统与外界之间通过边界可以进行能量的传递（如功量和热量），也可以进行物质的流入或流出。

根据系统与外界的这种交换的特点，可以将系统分为如下几种不同类型的系统：

若系统与外界没有物质交换，则称为闭口系统或封闭系统，有时也称控制质量系统。由于没有物质通过系统的边界，系统的质量保持不变。在选取系统时，应该把所研究的物质全部包括在边界内，如图 1-1 及图 1-2 所示的系统都为闭口系统。

若系统与外界有物质交换，则称为开口系统或流动系统。在选取系统时，只需把所研究

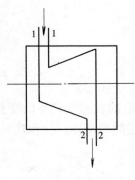

图 1-3 开口系统

的空间范围用边界与外界分隔开来,故又称开口系统为控制体积,简称控制体,其界面称为控制界面。热力工程中遇到的开口系统多数都有确定的空间界面,界面上可以有一股或多股工质流过。图 1-3 为汽轮机开口系统工作原理示意图。在研究汽轮机中的热能与机械能转化问题时,可以取汽轮机的外壳及进、出口截面所包围的部分作为控制体。

闭口系统与开口系统都可以通过边界与外界发生能量和功量的交换。

若系统与外界没有热量交换,则称为绝热系统。事实上,自然界并不存在完全绝热的材料,因此,绝热系统只是当系统与外界传递的热量小到可以忽略不计时的一种简化模型。在热力工程中,有许多系统,如汽轮机、喷管等都可以当作绝热系统来处理。

若系统与外界既没有能量交换也没有物质交换时,这时的系统称为孤立系统。很显然,自然界中各种事物之间或多或少的都要发生一定的联系,绝对孤立的系统是不存在的。但是,如果系统与外界的作用很小,可以忽略不计,那么该系统可作为孤立系统对待。

绝热系统与孤立系统虽然都是抽象的概念,但是它们常能反映事物基本的、主要的一面。抓住事物的本质,这种科学的抽象将给热力系统的研究带来很大的方便。在工程热力学中,我们还会遇到很多从客观事物中抽象出来的基本概念,如平衡状态、可逆过程等。在理解这些概念时,不能将其绝对化,而应该把他们理解为可靠的、科学的研究方法。

第二节 工质的热力状态及其基本状态参数

一、工质的状态与状态参数

系统与外界之间能够进行能量交换(传热或做功)的根本原因,在于两者之间的热力状态存在差异。例如,水在锅炉中吸收燃料燃烧所放出的热量变为具有一定压力和温度的水蒸气,是因为水与高温烟气之间存在着温度差;又如,高温高压的水蒸气通过汽轮机膨胀做功,是因为高温高压的水蒸气与外界环境的压力、温度有很大的差异,这种温度压力上的差异标志着工质物理特性数值的不同。人们把系统中工质在某瞬间表现的热力性质的总状况,称为工质的热力状态,简称为状态。热力状态表述了工质大量分子热运动的平均特性。描述工质热力状态特性的各种物理量,称为工质的热力状态参数。很显然,热力状态参数与热力状态之间有着一一对应的关系,工质的状态变化时,初、终状态参数的变化值仅与初、终状态有关,而与状态变化的途径无关。状态参数的数学特征为点函数,可表述为

$$\int_1^2 dx = x_2 - x_1$$

$$\oint dx = 0$$

式中 x——工质某一状态参数。

热力学中常见的状态参数有:温度(T),压力(p),比体积(v)或密度(ρ),内能(u),焓(h),熵(s)等。其中温度、压力、比容或密度可以直接或间接地用仪表测量出

来，称为基本状态参数。

二、基本状态参数

1. 温度

我们知道，当两个温度不同物体相互作用，则冷的物体被加热，而热的物体被冷却。如果没有其他外来影响因素，经过很长时间后，两物体最终将达到相同的冷热状况，即达到热平衡状态。如果两物体分别与第三个物体处于热平衡，则他们彼此之间也必然处于热平衡，这一规律被称为热力学第零定律。依此推断，相互处于热平衡的系统必然具有一个在数值上相等的热力学参数来描述这一热平衡的特性，这个参数就是温度。由此可见，温度是描述系统或工质是否处于热平衡的客观物理量。

温度在分子运动学说中被表述为物质内部大量分子热运动的激烈程度，是分子热运动激烈程度的标志，对于气体有

$$\frac{1}{2}m\overline{\omega}^2 = BT \tag{1-1}$$

式中 $\frac{1}{2}m\overline{\omega}^2$——分子平移运动的平均动能，其中 m 是一个分子的质量，$\overline{\omega}$ 是分子平移运动的均方根速度；

B——比例常数（玻尔兹曼常数）；

T——气体的热力学温度。

上式表明，工质的热力学温度与工质内部分子的平移运动平均动能成正比。温度愈高，分子运动速度愈快；温度愈低，分子运动速度愈慢。

热力学第零定律为工程上定量地测定系统的温度提供了依据。当被测系统与已标定过的带有数值标尺的温度计达到热平衡时，温度计指示的温度就是被测系统的温度值。

温标是指温度的数值标尺。在国际单位制（SI）中，采用热力学温标为理论温标，符号为 T，单位为 K（开尔文）。纯水的三相点，即冰、水、汽三相共存平衡时的状态点，为热力学温标的基本定点，规定其为热力学温度 273.16K，每 1K 为水三相点温度的 1/273.16。

SI 还规定，摄氏（Celsius）温标为实用温标，符号为 t，单位为 ℃（摄氏度）。其定义式为

$$t = T - 273.15$$

可以看出，摄氏温标与热力学温标的分度值相同，而零点不同。在工程上可以近似地采用

$$T = t + 273 \tag{1-2}$$

来进行换算。

2. 压力

（1）压力与压力的单位。单位面积上所受到的垂直作用力称为压力，也就是物理学中所讲的压强，用符号 p 表示。若以 F 表示工质施加于系统边界上的垂直作用力，单位为牛顿（N）。以 f 表示系统边界的承压总面积（m^2），则有

$$p = \frac{F}{f} \tag{1-3}$$

上式所表示的为压力的宏观表达式。

分子运动论认为，一个充满气体的容器，在容器中的气体分子总是不停地作不规则的热运动，这种不规则的热运动不但使系统中分子之间不断地相互碰撞，同时也使气体分子不断地和容器壁碰撞，大量分子碰撞容器壁的总效果就形成了气体对容器壁的压力。可见，压力的大小与分子的动能和分子的浓度有关。其具体表达式为

$$p = \frac{2}{3} n \frac{m \overline{\omega^2}}{2} = \frac{2}{3} nBT \tag{1-4}$$

式中：n 为分子数密度，单位 m^{-3}，即单位容积内含有气体的分子数，$n = \frac{N}{V}$，其中 N 为容积，V 为包含的气体分子总数。

式（1-4）把压力的宏观量与微观量联系起来，阐明了气体压力的本质，并揭示了气体的压力与温度之间的内在联系。

SI 中规定压力的单位为帕斯卡（Pa），即

$$1Pa = 1N/m^2$$

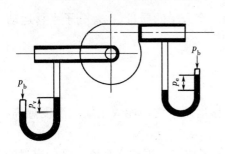

图 1-4　U 形压力计测压

在工程上还采用其他压力单位，如巴（bar）、工程大气压（at）、标准大气压（atm）、毫米汞柱（mmHg）、毫米水柱（mmH$_2$O）等单位。压力各单位之间的换算关系详见附录 1。

（2）绝对压力与相对压力。工程上常用测压仪表来测定系统中工质的压力。这些仪表的结构原理是建立在力的平衡原理上，也就是利用液柱的重力或各种类型弹簧的变形，或者采用活塞上的载重平衡工质的压力。如图 1-4 所示，当用 U 形管压力计测量风机入口段及出口段气体的压力时，压力计指示的压力是气体的压力与大气压力的差值，我们把这种以大气压为零计算的压力值，称为相对压力，而把气体分子对容器壁碰撞所产生的压力值，称为绝对压力。

可见，对于绝对压力相同的工质，在不同的大气压力条件下，压力表所指示的相对压力并不相同。绝对压力是工质的状态参数，在本书中，除了明确注明者外均理解为"绝对压力"。

图 1-4 中风机入口段气体的绝对压力小于外界大气压力，相对压力为负值，即负压，又称为真空度。风机出口段气体的绝对压力大于外界大气压力，相对压力为正值，即正压，又称表压力。

绝对压力与相对压力和大气压之间的关系如图 1-5 所示。

当 $p > p_b$ 时　　　　　　　　　$p = p_b + p_e$　　　　　　　　　　　　　　　（1-5）

当 $p < p_b$ 时　　　　　　　　　$p = p_b - p_v$　　　　　　　　　　　　　　　（1-6）

式中　p_b——当地大气压；

　　　p_e——高于当地大气压时的相对压力，称表压；

　　　p_v——低于当地大气压时的相对压力，称真空度。

3. 比体积和密度

工质所占有的空间称为工质的容积，单位质量的工质所占有的容积称为工质的比体积。

用符号 v 表示，若有 m kg 的工质，其所占有的容积为 V，则比体积为

$$v = \frac{V}{m} \quad (1-7)$$

单位容积所容纳的工质质量称为密度，用符号 ρ 表示，则有

$$\rho = \frac{m}{V} \quad (1-8)$$

很显然，工质的比体积和密度互为倒数关系。它们都是工质的状态参数，但是两者并不相互独立。

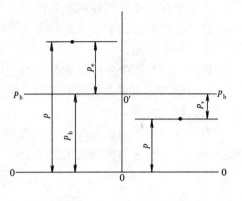

图 1-5 各压力之间的关系

【例 1-1】 某工厂锅炉压力表的读数为 1.25MPa；水泵吸入口真空表的读数为 90kPa。若大气压 p_b=101.325kPa。试求锅炉及水泵吸入口处的绝对压力。

解 锅炉内介质的绝对压力

$$p = p_b + p_e = 101.325 + 1.25 \times 10^3 = 1351.325 \text{ (kPa)}$$

若未给出当地的大气压，在计算高压容器的压力时，可近似地取 p_b=100kPa，其计算误差很小，如

$$p = p_b + p_e = 100 + 1.25 \times 10^3 = 1350 \text{ (kPa)}$$

水泵吸入口处的介质压力

$$p = p_b - p_v = 101.325 - 90 = 11.325 \text{ (kPa)}$$

若大气压取 p_b=100kPa，则水泵吸入口处的介质压力

$$p = p_b - p_v = 100 - 90 = 10 \text{ (kPa)}$$

相对误差

$$\frac{11.325 - 10}{11.325} \times 100\% = 11.7\%$$

显然，在计算低压时，p_b 不能很随意的取值，以免造成很大的误差。

第三节 热力平衡状态及状态方程

一、热力平衡状态

热力状态不一定都能用一致确定的状态参数来描述。例如，当系统的压力或温度不均匀时，就无法用一致的压力或温度来描述这个状态。同时由于各处存在压力差或温度差，那么系统内各处之间将发生能量传递，高压处向低压处膨胀，高温处向低温处传热，由此而导致系统中各处的压力和温度在不停地变化，这样就不能用确定的状态参数来描述这个状态。对于这种不平衡的状态是无法用宏观的方法来研究的。

平衡的概念是工程热力学的基本概念。由于热传递的推动力是温度差，若没有外界的作用，经过一定的时间后，由于分子热运动的结果，最终温度会趋于一致，且不再随时间而发生变化，这样系统就达到热平衡状态。而功传递的推动力是压力差，压力不平衡时产生功的传递直至压力相等时为止。此后，如果没有外界的影响，气缸的气体压力与外界的气体压力始终保持一致，达到力的平衡状态。

当系统在不受外界作用的条件下，如果系统宏观的热力性质不随时间而变化，系统内外同时建立了热和力的平衡，这时系统的状态称为热力平衡状态。对于存在化学反应的系统，还应保持化学平衡。

显然，完全不受外界影响的系统是不存在的，因此，热力平衡状态只是一个理想的概念。对于偏离热力平衡状态不远的系统按平衡状态处理将使分析计算大为简化。

二、状态方程

当系统处于平衡状态时，对于气体工质只需两个彼此独立的状态参数就可以确定其状态。工质基本状态参数间的关系可表示为

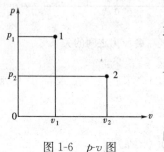

图 1-6 p-v 图

$$p=f_1(T, v)$$
或
$$v=f_2(p, T)$$
$$T=f_3(p, v)$$

也可表示为隐函数的形式

$$F(p, v, T)=0$$

以上各式建立了温度、压力、比容这三个基本状态参数之间的函数关系，称为状态方程。状态方程的具体函数形式，是由气体的性质所决定的。对于气体工质平衡状态可由任意两个独立参数确定，因此，可采用由两个状态参数构成的平面坐标系来描述工质的状态和分析状态的变化过程。如图 1-6 所示的 p-v 图，图中的任意一个点都代表一个确定的平衡状态。

第四节 理想气体的状态方程

一、理想气体与实际气体

理想气体是一种经过科学抽象的假想气体模型，它符合两个假定：①气体分子是一些弹性的，不占有体积的质点；②分子相互之间没有作用力。在这种假定下，气体分子运动规律就得到大大简化，从而可推导出某些宏观物理量与微观运动相联系的关系式，如式（1-1）、式（1-4）。但是，经过简化以后，这个物理模型能否符合实际情况，偏差有多大，还要看气体所处的具体状态。如果某气体其所处的状态处于压力不高（$p<1\sim 2$MPa），温度不太低（$t>$常温）的时候，这时气体的比容较大，分子本身所占容积与整个气体所占容积相比小到可以忽略的状态，这样就使得实际存在的气体基本符合理想气体模型，因此理想气体实质上是实际气体在 $p\to 0$ 或 $v\to\infty$ 时的极限状态。

在实际工程中，有许多常用的气体，如，空调工程中的空气，锅炉烟道中的烟气等，在常压、常温下，均能较好地符合理想气体的假定，可被认为是理想气体。

如果气体所处的状态压力较高，温度较低，气体具有较高的密度，分子本身的体积以及分子之间的相互作用力不能忽略不计时，就不能当作理想气体处理，这时的气体称为实际气体。例如，锅炉中产生的水蒸气，制冷机在制冷时制冷剂蒸发所产生的蒸气以及石油气等都是实际气体。

实际气体与理想气体之间并没有明显的界限，例如，若将水蒸气加热，使之提高温度，增加比容，分子之间的距离越大，就越接近理想气体。在研究气体工质时，将气体视为何种气体要根据工程计算所允许的误差范围而定。

二、理想气体状态方程的推导

状态方程式 $F(p, v, T) = 0$，对于理想气体具有最简单的形式。理想气体状态方程最早是由实验定律给出的，随着分子论的发展，也可从理论上进行推导。

由式（1-4）所示

$$p = \frac{2}{3}nBT$$

将上式两边同乘以 v（比体积），得

$$pv = \frac{2}{3}nvBT = \frac{2}{3}N'BT$$

式中：$N' = nv$，为 1kg 质量气体的分子数目，对于一定的气体，N' 为常数。

故
$$pv = RT \tag{1-9}$$

式中：$R = \frac{2}{3}N'B$，称为气体常数，与气体的种类有关，而与气体的状态无关，其单位为 [J/(kg·K)]。

式（1-9）为 1kg 的理想气体的状态方程，反映理想气体在某一平衡状态下 p、v、T 之间的关系。

将式（1-9）两边同乘以气体质量 m，得 $m$kg 气体的状态方程

$$pmv = mRT$$

即
$$pV = mRT \tag{1-10}$$

式中 V——$m$kg 气体所占有的容积，m^3。

SI 规定物质的量的单位为摩尔（mol），1000mol = 1kmol。

将式（1-9）两边乘以千摩尔质量 M（kg/kmol），即

$$pMv = MRT$$

整理得以 1kmol 物质量表示的状态方程

$$pV_m = R_0 T \tag{1-11}$$

式中 $V_m = Mv$——气体的摩尔容积，m^3/kmol；
　　　$R_0 = MR$——通用气体常数，J/(kmol·K)。

R_0 与气体的种类及状态均无关。

三、气体常数与通用气体常数

由式（1-11）得

$$V_m = \frac{R_0 T}{p}$$

上式表明：在相同压力和相同温度下，1kmol 的各种气体占有相同的容积，称此规律为阿伏伽德罗（Avogadro）定律。

在标准状态下，即在 $p_0 = 101.325$kPa，$t_0 = 0$℃时，1kmol 的任何气体所占容积均为 22.4m^3，即 $Mv_0 = 22.4m^3$。将以上数据带入式（1-11）得通用气体常数

$$R_0 = MR = \frac{p_0 V_{m0}}{T_0} = \frac{101325 \times 22.4}{273} = 8314 \quad \text{J/(kmol·K)}$$

通用气体常数数值也可以由分子论的微观方法得出，在此不再论述。

已知通用气体常数及气体的分子量即可求得气体常数

$$R=\frac{R_0}{M}=\frac{8314}{M}$$

几种常见气体的气体常数见表1-1。

表 1-1   几种常见气体的气体常数

物质名称	化学式	分子量	R [J/(kg·K)]	物质名称	化学式	分子量	R [J/(kg·K)]
氢	H_2	2.016	4124.0	氮	N_2	28.013	296.8
氦	He	4.003	2077.0	一氧化碳	CO	28.011	296.8
甲烷	CH_4	16.043	518.3	二氧化碳	CO_2	44.010	188.9
氨	NH_3	17.031	488.2	氧	O_2	32.0	259.8
水蒸气	H_2O	18.615	461.5	空气		28.97	287.0

理想气体状态方程式在热力计算和分析中有着较为广泛的应用。

【例 1-2】 求空气在标准状态下的比体积和密度。

解 查表1-1知，空气的气体常数$R=287\text{J}/(\text{kg}\cdot\text{K})$

根据公式(1-9)，有

$$v_0=\frac{RT_0}{p_0}=\frac{287\times 273.15}{101325}=0.773(\text{m}^3/\text{kg})$$

密度

$$\rho_0=\frac{1}{v_0}=\frac{1}{0.773}=1.293(\text{kg}/\text{m}^3)$$

标准状态下的比体积和密度还可以按下式计算：

$$Mv_0=22.4\ (\text{m}^3/\text{kmol})$$

$$v_0=\frac{22.4}{M}=\frac{22.4}{28.97}=0.773\ (\text{m}^3/\text{kg})$$

$$\rho_0=\frac{M}{22.4}=\frac{28.97}{22.4}=1.293\ (\text{kg}/\text{m}^3)$$

【例 1-3】 当压力$p_1=869\text{mmHg}$，温度$t=300℃$时，鼓风机的送风量为$V=10200\text{m}^3/\text{h}$。试求该风量换算为标准状态下为多少$\text{Nm}^3/\text{h}$。

解 根据公式(1-10)，由于气体质量保持不变，得

$$\frac{pV}{T}=\frac{p_0V_0}{T_0}$$

$$V_0=V\frac{pT_0}{p_0T}=10200\times\frac{869\times 273}{760\times(273+300)}=5556.67\ (\text{Nm}^3/\text{h})$$

【例 1-4】 把二氧化碳送入容积为3m^3的储气筒内，初态时储气筒上压力表读数为0.03MPa，终态时压力表读数为0.3MPa，温度从45℃上升至70℃，试求压入筒内的二氧化碳质量。已知当地大气压力$p_b=750\text{mmHg}$。

解 初态时筒内质量为

$$m_1=\frac{p_1V}{RT_1}=\frac{3\times(0.03+750\times 1.333\times 10^{-4})\times 10^6}{188.9\times(273+45)}=6.50(\text{kg})$$

终态时筒内质量为

$$m_2=\frac{p_2\times V}{RT_2}=\frac{3\times(0.3+750\times1.333\times10^{-4})\times10^6}{188.9\times(273+70)}=18.52\text{（kg）}$$

被压入筒内的二氧化碳的质量为

$$\Delta m=m_2-m_1=18.52-6.5=12.02\text{（kg）}$$

第五节 理想气体的比热

一、比热的定义和单位

比热是气体的重要热力性质之一。在分析热力过程时，经常涉及气体的内能、焓、熵及热量的计算，这些都要借助于气体的比热进行计算。在热力学理论研究中，利用比热的实验数据可推导出气体的状态方程。

比热定义为：单位物量的物体，当温度升高或降低 1K 时，物体所吸收或放出的热量，即

$$c=\frac{\delta q}{dT} \tag{1-12}$$

比热的单位取决于物量的单位。选用不同的物量单位，就有不同的比热单位。对固体、液体而言，物量单位常用质量单位（kg）；对于气体而言，除用质量单位外，还常用标准容积（Nm^3）和千摩尔（kmol）作为单位。因此，相应的就有质量比热、容积比热和摩尔比热。

质量比热，就是以质量 1kg 作为物量单位，用符号 c 表示，单位为 $J/(kg\cdot K)$；

容积比热，是以标准状态下物质的容积 $1Nm^3$ 为物量单位，用符号 c' 表示，单位为 $J/(Nm^3\cdot K)$；

摩尔比热，是以千摩尔为物量单位，用符号 Mc 表示，单位为 $J/(kmol\cdot K)$。

根据物量单位的关系，可求出上述三种比热间的关系：

$$Mc=M\cdot c=22.4c' \tag{1-13a}$$

或

$$c'=\frac{Mc}{22.4}=\rho_0 c \tag{1-13b}$$

$$c=\frac{Mc}{M}=v_0 c' \tag{1-13c}$$

式中 M——气体的摩尔质量；

ρ_0、v_0——标准状态下气体的密度和比容。

比热是重要的物性参数，它不仅与物质的性质有关，还与气体的热力过程以及物质所处的状态有关。

二、定容比热与定压比热

气体的加热或冷却总是在一定热力过程中进行的，同一种气体在初、终态相同的情况下，经历不同的加热或冷却过程，所发生的热量传递是不同的，所以，气体的比热是与气体的热力过程有关的。在工程上，常见的是容积不变的定容比热和压力不变的定压比热。

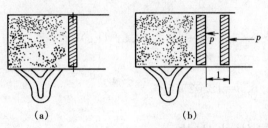

图 1-7 定容加热与定压加热

1. 定容比热

定容比热可定义为：在容积不变的情况下，单位物量的物体、温度变化为 1℃ 时所吸收或放出的热量。如图 1-7（a）所示，气体被加热，是在容积不变的情况下进行的，热量全部用于增加气体的内能，使气体温度升高。即

$$c_V = \frac{\delta q_V}{\mathrm{d}T} \tag{1-14}$$

取不同的物量单位，相应的有定容质量比热 c_V，定容容积比热 c'_V 和定容摩尔比热 Mc_V。

2. 定压比热

定压比热可定义为：单位物量气体在定压过程中，温度升高或降低 1℃ 所吸收或放出的热量。如图 1-7（b）所示，气体被加热，在压力不变的情况下，加入的热量一部分被用来增加气体的内能，使温度升高，还有一部分热量用于推动活塞移动而对外做膨胀功，即

$$c_p = \frac{\delta q_p}{\mathrm{d}T} \tag{1-15}$$

定压比热随物量的单位不同也有：定压质量比热（c_p），定压容积比热（c'_p）和定压摩尔比热（Mc_p）。

3. 定压比热与定容比热的关系

从图 1-7 中可以看出，等量气体升高相同的温度，定压过程较定容过程多吸收一部分热量，用来推动活塞对外做功。因此，定压比热始终大于定容比热，其关系如下。

假设 1kg 的理想气体，温度升高或降低 $\mathrm{d}T$，则所吸收或放出的热量为：

对定容过程 $\qquad \delta q_V = c_V \mathrm{d}T$

对定压过程 $\quad \delta q_p = c_p \mathrm{d}T = \delta q_V + p\mathrm{d}v = c_V \mathrm{d}T + \mathrm{d}(pv) = c_V \mathrm{d}T + R\mathrm{d}T = (c_V + R)\mathrm{d}T$

由此得出定压比热和定容比热的关系

$$c_p - c_V = R \tag{1-16}$$

或

$$c'_p - c'_V = \rho_0 R \tag{1-16a}$$

或

$$Mc_p - Mc_V = MR = R_0 \tag{1-16b}$$

公式（1-16）称为迈耶公式，适用于理想气体。

4. 比热比（等熵指数）

定压比热与定容比热之比值，称为比热比，用符号 γ 表示。

$$\gamma = \frac{c_p}{c_V} = \frac{c'_p}{c'_V} = \frac{Mc_p}{Mc_V} \tag{1-17}$$

对于梅耶公式的等号两边同除以比热 c_V，可得到

$$c_V = \frac{R}{\gamma - 1} \tag{1-18}$$

$$c_p = c_V \quad \gamma = \frac{\gamma}{\gamma-1}R \tag{1-19}$$

对于固体和液体而言，由于其热膨胀很小，可以认为 $c_p \approx c_V$。

三、定值比热、真实比热与平均比热

1. 定值比热

根据分子运动论，能量按自由度均分的原理，理想气体的比热值只取决于气体的分子结构，而与气体所处的状态无关。若分子中所含原子数目相同，则其分子运动自由度也相同，它们的摩尔比热值都相等，称此为定值比热，从理论推导可以得到。

摩尔定容比热
$$Mc_V = \frac{i}{2}R_0 \tag{1-20}$$

摩尔定压比热
$$Mc_p = \frac{i+2}{2}R_0 \tag{1-21}$$

式中 i——分子运动的自由度数目。

实验表明，表 1-2 中的定值比热总是近似地符合实际。对于单原子气体的比热，理论值与实验数据是基本一致的，而对双原子气体和多原子气体，定值比热与实际比热就有比较明显的偏差，尤其在温度较高时偏差更大。从分子运动论的比热理论来考虑，对于多原子气体分子内部原子振动能更大。因此在工程上，当温度不太高或精度要求不高时，可以将气体比热视为定值。

各种气体的定容摩尔比热、定压摩尔比热以及比热比列于表 1-2 中。

表 1-2　　　　　　　　　理想气体的定值摩尔比热和比热比 γ

	单原子气体	双原子气体	多原子气体
Mc_V	$\frac{3}{2}R_0$	$\frac{5}{2}R_0$	$\frac{7}{2}R_0$
Mc_p	$\frac{5}{2}R_0$	$\frac{7}{2}R_0$	$\frac{9}{2}R_0$
比热比 $\gamma = \frac{c_p}{c_V}$	1.66	1.4	1.29

2. 真实比热

理想气体的比热实际上不是定值，而是温度的函数，对于理想气体，由于分子之间没有相互作用力，气体的比热只是温度的单值性函数，相应的每一温度下的比热值，称为气体的真实比热，其表达式为

$$c = f(T)$$

比热与温度的关系，可以通过量子力学经光谱分析的数据整理得出，也可以通过实验的方法测定，一般可将测得的数据整理成如下函数形式

$$Mc_p = a_0 + a_1 T + a_2 T^2 + a_3 T^3 + \cdots \tag{1-22}$$

式中　　　　　T——热力学温度，K；

$a_0, a_1, a_2, a_3, \cdots$——随气体性质而异的实验常数，对于几种常见气体的常数值见表 1-3 所示。

表 1-3　　　　　　　　　　　常见气体的实验常数

气 体	分子式	a_0	$a_1 \times 10^3$	$a_2 \times 10^6$	$a_3 \times 10^9$	温度范围(K)	最大误差(%)
空气		28.106	1.9665	4.8023	−1.9661	273～1800	0.72
氢	H_2	29.107	−1.9159	−4.0038	−0.8704	273～1800	0.01
氧	O_2	25.477	15.2022	−5.0618	1.3117	273～1800	0.19
氮	N_2	28.901	−1.5713	8.0805	−28.7256	273～1800	0.59
一氧化碳	CO	28.160	1.6751	5.3717	−2.2219	273～1800	0.89
二氧化碳	CO_2	22.257	58.8048	−35.0100	7.4693	273～1800	0.647
水蒸气	H_2O	32.238	1.9234	10.5549	−3.5952	273～1800	0.53
乙烯	C_2H_4	4.1261	155.0213	−81.5455	16.9755	298～1500	0.30
丙烯	C_3H_6	3.7457	234.0107	−115.1278	21.7353	298～1500	0.44
甲烷	CH_4	19.887	50.2416	12.6860	−11.0113	273～1500	0.33
乙烷	C_2H_6	5.413	178.0872	−69.3749	8.7147	298～1500	0.70
丙烷	C_3H_8	−4.223	306.264	−158.6316	32.1455	298～1500	0.28

对于式（1-22）取到 T^3 项就已经足够准确了。

对于定容过程，根据迈耶公式，可以得到对应的定容摩尔比热的多项式为

$$Mc_V = (a_0 - R_0) + a_1T + a_2T^2 + a_3T^3 \tag{1-23}$$

若求某过程中的热量，则应根据不同的热力过程，取不同的比热，并由下式由 T_1 到 T_2 进行积分。

定容过程　$Q_V = \dfrac{m}{M}\int_{T_1}^{T_2} Mc_V dT = n\int_{T_1}^{T_2}(a_0 - R_0 + a_1T + a_2T^2 + a_3T^3)dT$　(1-24)

常用气体在理想气体状态下的定压摩尔比热与温度的关系式

$$Mc_p = a_0 + a_1T + a_2T^2 + a_3T^3$$

定压过程　$Q_p = \dfrac{m}{M}\int_{T_1}^{T_2} Mc_p dT = n\int_{T_1}^{T_2}(a_0 + a_1T + a_2T^2 + a_3T^3)dT$　(1-25)

3. 平均比热

比热与温度的关系如图 1-8 所示。

比热随温度变化关系表示为一条曲线，从 t_1 到 t_2 的热量计算可表示为

$$q = \int_{t_1}^{t_2} c\, dt \tag{1-26}$$

很显然，热量 q 在图 1-8 上为 $DFGHD$ 所围成的面积。

从图 1-8 中可以看出，矩形面积 $EFGME$ 可以近似的代替面积 $DFGHD$，于是有

$$q = \int_{t_1}^{t_2} c\, dt = \overline{ME}(t_2 - t_1) = c_m\Big|_{t_1}^{t_2}(t_2 - t_1)$$

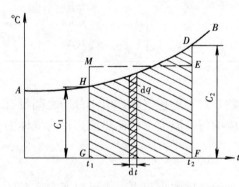

图 1-8　比热与温度的关系

故有

$$c_m\Big|_{t_1}^{t_2} = \dfrac{\int_{t_1}^{t_2} c\, dt}{t_2 - t_1} \tag{1-27}$$

式中：$c_\mathrm{m}\big|_{t_1}^{t_2}$ 为从 t_1 到 t_2 温度范围内真空比热的平均值，称为平均比热。

为了工程中应用方便，可将各种常用气体的平均比热计算出来，并列成表格，用时可以直接查表。但是，由于无法列出任意温度间隔的平均比热值，故在实用平均比热应用表中，将平均比热的温度范围均选择共同的下限温度0℃，这样表中的平均比热就都是从0℃到任意温度 t 的平均比热，而热量的计算则为

$$q = \int_{t_1}^{t_2} c\,\mathrm{d}t = \int_0^{t_2} c\,\mathrm{d}t - \int_0^{t_1} c\,\mathrm{d}t = c_\mathrm{m}\Big|_0^{t_2} t_2 - c_\mathrm{m}\Big|_0^{t_1} t_1 \tag{1-28}$$

对于 $m\,\mathrm{kg}$ 的物质，总热量为

$$Q = mq = m\left(c_\mathrm{m}\Big|_0^{t_2} t_2 - c_\mathrm{m}\Big|_0^{t_1} t_1\right) \tag{1-29}$$

表1-4中列出了几种气体的定压质量比热 $c_{p,\mathrm{m}}\big|_0^t$ 的值。

根据迈耶公式，可求得平均定容质量比热为

$$c_{V,\mathrm{m}}\Big|_0^t = c_{p,\mathrm{m}}\Big|_0^t - R \tag{1-30}$$

对于实际气体的比热，不仅与温度有关，而且还与压力有关。特别是当气压接近液化点时，压力对比热的影响更加明显。在这时分析气体的比热，就不能忽略压力对比热的影响。此时气体比热的实验数据可以从有关专用图表中查取。

表 1-4　　几种常见理想气体的平均定压质量比热 $c_{p,\mathrm{m}}$（曲线关系）　　kJ/(kg·K)

t℃	O_2	N_2	H_2	CO	空气	CO_2	H_2O
0	0.915	1.039	14.195	1.040	1.004	0.815	1.859
100	0.923	1.040	14.353	1.042	1.006	0.866	1.873
200	0.935	1.043	14.421	1.046	1.012	0.910	1.894
300	0.950	1.049	14.146	1.054	1.019	0.949	1.919
400	0.965	1.057	14.477	1.063	1.028	0.983	1.948
500	0.979	1.066	14.509	1.075	1.039	1.013	1.978
600	0.993	1.076	14.542	1.086	1.050	1.040	2.009
700	1.005	1.087	14.587	1.098	1.061	1.064	2.042
800	1.016	1.097	14.641	1.109	1.071	1.085	2.075
900	1.026	1.108	14.706	1.120	1.081	1.104	2.110
1000	1.035	1.118	14.776	1.130	1.091	1.122	2.144
1100	1.043	1.127	14.853	1.140	1.100	1.138	2.177
1200	1.051	1.136	14.934	1.149	1.108	1.153	2.211
1300	1.058	1.145	15.023	1.158	1.117	1.166	2.243
1400	1.065	1.153	15.113	1.166	1.124	1.178	2.274
1500	1.071	1.160	15.202	1.173	1.131	1.189	2.305
1600	1.077	1.167	15.294	1.180	1.138	1.200	2.335
1700	1.083	1.174	15.383	1.187	1.144	1.209	2.363
1800	1.089	1.180	15.472	1.192	1.150	1.218	2.391
1900	1.094	1.186	15.561	1.198	1.156	1.226	2.417
2000	1.099	1.191	15.649	1.203	1.161	1.233	2.442
2100	1.104	1.197	15.736	1.208	1.166	1.241	2.466
2200	1.109	1.201	15.819	1.213	1.171	1.247	2.489
2300	1.114	1.206	15.902	1.218	1.176	1.253	2.512
2400	1.118	1.210	15.983	1.222	1.180	1.259	2.533
2500	1.123	1.214	16.064	1.266	1.182	1.264	2.554
密度 ρ_0 kg/m³	1.4286	1.2505	0.08999	1.2505	1.2932	1.9648	0.8042

【例 1-5】 烟气在锅炉的烟道中温度从 900℃ 降低到 200℃，然后从烟囱排出。求每标准 m³ 烟气所放出的热量（这些热量是被锅炉中的水或水蒸气所吸收）。比热取值按下列三种情况：(1) 定值比热；(2) 真实比热；(3) 平均比热。

解 烟气的成分接近空气，而且压力变化很小，在这种情况下，可以将烟气当作空气进行定压放热计算。

(1) 按定值比热进行计算

将空气看作双原子气体，其定压摩尔比热为

$$Mc_p = \frac{7}{2}R_0 = \frac{7}{2} \times 8.314 = 29.1 [\text{kJ}/(\text{kmol}\cdot\text{K})]$$

空气的定压容积比热为

$$c'_p = \frac{Mc_p}{22.4} = \frac{29.1}{22.4} = 1.299 [\text{kJ}/(\text{m}^2\cdot\text{K})]$$

1 标准 m³ 烟气所放出的热量为

$$Q_p = c'_p(t_2 - t_1) = 1.299 \times (200 - 900) = -909.3 \ (\text{kJ}/\text{m}^3)$$

(2) 按真实比热进行计算

查表 1-3 知

$$a_0 = 28.106, \ a_1 = 1.9665 \times 10^{-3}, \ a_2 = 4.8023 \times 10^{-6}, \ a_3 = 1.9661 \times 10^{-9}$$

$$Q_p = \frac{1}{22.4}\int_1^2 Mc_p \, dT = \frac{1}{22.4}\int_{T_1}^{T_2}(a_0 + a_1 T + a_2 T^2 + a_3 T^3)dT$$

$$= \frac{1}{22.4}\left[28.106 \times (473 - 1173) + \frac{1.9665 \times 10^{-3}}{2}(473^2 - 1173^2)\right.$$

$$\left. + \frac{4.8023 \times 10^{-6}}{3}(473^3 - 1173^3) + \frac{1.9665 \times 10^{-9}}{4}(473^4 - 1173^4)\right]$$

$$= -996.22 (\text{kJ}/\text{m}^3)$$

(3) 按平均比热进行计算

查表 1-4 知

$$c_{p,m}\Big|_0^{900} = 1.081 \text{kJ}/(\text{kg}\cdot\text{K})$$

$$c_{p,m}\Big|_0^{200} = 1.012 \text{kJ}/(\text{kg}\cdot\text{K})$$

换算成平均定容比热，查得空气在标准状态下的密度 $\rho_0 = 1.293 \text{kg}/\text{m}^3$，所以有

$$c'_{p,m}\Big|_0^{900} = c_{p,m}\Big|_0^{900} \cdot \rho_0 = 1.081 \times 1.293 = 1.398 \text{kJ}/(\text{m}^3\cdot\text{k})$$

$$c'_{p,m}\Big|_0^{200} = c_{p,m}\Big|_0^{200} \cdot \rho_0 = 1.012 \times 1.293 = 1.309 \text{kJ}/(\text{m}^3\cdot\text{k})$$

烟气放出热量为

$$Q_p = c'_{p,m}\Big|_0^{200} \cdot t_2 - c'_{p,m}\Big|_0^{900} \cdot t_1 = 1.309 \times 200 - 1.398 \times 900 = -996.4 (\text{kJ}/\text{m}^3)$$

第六节 混 合 气 体

在自然界中，气体往往是以几种不同种类气体组成的混合物，而不是单质气体。例

如，在通风、空调工程中，常用的空气是由氮气、氧气、水蒸气等组成，燃料在锅炉中燃烧所产生的烟气是由二氧化碳、水蒸气、氮气、一氧化碳、氧气等所组成。这些混合气体各组成成分之间无化学反应，并且是一种均匀混合物。由于混合气体的各组成气体都是理想气体，故混合气体仍具有理想气体的特性，服从理想气体定律。本节将具体讨论混合气体的性质。

一、混合气体的温度、压力和容积

由几种不同性质的单质气体相互混合组成的气体，即为混合气体。若各组成单质气体均为理想气体，则混合气体即为理想混合气体。混合气体的性质决定于混合气体中各组成单质气体的成分及热力性质。对于理想混合气体，各分子不占有容积，分子之间也无相互作用力，并遵循理想气体的状态方程。

1. 温度

当几种单质气体混合以后，由于分子热运动的结果，他们将均匀地混合在一起，其温度处处相等，有

$$T = T_1 = T_2 = T_3 = \cdots = T_n \quad (1\text{-}31)$$

式中：n 为混合气体的组成单质气体数。也即表示，混合气体的温度与各组成单质气体温度相等。

2. 分压力与道尔顿定律

混合气体的各组成气体由于分子运动的结果对容器壁都会产生压力。当组成混合气体的某单质气体单独存在，并且单独占有混合气体整个容积，温度也与混合气体相同时，所产生的压力称为该组成气体的分压力，用 p_i 表示，其中 $i=1, 2, 3, \cdots, n$，如图 1-9（a）、（b）所示。

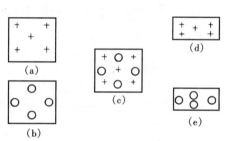

图 1-9 混合气体的分压力和分容积示意图

道尔顿（Dalton）定律指出：混合气体的总压力 P，等于各组成气体分压力之和。即

$$p = p_1 + p_2 + p_3 + \cdots + p_n = \sum_{i=1}^{n} p_i \quad (1\text{-}32)$$

道尔顿定律仅适用于理想气体，由于理想气体分子本身不占有容积，分子之间无相对运动。分子在运动时，相互之间没有影响，好像单独存在一样，它们各自对容器壁作用的总结果，也就是各组分单独作用的和。而对于实际气体，由于分子本身占有容积，分子之间具有相互作用力，各组成的分子运动将发生相互影响，混合气体的总压力与各组成单质气体分压力之间就不具备几何相加的关系。

3. 分容积和阿密盖特定律

分容积是指混合气体的各组成单质气体具有与混合气体相同的温度和压力时，单质气体单独存在所占有的容积。如图 1-9（d）、（e）所示。

阿密盖特定律指出：混合气体的总容积 V，等于各组成气体分容积 V_i 之和。即

$$V = V_1 + V_2 + V_3 + \cdots + V_n = \sum_{i=1}^{n} V_i \quad (1\text{-}33)$$

显然上式可由理想气体状态方程和道尔顿定律推导出来，也只适用于理想混合气体。

二、混合气体的成分表示方法

混合气体的成分是指混合气体中各组成单质气体的含量与混合气体总量的比值。按物量的单位不同，混合气体成分有质量成分、容积成分和摩尔成分。

1. 质量成分

混合气体中某组成单质的质量 m_i 与混合气体总量 m 的比值，称为该组成气体的质量成分，用 g_i 表示，有

$$g_i = \frac{m_i}{m} \tag{1-34}$$

因为混合气体的总质量等于各组成单质气体的质量之和，即 $m = \sum_{i=1}^{n} m_i$，所以

$$g_1 + g_2 + g_3 + \cdots + g_n = \sum_{i=1}^{n} g_i = 1 \tag{1-35}$$

2. 容积成分

混合气体中某组成单质气体的分容积 V_i 与混合气体总容积 V 之比值，称为该组成气体的容积成分，用 r_i 表示有

$$r_i = \frac{V_i}{V} \tag{1-36}$$

由于混合气体的总容积等于各组成单质气体的容积之和，即 $V = \sum_{i=1}^{n} V_i$，所以

$$r_1 + r_2 + r_3 + \cdots + r_n = \sum_{i=1}^{n} r_i = 1 \tag{1-37}$$

3. 摩尔成分

混合气体中某组成单质气体的摩尔数 n_i 与混合气体总摩尔数 n 的比值，称为该组成气体的摩尔成分，用 x_i 表示有

$$x_i = \frac{n_i}{n} \tag{1-38}$$

由于混合气体的总摩尔数等于各组成单质气体的摩尔数之和，即 $n = \sum_{i=1}^{n} n_i$，所以

$$x_1 + x_2 + x_3 + \cdots + x_n = \sum_{i=1}^{n} x_i = 1 \tag{1-39}$$

4. 各组成气体成分的关系

各组成气体成分之间的换算关系如下。

(1) 容积成分与摩尔成分数值相等

由于

$$r_i = \frac{V_i}{V} = \frac{n_i V_{mi}}{n V_m}$$

式中　V_{mi}，V_m——某组成气体与混合气体的摩尔容积。

根据阿伏伽德罗定律，同温同压下，各种气体的摩尔容积相等，即 $V_{mi} = V_m$。所以有

$$r_i = \frac{n_i}{n} = x_i \tag{1-40}$$

(2) 质量成分与容积成分（或摩尔成分）的换算

由于
$$g_i = \frac{m_i}{m} = \frac{n_i M_i}{nM} = x_i \frac{M_i}{M} = r_i \frac{M_i}{M}$$

式中 M_i，M——某组成气体与混合气体的摩尔质量（即分子量）。

根据通用气体常数 $MR = M_i R_i = R_0$（阿伏伽德罗定律），可得

$$g_i = r_i \frac{M_i}{M} = r_i \frac{R}{R_i} = r_i \frac{\rho_i}{\rho} \tag{1-41}$$

三、混合气体的分子量与气体常数

混合气体没有一个固定的化学分子式，因而也没有真正的分子量。混合气体的分子量是一种折合分子量，也就是平均分子量，它取决于组成气体的种类和成分。

1. 平均分子量

(1) 如果已知各组成气体的容积成分和各组成气体的分子量，求混合气体的平均分子量。

$$M = \frac{m}{n} = \frac{\sum_{i=1}^{n} n_i M_i}{n} = \sum_{i=1}^{n} x_i M_i = \sum_{i=1}^{n} r_i M_i \tag{1-42}$$

即混合气体的平均分子量等于各组成气体容积成分（或摩尔成分）与其分子量乘积之总和。

(2) 如果已知各组成气体的质量成分和分子量，求混合气体的平均分子量。

根据

$$\frac{m}{M} = \frac{m_1}{M_1} + \frac{m_2}{M_2} + \frac{m_3}{M_3} + \cdots + \frac{m_n}{M_n}$$

整理得

$$M = \frac{1}{\frac{g_1}{M_1} + \frac{g_2}{M_2} + \frac{g_3}{M_3} + \cdots + \frac{g_n}{M_n}} = \frac{1}{\sum_{i=1}^{n} \frac{g_i}{M_i}} \tag{1-43}$$

2. 混合气体的气体常数

(1) 若已经求出混合气体的平均分子量，根据通用气体常数，即可求出混合气体的气体常数：

$$R = \frac{R_0}{M} = \frac{8314}{M} \tag{1-44}$$

(2) 若已知各组成气体的质量成分及气体常数，求混合气体的气体常数：

$$R = \frac{R_0}{M} = \frac{nR_0}{M} = \frac{\sum_{i=1}^{n} n_i R_0}{m} = \frac{\sum_{i=1}^{n} m_i \frac{R_0}{M_i}}{m} = \sum_{i=1}^{n} g_i R_i \tag{1-45}$$

(3) 若已知各组成气体的容积成分和气体常数，求混合气体的气体常数：

$$R = \frac{R_0}{M} = \frac{R_0}{r_1 M_1 + r_2 M_2 + r_3 M_3 + \cdots + r_n M_n} = \frac{1}{\frac{r_1}{R_1} + \frac{r_2}{R_2} + \frac{r_3}{R_3} + \cdots + \frac{r_n}{R_n}} = \frac{1}{\sum_{i=1}^{n} \frac{r_i}{R_i}} \tag{1-46}$$

四、混合气体分压力的确定

根据理想气体的状态方程，对于某组成气体的分压力与分容积，有

$$p_i V = m_i R_i T$$
$$p V_i = m_i R_i T$$

所以得

$$p_i = \frac{V_i}{V} = r_i p \tag{1-47}$$

上式表明，某组成混合气体的分压力等于混合气体的总压力与该组成气体容积成分的乘积。

将式（1-41）代入上式得

$$p_i = g_i \frac{\rho}{\rho_i} p = g_i \frac{R_i}{R} p \tag{1-48}$$

上式是根据组成气体的质量成分确定分压力的关系式。

五、混合气体的比热

混合气体的比热与其组成成分有关。混合气体温度升高（或降低）时，气体所吸收（或放出）的热量，等于各组成气体相同温度升高（或降低）所吸收（或放出）热量之和。由此可以得出混合气体比热的计算公式。

若各组成气体的质量比热分别为 c_1、c_2、c_3、$\cdots$、c_n，质量成分分别为 g_1、g_2、g_3、$\cdots$、g_n，则混合气体的质量比热为

$$c = g_1 c_1 + g_2 c_2 + g_3 c_3 + \cdots + g_n c_n = \sum_{i=1}^n g_i c_i \tag{1-49}$$

同理可得到混合气体的容积比热

$$c' = r_1 c'_1 + r_2 c'_2 + r_3 c'_3 + \cdots + r_n c'_n = \sum_{i=1}^n r_i c'_i \tag{1-50}$$

将混合气体的质量比热乘以混合气体的摩尔质量 M 即得摩尔比热，也可以根据混合气体各组成气体的摩尔成分及摩尔比热求得混合气体摩尔比热。即

$$Mc = M \sum_{i=1}^n g_i c_i = \sum_{i=1}^n x_i M_i c_i \tag{1-51}$$

【例 1-6】 锅炉烟气按容积成分分析如下：二氧化碳 10%，氧气 5%，氮气为 75%，水蒸气为 10%。烟气的总压力为 740mmHg。求锅炉烟气的气体常数及各组成气体的分压力。

解 根据式（1-42）可求出烟气的分子量为

$$M = \sum_{i=1}^n r_i M_i = 0.1 \times 44 + 0.05 \times 32 + 0.1 \times 18 + 0.75 \times 28 = 28.8$$

$$R = \frac{R_0}{M} = \frac{8314}{28.8} = 288.68 [J/(kg \cdot K)]$$

由式（1-47）求得各组成气体的分压力为

$$p_{CO_2} = r_{CO_2} p = 0.1 \times 740 = 74 (mmHg)$$

$$p_{O_2} = r_{O_2} p = 0.05 \times 740 = 37 (mmHg)$$

$$p_{N_2} = r_{N_2} p = 0.75 \times 740 = 555 (mmHg)$$

$$p_{H_2O} = r_{H_2O} p = 0.1 \times 740 = 74 (mmHg)$$

【例 1-7】 混合气体的相对质量成分为空气 $g_1 = 95\%$，煤气 $g_2 = 5\%$。已知空气的气体常数 $R_1 = 287 J/(kg \cdot K)$，煤气的气体常数 $R_2 = 400 J/(kg \cdot K)$。试求混合气体的气体常数、相对容积成分和标准状态下的密度。

解 根据公式（1-45）有

$$R = \sum_{i=1}^n g_i R_i = 0.95 \times 287 + 0.05 \times 400 = 292.7 [J/(kg \cdot K)]$$

$$M = \frac{R_0}{R} = \frac{8314}{292.7} = 28.4$$

$$r_1 = g_1 \frac{R_1}{R} = 0.95 \times \frac{287}{292.7} = 93.2\%$$

$$r_2 = g_2 \frac{R_2}{R} = 0.05 \times \frac{400}{292.7} = 6.8\%$$

$$\rho_0 = \frac{M}{22.4} = \frac{28.4}{22.4} = 1.268 \ (kg/m^3)$$

小 结

本章首先介绍了一些基本的概念，接着讨论了理想气体的性质，最后介绍了混合气体的性质及表示方法。主要内容如下：

（1）工质热力过程的研究，选取热力系统是最基本的问题。一般可将系统分为闭口系统和开口系统，其区别在于系统与外界有无物质交换。绝热系统和孤立系统则是两个重要概念，对于热力学的研究有着重要的意义。在学习过程中要注意边界和环境的概念，边界可以是有形的事物也可以是假想的无形边界。

（2）热能和机械能的相互转换或者热能的转移是通过工质热力状态的改变来实现的。状态参数是点函数，是描述工质热力状态的物理量。状态参数压力 p、比体积 v 和温度 T 是可以直接测量的基本状态参数。基本状态参数是最常用的状态参数，对于它们的意义、单位及换算关系都要熟练地掌握。

（3）只有当系统处于热力平衡状态时，才可以用确定的状态参数来描述。所以，宏观的热力学研究方法是以热力平衡为基础的。对热力平衡状态、状态方程应该充分理解和掌握。

（4）理想气体是一种假象的物理模型，对于研究热力现象具有重要意义，应充分理解。理想气体的状态方程表示处于平衡状态时的理想气体的 p、V、T 之间的关系，应该熟练地掌握并能运用。

（5）理想气体的比热是气体的重要热力性质之一，可以计算气体得失热量、气体的内能、焓、熵的变化等。要理解并掌握气体比热的定义、单位；气体的定压比热和定容比热、比热比；真实比热、平均比热和定值比热等，要熟练地运用定值比热和平均比热表进行热工计算。

（6）混合气体是我们研究实际工程常用的气体工质，应熟练掌握混合气体与理想气体的有关规律和关系式。对混合气体的成分、分子量及气体常数等应充分理解，并会进行计算。

习 题

1-1 某容器中气体压力估计在 3MPa 左右，现只有两只最大刻度为 2MPa 的压力表。试问能否用来测定容器中气体的压力？

1-2 温度高的物体比温度低的物体具有较高的热量，这种说法对吗？

1-3 若容器内气体的热力状态不变，容器上压力表的读数是否会改变？为什么？

1-4 气体常数是否随气体的种类或气体所处的状态不同而改变？通用气体常数呢？

1-5 某容器内的理想气体经过放气过程，放出了一部分气体，若放气前后均为平衡状态，是否符合下列关系式：① $\dfrac{p_1 v_1}{T_1}=\dfrac{p_2 v_2}{T_2}$；② $\dfrac{p_1 V_1}{T_1}=\dfrac{p_2 V_2}{T_2}$。

1-6 用具有倾斜管子的微压计来测量烟道中的真空度，如图 1-10 所示。管子的倾斜角 $\varphi=30°$，管内水柱长度 $l=160$mm，当地大气压力 $P_b=758$mmHg。试求烟道中的真空度和绝对压力各为多少？

1-7 空气压缩机的储气罐上的压力表读数为 0.35MPa，温度计读数为 20℃。该储气罐容积为 2.8m³，求罐内空气质量。已知大气压力 $P_b=755$mmHg，若经过一段时间后，由于漏气使压力表读数降低为 0.305MPa，其余不变，求漏掉的空气质量。

1-8 某容器被刚性壁分为两部分，在容器的不同部位安装了压力表，如图 1-11 所示。若压力表 C 的读数为 110kPa，D 的读数为 175kPa，当地大气压 $P_b=97$kPa，试求容器两部分的绝对压力及表 A 的读数各为多少？

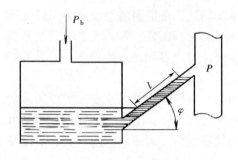

图 1-10 习题 1-6 图

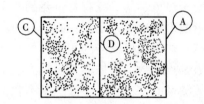

图 1-11 习题 1-8 图

1-9 鼓风机送风量为 500m³/h（标准状态下），若空气温度升高至 27℃、压力降至 0.1MPa 时，鼓风机的送风量不变。问此时鼓风机的送风质量改变了多少？

1-10 燃烧 1kg 的重油产生烟气 20kg，其中 CO_2 为 3.16kg，O_2 为 1.15kg，H_2O（视水蒸气为理想气体）为 1.24kg，其余为 N_2。试求：①该烟气的质量成分；②烟气的气体常数和分子量；③燃用 1kg 重油所产生的烟气在标准状态下的容积。

1-11 某锅炉烟气的容积成分为 $r_{CO_2}=7\%$，$r_{H_2O}=6\%$，$r_{SO_2}=0.55\%$，$r_{O_2}=17\%$，其余为 N_2。试求各组成气体的质量成分及烟气的分子量。若烟气总压力为 100kPa，试求各组成气体的分压力。

1-12 流量为 1500Nm³/h 的空气在加热器中，从 0℃ 被加热到 200℃。试分别用定值比热、真实比热和平均比热计算空气在加热器中得到的热量。

第二章 热力学第一定律

无数的实践证明，能量在自然界中既不能被创造，也不能被消灭，它只能从一种形式转化为另一种形式，或从一个系统转移到另一个系统，而其总量是不变的，这一自然规律被称为能量守恒与转换定律。它是自然界中最普遍、最基本的规律之一。在自然界中普遍适用，毫无例外。

把能量守恒与转换定律应用于伴有热现象的能量转换和转移中，即为热力学第一定律。可表述为：在任何发生热能与机械能相互转换的热力过程中，转换前后的能量是守恒的，能量数量是不变的。根据这一定律建立起来的能量方程，在热力过程的分析和计算中得到了广泛的应用。

这一定律告诉我们，不消耗任何能量而使热机永动不息的想法都会失败，也就是"第一类永动机"是不可能存在的。

本章主要要求掌握如下几个问题：①根据需要解决的问题，恰当地选择热力系统；②认真地分析系统内部与外界之间的能量传递；③根据能量守恒定律建立能量方程，能量方程的一般形式为

系统获得的能量－系统支出能量＝系统内部能量的增加

④求解能量方程。

第一节 热力过程

在热力系统中，热能与机械能的相互转换，或者热能的相互转移都必须通过系统的状态变化来实现。热力状态的连续变化称为热力过程，或简称过程。

当热力系统处于平衡状态时，系统与外界不存在使系统发生状态变化的不平衡势差，系统就保持平衡状态不变。若系统与外界之间存在不平衡势差，则系统与外界进行能量传递，系统工质的热力状态必将发生变化，这样系统就进行了热力过程。例如，锅炉中高温烟气由于与水发生热交换，烟气温度由高温降到低温；又如进入压缩机的制冷剂，压缩机压缩制冷剂变为高温高压的蒸汽流出，等等。若系统与外界不平衡势差消失，相互作用结束，过程也就终止，系统又恢复到平衡状态。实际的热力过程由于工质流动及机械运动存在着摩擦等影响，过程非常复杂，给热工计算、分析带来很大困难。为了简化计算，在引用平衡概念的基础上，将热力过程理想化为准静态过程和可逆过程。

一、准静态过程

在研究系统内部状态变化过程中发现，系统内、外都存在引起系统状态变化的某种势差，如压差、温差等，所以系统状态变化就很容易偏离平衡状态。例如，活塞式气缸中气体被压缩时，靠近活塞顶面的气体压力就高于其他部位的压力；又如系统吸热时靠近热源界面的温度高于系统其他部位的温度等。对于系统内、外势差越大，过程就进行的越快，则系统偏离平衡态也就越大。从理论上讲，无论压差还是温差都有做功的能力，但是，系统这种内

部的不平衡势差在系统向新的平衡状态过渡时，并不能都对外做功，而是表现为存在部分损失，这种损失称为非平衡损失。由于这种损失很难定量计算，因此，在理论研究中就设想存在一种过程，这种过程进行得非常缓慢，使过程中系统内部被破坏了的平衡有足够的时间恢复到新的平衡态，从而使过程的每一瞬间系统内部的状态都非常接近平衡状态，这样整个过程就可看作是由一系列非常接近平衡态的状态所组成，这就是准静态过程。对于这种过程可不必考虑内部不平衡势差对能量转换造成的影响，即没有内部不平衡损失。

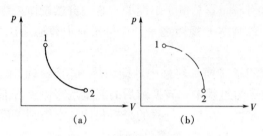

图 2-1 准静态与非准静态过程

准静态过程可以在坐标图上用一系列平衡状态点的轨迹所描述的连续曲线表示，如图 2-1 (a) 所示。如果热力过程除初、终状态外，在过程中的每一瞬间系统状态都不接近平衡态，这种过程称为非准静态过程，如图 2-1（b）所示。

可以看出，准静态过程是一个理想化的过程，是实际过程进行速度等于零时的极限过程。准静态过程和平衡状态、理想气体等概念一样，是科学合理的抽象。在热工设备中进行的实际过程，在适当的条件下可视为准静态过程来进行研究。例如，在 0℃时 H_2 分子的均方根平移运动速度达 1838m/s，O_2 分子达 461m/s，在气体内部的压力传播速度也很大，通常可达到每秒几百米。而活塞的运动速度则通常不足 10m/s，因而工程中的许多热力过程，虽然凭人们的感觉已经很快了，但实际上，按照热力学的时间标尺来衡量，过程的变化还是比较慢的，并不会出现明显的偏离平衡态。即使在叶轮式机器中，过程进行得非常快，对平衡状态的偏离较大，一般也可以先当作准静态研究，之后再进行合适地修正。

二、可逆过程

系统与外界的能量传递过程中，设备的机械运动和工质的黏性运动都存在着摩擦阻力，这些摩擦阻力，将使一部分可用功转化为热，虽然总的能量没有变化，但是可用功却减少了，转变成了低品位的热能，这种可用功转变为热的现象称为耗散效应，而造成可用功的损失称为耗散损失。对于这部分损失在实际计算中也是很难定量确定的，因此，理论分析时可以设想一个完全没有热力学损失（包括非平衡损失和耗散损失）的理想热力过程。

如图 2-2 所示，该装置是由气体工质、热源和热机组成。工质从热源吸热，膨胀对外做功。若该膨胀过程是准静态过程，则可以在 p-V 图上表示出来，如图 2-2 中过程 A-1-2-3-B 所示。由于准静态过程是由一系列平衡状态组成，所以在过程中系统将随时保持热平衡和力平衡。若系统不仅内部没有摩擦，而且系统与外界也没有损失，系统所做的功将完全传递给外界，也就是以动能的形式储存在飞轮中。如果过程沿原路返回，即以飞轮的动能来推动活塞逆行，使系统沿 $B321A$ 回到初态，这时飞轮所获得动能正好用来推动活塞回到原来的位置，系统向热源放出的热量也正好等于系统在

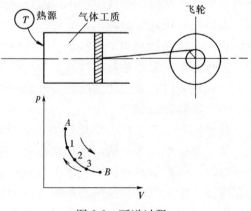

图 2-2 可逆过程

膨胀过程中所吸收的热量。当系统回到初态时，热源、热机以及气体工质（系统）等全部回到各自的初态，没有留下任何的影响和变化，这就是可逆过程。因此，可逆过程可定义为：当系统正、反两个过程后，系统与外界均能完全回复到初始状态，这样的过程称为可逆过程；否则为不可逆过程。

实现可逆过程的条件，一是过程没有势差（或势差无限小），如传热没有温差，做功没有力差等；二是过程没有耗散效应，如机械运动没有摩擦，导电没有电阻等。很显然，可逆过程是理想化的过程，是实际过程的一种极限，只是一种研究方法，是一种科学的抽象，实际上是不可能实现的。

很明显，可逆过程必定是准静态过程；准静态过程如果没有摩擦等耗散效应，就是一个可逆过程；准静态过程是可逆过程的条件之一。两个过程都是由一系列平衡状态所组成，在 pV 图上都能用连续曲线来表示。可逆过程要求系统与外界随时保持力平衡和热平衡，并且不存在任何耗散效应，在过程中没有任何能量的不可逆损失；而准静态过程的条件仅限于系统内部的力平衡和热平衡。准静态过程在进行中系统与外界之间可以存在不平衡势差，只要系统内部能够及时恢复平衡，其状态变化还可以是准静态的。所以说，准静态过程是针对系统内部的状态变化而言的，而可逆过程则是针对过程中系统所引起的外部效果而言的。

第二节 系统储存能

系统的储存能包括两部分：一部分是储存于系统内部的能量，称为内部储存能，简称为内能，取决于系统本身的状态，它与系统内工质的分子结构及微观运动有关；另一部分取决于系统工质与外力场的相互作用（如重力位能）及以外界为参考坐标的系统宏观运动所具有的能量（宏观动能），这两种能量统称为外储存能。

一、内能

内能是物质内部所具有的分子动能与分子位能的总和，主要包括以下各项：

(1) 由于分子热运动而具有的内动能。其具体表现为：①分子直线运动的动能；②分子旋转运动的动能；③分子内部原子和电子的振动能。分子的内动能取决于工质的温度，温度愈高，内动能就愈大，反之亦然。

(2) 由于分子之间存在相互作用力而具有内位能。内位能与分子间的距离有关，亦即与气体的比容有关。

此外，分子内部的能量还有：①与分子结构有关的化学能；②原子核内的原子能等。但是，由于在此主要讨论热力过程，并不涉及化学反应和核反应，故这两部分能量保持不变。在工程热力学中，内能是分子内动能和内位能的总和，也称为物理内能。

通常用 U 表示 m kg 质量气体的内能，单位是 J；用 u 表示 1kg 质量气体的内能，其单位为 J/kg。则有

$$u=f(T,v)$$

上式表明，内能是状态参数 T 和 v 的函数，显然内能也是状态参数，它具有状态参数的一切数学特性，和其他状态参数一样，内能与状态有一一对应的关系。

又由于 p、v、T 三者之间存在着一定的关系，所以内能也可表示为

$$u=f(T,p)$$

或
$$u=f(p,v)$$

对于理想气体，由于分子之间没有作用力，也就是无内位能，气体内能仅是分子的内动能，所以，理想气体内能只是温度的单值函数，即

$$u=f(T)$$

二、外储存能

外部储存能包括宏观动能和重力位能。

（1）宏观动能。质量为 m kg 的物体以速度 c 运动时，该物体所具有的宏观动能为

$$E_k=\frac{1}{2}mc^2$$

（2）重力位能。在重力场中，质量为 m kg 的物体相对于系统外的参考坐标系的高度为 z 时，具有的重力位能为

$$E_p=mgz$$

式中　g——重力加速度，m/s²。

c、z 是力学参数，独立于热力系统之外，对于同一热力状态的物体可以存在不同的 c、z 值。

三、系统的总储存能

系统的总储存能 E 为内储存能和外储存能之和。

$$E=U+E_k+E_p$$

或
$$E=U+\frac{1}{2}mc^2+mgz \tag{2-1}$$

对于 1kg 质量物体的总储存能为

$$e=u+\frac{1}{2}c^2+gz \tag{2-2}$$

第三节　系统与外界能量交换

系统与外界能量的传递，是指系统与外界热力源或其他有关物体之间进行的能量传递。这种能量传递形式有：物质通过边界时所携带的能量、功量和热量。

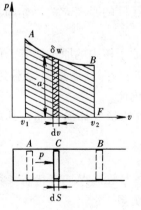

图 2-3　膨胀功（容积功）

一、功量

功量是系统与外界进行能量交换的一种形式，是在除温差以外其他不平衡势差的作用下，系统与外界所发生的能量交换。由于不平衡势差的存在导致了过程的进行，故功量只有在过程中才能发生，才有意义。过程停止了，系统与外界的功量传递也相应停止。

热能与机械能的相互转化是依靠工质的膨胀或压缩来实现的，相应的称为膨胀功或压缩功，也称容积功。如图 2-3 所示，以气缸—活塞机构为例，来推导容积功的计算式。

设气缸内有 1kg 气体，并取其为热力系统。由于系统容积发生变化（增大或减小），通过界面向外界传递的机械功即为膨胀

功。一般规定：系统容积增大，表示系统对外界做膨胀功，视为正功；系统容积减小，表示外界对系统做压缩功，视为负功。

如图 2-3 中过程 A-B 所示，当工质克服外力 F 推动活塞移动微小距离 dS 时，工质将对外做出微小的膨胀功。按照物理学中功的定义式，则有

$$\delta w = F \cdot dS$$

假设过程是可逆的，系统处于平衡状态，内外没有势差，作用在活塞上的外力与工质作用在活塞上的力相等。外力就可以用系统内部状态参数来表示，即

$$F = pf$$

式中 f 是活塞的截面积。所以，单位质量的工质在微元热力过程中克服外力所做的功为

$$\delta w = pfdS = pdv \tag{2-3}$$

式中 dv 表示当活塞移动 dS 时，系统容积的微小变化。

对于整个膨胀过程 A-B，工质对外所做的膨胀功为

$$w = \int_A^B p\,dv \tag{2-4}$$

在 p-v 图中，膨胀功 w 的值为过程曲线 A-B 下的面积 ABv_2v_1A。由于在 p-v 图上可用过程线与坐标轴之间围成的面积表示功的大小，故又称 p-v 图为示功图。很显然，在初、终状态相同的情况下，如果过程所经历的途径不同，则膨胀功的大小也不同。这充分说明膨胀功与过程特性有关，膨胀功是过程量而不是状态量。

从数学的概念上来表述，微元功 δw 不是全微分，"δ"表示微元量，而不是微元变化量"d"，故它的积分式具有下列关系 $w = \int_A^B \delta w \neq w_B - w_A$

二、热量

对于没有物质流的系统，热量是除功以外的系统与外界传递能量的又一种形式。热量传递中作为推动力的强度性参数是温度。当系统与外界间存在温度差时，热量就从高温侧传向低温侧；当系统与外界间达到热平衡时，过程就停止了，热量传递也就停止了。很显然，热量也只有在过程中才可能发生，才有意义。热量一旦传入系统，就变成系统储存能的一部分，即内能。热量与内能之间有原则性的区别，热量是与过程特性有关的过程量，而内能是取决于热力状态的状态量。因此，我们不能说系统具有多少热量，而只能说系统具有多少能量。

在热力学中用符号 Q 表示热量，1kg 工质所传递的热量用 q 表示，故有 $Q = m \cdot q$。另外，当系统吸热时，热量为正值，即 $q > 0$；系统放热，热量为负值，即 $q < 0$。

热量计算：对应于功量计算中的 dv，有熵的增量 ds，于是热量计算有类似于功量的计算公式，为

$$\delta q = Tds \tag{2-5}$$

或

$$\delta Q = TdS \tag{2-5a}$$

那么，上式中的 S 也就是一个状态参数，称其为熵，关于状态参数熵将在第 4 章中作进一步的讨论。

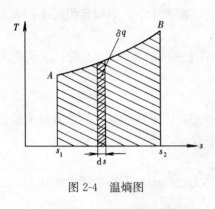

图 2-4 温熵图

如图 2-4 所示，在 T-s 图上微元热力过程传递的热量 δq 等于用双阴影线表示的微元面积。可逆过程 A-B 传递的热量

$$q = \int_A^B T \mathrm{d}s \tag{2-6}$$

可以看出 $\mathrm{d}s$ 是有无热量传递的标志。由于 $T>0$，当 $\mathrm{d}s>0$ 时，$q>0$，系统吸热；当 $\mathrm{d}s<0$ 时，$q<0$，系统放热；当 $\mathrm{d}s=0$ 时，$q=0$ 系统与外界无热量交换。因此，可通过状态参数 s 的变化来判断可逆过程中系统与外界是否有热量交换以及热量交换的方向。

三、随物质流动传递的能量

开口系统与外界随物质流传递的能量包括两部分。

1. 流动工质本身具有的储存能，随工质流进或流出控制体

$$E = U + \frac{1}{2}mc^2 + mgz$$

或

$$e = u + \frac{1}{2}c^2 + gz$$

2. 流动功（或推动功）

当工质流进或流出控制体时，后面的工质推动前面的工质向前运动，这样后边的工质对前面的工质就必须作推动功。因此，流动功是为推动工质通过控制体界面而传递的机械功，它是维持工质正常流动所必须传递的能量。

如图 2-5 所示，流动功计算式的推导如下：设有微元质量为 δm 的工质将要进入控制体，在控制体界面 1-1 处流体的状态参数为压力 p、比容 v，管道截面积为 f，当工质流过界面 1-1 时必将从 1-1 左面的流体得到一定数量的推动功。根据力学中功的概念：流动功 = 力 × 距离。即在后面流体的推动下，使质量为 δm 流体移动距离 $\mathrm{d}s$ 进入系统，这时流动功为

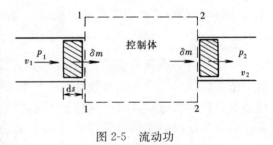

图 2-5 流动功

$$\delta W_\mathrm{f} = pf\mathrm{d}S$$

很显然，$f\mathrm{d}S$ 为 δm 流体所占有的容积 δV。

即

$$f\mathrm{d}S = \delta V = v\delta m$$

当界面处热力参数恒定时，质量为 m 的流体的流动功为

$$W_\mathrm{f} = \int_{(m)} pv\delta m = pvm = pV \tag{2-7}$$

对于 1kg 质量的流体则有

$$w_\mathrm{f} = \frac{W_\mathrm{f}}{m} = pv \tag{2-8}$$

上式表明，推动 1kg 工质进入控制体内所需的流动功，可按入口界面处的状态参数 $p_1 v_1$ 来计算。同理，将 1kg 工质推出控制体所需的流动功可按出口界面处状态参数 $p_2 v_2$

计算。

对于移动 1kg 工质进、出控制体静流动净功为

$$w_{f2}-w_{f1}=p_2v_2-p_1v_1 \tag{2-9}$$

从式（2-7）～式（2-9）可以看出，流动功是一种特殊的功，其数值取决于控制体进出口界面工质的热力状态。

四、焓及其物理意义

物质流传递的总能量应包括物质流本身储存能和流动功两部分，即

$$U+\frac{1}{2}mc^2+mgz+pV$$

对于 1kg 工质则有

$$u+\frac{1}{2}c^2+gz+pv$$

其中 u 和 pv 取决于工质的热力状态，为了简化计算，热力学中引入一个新的物理量——焓。令

$$H=U+pV$$

或

$$h=u+pv \tag{2-10}$$

式中 H——总焓；

h——比焓，简称为焓。

从上式中可得，由于 u 和 p、v 都是工质的状态参数，所以焓也是工质的状态参数。

对于理想气体 $\qquad h=u+pv=u+RT=f(T)$

上式表明，对于理想气体的焓值和内能一样，也是温度的单值函数。

焓在热力学中是一个重要而常用的状态参数，它的应用对热力学问题的分析和求解带来很大的方便。

对于开口系统、流动工质，焓是内能和流动功之和。焓具有能量意义，它表示流动工质向流动前方传递的总能量中取决于热力状态的那部分能量。若流动工质的动能和位能可以忽略，则焓代表随流动工质传递的总能量。在没有物质流的闭口系统中，由于没有工质的流进和流出，pv 不代表流动功，所以，焓只是一个复合状态参数。

第四节 闭口系统能量方程

一、闭口系统的能量方程

闭口系统与外界没有物质交换，系统与外界能量的交换只有功量与热量两种交换形式。系统的储存能在热力过程中将会发生变化，若系统储存能中的宏观动能和重力位能不发生变化，热力过程中系统总储存能的变化，等于系统内能的变化。即

$$\Delta E=\Delta U=U_2-U_1$$

如图 2-6 所示，取气缸中的气体作为系统，在热力过程中系统从外界热源取得热量 Q，对外做的膨胀功为 W，系统储存能的变化为 ΔU。根据热力学第一定律建立

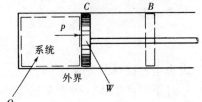

图 2-6 闭口系统的能量转换

能量方程式，有
$$Q - W = \Delta U$$
或表示为
$$Q = \Delta U + W \tag{2-11}$$
对于单位质量工质则有
$$q = \Delta u + w \tag{2-11a}$$

式（2-11）即为闭口系统能量方程的表达式。它表示：加给闭口系统的热量，一部分用于改变系统的内能，另一部分以容积功的形式与外界进行能量交换。式中各项均可为正、为负、为零，其中 Q、W 的符号与前面的规定相同。而对于内能：$\Delta U > 0$，表示内能增加；$\Delta U < 0$，表示内能减少；$\Delta U = 0$，表示内能不变。

对于微元热力过程
$$\delta Q = dU + \delta W \tag{2-12}$$
或
$$\delta q = du + \delta w \tag{2-12a}$$

由于能量方程是直接根据能量守恒定律推导得出，因此，能量方程式可用于闭口系统任何工质的任何过程，也不论过程是否可逆。

对于可逆过程，由于 $\delta w = pdv$ 或 $w = \int_1^2 pdv$，所以有
$$\delta q = du + pdv \tag{2-13}$$
或
$$q = \Delta u + \int_1^2 pdv \tag{2-13a}$$

必须指出，由于热能转换为机械能必须通过工质膨胀才能实现，因此，闭口系统能量方程反映了热功转换的实质，是热力学第一定律的基本表达式。虽然式（2-11）～式（2-13）是从闭口系统推导出来的，但是对于热量、内能、膨胀功三者关系来说，也适用于开口系统。

【例 2-1】 对于 12kg 的气体在闭口系统中吸热膨胀，吸收的热量为 140kJ，对外做了 95kJ 的膨胀功。问该过程中气体的内能是增加还是减少？每 kg 气体内能变化多少？

解 根据式（2-11）得
$$\Delta U = Q - W = 140 - 95 = 45 (\text{kJ})$$
由于 $\Delta U = 45\text{kJ} > 0$，故系统内能增加。
每公斤气体内能的增加量为
$$\Delta u = \frac{\Delta U}{m} = \frac{45}{12} = 3.75 (\text{kJ/kg})$$

二、理想气体的内能变化计算

对于理想气体的定容过程，$\delta w = 0$，于是有
$$\delta q_V = du_V = c_V dT$$
由上式可得
$$c_V = \left(\frac{\partial u}{\partial T}\right)_V \tag{2-14}$$
上式为定容比热的定义式。

对于理性气体，内能是温度的单值函数，式（2-14）可写成
$$c_V = \frac{du}{dT}$$

即得
$$du = c_V dT \tag{2-15}$$
或
$$\Delta u = \int_1^2 c_V dT \tag{2-15a}$$

式（2-15）是通过定容过程推导得出内能变化值的计算公式。但是，由于理想气体的内能仅是温度的单值性函数，与比容或压力无关。因此，式（2-15）可用于计算理想气体任何过程的内能变化。而对于实际气体，式（2-15）只适用于计算定容过程的内能变化。

在实际工程中，通常只计算两个热力状态之间的内能变化，应用式（2-15a）计算内能变化时，基本等同于定容过程的热量计算。定容比热可根据具体情况，选用定值比热、真实比热或平均比热进行计算。

按定值比热计算
$$\Delta u = c_V(T_2 - T_1) \tag{2-16}$$
按平均比热计算
$$\Delta u = \int_{t_1}^{t_2} c_V dt = \int_0^{t_2} c_V dt - \int_0^{t_1} c_V dt$$
$$= c_{V,m} \Big|_0^{t_2} \cdot t_2 - c_{V,m} \Big|_0^{t_1} \cdot t_1 \tag{2-17}$$

按真实比热计算时，需要已知 $c_V = f(T)$ 的函数式，然后按照式（2-15a）积分计算。

对于理想混合气体的内能等于各组分气体的内能之和。即
$$U = U_1 + U_2 + \cdots + U_n = \sum_{i=1}^n U_i \tag{2-18}$$

对于每一种气体的内能可表示为
$$U_i = m_i u_i$$

所以有
$$mu = \sum_i^n m_i u_i$$

单位质量混合气体的内能为
$$u = \sum_{i=1}^n g_i u_i \tag{2-19}$$

对于混合气体，每种组成气体的单位质量内能 u_i 是温度的单值函数，但是混合气体的单位质量内能 u，不仅取决于温度，而且与各组成气体的质量成分 g_i 有关。混合气体单位质量的内能只有各组成气体的成分一定时，才是温度的单值函数。

【例 2-2】 有一绝热的刚性容器，用一隔板将它分成 A、B 两部分，开始时，A 中空气的状态参数为：$T_A = 300K$、$P_A = 0.1MPa$、$V_A = 0.5m^3$；B 中空气的状态参数为：$T_B = 350K$、$P_B = 0.5MPa$、$V_B = 0.3m^3$。求将隔板取出后两容器达到平衡时的温度及压力。

解 取整个容器的空气作为热力系统，该系统为闭口系统。由于系统对外界既无热量交换也无功量交换，根据能量方程：$Q = \Delta U + W$，故
$$\Delta U = 0$$
即
$$\Delta U_A + \Delta U_B = 0$$

设空气的终态温度为 T；由于 A、B 两部分温差不大，所以，可认为空气比热为定值。则有
$$m_A c_V(T - T_A) + m_B c_V(T - T_B) = 0$$

根据理想气体的状态方程有 $m_A = \dfrac{p_A V_A}{RT_A}, m_B = \dfrac{p_B V_B}{RT_B}$，并带入上式整理得

$$T = T_A T_B \left(\frac{p_A V_A + p_B V_B}{p_A V_A T_B + p_B V_B T_A} \right)$$

$$= 300 \times 350 \left(\frac{0.1 \times 0.5 + 0.5 \times 0.3}{0.1 \times 0.5 \times 350 + 0.5 \times 0.3 \times 300} \right) = 336 \text{(K)}$$

终态压力为

$$p = \frac{mRT}{V} = \frac{(m_A + m_B)RT}{V_A + V_B}$$

$$= \frac{p_A V_A + p_B V_B}{V_A + V_B} = \frac{0.1 \times 0.5 + 0.5 \times 0.3}{0.5 + 0.3} = 0.25 \text{ (MPa)}$$

第五节 开口系统能量方程

在工程上,所用到的许多设备,例如锅炉、汽轮机、压气机、换热器以及空气处理器等,在运行的时候,都有工质不断地流进、流出控制体界面,即是开口系统。

如图 2-7 所示,表示一个典型的开口系统,系统与外界之间存在热量、质量和轴功的交换。

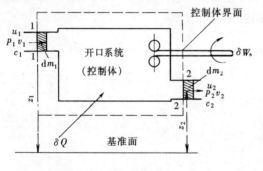

图 2-7 开口热力系统

当系统在某段时间内经历了某一热力过程,系统的质量和能量都将发生变化。但是,其质量变化必将符合连续流动的质量守恒定律,能量变化也必将符合热力学第一定律。于是有

进入控制体的质量－离开控制体的质量＝控制体中质量的增量

进入控制体的能量－控制体输出的能量＝控制体中储存能的增量

据此对开口系统能量方程作如下的推导。

设控制体在 τ 到 $(\tau + d\tau)$ 的时间内进行了一微元热力过程。在这段时间内,由控制体界面 1—1 处流入的工质质量为 δm_1,由界面 2-2 流出的工质质量为 δm_2,控制体从热源吸收的热量为 δQ,对外做轴功为 δW_s,控制体的能量收入和支出情况如下:

进入控制体的能量 $= \delta Q + \left(h_1 + \frac{1}{2} c_1^2 + g z_1 \right) \delta m_1$

离开控制体的能量 $= \delta W_s + \left(h_2 + \frac{1}{2} c_2^2 + g z_2 \right) \delta m_2$

根据热力学第一定律,控制体储存能变化 dE_{CV} 为

$$dE_{CV} = \delta Q + \left(h_1 + \frac{1}{2} c_1^2 + g z_1 \right) \delta m_1 - \delta W_s - \left(h_2 + \frac{1}{2} c_2^2 + g z_2 \right) \delta m_2$$

整理得

$$\delta Q = \delta W_s + \left(h_2 + \frac{1}{2} c_2^2 + g z_2 \right) \delta m_2 - \left(h_1 + \frac{1}{2} c_1^2 + g z_1 \right) \delta m_1 + dE_{CV} \quad (2-20)$$

上式是在普遍情况下导出的,自然就适用于各种情况,例如既适用于控制体内的质量和能量随时间而变化的不稳定流动过程,也适用于系统内的质量和能量不随时间变化,各点参数保持不变的稳定流动过程。对于可逆过程、不可逆过程也是同样适用,还适用于闭口

系统。

对于闭口系统，由于系统边界没有物质流进和流出，所以 $dm_1 = dm_2 = 0$。而通过边界的功为膨胀功 δW，如果不考虑系统工质的位能与动能的变化，则系统能量变化为 dU。于是公式（2-20）则为

$$\delta Q = dU + \delta W$$

上式便是闭口系统能量方程的解析式，与式（2-12）相同。

【例 2-3】 某压缩空气管道向一贮气罐中充气，如图 2-8 所示。已知充气前充气阀是关闭的，贮气罐内为真空。打开充气阀，直到贮气罐与压缩空气管道压力平衡，充气过程结束。若压缩空气管道内的空气状态参数为 p_0, t_0, h_0，充气过程为绝热过程，充气过程中罐内空气状态均匀变化，且贮气罐为刚性容器。求充气终了时贮气罐内空气的内能。

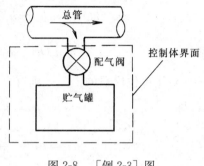

图 2-8　［例 2-3］图

解 选定贮气罐及充气阀作为控制体。如图 2-8 中虚线所包围的空间，显然这是一个一般的开口系统，可采用公式（2-20）分析。

分析该充气过程，系统与外界没有热量和功量交换，并且只有进气而没有出气，所以有

$$\delta Q = 0 \quad \delta W_s = 0 \quad \delta m_2 = 0$$

另外气体的动能和位能变化很小，可以忽略。将上述条件代入公式（2-20），并将进入贮气罐气体的质量有 dm_1 改为 dm_0，则有

$$\delta m_0 h_0 = dU$$

对于整个充气过程有

$$h_0 \int_0^{m_0} \delta m_0 = \int_1^2 dU$$

即
$$h_0 m_0 = U_2 - U_1 = (mu)_2 - (mu)_1 \tag{2-21}$$

上式即为绝热充气能量方程式，它表明在绝热过程中，进入系统的焓值等于系统内能的变化。

本题由于贮气罐开始状态为真空，故有 $m_1 = 0$，又因为质量守恒，$m_0 = m_2$。故

$$u_2 = h_0$$

向真空刚性容器绝热充气终了时，容器内气体的内能等于从总管进入容器气体的焓。

第六节　稳定流动能量方程及应用

在工程中常见的热工设备，例如汽轮机、风机以及锅炉等，通常都是在稳定工况下运转。工质以恒定的流量连续不断地进出系统，系统内任何一点的热力状态和流动情况均不随时间而变化，系统与外界交换的功量和热量也不随时间变化，从而系统内的质量和能量不随时间而变化。这就是稳态稳流，也称为稳定流动。

一、稳定流动能量方程

根据稳定流动特性可知：

(1) 同一时间内，进、出控制体界面及流过系统内任何断面的质量均相等。即

$$\delta m_1 = \delta m_2 = \cdots = \delta m_n$$

(2) 同一时间内，进入控制体内的能量和离开控制体的能量相等，而控制体内的能量保持不变。即

$$dE_{CV} = 0$$

所以式（2-20）可以写为

$$\delta Q = \left[(h_2 - h_1) + \frac{1}{2}(c_2^2 - c_1^2) + g(z_2 - z_1)\right]\delta m + \delta W_s \qquad (2\text{-}22)$$

或

$$Q = \left[(h_2 - h_1) + \frac{1}{2}(c_2^2 - c_1^2) + g(z_2 - z_1)\right]m + W_s \qquad (2\text{-}22a)$$

对于单位质量的工质，则有

$$q = (h_2 - h_1) + \frac{1}{2}(c_2^2 - c_1^2) + g(z_2 - z_1) + w_s$$

$$= \Delta h + \frac{1}{2}\Delta c^2 + g\Delta z + w_s \qquad (2\text{-}23)$$

对于微元热过程，有

$$\delta q = dh + \frac{1}{2}dc^2 + gdz + \delta w_s \qquad (2\text{-}24)$$

或

$$\delta Q = dH + \frac{1}{2}mdc^2 + mgdz + \delta W_s \qquad (2\text{-}24a)$$

式（2-22）～式（2-24）均为稳定流动能量方程式的表达形式，普遍适用于稳态流动各种热力过程。

二、技术功及轴功

稳定流动能量方程中，动能变化量 $\frac{1}{2}\Delta c^2$，位能变化量 $g\Delta z$ 以及轴功 w_s 都属于机械功，都属于在技术上可以被利用的功量，通称为技术功。故技术功 w_t 为

$$w_t = \frac{1}{2}\Delta c^2 + g\Delta z + w_s \qquad (2\text{-}25)$$

对于微元热力过程

$$\delta w_t = \frac{1}{2}dc^2 + gdz + \delta w_s \qquad (2\text{-}25a)$$

引入技术功概念后，稳定流动的能量方程可以表示为

$$q = \Delta h + w_t \qquad (2\text{-}26)$$

对于微元热力过程

$$\delta q = dh + \delta w_t \qquad (2\text{-}26a)$$

对于稳定流动，由于存在

$$\Delta h = \Delta u + \Delta(pv), \quad q = \Delta u + w,$$

所以由式（2-26）可得

$$w_t = (\Delta u + w) - [\Delta u + \Delta(pv)] = w - (p_2 v_2 - p_1 v_1) \qquad (2\text{-}27)$$

上式表明，技术功等于膨胀功减去流动功之差。

对于稳态流动的可逆过程 1-2，如图 2-9 所示。

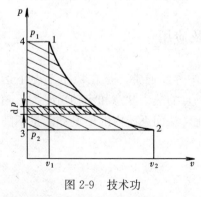

图 2-9 技术功

第二章 热力学第一定律

膨胀功为
$$w = \int_1^2 p\,dv$$

故
$$w_t = \int_1^2 p\,dv - \int_1^2 d(pv) = \int_1^2 p\,dv - \int_1^2 p\,dv - \int_1^2 v\,dp = -\int_1^2 v\,dp$$

即
$$\delta w_t = -v\,dp \tag{2-28}$$

或
$$w_t = -\int_1^2 v\,dp \tag{2-28a}$$

如图 2-8 所示，微元技术功，在 $p-v$ 图上为双阴影线所示的微元面积，而可逆过程1-2的技术功为面积 12341。

很显然，技术功也是过程量，其数值取决于工质的初、终状态和热力过程特性。

在一般的工程中，工质在设备中的热力过程往往可以不考虑工质动能和位能的变化，由式（2-25）可知，此时的技术功就等于轴功，即

$$w_t = w_s = w - (p_2 v_2 - p_1 v_1) \tag{2-29}$$

三、稳定流动能量方程的应用

稳定流动能量方程式在工程中有着广泛地应用。在不同的条件下，经过适当地简化，可以得到不同的形式，或者依据前面建立能量方程的分析方法，建立相应的能量方程。下面就工程中常见几种机械模型举例说明。

1. 热交换器

当工质流过锅炉、蒸发器、冷凝器、空气加热（或冷却）器等各种热交换设备时，由于系统工质与外界没有功量交换，即 $w_s = 0$。并且动能、位能变化很小，所以 $\frac{1}{2}\Delta c^2 \approx 0$、$g\Delta z \approx 0$。根据公式（2-23）有

$$q = h_2 - h_1$$

上面结论说明：在蒸发器等换热设备中，工质所吸收的热量等于焓的增加。

2. 动力机

动力机是利用工质在机器中膨胀而获得机械功的设备，现以汽轮机为例计算动力机所做的轴功。当工质流过汽轮机时，由于进出口速度变化不大，进、出口的高差也不大，故有

$$\frac{1}{2}\Delta c^2 \approx 0 \quad g\Delta z \approx 0$$

又由于工质流过汽轮机的速度很快，我们认为工质与外界的换热很小，可以忽略，即

$$q \approx 0$$

根据公式（2-23）有

$$w_s = h_1 - h_2$$

由此得出，在汽轮机等动力机中，系统所做的轴功等于工质的焓降。

3. 压气机

与动力机相反，压气机是消耗机械功而获得高压气体。当工质流过压气机时，同样由于进出口速度变化不大，进、出口的高差也不大，故有

$$\frac{1}{2}\Delta c^2 \approx 0 \quad g\Delta z \approx 0$$

又由于工质流过压气机时压缩速度很快，工质与外界的换热也很小，可以忽略，即

$$q \approx 0$$

这样就有
$$-w_s = h_2 - h_1$$
也就是说，压气机绝热压缩所消耗的轴功等于压缩气体焓值的增加。

4. 喷管

喷管是一种使气流提高速度的短管道，如图 2-10 所示。工质流经喷管时，系统与外界是没有功量交换的，位能差也很小可以忽略。同样由于工质流经喷管时速度很快，工质与外界的换热很小，可以不考虑系统与外界的热量交换。即

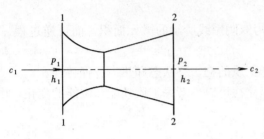

图 2-10 喷管

$$w_s = 0 \quad g\Delta z \approx 0 \quad q \approx 0$$

根据公式（2-23）有
$$\frac{1}{2}(c_2^2 - c_1^2) = h_1 - h_2$$

工质流过喷管时，所获得的动能等于工质焓的降低。

【例 2-4】 某采暖用锅炉，蒸发量为 2t/h，水进入锅炉时的焓为 $h_1 = 65$kJ/kg，产生蒸汽的焓为 $h_2 = 2700$kJ/kg。若煤的发热量为 23000kJ/kg，锅炉热效率为 $\eta = 70\%$。试求该锅炉的耗煤量。

解 本题目为换热器问题，根据换热器中工质所获得的热量等于焓值的增加，所以有
$$Q = mq = m(h_2 - h_1) = 2 \times 10^3 \times (2700 - 65)$$
$$= 527 \times 10^4 \text{(kJ/h)}$$

所以耗煤量为
$$\frac{527 \times 10^4}{23000 \times 70\%} = 327 \text{(kg/h)}$$

【例 2-5】 空气的流量可以用一个装在空气管道中的电加热器来测量，如图 2-11 所示。在加热器前后有两只温度计来测量空气的温度，如果所用电加热器的散热量 $Q = 750$W，通电后电加热器前后的温度分别为 $t_1 = 15$℃，$t_2 = 18$℃。假定加热器后面的空气压力 $p = 116$kPa，管道直径 $d = 0.09$m。试求：每小时空气的质量流量以及空气经过加热器后的流速。

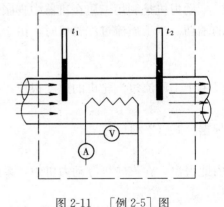

图 2-11 [例 2-5] 图

解 由于空气的温度不高，且温差变化很小，假定空气的比热为定压比热，且为
$$c_p = 1.01 \text{kJ/(kg·k)}$$

由于该问题为加热器，所以有
$$Q = mq = H_2 - H_1$$
或
$$Q = mc_p(t_2 - t_1)$$

所以有
$$m = \frac{Q}{c_p(t_2 - t_1)} = \frac{0.75}{1.01 \times (18 - 15)} = 0.248 \text{(kg/s)}$$

根据气体的状态方程，加热器后面的体积流量为

$$V = \frac{mRT}{p} = \frac{0.248 \times 0.287 \times (273+18)}{116}$$
$$= 0.18(\text{m}^3/\text{s})$$

空气被加热后的流速为
$$c = \frac{V}{\frac{\pi}{4}d^2} = \frac{4 \times 0.18}{3.14 \times 0.09^2} = 28.31(\text{m/s})$$

【例 2-6】 某工质以 $c_1=3\text{m/s}$ 的速度，通过截面 $f_1=45\text{cm}^2$ 的管道进入动力机。已知进口处 $p_1=689.48\text{kPa}$，$v_1=0.3373\text{m}^3/\text{kg}$，$u_1=2326\text{kJ/kg}$；出口处 $h_2=1395.6\text{kJ/kg}$。试求该动力机的功率。

解 工质的流量为
$$m = \frac{c_1 f_1}{v_1} = \frac{3 \times 45 \times 10^{-4}}{0.3373} = 0.04(\text{kg/s})$$
$$h_1 = u_1 + p_1 v_1 = 2326 + 689.48 \times 0.3373 = 2558.6(\text{kJ/kg})$$

根据动力机的工作原理，所以其功率为
$$P = W_s = m(h_1 - h_2) = 0.04 \times (2558.6 - 1395.6) = 46.5(\text{kW})$$

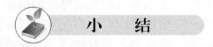

小 结

热力学第一定律是能量守恒与转换定律在热力学中的具体应用，由此推导出的闭口系统能量方程和稳定流动能量方程是进行热工分析和计算的主要依据。本章的主要内容如下：

(1) 工质的热力过程、准静态过程、可逆过程、过程中系统与外界的功量与热量的交换、功量与热量在 $p-v$ 图和 $T-s$ 图上的表示。

(2) 热力学第一定律、闭口系统的能量方程适用于闭口系统的任何热力过程，方程中所涉及的内能 u 是工质的热力状态参数，可表示为 $u = f(T,v)$。对于理想气体，内能是温度的单值函数，可表示为 $u = f(T)$。闭口系统能量方程是对闭口系统进行能量分析和计算的依据。

(3) 开口系统由于存在物流流过系统的边界，因而开口系统的能量方程所含有的项中包含因物流而引起相关项目，如动能变化项、位能变化项等。开口系统能量方程适用于开口系统任何过程。

(4) 在工程中所用的许多设备在正常运行时，都可视为稳定流动。稳定流动能量方程式可广泛应用于工程上的这些设备的分析，例如热交换设备、压气机、动力机和喷管等。

(5) 膨胀功、技术功、轴功和流动功的意义，表达式之间的关系，在 $p-v$ 图上表示。

(6) 焓是从开口系统引出的又一状态参数，可表示为 $h = f(p,T)$，对于理想气体，焓是温度的单值函数，可表示为 $h = f(T)$，在热工计算中，焓得到了广泛应用。

2-1 说明下列方程的实用条件：

① $q = \Delta u + w$;② $q = c_V \Delta T + w$;③ $q = \Delta u + \int_1^2 p dv$。

2-2 试在 $p-v$ 图上表示膨胀功、流动功、轴功和技术功。

2-3 下列说法是否正确,为什么?
(1) 任何没有体积变化的过程一定不对外做功;
(2) 气体膨胀时一定对外做功,气体压缩时一定消耗外功;
(3) 气体吸热一定膨胀,气体放热一定被压缩;
(4) 给气体加热,其内能必定增加。

2-4 气体从初态 0.1MPa、0.3m³ 压缩至终态 0.4MPa,压缩过程中存在如下关系:$p=-1.5V+2$(p 的单位为 MPa,V 的单位为 m³),试求过程中所做的压缩功。

2-5 3kg 气体在压力 0.5MPa 下定压膨胀,体积增大了 0.18m³,同时吸热 87kJ,求气体比内能的变化。

2-6 气体在某过程中内能增加了 30kJ,同时外界对气体做功 26kJ,该过程是吸热还是放热?热量交换是多少?

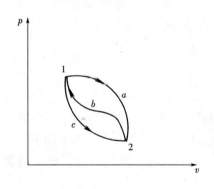

图 2-12 习题 2-9 图

2-7 安静状态下人对环境的散热量为 400kJ/h,假设能容纳 2000 人的大礼堂的通风系统坏了,求:①在通风系统出现故障后的最初 20min 内,礼堂中空气温度增加多少?②将礼堂空气和所有人考虑为一个系统,假设对外界没有传热,系统内能增加了多少?

2-8 氧弹测热器在测定煤的发热量时,已知输给搅拌器的功率为 0.04kW,在 20min 内,由水箱传给外界空气的热量为 60kJ。100L 水温度由 20℃ 升高到 24℃,假设水没有蒸发,求煤放出的热量是多少(取水的比热 $c=4.19$kJ/kg)?

2-9 有一闭口系统,从状态 1 经过 a 变化到状态 2,如图 2-12 所示;又从状态 2 经过 b 回到状态 1;再从状态 1 经过 c 变化到状态 2。在这个过程中,热量和功的某些数值已知,列入表 2-1,试求表 2-1 未列出的空白项。

表 2-1　　　　　习题 2-9 表

过　程	热量 Q(kJ)	膨胀功 W(kJ)
1-a-2	10	
2-b-1	−7	−4
1-c-2		2

2-10 容器由隔板分为 A、B 两部分,如图 2-13 所示。若 A 侧有压力为 600kPa、温度为 27℃ 的空气,B 侧为真空,且 $V_B=5V_A$。若将隔板抽出,空气迅速膨胀充满整个容器。如果过程是在绝热情况下进行,试求容器内空气终态的压力和温度。

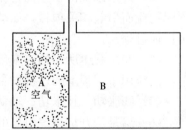

图 2-13 习题 2-10 图

2-11 压缩空气总管向储气罐充气,如图 2-8 所示。已知充气前罐内空气的压力为

50kPa、温度为 10℃。若总管内压缩空气参数恒定为 500kPa、25℃，且充气为绝热过程，求充气终了时储气罐内空气温度。

2-12 供暖用风机连同加热器，将温度 $t_1=0℃$ 的空气加热到 $t_3=250℃$ 后送入风道使用。若送风量为 0.56kg/s，风机轴上输入功率为 1kW，且不考虑其他损失。试求风机出口温度 t_2 以及在加热器中的吸热量。

2-13 温度为 $t_1=10℃$ 的冷空气进入锅炉的空气预热器中，用烟气放出的热量对其加热。若已知 1 标准 m^3 烟气放出 245kJ 的热量，空气预热器没有热损失，烟气每小时的流量按质量计算是空气的 1.09 倍，烟气的气体常数 $R_g=286.45\,J/(kg\cdot K)$，并且不计空气在空气预热器中的压力损失，求空气在预热器中受热后达到的温度。

2-14 某汽轮机进气流量为 5000kg/h，进口处蒸汽焓值为 3440kJ/kg，出口蒸汽焓值为 2248kJ/kg，若汽轮机散热忽略不计，求：①不考虑进、出口处蒸汽动能和位能的变化，汽轮机功率为多少？②若进气流速为 70m/s，出口蒸汽流速为 140m/s，汽轮机功率为多少？③若汽轮机进、出口高度差为 1.8m，流速变化同上，汽轮机的功率又是多少？

2-15 如图 2-14 所示，两股稳定流动的空气流进行混合。已知混合前 Ⅰ 股的温度为 500℃，质量流量为 120kg/h；Ⅱ 股的温度为 200℃，质量流量为 210kg/h。设混合前后的压力都相等，试求两股气流混合后的温度是多少？

2-16 1kg 二氧化碳由 $p_1=800kPa$、$t_1=900℃$，膨胀到 $p_2=120kPa$、$t_2=600℃$，用定值比热和平均比热计算其内能、焓值的变化，如果膨胀中与外界没有热量交换，求所做的技术功。

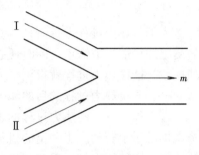

图 2-14 习题 2-15 图

2-17 配有活塞的气缸，内有 1kg 的空气，容积为 $0.03m^3$。如果使气体在 2068.4kPa 压力下定压膨胀一直到温度为原来的两倍，设空气为理想气体，$c_V=1.01kJ/(kg\cdot K)$，$R=0.287kJ/(kg\cdot K)$，试求空气内能的变化、焓值的变化以及过程中的功量和热量变化。

第三章 理想气体的热力过程

系统与外界的能量交换是通过热力过程来实现的。所谓的热力过程就是系统热力状态的连续变化。实际过程是多种多样比较复杂的，不易分析计算。热力学方法是对复杂的过程按其特征近似地简化为简单的过程，或几个简单过程的组合。本章首先就热力过程中闭口系统的定容、定压、等温、绝热四个基本热力过程及多变过程进行讨论。然后结合压气机工作原理讨论开口系统的过程。

本章只讨论以理想气体作为工质的系统，并在讨论过程中，把过程设定为可逆过程。

第一节 热力过程的一般分析方法

为了对热力过程进行研究，我们常将热力过程当作可逆过程来分析，然后根据实际过程的情况进行适当地修正。同时还忽略一些次要因素，认为热力过程中状态参数的变化符合某种规律。这样热力过程就得到了大大的简化。

一、分析热力过程的目的和任务

在工程上，实施热力过程的主要目的有两条，一是完成一定的能量转换，如汽轮机利用蒸汽推动转子转动产生一定的机械功；二是工质达到一定的热力状态，如压气机中将气体压缩达到一定的压力等。系统与外界的能量转换与系统热力状态的变化密切相关。因此，研究热力过程的任务在于揭示状态变化规律与能量传递之间的关系，从而计算热力过程中工质状态参数的变化及传递的能量、热量和功量。

二、热力过程中工质参数变化值计算

1. 工质初、终状态基本参数（p、v、T）的计算

理想气体的状态方程表示了工质初、终状态基本参数（p、v、T）的关系。

$$pv = RT \text{ 或 } \frac{p_1 v_1}{T_1} = \frac{p_2 v_2}{T_2}$$

2. 过程中内能、焓和熵变化的计算

对于理想气体而言，工质的内能、焓是温度的单值函数，各种过程都可按下式计算：

内能变化 $\qquad\qquad\qquad \Delta u = \int_1^2 c_V \mathrm{d}T$

焓值变化 $\qquad\qquad\qquad \Delta h = \int_1^2 c_p \mathrm{d}T$

理想气体的熵值变化计算，根据熵的定义式

$$\Delta s = \int_1^2 \frac{\delta q}{T} \qquad\qquad\qquad\qquad (a)$$

根据式（2-13）

$$\delta q = \mathrm{d}u + p\mathrm{d}v = c_V \mathrm{d}T + p\mathrm{d}v \qquad\qquad\qquad\qquad (b)$$

将式（b）代入式（a）积分得

$$\Delta s = \int_1^2 c_V \frac{\mathrm{d}T}{T} + \int_1^2 \frac{p}{T}\mathrm{d}v \tag{c}$$

将理想气体的状态方程代入式（c），并设 c_V 为定值比热，得

$$\Delta s = c_V \ln \frac{T_2}{T_1} + R\ln \frac{v_2}{v_1} \tag{3-1}$$

如根据式（2-26a）、式（2-28）有

$$\delta q = \mathrm{d}h + \delta w_t = \mathrm{d}h - v\mathrm{d}p$$

又对于理想气体，所以有

$$\delta q = c_p \mathrm{d}T - v\mathrm{d}p \tag{d}$$

将式（d）代入式（a），并积分得

$$\Delta s = \int_1^2 c_p \frac{\mathrm{d}T}{T} - R\ln \frac{p_2}{p_1}$$

若设定 c_p 为定值比热，则有

$$\Delta s = c_p \ln \frac{T_2}{T_1} - R\ln \frac{p_2}{p_1} \tag{3-2}$$

若用状态方程消去式（3-1）、式（3-2）中的 $\frac{T_2}{T_1}$，整理得

$$\Delta s = c_p \ln \frac{v_2}{v_1} + c_V \ln \frac{p_2}{p_1} \tag{3-3}$$

由式（3-1）～式（3-3）可以看出，只要知道热力过程初、终态 p、v、T 三个参数中的任意两个以及气体的比热，即可求出过程中工质熵的变化。

三、热力过程中传递能量的计算

在热力过程中，能量传递的计算首先要利用能量方程。例如闭口系统能量方程

$$q = \Delta u + w$$

开口系统稳定流动能量方程

$$q = \Delta h + w_t$$

此外，还要利用可逆过程的技术功、膨胀功和热量的积分计算式

$$w_t = -\int_1^2 v\mathrm{d}p$$

$$w = \int_1^2 p\mathrm{d}v$$

$$q = \int_1^2 T\mathrm{d}s$$

四、分析热力过程的一般步骤

分析热力过程的一般步骤如下：

(1) 根据过程特性，并结合状态方程及闭口系统能量方程等，建立过程方程 $p = f(v)$。

(2) 根据过程方程 $p = f(v)$，结合气体状态方程确定初、终态基本状态参数间的关系，并结合理想气体的相关关系式，确定初、终态的基本状态参数。

(3) 将过程表示在 p-v 图及 T-s 图上，并分析讨论过程中状态变化及能量交换情况。

(4) 计算过程中能量的交换。

以上关于理想气体热力过程中 Δu、Δh 和 Δs 的计算公式，它们适用于理想气体的各种过程，故在下面分析具体热力过程时不再赘述。

第二节 气体的基本热力过程

在工程上，实际的热力过程往往近似的接近于某一特征。例如，烟气在锅炉烟道中对流换热过程，在这个过程中，烟道中烟气的压力近似不变，可视为定压过程；当气体流过喷管进行压力转化时，由于散热很少，可以认为是绝热过程；在汽油机运行时，当气缸内被压缩的汽油与空气的可燃性混合气体被电火花点燃时，混合气体瞬间燃烧，压力和温度迅速升高，以至于活塞来不及运动，所以汽油机的燃烧过程可近似地认为是定容过程。在理论上，还存在温度近似不变的等温过程等。下面分别就定容、定压、等温以及绝热四个基本的热力过程进行分析。

一、定容过程

在热力过程中，对于容积保持不变的过程称为定容过程，也就是对于闭口系统边界固定不变的状态变化过程。

1. 过程方程式

对于闭口系统，当容积 V 不变时，比容 v 也不变，其过程方程为

$$v = 常数$$

或

$$v_1 = v_2$$

2. 确定初、终态参数关系

按过程方程及状态方程可得

$$\frac{p_2}{p_1} = \frac{T_2}{T_1}$$

上式说明，在定容过程中气体的压力与热力学温度成正比。当气体被加热时，温度升高，压力也增大；当气体被冷却时，温度降低，压力也降低。

3. 过程在 p-v 图和 T-s 图的表示

如图 3-1 所示，在 p-v 图上可表示过程方程 $p = f(v)$ 的关系曲线。定容过程线是一条垂直于横坐标轴的直线。1-2 为定容加热过程，1-2′为定容放热过程。

T-s 图表示过程中工质温度与熵的变化关系。定容过程线可由熵的定义式求得

$$ds_V = c_V \frac{dT}{T}$$

设 c_V 为定值，积分得

$$\Delta s_V = c_V \ln \frac{T_2}{T_1} \tag{3-4}$$

上式表明定容过程在 T-s 图上为一条指数曲线，如图 3-2 所示。

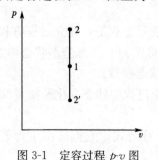

图 3-1 定容过程 p-v 图

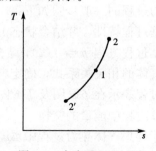

图 3-2 定容过程 T-s 图

4. 过程中传递的能量

由于 $v=$ 常数，$dv=0$，所以有膨胀功

$$w = \int_1^2 p dv = 0$$

这说明定容过程中系统与外界没有膨胀功的传递。

热量 $$q_V = \Delta u = \int_1^2 c_V dT \tag{3-5}$$

上式说明定容过程加给系统的热量，全部用于增加气体的内能；放出的热量等于气体内能的减少。

二、定压过程

定压过程就是气体的压力保持不变的热力过程。例如供热通风工程中，有许多加热或冷却过程都是在接近于定压的情况下进行的，因此，定压过程在工程中是常见的过程。

1. 过程方程式

根据过程特性，有

$$p = 常数$$

2. 终状态参数关系式

根据过程方程以及气体的状态方程可得

$$p_1 = p_2 \text{ 或 } \frac{T_2}{T_1} = \frac{v_2}{v_1}$$

即定压过程中，比容与热力学温度成正比。温度升高时，气体膨胀，比容增大；温度降低时，气体的比容减小。

3. 过程在 p-v 图和 T-s 图的表示

p-v 图：如图 3-3 所示，定压过程为一条平行于横坐标的直线，1-2 过程为定压加热过程（膨胀过程），1-2′为定压放热过程（压缩过程）。

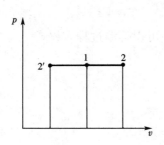

图 3-3 定压过程 p-v 图

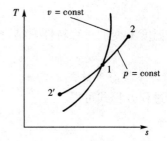

图 3-4 定压过程 T-s 图

T-s 图：由熵的定义式得

$$ds_p = c_p \frac{dT}{T}$$

设 c_p 为定值，上式积分得

$$\Delta s_p = c_p \ln \frac{T_2}{T_1} \tag{3-6}$$

上式说明，定压过程在 $T\text{-}s$ 图上也是一条指数曲线，如图 3-4 所示。在图中 1-2 为定压加热过程；1-2′ 为定压放热过程。在 $T\text{-}s$ 上定容线与定压线都是指数曲线，但是，由于 $c_p > c_V$，故通过同一状态的定容线斜率大于定压线斜率，也就是，定容线较定压线陡。

4. 过程中传递的能量

(1) 膨胀功
$$w_p = \int_1^2 p\,\mathrm{d}v = p(v_2 - v_1) \tag{3-7}$$

在 $p\text{-}v$ 图上，1-2 线下方的面积即是气体所做的膨胀功，而 1-2′ 线下方的面积即是气体所做的压缩功。

对于理想气体
$$w_p = p(v_2 - v_1) = R(T_2 - T_1) \tag{3-8}$$

从上式可得出
$$R = \frac{w_p}{T_2 - T_1}$$

当温差为 1K 时，$R = w_p$，这说明气体常数在数值上等于 1kg 质量的气体在定压过程中温度升高 1K 所做的功。

(2) 热量。根据能量方程
$$q_p = \Delta u + p(v_2 - v_1) = h_2 - h_1 \tag{3-9}$$

上式说明，定压过程所加入或放出的热量，等于气体初、终状态的焓差。由于式 (3-9) 是由热力学第一定律直接导出的，故适用于一切工质。

对于理想气体
$$q_p = h_2 - h_1 = \int_1^2 c_p\,\mathrm{d}T \tag{3-10}$$

假设 c_p 为定值时，则有
$$q_p = c_p(T_2 - T_1)$$

三、等温过程

温度保持不变的热力过程，称为等温过程。

1. 过程方程式

根据温度不变的过程特性，结合气体的状态方程，可得等温过程方程式
$$pv = 常数$$

2. 初、终状态参数关系式

根据过程方程式可得
$$p_1 v_1 = p_2 v_2$$

或
$$\frac{p_1}{p_2} = \frac{v_2}{v_1}$$

上式表明，在等温过程中，气体的压力与比容成反比。当气体膨胀时，比容增大，压力减小；当气体被压缩时，比容减小，压力升高。

3. 过程在 $p\text{-}v$ 图和 $T\text{-}s$ 图的表示

$p\text{-}v$ 图：如图 3-5 所示，等温过程在 $p\text{-}v$ 图上为一条 $pv=$ 常数的双曲线。图中 1-2 为等温膨胀过程；1-2′ 为等温压缩过程。

$T\text{-}s$ 图：如图 3-6 所示，等温过程为一条平行于横坐标轴的直线。图中 1-2 为等温吸热过程；1-2′ 为等温放热过程。

第三章 理想气体的热力过程

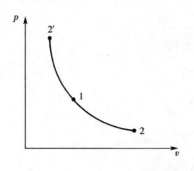

图 3-5　等温过程 p-v 图

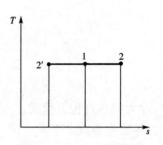

图 3-6　等温过程 T-s 图

4. 过程中传递的能量

膨胀功：

$$w_T = \int_1^2 p\,dv = \int_1^2 pv\,\frac{dv}{v}$$

$$= p_1 v_1 \ln \frac{v_2}{v_1} = RT \ln \frac{v_2}{v_1} = RT \ln \frac{p_1}{p_2} \tag{3-11}$$

热量：根据能量方程　　$q = \Delta u + w_T$

对于理想气体，由于 $\Delta u = c_V(T_2 - T_1) = 0$

所以

$$q = w_T = RT \ln \frac{p_1}{p_2} \tag{3-12}$$

以上内容说明，对于等温过程，由于气体温度不变，气体的内能也不变。当气体吸热做等温膨胀时，加入的热量全部用于对外做膨胀功；气体被压缩时，对气体所做压缩功全部变为热量向外散出。

四、绝热过程

在过程中，系统与外界没有热量交换，这种热力过程就是绝热过程。

1. 过程方程式

理想气体绝热过程方程式可根据过程特点从能量方程导出。

因为是绝热过程，所以有　　$\delta q = 0$ 及 $q = 0$ 　　(a)

所以　　$\delta q = du + p\,dv = c_V dT + p\,dv = 0$ 　　(b)

又　　$T = \dfrac{pv}{R}$ 　　(c)

将式（c）代入式（b）得

$$c_V d\left(\frac{pv}{R}\right) + p\,dv = c_V \frac{p\,dv + v\,dp}{R} + p\,dv = 0 \tag{d}$$

即　　$(c_V + R) p\,dv + c_V v\,dp = 0$ 　　(e)

整理得　　$\dfrac{c_p}{c_V} \dfrac{dv}{v} + \dfrac{dp}{p} = 0$ 　　(f)

令 $\kappa = \dfrac{c_p}{c_V}$，$\kappa$ 称为等熵指数。代入式（f），且假定比热为定值，即 κ 为定值，对上式进行积

分得

$$\kappa \ln v + \ln p = 常数$$
$$\ln pv^\kappa = 常数 \tag{3-13}$$

或
$$pv^\kappa = 常数 \tag{3-13a}$$

式(3-13)即为绝热过程方程式。

2. 初、终状态参数关系式

根据过程方程可得

$$p_1 v_1^\kappa = p_2 v_2^\kappa$$

或
$$\frac{p_2}{p_1} = \left(\frac{v_1}{v_2}\right)^\kappa$$

根据状态方程
$$\frac{p_1 v_1}{T_1} = \frac{p_2 v_2}{T_2}$$

对于以上两式消去 p_1、p_2 得

$$\frac{T_2}{T_1} = \left(\frac{v_1}{v_2}\right)^{\kappa-1} \tag{3-14}$$

消去 v_1、v_2 得
$$\frac{T_2}{T_1} = \left(\frac{p_2}{p_1}\right)^{\frac{\kappa-1}{\kappa}} \tag{3-15}$$

以上各式表明，当系统中气体可逆膨胀时，压力和温度均降低；反之，压力和温度均升高。

3. 过程在 $p\text{-}v$ 图和 $T\text{-}s$ 图表示

$p\text{-}v$ 图：从绝热过程方程式 $pv^\kappa=$ 常数，可知绝热过程在 $p\text{-}v$ 图上是一条高次双曲线，如图 3-7 所示。图中 1-2 为绝热膨胀过程；1-2′为绝热压缩过程。从图上还可以看出，绝热过程线比等温过程线略陡些。

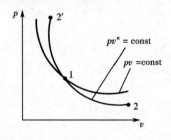

图 3-7 绝热过程 $p\text{-}v$ 图

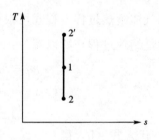

图 3-8 绝热过程 $T\text{-}s$ 图

$T\text{-}s$ 图：因为绝热过程 $\delta q = 0$，所以有

$$ds = \frac{\delta q}{T} = 0$$

也就是说，可逆绝热过程为定熵过程，则在 $T\text{-}s$ 图上是一条铅垂线，如图 3-8 所示。图中 1-2 为绝热膨胀过程；1-2′为绝热压缩过程。

4. 过程中传递的能量

膨胀功：气体在绝热过程中所做的膨胀功为

$$w = \int_1^2 p\,dv = \int_1^2 pv^\kappa v^{-\kappa}\,dv = \int_1^2 p_1 v_1^\kappa \frac{dv}{v^\kappa}$$

$$= \frac{R}{\kappa-1}(T_1 - T_2) = \frac{1}{\kappa-1}(p_1 v_1 - p_2 v_2) \qquad (3\text{-}16\text{a})$$

根据式（3-14）、式（3-15）又可以得到

$$w = \frac{RT_1}{\kappa-1}\left[1 - \left(\frac{p_2}{p_1}\right)^{\frac{\kappa-1}{\kappa}}\right] \qquad (3\text{-}16\text{b})$$

及

$$w = \frac{RT_1}{\kappa-1}\left[1 - \left(\frac{v_1}{v_2}\right)^{\kappa-1}\right] \qquad (3\text{-}16\text{c})$$

以上各式在应用时，应视给出的条件选用其中的一式。

又
$$q = 0$$
$$q = \Delta u + w$$
$$w = -\Delta u = u_1 - u_2 = c_V(T_1 - T_2)$$

若将比热视为定值，则
$$c_V = \frac{R}{\kappa-1}$$

所以
$$w = \frac{R}{\kappa-1}(T_1 - T_2)$$

由此可见，绝热过程的膨胀功也可以直接从热力学第一定律中导出。并且可以看出，绝热过程中气体所做的膨胀功等于气体内能的减少；反之，外界对气体作压缩功，将全部用于增加气体的内能。

【**例 3-1**】 0.3 标准 m^3 的氧气，在温度 $t_1 = 40℃$ 和压力 $p_1 = 0.2\text{MPa}$ 下装于一气缸内，先在压力保持不变的情况下对气体加热，然后将活塞固定冷却到初温 40℃。假定已知冷却终了压力 $p_3 = 0.117\text{MPa}$。试求在这两个过程中所加入的热量与内能、焓和熵的变化，以及所做的功。

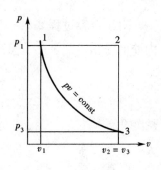

图 3-9 ［例 3-1］图

解 整个过程如图 3-9 所示。

氧气的气体常数　　　　　　$R = 259.8 \text{J/(kg·K)}$

各状态点基本参数

$$v_1 = \frac{RT_1}{p_1} = \frac{259.8 \times (273+40)}{2 \times 10^5} = 0.41 \ (\text{m}^3/\text{kg})$$

由于　　　　　　　　　　$T_1 = T_3, \quad p_3 v_3 = p_1 v_1$

所以　　　　　　$v_3 = \dfrac{p_1 v_1}{p_3} = \dfrac{2 \times 10^5 \times 0.41}{1.17 \times 10^5} = 0.7 (\text{m}^3/\text{kg})$

又因为　　　　　　$p_2 = p_1, v_2 = v_3 = 0.7(\text{m}^3/\text{kg})$

故　　　　　　$T_2 = T_1 \dfrac{v_2}{v_1} = 313 \times \dfrac{0.7}{0.41} = 534.39(\text{K})$

氧气的质量

$$m = \frac{p_0 v_0}{RT_0} = \frac{101325 \times 0.3}{259.8 \times 273} = 0.4286(\text{kg})$$

氧气的定值比热

$$c_V = \frac{5}{2}R = \frac{5}{2} \times 0.2598 = 0.6495[\text{kJ/(kg·K)}]$$

$$c_p = \frac{7}{2}R = \frac{7}{2} \times 0.2598 = 0.9093[\text{kJ/(kg·K)}]$$

对于定压过程 1-2：

内能的变化
$$\Delta U = mc_V(T_2 - T_1)$$
$$= 0.4286 \times 0.6495 \times (534.39 - 313)$$
$$= 61.63 \text{ (kJ)}$$

焓变化
$$\Delta H = mc_p(T_2 - T_1)$$
$$= 0.4286 \times 0.9093 \times (534.39 - 313)$$
$$= 86.28 \text{ (kJ)}$$

熵变化
$$\Delta S = mc_p \ln\frac{T_2}{T_1} = 0.4286 \times 0.9093 \ln\frac{534.39}{313}$$
$$= 0.21 \text{ (kJ/K)}$$

热量
$$Q_p = \Delta H = 86.28 \text{(kJ)}$$

膨胀功
$$W = Q - \Delta U = 86.28 - 61.63 = 24.65 \text{(kJ)}$$

对于定容过程 2-3：

内能的变化
$$\Delta U = mc_V(T_3 - T_2)$$
$$= 0.4286 \times 0.6495 \times (313 - 534.39)$$
$$= -61.63 \text{ (kJ)}$$

焓变化
$$\Delta H = mc_p(T_3 - T_2)$$
$$= 0.4286 \times 0.9093 \times (313 - 534.39)$$
$$= -86.28 \text{ (kJ)}$$

熵变化
$$\Delta S = mc_V \ln\frac{T_3}{T_2} = 0.4286 \times 0.6495 \ln\frac{313}{534.39}$$
$$= -0.15 \text{ (kJ/K)}$$

热量
$$Q_V = \Delta U = -61.63 \text{ (kJ)}$$

膨胀功
$$W = Q - \Delta U = 0$$

由于理想气体内能和焓都是温度的单值函数，并且过程 1-2-3 中 $T_1 = T_3$，所以有

$$\Delta U_{13} = \Delta U_{12} + \Delta U_{23} = 0$$
$$\Delta H_{13} = \Delta H_{12} + \Delta H_{23} = 0$$

【例 3-2】 将空气从状态 1（$p_1 = 0.2\text{MPa}$、$t_1 = 40℃$）定熵压缩到状态 2 $\left(v_2 = \frac{v_1}{3}\right)$，然后，等温膨胀至状态 3（$v_3 = v_1$），如图 3-10 所示。求状态 1、2、3 的基本状态参数及 1kg 空气在过程中所做的总功。

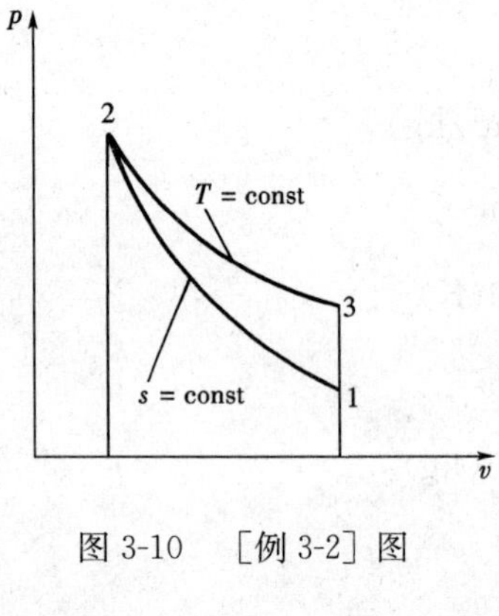

图 3-10　［例 3-2］图

解 状态1 $p_1=0.2\text{MPa}$、$t_1=40℃$ 或 $T_1=313\text{K}$

$$v_1=\frac{RT_1}{p_1}=\frac{287\times 313}{2\times 10^5}=0.45\ (\text{m}^3/\text{kg})$$

状态2 $v_2=\dfrac{v_1}{3}=\dfrac{0.45}{3}=0.15\ (\text{m}^3/\text{kg})$

$$p_2=p_1\left(\frac{v_1}{v_2}\right)^\kappa=0.2\times 3^{1.4}=0.931(\text{MPa})$$

$$T_2=\frac{p_2 v_2}{R}=\frac{0.931\times 10^6\times 0.15}{287}=486.59(\text{K})$$

状态3 $v_3=v_1=0.45\text{m}^3/\text{kg}$ $T_3=T_2=486.59\ (\text{K})$

$$p_3=\frac{RT_3}{v_3}=\frac{287\times 486.59}{0.45}\times 10^{-6}=0.31\ (\text{MPa})$$

1kg 空气所做的总功为

$$w=w_{12}+w_{23}=\frac{R}{k-1}(T_1-T_2)+RT_2\ln\frac{v_3}{v_2}$$

$$=\frac{0.287}{1.4-1}(313-486.59)+0.287\times 486.59\ln\frac{0.45}{0.15}$$

$$=28.87(\text{kJ/kg})$$

第三节 多 变 过 程

前述四种基本热力过程均为某一状态参数保持不变，或在过程中系统与外界没有热量交换的过程。但是，在工程中常常有一些热力过程，其状态参数均在变化，且系统与外界有热量、功量交换。下面就这种情况进行讨论。

一、多变过程方程及多变指数

结合基本热力过程的特性，通过实验测定并经过整理得到

$$pv^n = 常数 \tag{3-17}$$

式中，n 为多变指数，其为常数，对于不同的多变过程对应于不同的 n 值。例如：

当 $n=0$ 时，$p=$常数，表示为定压过程；

当 $n=1$ 时，$pv=$常数，表示为等温过程；

当 $n=\kappa$ 时，$pv^\kappa=$常数，表示绝热过程；

当 $n=\pm\infty$ 时，$v=$常数，表示定容过程。

而对于 $n\neq 0$、1、κ、$\pm\infty$ 时，式（3-17）表示了一般的多变过程。

由此可见，四个基本的热力过程是多变过程的特例。n 可以在 $0\sim\pm\infty$ 范围内变化，每一个不同的 n 值，都代表一个不同的多变过程。在实际过程中，过程的变化往往是比较复杂的，过程中 n 值可能是变化的，如果变化不大，仍可以用一个近似地多变过程来表示该过程。如果 n 值变化较大，则应该将实际过程分为不同的几段，对于不同的过程段取不同的 n 值，但是，在一段中其 n 值是保持不变的。

当 n 为定值时，根据公式（3-17）可得

$$\frac{p_2}{p_1}=\left(\frac{v_1}{v_2}\right)^n$$

对上式两边取对数有
$$\ln \frac{p_2}{p_1} = n\ln \frac{v_1}{v_2}$$

所以多变指数 n 为

$$n = \ln\left(\frac{p_2}{p_1}\right) \Big/ \ln\left(\frac{v_1}{v_2}\right) \tag{3-18}$$

上式表明，多变指数 n 值可以根据初、终两个状态来求得。并且很容易看出，多变过程的方程式与绝热过程的方程式在形式上具有相同的形式，只是将指数 n 代替了 κ。因此，在分析多变过程时，初、终状态参数关系式及膨胀功的计算式也只需要用 n 代替 κ 便得到。具体表达式可见表 3-1。

表 3-1　　各热力过程的常用公式

过程	定容过程	定压过程	等温过程	绝热过程	多变过程
过程指数 n	∞	0	1	κ	n
过程方程	$v=$ 常数	$p=$ 常数	$pv=$ 常数	$pv^\kappa=$ 常数	$pv^n=$ 常数
p、v、T 关系	$\dfrac{T_2}{T_1} = \dfrac{p_2}{p_1}$	$\dfrac{T_2}{T_1} = \dfrac{v_2}{v_1}$	$p_1 v_1 = p_2 v_2$	$p_1 v_1^\kappa = p_2 v_2^\kappa$ $\dfrac{T_2}{T_1} = \left(\dfrac{v_1}{v_2}\right)^{\kappa-1}$ $= \left(\dfrac{p_2}{p_1}\right)^{\frac{\kappa-1}{\kappa}}$	$p_1 v_1^n = p_2 v_2^n$ $\dfrac{T_2}{T_1} = \left(\dfrac{v_1}{v_2}\right)^{n-1}$ $= \left(\dfrac{p_2}{p_1}\right)^{\frac{n-1}{n}}$
Δu、Δh、Δs 计算式	$\Delta u = c_V(T_2-T_1)$ $\Delta h = c_p(T_2-T_1)$ $\Delta s = c_V \ln \dfrac{T_2}{T_1}$	$\Delta u = c_V(T_2-T_1)$ $\Delta h = c_p(T_2-T_1)$ $\Delta s = c_p \ln \dfrac{T_2}{T_1}$	$\Delta u = 0$ $\Delta h = 0$ $\Delta s = R\ln \dfrac{v_2}{v_1}$ $= R\ln \dfrac{p_1}{p_2}$	$\Delta u = c_V(T_2-T_1)$ $\Delta h = c_p(T_2-T_1)$ $\Delta s = 0$	$\Delta u = c_V(T_2-T_1)$ $\Delta h = c_p(T_2-T_1)$ $\Delta s = c_V \ln \dfrac{T_2}{T_1} + R\ln \dfrac{v_2}{v_1}$ $= c_p \ln \dfrac{T_2}{T_1} - R\ln \dfrac{p_2}{p_1}$ $= c_p \ln \dfrac{v_2}{v_1} + c_V \ln \dfrac{p_2}{p_1}$
膨胀功 $w = \int_1^2 p\,dv$	$w = 0$	$w = p(v_2-v_1)$ $= R(T_2-T_1)$	$w = RT\ln \dfrac{v_2}{v_1}$ $= RT\ln \dfrac{p_1}{p_2}$	$w = -\Delta u$ $= \dfrac{1}{\kappa-1}(p_1 v_1 - p_2 v_2)$ $= \dfrac{1}{\kappa-1}R(T_1-T_2)$ $= \dfrac{RT_1}{\kappa-1}\left[1-\left(\dfrac{p_2}{p_1}\right)^{\frac{\kappa-1}{\kappa}}\right]$	$w = \dfrac{1}{n-1}(p_1 v_1 - p_2 v_2)$ $= \dfrac{1}{n-1}R(T_1-T_2)$ $= \dfrac{RT_1}{n-1}\left[1-\left(\dfrac{p_2}{p_1}\right)^{\frac{n-1}{n}}\right]$
热量 $q = \int_1^2 c\,dT$ $= \int_1^2 T\,ds$	$q = \Delta u$ $= c_V(T_2-T_1)$	$q = \Delta h$ $= c_p(T_2-T_1)$	$q = T\Delta s = w$	$q = 0$	$q = \dfrac{n-\kappa}{n-1} c_V(T_2-T_1)$ ($n \neq 1$)
比热	c_V	c_p	∞	0	c_n

其中比热为定值比热

二、多变过程分析及在坐标图上的表示

1. 多变过程在 $p\text{-}v$ 图和 $T\text{-}s$ 图上的表示

由前面的分析知道，四个基本的热力过程是多变过程的特例，借助于四个基本热力过程在坐标图上的相对位置，便可以确定任意值的多变过程线的大致位置。

$p\text{-}v$ 图：在 $p\text{-}v$ 图上给定任一过程的 n 值，就能确定过程在图上的位置。如图 3-11 表示通过同一状态各多变过程线的相对位置。

$T\text{-}s$ 图：如图 3-12 所示，除定容线外，n 值是沿着顺时针方向增大的。

2. 过程中 q、w 和 Δu 正负值的判断

如图 3-11、图 3-12 所示。

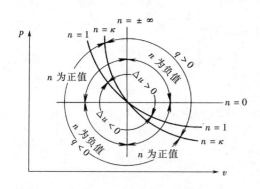

图 3-11 多变过程在 $p\text{-}v$ 图上的表示   图 3-12 多变过程在 $T\text{-}s$ 图上的表示

热量交换是以绝热线为基准。若过程终态点落在绝热线的右上方（$T\text{-}s$ 图上是右方），则 $\Delta s>0$，$q>0$，也就是吸热过程；若过程终点落在绝热线的左下方（$T\text{-}s$ 图上是左方），则 $\Delta s<0$，$q<0$，为放热过程。

功量交换是以定容线为基准。若过程终态点落在定容线的右方（$T\text{-}s$ 图上是右下方），则 $\Delta v>0$，$w>0$，也就是对外做功；反之，若过程终态点落在定容线的左方（$T\text{-}s$ 图上是左上方），则 $\Delta v<0$，$w<0$，也就是外界对系统做功；若过程沿着定容线进行，则 $w=0$。

内能的改变是以等温线为基准。若过程终态点落在等温线的右上方（$T\text{-}s$ 图上是上方），则 $\Delta T>0$，$\Delta u>0$，内能增加；若过程的终态点落在等温线的左下方（$T\text{-}s$ 图上是下方），则 $\Delta T<0$，$\Delta u<0$，则内能减少；若沿着等温线进行，则 $\Delta u=0$，内能不变。

三、多变过程的比热

多变过程的热量可根据 $q = \Delta u + w$ 计算，对于理想气体

$$q_n = c_V(T_2 - T_1) + \frac{\kappa-1}{n-1}c_V(T_1 - T_2)$$

$$= \frac{n-\kappa}{n-1}c_V(T_2 - T_1) = c_n(T_2 - T_1) \tag{3-19}$$

式中：$c_n = \frac{n-\kappa}{n-1}c_V$ 称为多变比热。当 $1<n<\kappa$ 时，c_n 为负值。

从式（3-19）可以看出，多变过程的比热 c_n 中含有多变指数 n，而 n 是由过程性质决定的常数。再一次地表明气体的比热不仅与气体的性质有关，而且与过程有关。

从图 3-11、图 3-12 可以看出，当 $1<n<\kappa$ 时，气体的膨胀过程 ΔT 为负值，而 q 为正

值；气体的压缩过程 ΔT 为正值，而 q 为负值。这两种情况都导致多变比热为负值。c_n 为负值的物理意义可理解为：当气体膨胀做功时，对外做的功大于加入的热量，故气体的内能减少，从而温度降低；压缩时，外界对气体做的功大于气体向外界放出的热量，故其内能增加，从而气体的温度升高。

【例 3-3】 空气的容积为 $V_1=3\text{m}^3$，由 $p_1=0.2\text{MPa}$，$t_1=25℃$，压缩到 $p_2=2\text{MPa}$，$V_2=0.65\text{m}^3$。求过程的多变指数，压缩功及气体在过程中所放出的热量，已知空气的比热为定值 $c_V=0.717\text{kJ/(kg·K)}$，空气的气体常数 $R=287\text{J/(kg·K)}$。

解 多变指数

$$n=\frac{\ln\left(\dfrac{p_2}{p_1}\right)}{\ln\left(\dfrac{v_1}{v_2}\right)}=\frac{\ln\left(\dfrac{2}{0.2}\right)}{\ln\left(\dfrac{3}{0.65}\right)}=1.51$$

压缩功

$$\begin{aligned}w_n&=\frac{1}{n-1}(p_1V_1-p_2V_2)\\&=\frac{1}{1.51-1}(2\times10^2\times3-2\times10^3\times0.65)\\&=-1373(\text{kJ})\end{aligned}$$

气体的质量为

$$m=\frac{p_1V_1}{RT_1}=\frac{0.2\times10^6\times3}{287\times298}=7.02(\text{kg})$$

终态温度

$$T_2=T_1\left(\frac{V_1}{V_2}\right)^{n-1}=298\times\left(\frac{3}{0.65}\right)^{1.51-1}=650.07(\text{K})$$

内能变化

$$\begin{aligned}\Delta U&=mc_V(T_2-T_1)=7.02\times0.717\times(650.07-298)\\&=1772.1(\text{kJ})\end{aligned}$$

热量

$$Q=\Delta U+w=1772.1-1373=399.1(\text{kJ})$$

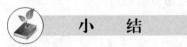

小 结

本章重点介绍了热力过程的一般分析方法，对气体的基本热力过程以及多变过程进行了分析研究。目的在于了解过程中的能量交换情况以及状态的变化规律，为工程提供重要的指导作用。本章的具体内容如下：

（1）介绍了气体热力过程的分析方法及分析步骤，为接下来的热力过程的分析提供分析思路。

（2）对气体的定容、定压、等温和绝热过程进行了分析，给出了各过程的过程方程、状态参数变化的关系式、功量和热量计算公式及它们在 p-v 图和 T-s 图上的表示。对于这些都应充分理解并熟练掌握。

(3) 气体的多变过程是一般的过程，四个基本热力过程是多变过程的特例。当多变指数 n 给定具体数值时，应能够定性地将过程表示在 $p\text{-}v$ 图和 $T\text{-}s$ 图上，并会分析其能量交换情况。

习 题

3-1 如图 3-13 所示，过程 1-2、3-4 为定容过程，过程 2-3、1-4 为定压过程。试证明 $q_{1\text{-}2\text{-}3} > q_{1\text{-}4\text{-}3}$。

3-2 如图 3-14 所示，$a-b$ 和 $a-c$ 为任意过程，如果 b、c 两点在同一条绝热线上，试问 Δu_{ab} 和 Δu_{ac} 哪个大？如果 b、c 在同一条等温线上结果又如何？

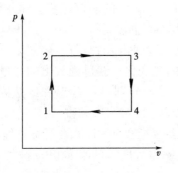

图 3-13 习题 3-1 图

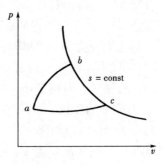

图 3-14 习题 3-2 图

3-3 已知工质为空气，将下列多变过程表示在 $p\text{-}v$ 图和 $T\text{-}s$ 图上。
（1）工质压力、温度均升高，且放热；
（2）工质放热膨胀，且温度降低；
（3）$n=1.6$ 的膨胀过程，并判断 q、w、Δu 的正负；
（4）$n=1.2$ 的压缩过程，并判断 q、w、Δu 的正负。

3-4 容积为 1.5m^3 的刚性容器内充有温度为 300℃、压力为 0.98MPa 的空气，由于向外散热使压力降至 0.49MPa。问放出的热量及空气的终态温度各为多少？

3-5 2kg 的氧气由 $p_1=0.6\text{MPa}$，$t_1=30$℃定压变化到 $t_2=200$℃。求过程中内能、焓的变化及交换的功量和热量各是多少？

3-6 如图 3-15 所示，0.4kg 空气在 $p_1=0.198\text{MPa}$，$t_1=300$℃时等温膨胀到 $v_2=1.68\text{m}^3/\text{kg}$，又经定压压缩，最后在定容下加热回到初态。求各状态点的 p、v、T 的值，并求出每一过程中空气内能、焓的变化及所做的功量。

3-7 1kg 理想气体由初状态按可逆多变过程从 400℃降为 100℃，压力降为 $p_2=\dfrac{1}{6}p_1$，已知该过程的膨胀功为 200kJ，吸热量为 40kJ，如果比热为定值，试求该气体的 c_p、c_V。

3-8 1kmol 氧气自 $p_1=0.6\text{MPa}$、$t_1=27$℃定压膨胀至

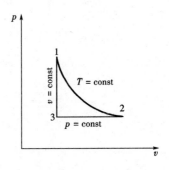

图 3-15 习题 3-6 图

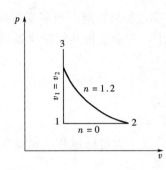

图 3-16 习题 3-8 图

$t_2=200℃$，然后经 $n=1.2$ 的多变压缩过程达到初态容积，即 $v_3=v_1$，如图 3-16 所示。试求各点基本状态参数及各过程中的功量和热量。

3-9 某天然气管道作气密性实验时，将气体送入后由压力表测得压力为 1.5MPa，温度为 30℃，然后将管道封死，过一天后测得温度为 15℃，若无渗漏现象，试求系统的压力降为多少？

3-10 某通风系统的空气加热器，将 5000kg/h 空气由 15℃加热到 30℃，若空气的定值比热为 1.01kJ/（kg·℃），试求空气所吸收的热量。

3-11 6kg 的氧气，由初态 $p_1=0.3$MPa，$t_1=30℃$，经过下列不同的过程膨胀到同一终压 $p_2=0.1$MPa。①等温过程；②绝热过程；③指数 $n=1.25$ 的多变过程。试求各过程中氧气对外所做的功，氧气与外界所进行的热量交换以及终态温度。

3-12 已知绝对压力为 0.3MPa、温度为 97℃、容积为 5m³ 的空气，经过定压压缩后，其温度为 77℃，试求：①压缩过程中所消耗的功；②内能变化；③过程放出的热量。

3-13 2kg 的氮气，由初态 $p_1=0.3$MPa、$t_1=137℃$，分别经过等温和绝热膨胀过程，使其容积扩大为原来的 4 倍。试求各过程中终态温度及压力。

3-14 初态为 $p_1=0.1$MPa、$t_1=17℃$ 的空气，经多变指数 $n=1.3$ 的压缩过程，达到终态压力为 6MPa。若空气流量为 $V_1=90$m³/h，试求压缩空气所需的功量以及排气温度各为多少？

3-15 2kg 气体按多变膨胀过程使容积增大为原来的 3 倍，温度从 273℃下降到 80℃。过程中膨胀功为 178kJ，向外放热为 101kJ。求气体的 c_p 和 c_V 各为多少？能确定这是什么气体吗？并将该过程定性的表示在 $p\text{-}v$ 图和 $T\text{-}s$ 图上。

第四章 热力学第二定律

热力学第一定律所揭示的是在热力过程中，能量相互转换和传递的数量守恒关系。无数实践证明，凡是不符合热力学第一定律的都是不可能发生的。但是对于不违背热力学第一定律的过程是否都能实现呢？例如两个温度不同的物体进行热量传递，根据热力学第一定律，一个物体失去多少热量，另一个物体就得到多少热量。在热量传递时只要热量保持数量上的平衡，而没有热量传递方向的规定。也就是说，无论热量从高温物体传向低温物体，还是从低温物体传向高温物体，都没有违背热力学第一定律。可是经过无数的实验证明，在自发的情况下，热量只能从高温物体传向低温物体；而不能从低温物体传向高温物体。由此可见，能量的传递是有方向性的。对于能量传递过程中的方向问题，热力学第一定律并没有涉及。另外，能量传递和转移在什么条件下才能发生，以及传递和转移的程度，这些问题热力学第一定律也没有讨论。很显然，在能量转换和转移时，除了数值上的守恒关系外，还存在着另外的规律在起作用。

对于能量转换和转移的方向、条件和程度的问题，就是热力学第二定律所要揭示的规律。热力过程中能量的转换和转移必须同时符合热力学第一定律和热力学第二定律才能实现。

热力学第一定律和第二定律是热力学的基本定律，它们共同构成热力学的基本原理，在工程中的应用非常广泛，已经远远超出了热力学的范畴。

本章主要讨论热力学第二定律的内容及实质、热力循环、卡诺循环及卡诺定律，另外还介绍了工质的状态参数熵等。

第一节 热 力 循 环

在工程上，为了使热能连续地转变成为机械能，只有一个膨胀过程显然是不够的，因为工质的状态逐渐膨胀终将达到与环境平衡的状态，也就是不宜做功的情况。例如在等温膨胀和绝热膨胀过程中，工质的压力终将达到与外界压力相等而不能再做功的程度；在定压膨胀过程中，工质的温度也将升高到不能允许的程度，同时膨胀机械的尺寸也是有限制的。因此在一个膨胀过程中，不可能无限制地做功，必须使工质经过状态变化后，重新回到初态，这样来保证工质周而复始地不断对外界做功。

工质经过一系列状态变化后，又回到初态的全部热力过程，称为热力循环，简称循环。若组成循环的过程全部是可逆过程，则该循环为可逆循环；否则为不可逆循环。可见可逆循环可以表示在状态参数坐标图上，并且是一条封闭的曲线。如图4-1（a）所示，12341就是一热力循环。

根据热力循环在循环过程中所产生的效果不同，可将其分为正循环——动力循环和逆循环——制冷循环。动力循环能使热能转变为机械能；而制冷循环则消耗机械能，使热量从低温环境传向高温环境。下面对它们分别讨论。

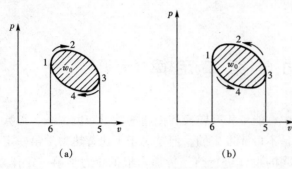

图 4-1 动力循环及制冷循环
(a) 动力循环；(b) 制冷循环

一、动力循环及其热效率

所有热力发动机进行的循环都是动力循环。动力循环将热能转变为机械能，即循环净功 $w_0 > 0$。如图 4-1 (a) 所示，循环 12341 中，1-2-3 为膨胀过程，所做的功为 $w_{1\text{-}2\text{-}3} > 0$，也就是图中面积 123561；而 3-4-1 为压缩过程，所消耗的压缩功为 $w_{3\text{-}4\text{-}1} < 0$，也就是图中面积 143561。很显然 $|w_{1\text{-}2\text{-}3}| > |w_{3\text{-}4\text{-}1}|$，即膨胀功大于压缩功，所以循环净功 $w_0 > 0$，并且相当于循环曲线所包围的面积 12341。由于动力循环在坐标图上是顺时针方向进行的，故又称动力循环为正循环。

如图 4-2 所示，热机在工作过程中，从热源 T_1 吸收热量 q_1（1kg 工质所吸收的热量），使工质膨胀经过 1-2-3 过程；然后工质向冷源 T_2 放出热量 q_2（1kg 工质所放出的热量），使工质压缩经过 3-4-1，回到初态。工质在这一循环过程中对外所做的机械功为

$$w_0 = q_1 - q_2 \tag{4-1}$$

上式表明，工质从高温热源所吸收的热能，不可能全部转化为功，只能是一部分转化为机械功，同时还有一部分热能在低温热源放出，因此就存在热效率的概念。所谓的热效率就是所获得的机械功与所付出的热量之比，用符号 η_t 表示。

故

$$\eta_t = \frac{w_0}{q_1} = \frac{q_1 - q_2}{q_1} = 1 - \frac{q_2}{q_1} \tag{4-2}$$

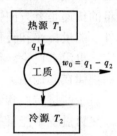

图 4-2 热机的工作过程

可见热效率 η_t 愈大，在付出同等热量 q_1 时，所获得的净功 w_0 就愈多，循环的经济性能也就愈好。但是由于向冷源传递的热量不能为零，所以热效率 η_t 总是小于 1。

二、制冷循环及其性能系数

一切制冷装置和热泵装置进行的都是制冷循环。由于制冷循环需要消耗功量作为补偿使热量从低温环境传向高温环境，故其循环净功 $w_0 < 0$。其原理如图 4-1 (b) 所示，工作过程如图 4-3 所示，若 1kg 的工质完成一次制冷循环，外界所消耗的机械功为 w_0，同时工质从低温环境 T_2 吸取热量 q_2，向高温环境 T_1 排放热量 q_1（通常为自然环境），则有

$$w_0 = q_1 - q_2 \text{ 或 } q_1 = q_2 + w_0$$

上式表明，在逆循环中，在将低温环境的一部分热量传递到高温环境的同时，必须有一部分的机械功转化为热能作为补偿。

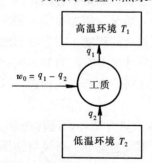

图 4-3 制冷机的工作过程

通常用性能系数来衡量逆循环的经济性，性能系数是所获得的效益与所花费的代价之比值。对于逆循环可以实现两种目的：一是制冷，目的是把热量 q_2 从冷环境取走，即冷源获得了冷量 q_2。对于制冷装置我们用制冷系数表示其性能系数，用符号 ε_1 表示，其是获得的冷量与消耗净功之比，则

$$\varepsilon_1 = \frac{q_2}{w_0} = \frac{q_2}{q_1 - q_2} \tag{4-3}$$

另一种则为供热，目的在于向高温环境输送热量 q_1。这就是热泵装置，其性能系数用制热系数来表示，用符号 ε_2 表示，是供热量与消耗净功之比，则

$$\varepsilon_2 = \frac{q_1}{w_0} = \frac{q_1}{q_1 - q_2} \tag{4-4}$$

从性能系数的定义来看，无论是制冷还是供热，性能系数都是愈大愈好。性能系数愈大，表示在花费同样代价（即消耗同样的净功 w_0）的时候，可以得到较多的冷量 q_2 或热量 q_1。

必须指出，在以上导出热效率及性能系数的过程中只采用了热力学第一定律，并未加其他限制，故式（4-2）～式（4-4）适用于任何可逆与不可逆循环。

第二节 热力学第二定律

热力学第二定律说明有关热现象的各种过程进行的方向、条件和深度的规律，而最根本的则是过程的方向问题。

一、过程的方向性与不可逆性

在自然界中人类通过长期的生产实践和科学研究，得出了如下的结论：凡是涉及热现象的一切过程，都有一定的方向性和不可逆性。例如热能可以通过摩擦将机械能完全的转化为热能，这是不需要任何条件的，即可以单独进行；但是在工程中，热能却不能无条件地全部变为机械能。又如热能总是从高温物体自发地传向低温物体，而不能在自发的情况下从低温物体传向高温物体。另外还有自由膨胀、扩散、混合、燃烧等过程的进行均具有方向性，并且都是不可逆的过程。

上述情况表明自然界中涉及热现象的一切过程，都是单向进行，而无法使其回复到初始状态却不引起外界的其他变化，这就是自发过程的不可逆性，这个概念是热力学第二定律的基础。

在前面我们已经讨论了系统平衡的概念，这对热力学第二定律是极其重要的。过程的方向性和不可逆性是指各过程总是朝着一个方向进行而不能自发地反方向进行，这个方向就是指系统总是从不平衡态朝着平衡态的方向进行。当系统达到平衡态后，则一切的变化也就停止了。对于已经达到平衡态的系统，在自发的状态下，绝对不可能重新变为不平衡态，也就是说自发过程是不可逆的。正如两个物体温度达到平衡后，决不会自发地一个物体的温度升高，而另一个物体的温度降低。因此系统平衡的趋近就是自发过程的方向。

自发过程的不可逆性，并不是说自发过程的逆过程就不能实现，这种自发过程的逆过程是可以实现的，但是它的进行是有条件的，也就是必须有另外的补偿过程同时发生。例如要使热量从低温物体传向高温物体，可以通过消耗一定的机械功来实现，这消耗机械功的过程就是补偿过程。所消耗的机械功转化为热量，这是一个自发过程，以此作为补偿，热量的反方向传递才能进行。热能转化为机械能的过程也是一个非自发过程，但是通过使一部分热量自发地从热源流向冷源这一自发过程的补偿，热能就可以转化为机械能。可见非自发过程进行的必要条件是有一个自发过程与之同时进行。

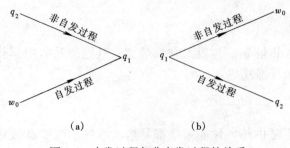

图 4-4 自发过程与非自发过程的关系
(a) 制冷机；(b) 热机

二、热力学第二定律的经典叙述

热力学第二定律有许多说法，每一种说法都与自然界的具体现象紧密地相联系，但是又都反映了同一自然规律。下面介绍两种经典的说法：

1. 克劳修斯（Clausius）叙述

1850年克劳修斯提出"不可能把热量从低温物体传到高温物体而不引起其他变化。"

该叙述从热量传递过程表达了热力学第二定律，显然不是热量不能从低温物体传向高温物体，而是该过程不可能自发进行。通过制冷机有了自发过程进行补偿，热量是可以从低温物体传向高温物体的。如图 4-4(a)所示。

2. 开尔文—普朗克（Kelvin—Plank）叙述

1851年开尔文与普朗克先后各自独立地提出"不可能制造只从一个热源取得热量使之完全变为机械功而不引起其他变化的循环发动机。"

上述表明：从热源取得的热量不可能全部转变为机械能，因为这是一个非自发过程，但是如果伴随一自发过程作为补偿，那么热能变为机械能的过程就能实现。如图 4-4(b)所示。

从单一热源取得热量并使之全部变为功而不引起其他变化的循环发动机，被称为"第二类永动机"。它虽然未违背热力学第一定律，也就是没有创造能量，但是它的指导思想违背了热力学第二定律，只从一个热源吸热就能永动不息地为人类做功而不引起其他变化，这种尝试最终也只有失败。因此热力学第二定律也可以叙述为："第二类永动机是不可能的"或"单热源的热机是不可能的"。

热力学第二定律还有其他的一些叙述形式，各种叙述针对不同的热力过程，但是它们都表达了一个相同的规律，它们的实质都是一致的。

第三节 卡诺循环及卡诺定律

从热力学第二定律指出，工质从热源吸取热量，不能完全变为循环净功，必须有一部分排放到冷源中去，那么转化为净功的最大限度是多少呢？法国工程师卡诺（Carnot）解决了这个问题，它提出了最理想的热机方案，即卡诺循环，继而又提出了卡诺定理，它们对于工程上热机的应用和制造具有指导作用。

一、卡诺循环

如图 4-5 所示，卡诺循环是由四个过程所组成。

工质首先经过可逆等温膨胀过程 1-2：工质在等温膨胀过程中从热源 T_1 吸取热量 q_1，在定温 T_1 下由状态 1 膨胀到状态 2，工质的比容增大，熵也增大；

绝热膨胀过程 2-3：工质在绝热膨胀过程中熵不变，即 $s_2=s_3$，比容增大，温度由 T_1 降为 T_2；

可逆等温压缩过程 3-4：工质在等温压缩过程中向冷源 T_2 放出热量 q_2，在定温 T_2 下由状态 3 被压缩到状态 4，工质的比容减小，熵也减小；

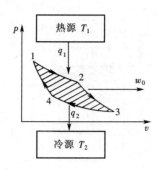 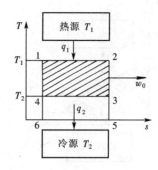

图 4-5 卡诺循环的 $p\text{-}v$ 图及 $T\text{-}s$ 图

绝热压缩过程 4-1：工质在绝热压缩过程中熵不变，即 $s_4=s_1$，比容减小，温度由 T_2 升高到 T_1。

从 $T\text{-}s$ 图上清楚地看出，等温过程 1-2 中吸收的热量 q_1 为过程线 1-2 下面的面积 12561。T_1 是工质吸热膨胀时的温度也是热源温度，于是有

$$q_1 = T_1(s_2 - s_1)$$

式中：s_2-s_1 为吸热过程 1-2 的熵变。同理，放热过程 3-4 的放热量 q_2 为过程线 3-4 下面的面积 34653。T_2 是工质放热压缩时的温度，也是冷源温度，因此

$$q_2 = T_2(s_3 - s_4)$$

根据循环热效率计算式（4-2）可得卡诺循环的热效率为

$$\eta_{t,c} = 1 - \frac{q_2}{q_1} = 1 - \frac{T_2(s_3-s_4)}{T_1(s_2-s_1)}$$

又从上面的分析可知，$(s_2-s_1)=(s_3-s_4)$，所以上式可简化为

$$\eta_{t,c} = 1 - \frac{T_2}{T_1} = \frac{T_1-T_2}{T_1} \tag{4-5}$$

从以上的分析以及公式（4-5）可得出下列结论：

（1）卡诺循环热效率的大小只取决于热源温度 T_1 和冷源温度 T_2。与工质的性质无关，公式（4-5）适用于任何工质的卡诺循环。提高热源温度 T_1 和降低冷源温度 T_2，均可使卡诺循环的热效率提高。

（2）由于热源温度 T_1 不可能等于 ∞，而冷源温度 T_2 也不可能等于 0，所以卡诺循环的热效率总是小于 1。也就是在热源获得的热量不可能全部变为净功。

（3）当 $T_1=T_2$ 时，也就是只有一个热源时，$\eta_{t,c}=0$，也就是说只有一个热源的热机是不能进行循环的。

二、逆卡诺循环

如图 4-6 所示，逆向进行的卡诺循环称为逆卡诺循环，它也是由四个过程所组成的。

绝热膨胀过程 1-4：工质在绝热膨胀过程中熵不变，$s_1=s_4$，温度由 T_1 降为 T_2。

可逆等温膨胀过程 4-3：工质在等温膨胀过程中从冷源 T_2 吸收热量 q_2，工质的比容增大，熵也增大。

绝热压缩过程 3-2：工质在绝热压缩过程中熵不变，$s_3=s_2$，温度由 T_2 升高为 T_1。

可逆等温压缩过程 2-1：工质在等温压缩过程中向热源 T_1 放出热量 q_1，工质的比容减

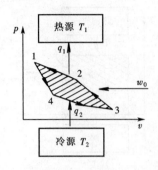 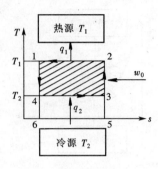

图 4-6 逆卡诺循环的 p-v 图及 T-s 图

小,熵也减小。

工质经过 14321 完成一个逆卡诺循环,显然逆卡诺循环属于逆循环,是消耗机械功,将热量从低温物体传向高温物体的循环。

在 1-4-3-2-1 循环过程中,工质从冷源吸热 $q_2 = T_2(s_3 - s_4) =$ 面积 43564,向热源放热 $q_1 = T_1(s_2 - s_1) =$ 面积 21652,外界对系统所消耗的功 $w_0 = q_1 - q_2 =$ 面积 14321。评价逆卡诺循环用性能系数,对于制冷循环用制冷系数,则对于逆卡诺循环有

$$\varepsilon_{1,c} = \frac{q_2}{w_0} = \frac{T_2(s_3 - s_4)}{T_1(s_2 - s_1) - T_2(s_3 - s_4)}$$

由于 $(s_2 - s_1) = (s_3 - s_4)$,所以

$$\varepsilon_{1,c} = \frac{T_2}{T_1 - T_2} \tag{4-6}$$

若逆卡诺循环用于热泵,则用供热系数表示,对于逆卡诺循环

$$\varepsilon_{2,c} = \frac{q_1}{w_0} = \frac{T_1(s_2 - s_1)}{T_1(s_2 - s_1) - T_2(s_3 - s_4)}$$

同理 $(s_2 - s_1) = (s_3 - s_4)$,所以

$$\varepsilon_{2,c} = \frac{T_1}{T_1 - T_2} \tag{4-7}$$

根据以上的分析以及式(4-6)和式(4-7)可以得出以下结论:

(1) 逆卡诺循环的性能系数(制冷系数或供热系数)只取决于热源温度 T_1 和冷源温度 T_2,它随 T_1 的降低和 T_2 的升高而增大。

(2) 逆卡诺循环的制冷系数 $\varepsilon_{1,c}$ 可以大于1,等于1或小于1,但是供热系数 $\varepsilon_{2,c}$ 总是大于1,二者之间的关系为 $\varepsilon_{2,c} = 1 + \varepsilon_{1,c}$;而在一般的情况下,由于 $T_2 > (T_1 - T_2)$,故逆卡诺循环的制冷系数 $\varepsilon_{1,c}$ 也大于1。

(3) 逆卡诺循环可以用来制冷,也可以用来供热,对于这两个目的可以单独实现,也可以在同一设备中交互实现,即在一定时间用热泵作为供暖设备(例如在冬天),而在另一段时间作为制冷机用于制冷(例如在夏天空调)。

三、卡诺定理

卡诺在 1824 年提出了如下定律——卡诺定律:

(1) 所有工作于同温热源与同温冷源的一切热机,以可逆热机的热效率为最高。

(2) 工作于同温热源和同温冷源之间的所有可逆热机，其热效率均相等。

卡诺定律的论证可以用反证法。假设两部热机 A 及 B，B 为可逆热机，A 为不可逆热机，设定两热机在相同热源温度 T_1 和相同冷源温度 T_2 下工作，并设定 B 按逆卡诺循环（制冷机）工作，采用不可逆热机 A 带动可逆制冷机 B 工作。如图 4-7 所示。

所以有

$$W_0 = Q_1 - Q_2 = Q'_1 - Q'_2 \quad \text{(a)}$$

假设 $\eta_{t,A} > \eta_{t,B}$，则

$$\frac{W_0}{Q_1} > \frac{W_0}{Q'_1} \quad \text{(b)}$$

从上式可知，$Q'_1 > Q_1$，将这一结果代入式（a）中，则

$$Q'_1 - Q_1 = Q'_2 - Q_2 > 0 \quad \text{(c)}$$

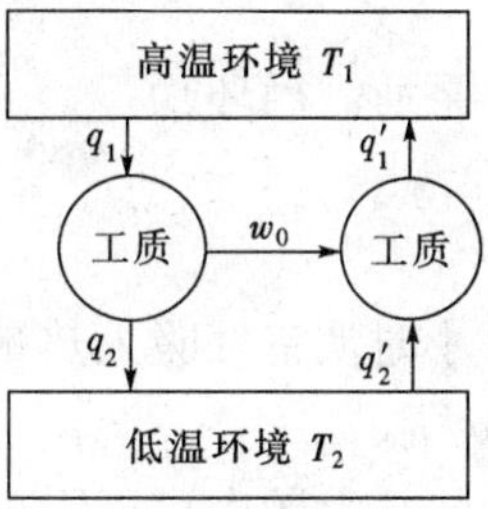

从上式可以得出：不可逆热机 A 与可逆热机 B 联合运行的结果，使热量 $Q'_2 - Q_2$ 自发地从冷源 T_2 流向热源 T_1，这样一来就违背了热力学第二定律。因此，$\eta_{t,A} > \eta_{t,B}$ 的假设是不对的。则只有 $\eta_{t,A} \leq \eta_{t,B}$。如果 $\eta_{t,A} = \eta_{t,B}$，用不可逆热机 A 带动可逆热机 B，二者联合的结果，使工质、热源、冷源都恢复到初态而不留下任何变化的痕迹。而这一结果是与热机 A 为不可逆相矛盾的，也就是说，$\eta_{t,A} = \eta_{t,B}$ 也是不可能成立的。那么唯一可能成立的就是 $\eta_{t,A} < \eta_{t,B}$，即相同的热源和相同的冷源之间，可逆热机的热效率总是大于不可逆热机的热效率。

图 4-7 卡诺定律证明

用同样的方法可以证明相同热源和相同冷源之间的一切可逆热机其热效率均应相等。假设有两个可逆热机 A 和 B。由于 A 为可逆热机，则有 $\eta_{t,A} \geq \eta_{t,B}$。但是 B 也为可逆热机，同样有 $\eta_{t,A} \leq \eta_{t,B}$。因此，得出的唯一结果为 $\eta_{t,A} = \eta_{t,B}$。

卡诺定律解决的是热机循环效率的极限问题，在相同的热源温度和相同的冷源温度下，卡诺循环的热效率最高。但是在实际工程中，工质不可能在没有温差的情况下，从热源等温地吸热，或向冷源无温差等温放热；同时在没有摩擦并完全绝热的情况下进行可逆绝热过程也是不可能实现的。因此实际热机所进行的循环均为不可逆循环，其热效率也必定小于卡诺循环的热效率。

卡诺循环尽管不能够实现，但是卡诺定律仍有重要的工程意义。卡诺定律从原则上提出了提高热机热效率有效途径，即提高热源温度 T_1，降低冷源温度 T_2。因为后者受到环境温度的限制，所以在现在热机中往往采用高温高压的介质来提高热机的效率，同时卡诺定理也为状态参数熵的导出提供了理论依据。因此，卡诺循环和卡诺定律在指导热机实践中具有极高的理论价值。

【例 4-1】 某热机每秒钟从高温热源吸热 70kJ，该热机高温热源和低温热源的温度分别为 523℃ 和 123℃，试计算热机可能达到的最大功率。

解 由于热机所能达到的最大热效率为卡诺循环热效率，即

$$\eta_t = 1 - \frac{T_2}{T_1} = 1 - \frac{273 + 123}{273 + 523} = 0.5$$

所以最大功率为

$$w_0 = \eta_t q_1 = 0.5 \times 70 = 35 \text{(kJ)}$$

【例 4-2】 某房间，当室内温度为 18℃，室外气温为 -7℃ 时，供热负荷为 6000W。如

果用逆卡诺循环热泵供热，试计算热泵的供热系数、热泵循环耗功和每小时从室外吸入的热量。

解 根据式（4-7）

$$\varepsilon_{2,c} = \frac{T_1}{T_1 - T_2} = \frac{273 + 18}{(273 + 18) - (273 - 7)} = 11.64$$

热泵所需循环功

$$w = \frac{q_1}{\varepsilon} = \frac{6000}{11.64} = 515.46 (\text{W})$$

每小时从室外吸入热量

$$q_2 = q_1 - w = 6000 - 515.46 = 5484.54 (\text{W})$$

从上题中可以看出，采用热泵供暖，在消耗同样机械功的情况下，能够向室内提供热量要比单纯采用电供暖形式向室内提供的热量明显提高。

第四节 熵与熵方程

对于不同的热力过程，热力学第二定律有不同的叙述，为了给出判定各种过程的方向性提供统一的判据，引入了状态参数熵，熵与过程的方向性密切联系。由于熵的这个特性，在许多领域中都得到了广泛的应用。

一、克劳修斯积分式

对于工作于热源 T_1 和冷源 T_2 之间的热机，根据卡诺定律，所有热机循环应服从下列关系式

$$\eta_t = 1 - \frac{q_2}{q_1} \leqslant 1 - \frac{T_2}{T_1}$$

式中等号适用一切可逆循环，包括卡诺循环，不等号适用于一切不可逆循环。式中吸热量 q_1 和放热量 q_2 都是绝对值。按其定义，工质吸热量 q_1 为正值，放热量 q_2 为负值。如取代数值，则上式可表示为

$$\frac{q_1}{T_1} + \frac{q_2}{T_2} \leqslant 0 \text{ 或 } \Sigma \frac{q}{T} \leqslant 0$$

对于多热源的循环，可以将可逆多热源分成无数个微元可逆循环，将不可逆循环分成无数个微元不可逆循环。因此，对于任意一个微元循环将有下列关系

$$\frac{\delta q_1}{T_1} + \frac{\delta q_2}{T_2} \leqslant 0$$

综合整个多热源的可逆循环与不可逆循环可得

$$\sum_{i=1}^{n} \left(\frac{\delta q_1}{T_1} + \frac{\delta q_2}{T_2} \right) \leqslant 0$$

或表示为

$$\oint \frac{\delta q}{T} \leqslant 0 \tag{4-8}$$

上式称为克劳修斯积分式,等号适用于多热源可逆循环,不等号适用于多热源的不可逆循环。式中温度 T 是指传热过程中热源的温度,但是对可逆循环来说,T 也是传热过程中工质的温度。即当 $\oint \frac{\partial q}{T} = 0$ 时,T 既是热源的温度也是工质的温度;而当 $\oint \frac{\partial q}{T} < 0$ 时,T 则是热源的温度,而不是工质的温度。

二、熵的定义

对任意可逆循环,如图 4-8 所示 1-3-2-4-1。根据克劳修斯积分式则有

$$\oint \left(\frac{\partial q}{T}\right)_{rev} = 0$$

对于上式可以表示为

$$\int_{1\text{-}3\text{-}2} \left(\frac{\partial q}{T}\right)_{rev} + \int_{2\text{-}4\text{-}1} \left(\frac{\partial q}{T}\right)_{rev} = 0$$

即

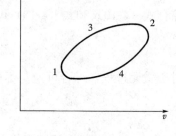

图 4-8 可逆循环中的熵变

$$\int_{1\text{-}3\text{-}2} \left(\frac{\partial q}{T}\right)_{rev} = \int_{1\text{-}4\text{-}2} \left(\frac{\partial q}{T}\right)_{rev} \quad (4\text{-}9)$$

从上式中可知,对于任意可逆过程 1-3-2 或 1-4-2,只要过程的初、终状态相同,则克劳修斯积分值相同,即 $\int_1^2 \left(\frac{\partial q}{T}\right)_{rev}$ 的值与过程的途径无关。由此可以推断,工质存在一个状态参数,这个状态参数就称为熵,对于 1kg 的工质来说,熵用 s 表示,其单位是 J/(kg·K)。状态参数熵初、终态之间的变化等于

$$\Delta s = s_2 - s_1 = \int_1^2 \left(\frac{\partial q}{T}\right)_{rev} \quad (4\text{-}10)$$

对于微元可逆过程,熵的微元变化为

$$ds = \left(\frac{\partial q}{T}\right)_{rev} \quad (4\text{-}11)$$

状态参数熵与内能、焓一样,属于广延性参数,即与系统的质量有关,具有可加性。对于 m kg 的工质的熵 $S = m \cdot s$,单位为 kJ/K。

三、不可逆过程中的熵

对于不可逆循环,如图 4-8 所示,若 1-3-2 为不可逆过程,2-4-1 为可逆过程,则克劳修斯积分式为

$$\oint \left(\frac{\partial q}{T}\right)_{irr} < 0$$

即

$$\int_{1\text{-}3\text{-}2} \left(\frac{\partial q}{T}\right)_{irrv} + \int_{2\text{-}4\text{-}1} \left(\frac{\partial q}{T}\right)_{rev} < 0$$

对于可逆过程 2-4-1 熵的变化为

$$\Delta s = s_2 - s_1 = \int_{1\text{-}4\text{-}2} \left(\frac{\partial q}{T}\right)_{rev}$$

则

$$\Delta s = s_2 - s_1 > \int_1^2 \left(\frac{\delta q}{T}\right)_{irr} \tag{4-12}$$

对于微元过程，熵的变化为

$$ds > \frac{\delta q}{T} \tag{4-13}$$

综合式（4-10）和式（4-13）可得

$$\Delta s = s_2 - s_1 \geqslant \int_1^2 \left(\frac{\delta q}{T}\right)_{irr} \tag{4-14}$$

对于微元过程，综合可逆与不可逆过程，则有

$$ds \geqslant \frac{\delta q}{T} \tag{4-15}$$

式（4-14）和式（4-15）中等号适用于可逆过程，不等号适用于不可逆过程。

从以上的分析可以得出，对于不可逆过程的熵具有如下结论：

（1）在不可逆过程中，$\frac{\delta q}{T}$ 并不是 ds，而是比 ds 更小的数值，所以有 $ds > \frac{\delta q}{T}$。很显然，$\left(ds - \frac{\delta q}{T}\right)$ 与过程的不可逆性有关，$\left(ds - \frac{\delta q}{T}\right)$ 值越小，说明该不可逆过程愈接近可逆过程；反之，则愈远离可逆过程。特别的，对于 $ds = \frac{\delta q}{T}$ 时，就是可逆过程。因此 $\left(ds - \frac{\delta q}{T}\right)$ 可以作为过程不可逆程度的量度。

（2）对于式（4-11）和式（4-13），是不能简单地理解为不可逆过程熵的变化大于可逆过程熵的变化。由于熵是状态参数，只要初、终状态相同，如图 4-8 中 1-2 过程，无论经历什么过程，过程是否可逆，其熵的变化 $\Delta s = s_2 - s_1$ 总是相等的。

（3）对于式（4-12）和式（4-13）均为不等式，故不能作为计算不可逆过程中熵的变化的计算式。对于不可逆过程中熵的变化值，可以用与其初、终态完全相同的可逆过程中熵的变化来代替。

四、理想气体系统熵的计算

理想气体的熵是状态参数，两状态间系统熵的变化与过程所经历的途径无关，也与过程是否可逆无关，只要系统的初、终状态确定，那么系统的熵变值也就确定了。根据理想气体熵的定义式，并结合热力学第一定律以及理想气体的状态方程等关系式，则有

$$\delta q = c_V dT + p dv$$

将上式代入（4-10）有

$$\Delta s = s_2 - s_1 = \int_1^2 c_V \frac{dT}{T} + \int_1^2 \frac{p}{T} dv$$

根据气体的状态方程 $pv = RT$，并代入上式，并取比热为定值，有

$$\Delta s = c_V \ln \frac{T_2}{T_1} + R \ln \frac{v_2}{v_1} \tag{4-16a}$$

又根据理想气体 $\dfrac{p_1 v_1}{T_1} = \dfrac{p_2 v_2}{T_2}$，并代入式（4-16a）可得

$$\Delta s = c_p \ln \frac{T_2}{T_1} + R \ln \frac{p_1}{p_2} \tag{4-16b}$$

或

$$\Delta s = c_p \ln \frac{v_2}{v_1} + c_V \ln \frac{p_2}{p_1} \tag{4-16c}$$

从式（4-16）可以看出，理想气体熵的变化仅与初、终状态参数有关，而与经历的过程无关。上式是经过可逆过程推导出来的，但是对于不可逆过程也是适用的。

【例 4-3】 某水箱将 14℃ 的冷水 20kg 与 65℃ 的热水 50kg 相混合，然后送入锅炉定压加热到 100℃。如果认为锅炉是绝热的，试求该系统熵的变化。

解 水的熵变化

$$\Delta S = \int_1^2 \frac{\delta Q}{T} = \int_1^2 m c_p \frac{\mathrm{d}T}{T} = m c_p \ln \frac{T_2}{T_1}$$

该系统熵变化可分为两部分水熵变化之和，故有

$$\Delta S = m_1 c_p \ln \frac{T_2}{T_1} + m_2 c_p \ln \frac{T_2}{T'_1}$$

$$= 20 \times 4.19 \ln \frac{273+100}{273+14} + 30 \times 4.19 \ln \frac{273+100}{273+65}$$

$$= 34.35 (\mathrm{kJ/K})$$

【例 4-4】 气体在容器中绝热自由膨胀是一个典型的不可逆绝热过程。如图 4-9 所示。设容器的容积左右两边相等，左边盛有 0.5kg 空气，右边为真空，容器为刚性绝热。当隔板抽去后，空气充满整个容器，求空气熵的变化。

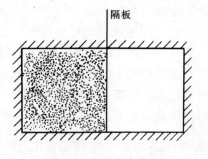

图 4-9 绝热自由膨胀

解 因为是一个不可逆绝热过程，根据熵是状态参数的特点，只要知道工质的初、终状态参数，就可计算不可逆绝热自由膨胀过程中工质熵的变化。

从热力学第一定律可知 $Q = \Delta U + W$，因为 $Q = 0$，$W = 0$，所以有 $\Delta U = 0$。对于理想气体则有 $\Delta T = 0$，即 $T_2 = T_1$。已知 $V_2 = 2V_1$。代入理想气体熵计算式，可得

$$\Delta S = m \left(c_V \ln \frac{T_2}{T_1} + R \ln \frac{v_2}{v_1} \right) = 0.5 \times 287 \ln 2 = 99.47 [\mathrm{J/(kg \cdot K)}]$$

经过以上的分析可知，虽然是绝热过程，但是熵却是增加的。这时 $\left(\mathrm{d}s - \dfrac{\delta q}{T} \right) > 0$，只有当可逆过程时 $\left(\mathrm{d}s - \dfrac{\delta q}{T} \right) = 0$，才能称为定熵过程。

第五节 孤立系统的熵增原理

一、孤立系统的熵增原理

所谓的孤立系统是指系统与外界既无能量交换，又无物质交换的系统。若将所研究的非孤立系统与外界合并起来，用一个新的边界包围起来，就可以得到一个新的孤立系统。孤立系统内部各物体之间可以进行质量、热量、功量的交换，但是孤立系统中能量总是守恒的。若孤立系统经历某一过程，其熵的微元变化为

$$ds_{iso} \geqslant \frac{\delta q}{T}$$

对于孤立系统来说，$\delta q=0$，所以

$$ds_{iso} \geqslant 0 \tag{4-17}$$

式中等号适用于孤立系统中所进行的过程全是可逆过程的情况，大于号适用于孤立系统的不可逆过程。

式（4-17）表明：对于孤立系统，其熵值可以增加（对于系统进行不可逆过程时）或者不变（对于系统进行可逆过程时），但绝对不可能减少。事实上，可逆过程在工程中是无法实现的，因此孤立系统的一切实际过程总是朝着熵增加的方向进行，这就是孤立系统的熵增原理。

式（4-17）也就是用熵参数表示的热力学第二定律的数学表达式。

二、孤立系统熵增原理的应用

应用孤立系统熵增原理能够解决热力学第二定律所要解决的过程的方向、条件和深度问题。现说明如下：

1. 可以用来判定过程的进行

对于所研究的系统，可以将系统与外界合并起来组成一个孤立系统。若在过程中，该孤立系统的总熵（即孤立系统中所有物体熵的总和）增加，则该过程可以进行，且该过程为不可逆过程；若孤立系统总熵不变，则过程为可逆过程；孤立系统总熵减少，则过程不可能进行。但是，对于孤立系统中某一部分可能存在熵减小的情况，如孤立系统中的热源 T_1 进行放热，$\Delta S_1 = \frac{Q_1}{T_1}$，它的熵变化就是减小。

2. 非自发过程进行的条件

在人们的生产和生活中，需要进行一些非自发过程，例如：在冬季为了保持室内温度将室外低温环境的热量提升到室内高温环境中来；汽轮机将热能转换为电能等。这些非自发的过程是不能无条件地进行的，因为无条件或单独进行，其结果是孤立系统的总熵减少，这就违背了式（4-17）。因此对于非自发过程能够进行必须有一个熵增的补偿过程与之同时进行，该补偿过程的补偿极限是孤立系统的总熵不变，也就是可逆过程。

3. 自发过程进行的限度

当孤立系统内部达到平衡时，孤立系统内部各物体之间存在着的不平衡势差，如温度差、压力差、密度差等就消失，在这种平衡状态下进行的过程都是可逆的，不会使孤立系统的熵增加。因此，可以认为当孤立系统达到平衡状态时，孤立系统的熵达到最大值。孤立系

统从不平衡状态开始增熵，直到系统平衡时达到最大值。一旦系统达到平衡，孤立系统的熵不会增加，这时，一切自发过程也不会再进行。

4. 过程如何进行有利

对于孤立系统，当系统进行可逆过程时，$\Delta s_{iso}=0$；当系统进行不可逆过程时，$\Delta s_{iso}>0$。很显然，Δs_{iso}值越大，过程中不可逆的程度愈大，所以 Δs_{iso} 值是孤立系统不可逆程度的量度。也就是说，Δs_{iso} 值越小，过程越接近于可逆过程，不可逆损失越小，过程进行的就越有利。

对气体的摩擦过程、不等温传热过程、自由膨胀过程、混合和扩散过程等进行分析，不难看出，它们的进行都将使孤立系统的总熵增加，孤立系统的熵增加将导致能量品质的降低，因此，孤立系统的熵增原理又称为能量贬值原理。

三、孤立系统做功能力的损失

将孤立系统的熵增原理应用于热机循环，经过分析可以得出如下结论：系统循环如果是进行的可逆循环，则将得到最大有用功；若系统进行的不可逆循环，则得到的有用功将小于最大有用功。称此两者的功差为孤立系统做功能力的损失。做功能力损失的大小与孤立系统熵增的大小成正比。

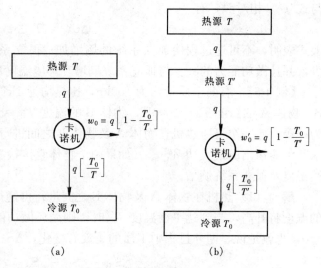

图 4-10 孤立系统做功损失

下面我们举例证明以上结论。设在系统温度 T 与环境温度 T_0 之间进行一卡诺循环，如图 4-10（a）所示。那么获得的循环净功为

$$w_{0,\max} = q\left(1 - \frac{T_0}{T}\right) \tag{a}$$

此时孤立系统的熵不变，即 $\Delta s_{iso}=0$。

如果在以上冷、热源之间的循环中有一不可逆过程存在，如图 4-10（b）所示。假如热源 T 将同样的热量 q 用温差传热方式传给另一热源 T'，然后在热源 T' 与冷源 T_0 之间进行卡诺循环。此时循环净功为

$$w_0 = q\left(1 - \frac{T_0}{T'}\right) \tag{b}$$

比较式（a）和式（b），由于 $T>T'$，显然，$w_{0,\max}>w_0$。做功能力损失为

$$\Delta w_0 = w_{0,\max} - w_0 = T_0 q\left(\frac{1}{T'} - \frac{1}{T}\right) \tag{c}$$

对于存在不可逆过程的循环过程，孤立系统的熵增加，$\Delta s_{iso}>0$，其具体计算如下

$$\Delta s_{iso} = \Delta s_1 + \Delta s'_1 + \Delta s_0 + \Delta s_2$$

$$= -\frac{q}{T} + \frac{q}{T'} - \frac{q}{T'} + 0 + \frac{q_0}{T_0} = q\left(\frac{1}{T'} - \frac{1}{T}\right) > 0 \tag{d}$$

式中 $\Delta s_1 = -\dfrac{q}{T}$,为热源 T 放热 q 而减少的熵;

$\Delta s'_1 = -\dfrac{q}{T'} + \dfrac{q}{T'}$,为热源 T' 吸热 q 及放热 q 时熵的变化,$\Delta S' = 0$;

$\Delta s_0 = 0$,工质进行循环后熵的变化为零;

$\Delta s_2 = \dfrac{q_0}{T_0}$,冷源吸热 q_0 时熵的增加。

与式(c)相对照,有

$$\Delta w_0 = T_0 \Delta s_{iso} \tag{4-18}$$

上式表明,不可逆过程使孤立系统的熵增加;孤立系统熵增加则意味着系统做功能力的减少,并且做功能力的减少与孤立系统熵增和环境温度成正比。

【例 4-5】 有两个质量均为 100kg,比热均为 1kJ/(kg·K),但是温度不同的物体 A 及 B。物体 A 的温度 $T_A = 1000K$,物体 B 的温度 $T_B = 500K$。将物体 A 作为热源,物体 B 作为冷源,使一个可逆热机在物体 A 及物体 B 之间进行工作,直至两个物体温度相等时为止,求其可能输出的最大功 $W_{0,max}$。如果两个物体直接接触进行热交换直至热平衡为止,求其平衡温度及孤立系统熵增。

解 (1)热机在物体 A 及物体 B 之间进行可逆循环时,物体 A 的温度将降低,物体 B 的温度将升高,当到达平衡温度 T_m 时,则循环做功停止。由于循环过程可逆,所以有 $\Delta S_{iso} = 0$,也就是说,循环过程中工质的熵没有变化,$\Delta S_0 = 0$。所以

$$\Delta S_{iso} = \Delta S_A + \Delta S_0 + \Delta S_B$$

$$= \int_{T_A}^{T_m} \frac{\delta Q}{T} + \int_{T_B}^{T_m} \frac{\delta Q}{T} = \int_{T_A}^{T_m} \frac{mc\,dT}{T} + \int_{T_B}^{T_m} \frac{mc\,dT}{T}$$

$$= mc \ln \frac{T_m}{T_A} + mc \ln \frac{T_m}{T_B}$$

由上式可以得出

$$T_m = \sqrt{T_A T_B} = \sqrt{1000 \times 500} = 707(K)$$

可能输出的最大功为

$$W_{0,max} = Q_1 - Q_2 = mc[(1000 - 707) - (707 - 500)]$$
$$= 100 \times 1 \times 86 = 8600(kJ)$$

由于物体 A 和物体 B 不是无限大热容的热源,因此,物体 A 不可能无限度地放热,物体 B 也不可能无限度地吸热。在物体 A 及 B 之间进行的可逆循环,可以认为是由许多微元卡诺循环组成的多热源及多冷源的可逆循环。

(2)该过程为一个不可逆的温差传热过程。物体 A 放出的热量等于物体 B 所吸收的热量,设达到热平衡的温度为 T'_m,则

$$mc(T_A - T'_m) = mc(T'_m - T_B)$$

所以

$$T'_m = \frac{1}{2}(T_A + T_B) = \frac{1000 + 500}{2} = 750(K)$$

整个传热过程的熵增为

$$\Delta S_{iso} = \Delta S_A + \Delta S_B = mc\ln\frac{T'_m}{T_A} + mc\ln\frac{T'_m}{T_B}$$

$$= 100 \times 1\left(\ln\frac{750}{1000} + \ln\frac{750}{500}\right) = 11.78(kJ/K)$$

【例 4-6】 某热机循环工作于热源 $t_1=500℃$ 及冷源 $t_2=20℃$ 之间，进行一个 a-b-c-d-a 的不可逆循环，如图 4-11 所示。a-b 为可逆等温吸热，b-c 为不可逆绝热膨胀，工质熵增加 $0.1kJ/(kg·K)$，c-d 为可逆等温放热过程，d-a 为定熵压缩过程。循环工质为 1kg 空气，热源放热量为 $q_1=1000$ (kJ/kg)。求循环净功及孤立系做功能力损失，其是否符合式（4-18）。

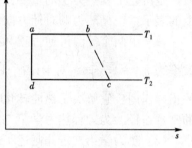

图 4-11　[例 4-6] 图

解 由于热源放热 $q_1=1000kJ/kg$，其熵减少为

$$\Delta s_1 = -\frac{q_1}{T_1}$$

$$= -\frac{1000}{273+500}$$

$$= -1.294[kJ/(kg·K)]$$

冷源吸热 q_2，熵增加为

$$\Delta s_2 = \frac{q_2}{T_2} = |\Delta s_1| + 0.1 = 1.294 + 0.1 = 1.394[kJ/(kg·K)]$$

冷源吸收的热量 q_2 为

$$q_2 = T_2\Delta s_2 = 293 \times 1.394 = 408.4 \text{ (kJ/kg)}$$

所以，对于不可逆循环 a-b-c-d-a 的热效率为

$$\eta_t = 1 - \frac{q_2}{q_1} = 1 - \frac{408.4}{1000} = 0.5916$$

循环净功为　　$w_0 = q_1 - q_2 = \eta_t q_1 = 1000 \times 0.5916 = 591.6$ (kJ/kg)

孤立系统的熵增为

$$\Delta s_{iso} = \Delta s_1 + \Delta s_0 + \Delta s_2 = -1.294 + 0 + 1.394 = 0.1[kJ/(kg·K)]$$

如果在 T_1 和 T_2 进行可逆循环，则可得到最大循环功

$$w_{0,\max} = \eta_{t,c}q_1 = 1000 \times \left(1 - \frac{293}{773}\right) = 620.9[kJ/(kg·K)]$$

做功能力的损失为　$\Delta w_0 = w_{0,\max} - w_0 = 620.9 - 591.6 = 29.3(kJ/kg)$

根据公式(4-18)可得

$$\Delta w_0 = T_2 \Delta s_{iso} = 293 \times 0.1 = 29.3(kJ/kg)$$

从以上计算可以看出公式（4-18）是普遍适用的。

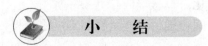

小　结

本章主要讲述了热力学第二定律的内容及实质。阐述了热力循环、卡诺循环及卡诺定

律、状态参数熵、孤立系统熵增原理及应用等。在学习本章的过程中，应注意理解和掌握以下内容：

（1）根据热力循环所达到的效果，将循环分为正循环和逆循环。正循环是将热能由热机转换成为机械能的循环；逆循环是消耗功量将热量从低温物体传向高温物体的循环。热效率和性能系数分别是它们的经济性指标，而尽可能地提高正循环的热效率和逆循环的性能系数，是研究工程热力学的重要任务之一。此外，还应注意正循环和逆循环在 $p\text{-}v$ 图和 $T\text{-}s$ 图上的表示，正循环为顺时针方向的封闭曲线，而逆循环则是逆时针的封闭曲线。

（2）由两个等温可逆过程和两个绝热可逆过程组成的可逆循环为卡诺循环。卡诺循环热效率为 $\eta_{t,c}=1-\dfrac{T_2}{T_1}$。对卡诺循环讨论以及卡诺定律无论从理论上，还是从实践上都有重要的指导作用。它解决了热能转化为机械能的最高限度问题，而且从原则上指出了提高热效率的基本途径。为工程热力学第二定律的确立奠定了理论基础。

（3）热力学第二定律阐述了热过程的方向、条件及进行的深度等问题。热力学第二定律的不同表述分别从热量传递、热功转换过程等来描述表达的，很显然，各种描述都是一致的。对于两种经典的表述必须充分理解并掌握其内容及本质。

（4）熵是与过程的方向性紧密相连的。在可逆过程中 $\mathrm{d}s=\left(\dfrac{\delta q}{T}\right)_{\mathrm{rev}}$；在不可逆过程中 $\mathrm{d}s>\dfrac{\delta q}{T}$。熵具有状态参数的一切特性，有 $\oint \mathrm{d}s=0$ 及 $\int_1^2 \mathrm{d}s=s_2-s_1$。要求熟练运用理想气体熵的计算公式。

（5）孤立系统的熵增原理又称为热力学第二定律的数学表达式，$\Delta s_{\mathrm{iso}} \geqslant 0$。它可以说明过程的方向、条件和深度等问题。孤立系统的熵增是过程不可逆程度的量度，对于任何不可逆所引起的做功能力损失均与孤立系统熵增成正比，也与环境温度（冷源温度）成正比。在此还必须指出，孤立系统的熵增，是指孤立系统内部所有物体熵增的代数和。

习 题

4-1 下列说法是否正确？
（1）系统熵增大的过程必须是不可逆过程。
（2）系统熵减少的过程无法实现。
（3）系统熵不变的过程必然是绝热过程。
（4）系统熵增大的过程必然是吸热过程，它可能是放热过程吗？
（5）系统熵减小的过程必然是放热过程，可以是吸热过程吗？
（6）对不可逆循环，工质熵的变化 $\oint \mathrm{d}s > 0$。
（7）在相同的初、终态之间，进行可逆过程与不可逆过程，则不可逆过程中工质熵的变化大于可逆过程中工质熵的变化。
（8）在相同的初、终态之间，进行可逆过程与不可逆过程，则两个过程中，工质与外界之间传递的热量不相等。

4-2 循环的热效率越高，则循环净功越多；反之，循环的净功越多，则循环的热效率也越高，对吗？

4-3 任何热机循环的热效率均可用下列公式来表达：$\eta_t = 1 - \dfrac{q_2}{q_1} = 1 - \dfrac{T_2}{T_1}$，这一说法对吗？为什么？

4-4 闭口系统经历一个不可逆过程，系统对外界做功 10kJ，并向外放热 5kJ，问该系统熵的变化是正、是负还是可正可负？

4-5 某热机在热源 $T_1=1000$K，$T_2=300$K 间工作，吸热 1000kJ，做功 300kJ。问该热机是可逆、不可逆热机、还是无法实现？

4-6 某热机从热源 $T_1=2000$K 得到热量 Q_1，并将热量 Q_2 排向冷源 $T_2=300$K。在下列条件下确定该热机是可逆、不可逆或无法实现。

(1) $Q_1=1000$kJ，$W_0=900$kJ；
(2) $Q_1=2000$kJ，$Q_2=300$kJ；
(3) $Q_2=500$kJ，$W_0=1500$kJ。

4-7 卡诺循环工作于 500℃ 和 27℃ 之间，若该卡诺热机功率为 10.2kW。求：①卡诺热机的热效率；②卡诺热机每分钟从热源的吸热量；③卡诺热机每分钟向冷源的放热量。

4-8 假定利用一逆卡诺循环作为一住宅采暖设备，室外环境温度为 -10℃，为使住宅内保持 20℃，每小时需供给 10^5kJ 的热量。试求：①该热泵每小时从室外吸取多少热量；②热泵所需的功率；③若直接用电炉采暖，则需要多大功率。

4-9 有一热泵用来冬季采暖和夏季降温，室内要求保持 20℃，室内外温度每相差 1℃，每小时通过房屋围护结构的热损失为 1200kJ，热泵按逆卡诺循环工作。求：①当冬季室外温度为 0℃ 时，该热泵需要多大功率？②在夏季如仍用上述功率使其按制冷循环工作，问室外空气温度在什么极限情况下还能保持室内温度为 20℃？

4-10 如图 4-12 所示，从点 a 起始有两个可逆过程：定容过程 a-b 和定压过程 a-c。已知点 b、c 在同一条定熵线上，试确定 q_{ab} 和 q_{ac} 哪一个大？并在 T-s 图上表示过程 a-b 和 a-c，及 q_{ab} 和 q_{ac}。提示：根据循环 $abca$ 考虑。

4-11 1kmol 氧气由 $t_1=127$℃ 降为 $t_2=27$℃，且容积膨胀为原来的 5 倍，求其熵的变化。

4-12 某刚性绝热容器被隔板分为两部分，如图 4-13 所示。两部分各盛有 0.4kg 温度为 10℃、压力为 0.1MPa 的空气和 0.2kg 温度为 50℃、压力为 0.2MPa 的空气。现抽去隔板，二者均匀混合达到热力平衡状态。求终态时空气的温度、压力及混合过程熵的变化。

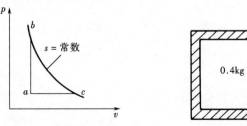

图 4-12 习题 4-10 图   图 4-13 习题 4-12 图

4-13 容积为 0.2m³ 的储气筒内有压力为 2MPa、温度为 50℃ 的空气若干。由于向外散热，使之温度降为与环境温度相等，且为 27℃。试求在此散热过程中储气筒内空气与周围环境组成的孤立系统熵的变化为多少？

4-14 将 1kg 温度为 0℃ 的冰放入盛有 5kg 温度为 60℃ 的水的绝热容器内。求冰完全熔化，且与水达到热平衡时，系统熵的变化。

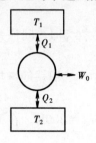

图 4-14 习题 4-15 图

4-15 在热源 $T_1=700K$、冷源 $T_2=400K$ 之间进行循环，如图 4-14 所示。当 $Q_1=5000kJ$、$Q_2=4000kJ$ 时，试确定：①能进行正循环还是逆循环，请证明之；②该循环是可逆的还是不可逆的，为什么？③若为正循环，请求其热效率；若为逆循环，请求其制冷系数和制热系数。

4-16 1kg 空气经过循环 1231，其中 1-2 为定容加热过程，2-3 为绝热膨胀过程，3-1 为定压放热过程。若 $p_1=0.1MPa$、$t_1=25℃$、$v_3=2v_2$，且过程均为可逆。求：①循环热效率及净功；②将该循环表示在 p-v 图及 T-s 图上。

4-17 气体经历正循环 2341。各过程中能量交换及内能变化如表 4-1 所示。试填充表 4-1 中所缺值，并求该循环的热效率。

表 14-1 习题 4-17 表

过程	Q (kJ)	W (kJ)	ΔU (kJ)	过程	Q (kJ)	W (kJ)	ΔU (kJ)
1-2		0	1480	3-4		0	-1000
2-3	0	550		4-1	0		

4-18 1kg 空气由 $t_1=127℃$ 定容加热，使压力升高到初压的 2.5 倍（$p_2=2.5p_1$），然后绝热膨胀，使容积变为原来的 10 倍（$v_3=10v_1$），再定温压缩到初态而完成一个循环。若 $p_3=0.15MPa$，试求：①循环热效率；②循环净功；③将循环 1-2-3-1 表示在 p-v 图及 T-s 图上。

第五章 水 蒸 气

在人们的生活、生产中，常常用水蒸气作为工作介质，例如，热电厂以水蒸气作为工质完成能量的转换；用水蒸气作为热源加热供热系统中的循环水；空调工程中用水蒸气对空气进行加热或加湿。水蒸气是人类在热力发动机中最早广泛应用的工质，其特点是容易获得、有适宜的热力性质、对环境无污染。到目前为止，仍是热力系统中应用的主要工质。

在热力系统中用作工质的水蒸气距液态较近，在工作过程中常有集态的变化，所以在处理水蒸气的热力过程时，不能将水蒸气作为理想气体处理。工程中，水和水蒸气的热力参数在过去常采用查取有关水蒸气热力性质图表的办法，现在也可以借助计算机对水蒸气的物性及过程作高精度的计算。

本章主要介绍水蒸气产生的一般原理、水和水蒸气状态参数的确定、水蒸气图表的结构和应用以及水蒸气热力过程中功量和热量的计算。

第一节 水蒸气的产生过程

一、蒸发和沸腾

水由液态转变为气态的过程称为汽化，汽化又有蒸发和沸腾之分。在水表面进行的汽化过程称为蒸发；在水表面和内部同时进行的强烈汽化过程称为沸腾。水由气相转变为液相的过程称为凝结，凝结是汽化过程的反过程。

蒸发在任何温度下均能发生，在蒸发中液面附近动能较大的分子克服液体表面张力而离开液面到自由空间中去。这样就使得液体分子的平均动能减小，液体温度下降。很显然，液体蒸发的快慢与液体的温度有关。

在蒸发过程中，液面上方空间的水蒸气分子在上升的过程中总是有可能碰撞到液面而返回液体，所以凝结过程总是伴随着同时发生。但是一般的蒸发都是在自由空间中进行的，液面上除水蒸气分子外还存在大量空气，因而水蒸气分子浓度小，分压力很低，其凝结速度小于蒸发速度，故总的看是呈现蒸发过程。如果液态水放置于一个能承受一定压力密闭容器内（见图 5-1），随着蒸发的进行，液面上方的蒸汽分子愈来愈多，

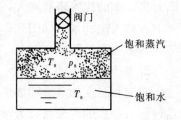

图 5-1 饱和状态

分子之间的碰撞也愈来愈多，它们碰撞液面的机会也愈来愈多，从而提高了凝结速度。当蒸发和凝结的速度相等时，气液两相将达到平衡，这时空间的蒸汽分子浓度不再改变。这种两相平衡称为饱和状态，这时的水蒸气、液体分别称为饱和水蒸气、饱和液体；两相的温度称为饱和温度，用 T_s 表示；相应的水蒸气压力称为饱和压力，用 p_s 表示。

在饱和状态下，饱和温度和饱和压力是一一对应的。由于达到饱和状态时，饱和温度一定，蒸汽分子浓度不再改变，分子的平均动能也一定，故所产生的饱和压力也是定值。并且

饱和温度愈高，分子的平均动能愈大，蒸汽分子的浓度愈大；反之，也是如此。

沸腾是液体内部发生的急剧的汽化过程。若在一定的压力下对液体加热，当温度达到该压力（若忽略液柱压力，即指液面上的总压力）所对应的饱和温度时，液体内部产生大量的气泡。这些气泡不断产生、扩大、上升至液面破裂，随之大量蒸汽进入液面上方的空间，这就形成了沸腾过程。所以这个饱和温度也称为该压力下液体的沸点。

沸腾现象不仅可用加热的方法实现，如果将高温水减压，使其压力降低到对应热水温度的饱和压力以下时，也会使水中产生大量气泡而达到沸腾状态。因此，对高温热水系统，必须采取定压装置，防止系统内局部发生减压而沸腾汽化。

二、水蒸气的定压发生过程

工程上所用的水蒸气都是在定压下对水加热，使之持续沸腾而得到的，这个过程是在锅炉设备中进行的。其产生过程可通过图 5-2 来加以说明。在定压容器中装上定量的（假定 1kg）温度为 0.01℃ 的纯水，容器的活塞上加载一定的重量，使水处在不变的压力下。水在定压下变为水蒸气的过程可以分为三个阶段。

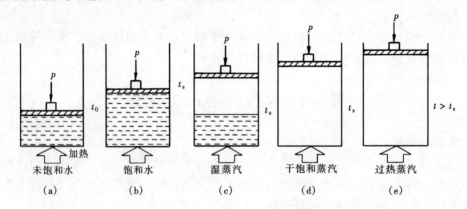

图 5-2 水蒸气定压形成过程

1. 水的定压预热阶段

水温低于饱和温度的水称为未饱和水，如图 5-2（a）所示。对未饱和水加热，其温度不断升高，水的比容略有增大，当水温达到压力 p 所对应的饱和温度 t_s 时，水开始沸腾，这时的水称为饱和水，如图 5-2（b）所示。水在定压状态下，从未饱和状态加热到饱和状态的过程称为预热阶段。

2. 饱和水定压汽化阶段

对饱和温度的水继续加热，水开始沸腾汽化。这时，饱和压力不变，饱和温度也不变。这种蒸汽和水的混合物称为湿饱和蒸汽（简称为湿蒸汽），如图 5-2（c）所示。随着加热过程的继续进行，水逐渐减少，蒸汽逐渐增多，直至水全部转化为蒸汽，这时的蒸汽称为干饱和蒸汽（简称饱和蒸汽），如图 5-2（d）所示。把饱和水定压加热为干饱和蒸汽的过程称为汽化阶段。在这一阶段中，容器内的温度不变，所加入的热量用于由水变为蒸汽所需的能量和容积增大对外做出的膨胀功。这一热量称为汽化潜热 γ，即将 1kg 饱和液体转变成同温度的干饱和蒸汽所需的热量。

3. 干饱和蒸汽定压过热阶段

对饱和蒸汽继续定压加热，蒸汽温度将继续升高，比容增大，这时的蒸汽温度已经超过相应压力下的饱和温度,故称为过热蒸汽,如图5-2(e)所示。其温度超过饱和温度之值称为过热度。

三、水蒸气的 p-v 图和 T-s 图

水蒸气定压加热产生过程表示在 p-v 图和 T-s 图上,如图5-3和图5-4所示 $1_0 1' 1'' 1$ 过程。改变压力 p 可得类似上述的汽化过程 $2_0 2' 2'' 2$,$3_0 3' 3'' 3$ 等,如图5-3和图5-4中各相应线段所示。

在 p-v 图(见图5-3),液态水的比容随温度升高而有明显的增大,但是随压力增大,变化并不显著。因此,在 p-v 图上0.01℃时各种压力下水的状态点 1_0、2_0、3_0、…几乎在一条垂直线上。对于饱和水的状态点 $1'$、$2'$、$3'$、…的比容因其相应的饱和温度 t_s 的增加而逐渐增大。点 $1''$、$2''$、$3''$、…为干饱和蒸汽状态,压力对蒸汽体积的影响比温度对体积的影响大,虽然饱和温度随压力增大而升高,但是 v' 与 v'' 之间的差值随压力的增大而减小。1、2、3点表示过热蒸汽,$1'$-$1''$、$2'$-$2''$、$3'$-$3''$、…之间的任一状态点为湿饱和蒸汽。当压力升高到22.064MPa时,其饱和温度 t_s=373.99℃,v'=v''=0.003106m³/kg,如图5-4中 C 点所示。此时的饱和水和饱和蒸汽已经没有分别,此点称为水的临界点,其压力、温度和比容分别称为临界压力、临界温度、临界比容,分别用 p_{cr}、t_{cr} 和 v_{cr} 表示,对于不同的物质其临界参数是不同的,如表5-1所示。

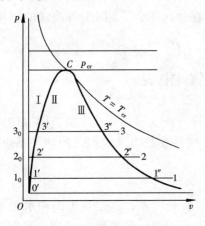
图5-3 水蒸气的 p-v 图

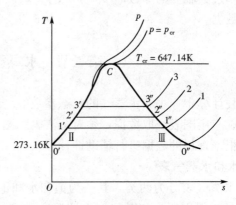
图5-4 水蒸气的 T-s 图

表 5-1　　　　　　　　　　几种气体的临界参数

物质名称	t_{cr} (K)	p_{cr} (MPa)	物质名称	t_{cr} (K)	p_{cr} (MPa)
He	5.3	0.22901	NH_3	405.5	11.29830
H_2	33.3	1.29702	H_2O	647.3	22.1297
N_2	126.2	3.39456	CH_4	190.7	4.64091
O_2	154.8	5.07663	CO	133.0	3.49589
CO_2	304.2	7.38696			

当温度 $t > t_{cr}$ 时,不论压力多大,再也不能使蒸汽液化。连接 p-v 图下的饱和水状态点 $1'$、$2'$、$3'$、…和 C 点得曲线 CⅡ,称为饱和液体线(又称下界线);连接干饱和蒸汽的状态点 $1''$、$2''$、$3''$…得曲线 CⅢ,称为饱和蒸汽线(或称上界线)。两曲线汇合于临界点 C,并将

p-v 图分成三个区域：下界线左侧为未饱和水区（或过冷水）；上界线右侧为过热蒸汽区；而在两界线之间则为水、汽共存的湿饱和蒸汽区（简称湿蒸汽）。湿蒸汽的成分用干度 x 表示，即在 1kg 湿蒸汽中含有 $x$kg 的饱和蒸汽，而余下的 $(1-x)$kg 则为饱和水❶。

在 T-s 图（见图 5-4）上，由于水的压缩性很小，压缩后升温极小，定压线与下界限线很接近，作图时可近似认为两线重合。水受热膨胀的影响大于压缩的影响，故饱和水线向右方倾斜，温度和压力升高时 v' 和 s' 都增大。对于蒸汽，受热膨胀的影响小于压缩的影响，故饱和蒸汽线向左上方倾斜，表示 p_s 升高时 v'' 和 s'' 均减小。所以，随饱和压力 p_s 和饱和温度 t_s 的升高，汽化过程的 $(s''-s')$ 逐渐减小，汽化潜热也逐渐减小，到临界点时为零。液体热随着饱和压力和饱和温度的增大而逐渐增大。

水蒸气的定压发生过程在 p-v、T-s 图上所表示的特性归纳起来为：

一点：临界点 C；

两线：饱和液体线、饱和蒸汽线；

三区：未饱和液体区、湿饱和蒸汽区、过热蒸汽区；

五种状态：未饱和水状态、饱和水状态、湿饱和蒸汽状态、干饱和蒸汽状态和过热蒸汽状态。

上面是关于水的相变过程特性和结论。对于其他工质如氨、氟利昂等，亦有类似的特征及结果，不过其临界的参数值 p_s 与 t_s 的关系以及在 p-v 图、T-s 图上各曲线的斜率等都具有不同的数据。

第二节 水蒸气图表

在工程计算中，水和水蒸气的状态参数 p、v、t、h、s 等均能从水蒸气图表中查得。为了能够正确应用图表查取数据，须对蒸汽表和图所列各参数以及它们之间的关系进行了解，并且能够根据查得的数据进行辅助性计算。

一、水和水蒸气表

水和水蒸气表分为两类，其一为饱和水和饱和水蒸气表；其二是未饱和水和过热水蒸气表。为了使用方便，前者又分为按温度排列（见附录 2）和按压力排列（见附录 3）两种表。这样可以根据已知的温度和压力，从附录 3 和附录 4 中查取出相应的状态参数：饱和压力 p_s 或饱和温度 t_s，以及饱和水和饱和水蒸气所对应的其余状态参数（如比容、焓和熵等）。其中饱和水和饱和水蒸气的参数分别用右上角标 "$'$" 和 "$''$" 表示。对于未饱和水和过热水蒸气表见附录 4，可根据已知的压力和温度查取相应的比容、焓和熵的值。在未饱和水和过热水蒸气之间，用一粗黑水平线分开，上方为未饱和水的参数；下方为过热蒸汽的参数。

在附录 2～附录 4 中均未列出内能值 u，内能可用焓的定义式来求得，即 $u=h-pv$。在表中未列出的中间状态参数，应当用内插法求得。

下面以表中的某些特殊状态点的参数计算为例来说明参数间的一般关系，以方便应用。

---

❶ 干度 x 即蒸汽的质量分数，按 GB 3102.8—93，蒸汽的质量分数应用 w 表示，但是考虑到动力工程的习惯用法，仍用 x 表示。

1. 零点的规定

水及水蒸气的 h、s、u 在热工计算中不必求取绝对值，而仅需求其增加或减少的数值，故可规定一任意起点。根据 1963 年第六届国际水蒸气会议的决定，选定水的三相点，即 273.16K 的液相水作为基准点，规定在该点状态下的液相水的热力学能和熵为零，其参数为

$$t_0=0.01℃ \quad p_0=0.6112\text{kPa} \quad v'_0=0.00100022\text{m}^3/\text{kg}$$
$$u'_0=0\text{kJ/kg} \quad s'_0=0\text{kJ/(kg·K)} \tag{5-1}$$

$$h'_0=u'_0+p_0v'_0=0.000611(\text{kJ/kg})\approx 0$$

2. 温度为 0.01℃，压力为 p 的未饱和水

由于水的压缩性小，可以认为水的比容与压力无关。因此温度为 0.01℃ 时，不同压力下水的比容可以近似认为相等，即 $v_0\approx 0.001\text{m}^3/\text{kg}$。在压缩过程中，$w\approx 0$。又因为温度相同、比容相同，所以内能也相同，所以有 $u_0=u'_0=0$，从而熵也相同，即 $s_0=s'_0=0$。当压力不太高时，焓也可以近似地认为相同，$h_0=u_0+pv_0=0$。

3. 温度为 t_s、压力为 p 的饱和水

0.01℃ 的水在定压 p 下加热至 t_s℃ 达到饱和状态，所加入的热量称为液体热，用 q_1 表示。在 T-s 图上相当于预热段 a_0-a' 下面的面积（见图 5-5）。

$$q_1=h'-h_0\approx h'$$

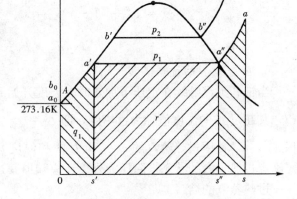

图 5-5 水蒸气的 T-s 图

按水的平均比热

$$c_{p,\text{m}}=4.1868\text{kJ/(kg·K)}$$

$$q_1=h'=c_{p,\text{m}}(t_s-0.01)\approx 4.1868t_s$$

饱和水的熵 s'

$$s'=\int_{273.16}^{T_s}c_p\frac{\text{d}T}{T}=c_{p,\text{m}}\ln\frac{T_s}{273.16}$$
$$=4.1868\frac{T_s}{273.16}\text{kJ/(kg·K)} \tag{5-2}$$

随着压力的升高，饱和温度 t_s 也升高，因而 q_1 也增大。当压力与温度较高时，由于水的 c_p 变化较大，而且 h_0 也不能再认为等于零，所以就不能再用上式计算 h' 和 s'，这时就只能通过查表求取。

4. 压力为 p 的干饱和蒸汽

将饱和水继续加热，使之全部汽化为压力为 p、温度为 t_s 的干饱和蒸汽。汽化过程中水所吸收的热量称为汽化潜热，用 r 表示，在 T-s 图上相当于汽化段 a'-a'' 下面的面积（见图 5-5）。

$$r=T_s(s''-s')=h''-h'$$
$$h''=h'+r$$
$$u''=h''-pv''$$

$$s'' = s' + \frac{r}{T_s}$$

5. 压力为 p 的湿饱和蒸汽

当汽化已经开始,但是还没有完毕时,部分为水,而另一部分则变为水蒸气,此时温度 t 为对应于 p_s 的饱和温度,即 $t=t_s$。因 t_s 与 p_s 在数值上是互相对应的,并不是相互独立的参数,所以,只要知道 t_s 和 p_s 不能决定其状态,必须另有一个独立参数才能决定其状态,通常情况下,常用干度 x。于是

$$v_x = xv'' + (1-x)v' \tag{5-3}$$

当 p 不太大(此时 $v' \ll v''$)、x 不太小时,$(1-x)v' \ll xv''$,故

$$v_x \approx xv'' \tag{5-3a}$$

$$h_x = xh'' + (1-x)h' = h' + x(h''-h') = h' + xr \tag{5-4}$$

$$s_x = xs'' + (1-x)s' = s' + x(s''-s') = s' + x\frac{r}{T_s} \tag{5-5}$$

$$u_x = h_x - pv_x \tag{5-6}$$

6. 压力为 p 的过热蒸汽

当饱和蒸汽继续在定压下加热时,温度开始升高,超过 t_s 而成为过热蒸汽(见图 5-5a''-a)。其超过 t_s 的温度值称为过热度,即 $\Delta t = t - t_s$。过热热量 $q_{\sup} = \int_{T_s}^{T} c_p \mathrm{d}T$(见图 5-5 中面积 $a''ass''a''$),因过热蒸汽的 c_p 是压力 p 和温度 t 的复杂函数,故此式不适合于工程计算。要确定过热蒸汽的状态,除压力外,还应知道其过热度或过热蒸汽的温度。

过热蒸汽的焓

$$h = h'' + c_{p,\mathrm{m}}(t - t_s)$$

其中 $c_{p,\mathrm{m}}(t-t_s)$ 是过热热量,t 为过热蒸汽的温度,$c_{p,\mathrm{m}}$ 为过热蒸汽由 t 到 t_s 的平均定压比热。

过热蒸汽的内能

$$u = h - pv$$

过热蒸汽的熵

$$s = s' + \frac{r}{T_s} + \int_{T_s}^{T} c_p \frac{\mathrm{d}T}{T} = s' + \frac{r}{T_s} + c_{p,\mathrm{m}} \ln \frac{T}{T_s}$$

同样,上式在工程计算中也不常用。在工程上常用的方法是直接查水蒸气热力性质表和图。

二、水蒸气的焓熵图

应用水和水蒸气表可以查得其状态参数,对过程或循环进行分析计算。但是由于表中的数据并不是连续的,在求间隔中的状态参数时,难免要用直线内插法,这很不方便,并且在分析过程或循环时也不直观。尤其在分析过程中,发生跨越两相的变化过程,使用水蒸气表多有不便。如果根据水蒸气各参数间的关系及实验数据制成图线,则使用起来就更加明了、简便。水蒸气线图有很多种,例如前面讨论过的 p-v 图和 T-s 图。在此重点介绍水蒸气的焓熵(h-s)图,如图 5-6 所示。

图上绘有上界线($x=1$)、下界线($x=0$)及它们的交点临界点 C,还有定焓线、定熵

线、定压线、定容线等，在湿蒸汽区还有定干度线。

根据热力学关系式 $Tds=dh-vdp$ 可得到 $h\text{-}s$ 图上定压线、定容线和等温线的斜率分别为

定压线斜率 $\left(\dfrac{\partial h}{\partial s}\right)_p = T$

定容线斜率 $\left(\dfrac{\partial h}{\partial s}\right)_V = T + v\left(\dfrac{\partial p}{\partial s}\right)_V$

等温线斜率 $\left(\dfrac{\partial h}{\partial s}\right)_T = T + v\left(\dfrac{\partial p}{\partial s}\right)_T$

在定容过程中，$\left(\dfrac{\partial p}{\partial s}\right)_V > 0$，所以有

$\left(\dfrac{\partial p}{\partial s}\right)_V > \left(\dfrac{\partial h}{\partial s}\right)_p$，这说明在 $h\text{-}s$ 图上，定容

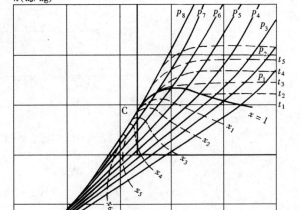

图 5-6 水蒸气的 $h\text{-}s$ 图

线的斜率大于定压线的斜率，也就是说，定容线比定压线更陡。在绘制时，为醒目起见，定容线一般用红色示出（见附图1）。

由于工程上所用蒸汽多为干度较大的湿蒸汽、饱和蒸汽或过热蒸汽，故实用的 $h\text{-}s$ 图只保留图中右上部分，如图 5-6 中的粗黑线的右上方部分，也就是 $x > 0.6$ 的部分。干度较低的湿蒸汽和水的参数，仍然可用水和水蒸气表来查取，并且水的焓、熵还可以用公式近似计算。

应用水蒸气的 $h\text{-}s$ 图，还可以根据已知参数确定状态点在图上的位置，从而查得其余状态参数。也可以在图上表示水蒸气的热力过程，并对过程的热量、功量、内能变化等进行计算。

【例 5-1】 若水的温度 $t=120℃$，压力分别为 0.1MPa、0.5MPa、1MPa 时，试确定所对应的状态及其焓值。

解 查附录 2（按温度排列的饱和水和饱和水蒸气表），当 $t=120℃$ 时，$p_s=0.19854\text{MPa}$。

故 $p_1 = 0.1\text{MPa}$ 处于过热蒸气状态
       $p_2 = 0.5\text{MPa}$ 处于未饱和水状态
       $p_3 = 1\text{MPa}$ 处于未饱和水状态

查附录 4（未饱和水和过热蒸汽表）得

$h_1 = 2716.8\text{kJ/kg}$ $h_2 = 503.9\text{kJ/kg}$ $h_3 = 504.3\text{kJ/kg}$

【例 5-2】 在容积为 60L 的容器中，盛有湿蒸汽若干。已知容器内压力为 2MPa，饱和蒸汽含量为 0.57kg，试求其干度、比容及焓值。

解 查附表 3（按压力排列的饱和水和饱和水蒸气表），当 $p=2\text{MPa}$ 时，$t_s=212.37℃$。

$v' = 0.0011766\text{m}^3/\text{kg}$ $v'' = 0.09953\text{m}^3/\text{kg}$

$h' = 908.6\text{kJ/kg}$ $h'' = 2797.4\text{kJ/kg}$

这样 $V_{\text{vap}} = m_{\text{vap}} v'' = 0.57 \times 0.09953 = 56.73 \times 10^{-3}$ （m^3）

$$V_{\text{wat}} = V - V_{\text{vap}} = 60 \times 10^{-3} - 56.73 \times 10^{-3} = 3.27 \times 10^{-3} \ (\text{m}^3)$$

$$m_{\text{wat}} = \frac{V_{\text{wat}}}{v'} = \frac{3.27 \times 10^{-3}}{0.0011766} = 2.78 \ (\text{kg})$$

故

$$x = \frac{m_{\text{vap}}}{m_{\text{vap}} + m_{\text{wat}}} = \frac{0.57}{0.57 + 2.78} = 0.17$$

$$\begin{aligned} v_x &= xv'' + (1-x)v' \\ &= 0.17 \times 0.09953 + (1-0.17) \times 0.0011766 \\ &= 0.0179 (\text{m}^3/\text{kg}) \end{aligned}$$

$$\begin{aligned} h_x &= xh'' + (1-x)h' \\ &= 0.17 \times 2797.4 + (1-0.17) \times 908.6 \\ &= 1229.7 (\text{kJ}/\text{kg}) \end{aligned}$$

第三节 水蒸气的基本热力过程

与前面所讨论的气体热力过程类似，水蒸气的基本热力过程也是定压、定容、等温和绝热四种，分析水蒸气热力过程的任务同样是确定：①过程初、终态的状态参数；②过程中交换的热量、功量以及内能的变化量。但是，水蒸气不同于理想气体的是分析方法，由于水蒸气没有适当而简单的状态方程，不能用分析的方法求得各状态参数；又由于蒸汽的 c'_p、c''_v 以及 h 和 u 都不是温度的单值函数，而是压力 p 和比容 v 或温度 T 的复杂函数，所以不能采用分析法计算求解，而常采用查图、表的方法，尤其是 h-s 图的应用，对于分析计算水蒸气的热力过程带来许多方便。

利用图表分析计算水蒸气的状态变化过程，一般步骤如下：
(1) 根据初态的两个已知参数，从表或图中查得其他参数。
(2) 根据过程特性及一个终态参数确定终态，再从表或图上查得其他状态参数。
(3) 根据已求的初、终态参数，应用热力学第一和第二定律等基本方程计算热量 q 和功量 w。

本节下面将对水蒸气的基本热力过程进行分析。

一、定压过程

锅炉中的水吸热而形成水蒸气的过程，水蒸气通过各种换热器进行热量交换的过程等等，都可近似看作是在定压条件下完成的。若忽略流动阻力等不可逆因素，上述过程可视为可逆定压过程。如图 5-7 所示。

$$q = \Delta h = h_2 - h_1$$

$$\Delta u = h_2 - h_1 - p(v_2 - v_1)$$

$$w = q - \Delta u \ \text{或} \ w = p(v_2 - v_1)$$

$$w_t = -\int v \text{d}p = 0$$

从图 5-7 可以看出，定压过程沿 1-2 进行，吸热膨胀且温度升高；反之沿 2-1 进行，放热被压缩且温度降低。如果是湿蒸汽定压吸热膨胀，会使干度提高，最后会变为过热蒸汽；若是过热蒸汽定压放热，会被压缩向饱和蒸汽变化，最后可变为湿蒸汽。

二、定容过程

如图 5-8 所示，定容过程沿 1-2 进行，容积不发生变化，吸收的热量全部转化为内能，压力和温度均升高。

$$w = \int p\,\mathrm{d}v = 0$$

$$q = \Delta u$$

$$\Delta u = h_2 - h_1 - v(p_2 - p_1)$$

$$w_t = -\int v\,\mathrm{d}p = v(p_1 - p_2)$$

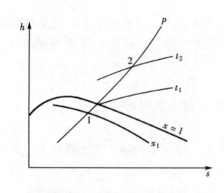

图 5-7 水蒸气的定压过程

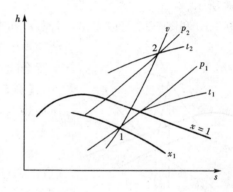

图 5-8 水蒸气的定容过程

三、等温过程

如图 5-9 所示，等温过程沿 1-2 进行，在状态点 1 时，处于湿蒸汽状态，在等温膨胀过程中，起初沿定压线（即等温线）变为干饱和蒸汽，并且保持压力不变。之后再膨胀则压力下降，并且变为过热蒸汽。

$$q = T(s_2 - s_1)$$

$$w = q - \Delta u$$

$$w_t = q - \Delta h$$

$$\Delta u = h_2 - h_1 - (p_2 v_2 - p_1 v_1)$$

四、绝热过程

对可逆绝热过程（定熵线）如图 5-10 所示。

绝热过程在工程中是常见的，例如水蒸气通过汽轮机膨胀而对外做功，若忽略散热及不可逆因素，则可视为可逆绝热过程；又如水蒸气通过喷管的过程等等，都可视为绝热过程。

$$q = 0$$

$$w = -\Delta u$$

$$w_t = -\Delta h$$

$$\Delta u = h_2 - h_1 - (p_2 v_2 - p_1 v_1)$$

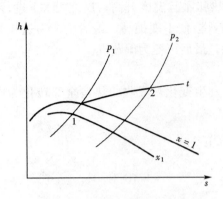
图 5-9 水蒸气的等温过程

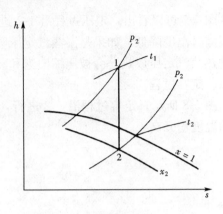
图 5-10 水蒸气的可逆绝热过程

若过程不可逆，则确定过程变化方向和终态时，尚需知道不可逆过程的熵增（s_2-s_1），如图 5-11 所示。

从图 5-10 和图 5-11 可以看出，若蒸汽初态为过热蒸汽，经绝热膨胀，过热度减小，逐渐变为干饱和蒸汽。若继续膨胀，则变为湿蒸汽，同时干度会随着减小。

【例 5-3】 过热蒸汽在 0.6MPa 压力下，从 200℃ 定压加热到 300℃，试求此过程中热量、功量及内能的变化量。

解 根据 p_1、t_1 及 t_2 在 $h\text{-}s$ 图上确定初、终状态点（点 1 和点 2），如图 5-12 所示，并查得

$$h_1 = 2850 \text{kJ/kg} \quad h_2 = 3060 \text{kJ/kg}$$
$$v_1 = 0.35 \text{m}^3/\text{kg} \quad v_2 = 0.44 \text{m}^3/\text{kg}$$

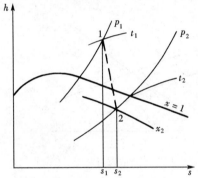
图 5-11 水蒸气不可逆绝热过程

定压过程中

$$q = h_2 - h_1 = 3060 - 2850 = 210 (\text{kJ/kg})$$
$$w = p(v_2 - v_1) = 0.6 \times 10^6 \times (0.44 - 0.35) = 54 (\text{kJ/kg})$$

【例 5-4】 水蒸气从 $p_1 = 1$MPa、$t_1 = 300$℃ 的初态可逆绝热膨胀到 0.1MPa，求 1kg 水蒸气所做的膨胀功和技术功。（分别用 $h\text{-}s$ 图和水蒸气性能表计算）

解 （1）用 $h\text{-}s$ 图计算（见图 5-13）

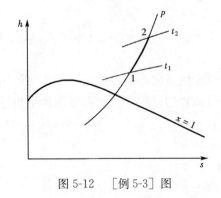
图 5-12 ［例 5-3］图

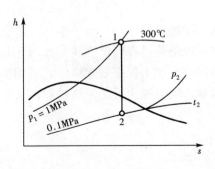
图 5-13 ［例 5-4］图

① 初态参数：已知 $p_1=1\text{MPa}$、$t_1=300℃$ 从 $h\text{-}s$ 图上找出 $p=1\text{MPa}$ 的定压线和 $t=300℃$ 的等温线，两线的交点即为初始状态点 1，查得

$$h_1 = 3052\text{kJ/kg}, \quad v_1 = 0.26\text{m}^3\text{/kg}, \quad s_1 = 7.12\text{kJ/(kg·K)}$$

所以
$$u_1 = h_1 - p_1 v_1 = 3052 - 1000 \times 0.26 = 2792 \text{(kJ/kg)}$$

② 终态参数：已知终压 $p_2=0.1\text{MPa}$，由于是绝热膨胀过程，故 $s_1=s_2=7.12\text{kJ/(kg·K)}$。从点 1 作垂线交 $p=0.1\text{MPa}$ 的定压线于点 2，即为终态点。

$$h_2 = 2592\text{kJ/kg}, \quad v_2 = 1.62\text{m}^3\text{/kg}, \quad x_2 = 0.97, \quad t_2 \approx 100℃$$

所以
$$u_2 = h_2 - p_2 v_2 = 2592 - 100 \times 1.62 = 2430 \text{(kJ/kg)}$$

③ 膨胀功和技术功
$$w = u_1 - u_2 = 2792 - 2430 = 362 \text{(kJ/kg)}$$
$$w_t = h_1 - h_2 = 3052 - 2592 = 460 \text{(kJ/kg)}$$

(2) 用蒸汽表计算

① 初态参数：根据 $p_1=1\text{MPa}$、$t_1=300℃$，查未饱和水和过热蒸汽表，得

$$h_1 = 3050.4\text{kJ/kg}, \quad v_1 = 0.25793\text{m}^3\text{/kg}, \quad s_1 = 7.1216\text{kJ/(kg·K)}$$

所以
$$u_1 = h_1 - p_1 v_1 = 3050.4 - 1000 \times 0.25793 = 2792.5 \text{(kJ/kg)}$$

② 终态参数：根据终压 $p_2=0.1\text{MPa}$，$s_1=s_2=7.1216\text{kJ/(kg·K)}$。查以压力为独立变量的饱和水和干饱和蒸汽表，得

$$h''=2675.14\text{kJ/kg}, \quad h'=417.52\text{kJ/kg}, \quad v''=1.6943\text{m}^3\text{/kg}, \quad v'=0.0010432\text{m}^3\text{/kg},$$
$$s''=7.3589\text{kJ/(kg·K)}, \quad s'=1.3028\text{kJ/(kg·K)}, \quad t_2=99.634℃$$

因为 $s''>s_2>s'$，所以状态 2 是湿蒸汽。先求 x_2。根据

$$s_2 = x_2 s'' + (1-x_2)s'$$

故
$$x_2 = \frac{s_2 - s'}{s'' - s'} = \frac{7.1216 - 1.3028}{7.3589 - 1.3028} = 0.96$$

$$h_2 = x_2 h'' + (1-x_2) h'$$
$$= 0.96 \times 2675.14 + (1-0.96) \times 417.52$$
$$= 2584.8 \text{(kJ/kg)}$$

$$v_2 = x_2 v'' + (1-x_2)v' \approx x_2 v''$$
$$= 0.96 \times 1.6943 = 1.6265 \text{(m}^3\text{/kg)}$$

$$u_2 = h_2 - p_2 v_2 = 2584.8 - 100 \times 1.6265 = 2422.1 \text{(kJ/kg)}$$

③ 膨胀功和技术功
$$w = u_1 - u_2 = 2792.5 - 2422.1 = 370.4 \text{(kJ/kg)}$$
$$w_t = h_1 - h_2 = 3050.4 - 2584.8 = 465.6 \text{(kJ/kg)}$$

【例 5-5】 在刚性容器中盛有压力为 0.8MPa 的湿蒸汽，现在对容器加热，使之成为压力为 1MPa 的饱和蒸汽。求初态干度及过程中的加热量。

解 由于刚性容器体积不变，故蒸汽所经历的为一定容过程。终态为 1MPa 的饱和蒸汽可查按压力排列的饱和水蒸气表，得

$$t_2 = 179.88℃, \quad h_2 = h_2'' = 2777 \text{kJ/kg}, \quad v_2 = v_2'' = 0.1943 \text{m}^3/\text{kg}$$

由于过程为定容过程,所以 $v_1 = v_2 = 0.1943 \text{m}^3/\text{kg}$

初态为湿蒸汽状态,查按压力排列的饱和水和饱和水蒸气表,当 $p_1 = 0.8\text{MPa}$ 时,得

$$h_1' = 720.9 \text{kJ/kg} \qquad \gamma = 2047.5 \text{kJ/kg}$$

$$v_1' = 0.00112 \text{m}^3/\text{kg} \quad v_1'' = 0.2403 \text{m}^3/\text{kg}$$

又

$$v_1 = x_1 v_1'' + (1 - x_1) v_1'$$

所以

$$x_1 = \frac{v_1 - v_1'}{v_1'' - v_1'} = \frac{0.1943 - 0.00112}{0.2403 - 0.00112} = 0.808$$

$$\begin{aligned} h_1 &= x_1 h_1'' + (1-x_1) h_1' = h_1' + x_1 \gamma \\ &= 720.9 + 0.808 \times 2047.5 \\ &= 2375.3 (\text{kJ/kg}) \end{aligned}$$

$$\begin{aligned} q &= \Delta u = \Delta h - \Delta(pv) = (h_2 - h_1) - v(p_2 - p_1) \\ &= (2777 - 2375.3) - 0.1943 \times (1 - 0.8) \times 10^3 \\ &= 440.6 (\text{kJ/kg}) \end{aligned}$$

小 结

本章以水蒸气为例,阐述了实际气体的性质,经过学习应当进一步了解实际气体与理想气体的差别,全面了解水蒸气的性质、掌握水蒸气图表的用法,并能对水蒸气的热力过程进行简单的计算。学习过程中应注意下列内容:

(1) 实际气体是刚刚脱离液态或离液态较近的气态物质,其性质复杂,不能当作理想气体对待。常使用两种方法对实际气体进行分析和计算:一是用复杂的实际气体状态方程;二是用实际气体性质图表。在工程中一般采用后者。

(2) 蒸汽由液体汽化而来。汽化的方式有两种:蒸发和沸腾。在学习过程中应了解它们的机理及差异,尤其要充分理解饱和状态的意义,理解饱和压力及饱和温度、饱和蒸汽及饱和液体的概念。对水蒸气在定压下的产生过程以及产生过程中所涉及的湿蒸汽、干度、汽化潜热等重要概念要熟练掌握;同时,还要熟悉水蒸气的 p-v 图和 T-s 图,以及图上所表示的一点、二线、三个区域和五种状态。

(3) 水和水蒸气图表上的数据是由实验和分析计算得到的,能够满足工程的需要。水和水蒸气表有饱和水和饱和水蒸气表与未饱和水和过热蒸汽表。前者又有两种表现形式,其一是按温度排列的饱和水和饱和水蒸气表,其二是按压力排列的饱和水和饱和水蒸气表。水蒸气 h-s 图上共绘制了六组等值线,通过两个相互独立的参数可确定状态,即可查出其余的参数。要求能够熟练运用水蒸气图表确定水和水蒸气的状态参数,并能够应用饱和水及饱和蒸汽表来计算湿蒸汽的参数。

(4) 水蒸气基本热力过程分析计算的目的、步骤与气体的基本热力过程类似,所不同的是水蒸气没有简单的状态方程式,不能用理想气体的关系式进行分析计算,而是应用水蒸气图表来进行分析计算。水蒸气的定压过程、定容过程、等温过程以及绝热过程在工程中经常遇到,应当熟练掌握对它们进行分析计算的方法,并能够熟练地在坐标图上表示。

第五章 水 蒸 气

5-1 有没有 300℃的水，有没有 0℃或温度在 0℃以下的水蒸气？为什么？

5-2 已知湿蒸汽的压力 p 和干度 x，如何用 h-s 图确定其 t、v、h、s？

5-3 水的三相点的状态参数是不是唯一确定的？三相点与临界点有什么差异？

5-4 刚性绝热的密闭容器中，水的压力为 5MPa，测得容器内温度为 230℃，试问容器内的水是什么状态？

5-5 水在定压汽化过程中温度维持不变，有人认为过程中热量等于膨胀功，对不对？为什么？

5-6 在 h-s 图上，标出下列水或水蒸气所处的部位：

(1) 焓为 h_1 未饱和水；

(2) 焓为 h_2 的饱和水；

(3) 参数为 p_1、t_1 的湿蒸汽；

(4) 压力为 p_1、温度为 t_1 干蒸汽；

(5) 水、汽性质相同的状态。

5-7 利用水蒸气图表，填充表 5-2 中空白：

表 5-2 习题 5-7 表

	p (MPa)	t (℃)	h/(kJ/kg)	s/[kJ/(kg·K)]	x	过热度（℃）
1	3	400				
2	0.5		3244			
3		350	3140			
4	0.02				0.85	

5-8 某空调系统用 $p=0.3$MPa、$x=0.94$ 的湿蒸汽来加热空气。暖风机空气流量 $V=4000$Nm³/h，空气通过暖风机从 0℃加热到 120℃，若湿蒸汽流过暖风机后成为 0.3MPa 下的饱和水，求每小时需要多少 kg 湿蒸汽？

5-9 某锅炉每小时生产压力 2.5MPa、温度为 450℃的过热蒸汽 130t，给水温度为 130℃。求：①由给水加热到饱和水的吸热量？②由饱和水变为饱和蒸汽的吸热量？③由饱和蒸汽到过热蒸汽的吸热量？④若锅炉热效率为 80%，煤的发热量为 19700kJ/kg，求每小时的耗煤量？

5-10 已知 8m³ 的湿蒸汽，在 $p=0.9$MPa 时，其湿度为 0.65，求此湿蒸汽的质量与焓值。

5-11 气缸中盛有 0.5kg、120℃的干饱和蒸汽，在定容下冷却至 80℃。求此冷却过程中蒸汽放出的热量。

5-12 有一刚性容器，用一薄板将它分隔为 A、B 两部分。在 A 中盛有 1kg、压力 $p_A=0.5$MPa 的干饱和蒸汽，B 中盛有 2kg、$p_B=1$MPa、$x=0.80$ 的湿蒸汽。当隔板抽去后，经过一段时间容器中的压力稳定在 $p_3=0.7$MPa。求：①容器的总容积及终了时蒸汽的干度；②由蒸汽传给环境的热量。

5-13 将 1kg 压力为 $p_1=0.6$MPa、$t_1=200$℃的蒸汽在定压条件下加热到 $t_2=300$℃，求此定压加热过程加入的热量和内能的变化量。若将此蒸汽再送入某容器中绝热膨胀至 $p_3=0.1$MPa，求此膨胀过程所做的功量。

5-14 有一台供热锅炉，每小时能生产压力 $p=1$MPa（表压）、$x=0.95$ 的蒸汽 1500kg。当蒸汽的流速 c 不大于 25m/s 时，管道中的压力损失可以不计。求输气管道的内径最小应为多大？

5-15 有一台供热锅炉，每小时能生产压力 $p=1.4$MPa、$t=300$℃的过热蒸汽 10t。已知给水的温度为 14℃，从锅筒引出的湿蒸汽干度 $x=0.96$，湿蒸汽在过热器中再加热至 300℃。煤的发热值为 23000kJ/kg。试求：①若锅炉的耗煤量 $B=1680$kg/h，求锅炉热效率；②湿蒸汽在过热器中所吸收的热量及内能的变化量。

5-16 一热交换器用饱和蒸汽加热空气。已知蒸汽压力为 0.1MPa，空气出、入口温度分别为 66℃、21℃，环境温度 $t_0=23$℃。若换热器与外界环境完全绝热，求稳流状态下每千克蒸汽凝结时：①流过的空气质量；②整个系统的熵变。

5-17 有一台蒸汽锅炉中，烟气定压放热，温度从 1500℃降低到 250℃，所放出的热量用以生产水蒸气，压力为 9.0MPa、温度为 30℃的锅炉给水被加热、汽化并过热成 $p_1=9$MPa、$t_1=450$℃的过热蒸汽。将烟气近似看作空气，取比热容 $c_p=1.0789$kJ/(kg·K)，试求：①生产 1kg 过热蒸汽需要的烟气（kg）；②生产 1kg 过热蒸汽时烟气熵的减少以及过热蒸汽熵的增加；③将烟气和水蒸气作为孤立系时，生产 1kg 过热蒸汽孤立系熵的增加。

第六章 湿 空 气

所谓的湿空气是一种含有水蒸气的空气,完全不含有水蒸气的空气称为干空气。干空气的组成成分通常是固定的,可以将干空气当成一种"单一气体"来处理。

在一般情况下,往往可以将空气中水蒸气的影响忽略,如本书以前各章中所提到的空气均未考虑水蒸气,将空气当作不含水蒸气的混合气体。但是在通风、空调及干燥工程中,为使空气达到一定的温度及湿度,以符合生产工艺和生活上的要求,就不能忽略空气中的水蒸气。

湿空气是干空气和水蒸气的混合物。在通风、空调、干燥以及冷却塔等工程中通常都是采用环境大气,其水蒸气的分压力很低(0.003~0.004MPa),此时的水蒸气一般处于过热状态,因此大气中的水蒸气可作为理想气体计算。湿空气是理想气体的混合物,所以前面所介绍的有关理想气体遵循的规律及理想气体混合物的计算公式都适用于湿空气。

湿空气中水蒸气虽然含量较少,但它与干空气有明显不同,湿空气中水蒸气的含量及相态都可能发生变化,大气中所发生的雨、雪、霜、露、雾、雹等自然现象都是由于湿空气中的水蒸气的相态变化所致,因此有必要对湿空气的一些热力学性质进行研究。本章将对湿空气中水蒸气的含量、性质及有关热工计算进行讨论。

第一节 湿空气的性质

一、湿空气的温度及压力

湿空气中的干空气和水蒸气总是均匀混合,故湿空气温度与干空气和水蒸气温度均相等,即

$$t = t_{\text{dry}} = t_{\text{vap}} \tag{6-1}$$

式中 t_{dry}、t_{vap}——干空气与水蒸气的温度。

湿空气的压力符合道尔顿定律,有

$$p = p_{\text{dry}} + p_{\text{vap}}$$

若湿空气是大气,则其总压力即为大气压力 p_b,则有

$$p_b = p_{\text{dry}} + p_{\text{vap}} \tag{6-2}$$

式中 p_{dry}、p_{vap}——干空气与水蒸气的压力。

二、饱和空气与未饱和空气

湿空气中水蒸气的状态由其分压力 p_{vap} 和湿空气的温度 t 确定。在水蒸气的 p-v 图上,如图 6-1 所示,湿空气中水蒸气的状态点为点 a。此时水蒸气的分压力 p_{vap} 低于温

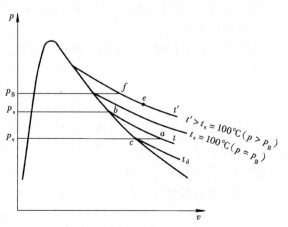

图 6-1 湿空气中水蒸气的 p-v 图

度 t 所对应的水蒸气饱和分压力 p_s，水蒸气处在过热蒸汽状态。这种由空气与过热水蒸气（状态点 a）所组成的湿空气称为未饱和空气。

若在温度 t 不变的情况下，向湿空气继续增加水蒸气量，则水蒸气分压力将不断增加，水蒸气状态将沿定温线 a-b 变化，直至点 b 而达到饱和状态。在温度 t 下，此时水蒸气的分压力达到最大值，即饱和分压力 p_s，水蒸气为饱和水蒸气（状态点 b）组成的湿空气，称为饱和空气。如在温度 t 不变的情况下，继续向饱和空气加入水蒸气，则将有水滴出现，而湿空气将保持饱和状态。

对未饱和湿空气，若在水蒸气分压力 p_{vap} 不变的情况下加以冷却，使未饱和空气的温度 t 下降，这样，湿空气中水蒸气的含量虽然不会变化，但是水蒸气的状态将按 p_{vap} 定压线 a-c 变化，直至点 c 而达到饱和状态。点 c 的温度称为露点温度，简称露点，用 t_d 表示。露点 t_d 是对应于水蒸气分压力 p_{vap} 的饱和温度。如再进行冷却，将有水蒸气变为凝结水而析出。湿空气露点 t_d 在工程上是一个非常有用的参数，如在夏季空调季节，空调冷冻水管道外表面温度必须高于室内空气的露点温度，否则，冷冻水管道外表面就会出现结露现象。

在干燥过程中，空气的温度往往超过大气压力 p_b 下所对应的水蒸气饱和温度。例如 $p_b=101325Pa$ 时，水蒸气所能达到的饱和温度最高为 100℃。当湿空气温度 $t'>100$℃ 时，如图中的 e 点，水蒸气的分压力不可能达到对应于 t' 的饱和压力，因为这时的饱和压力已经超过大气压力 p_b。所以水蒸气的分压力最多只能达到点 f，此时的水蒸气分压力已经等于大气压力 p_b，而干空气分压力 p_{dry} 则会等于零。实际上，湿空气作为干空气和水蒸气混合气体，水蒸气分压力一般是不会等于 p_b 的。

三、绝对湿度和相对湿度

每 $1m^3$ 湿空气中所含有水蒸气的质量，称为绝对湿度。由于湿空气中的水蒸气也充满湿空气的整个容积，故绝对湿度在数值上也就是湿空气中水蒸气的密度 ρ_{vap}。绝对湿度表示在单位容积的湿空气中水蒸气的绝对含量。按理想气体状态方程，则有

$$\rho_{vap} = \frac{m_{vap}}{V} = \frac{p_{vap}}{R_{vap}T} \tag{6-3}$$

在一定温度下饱和空气的绝对湿度达到最大值，称为饱和绝对湿度 ρ_s，其计算式为

$$\rho_s = \frac{p_s}{R_{vap}T} \tag{6-4}$$

绝对湿度只能说明湿空气中实际所含的水蒸气质量的多少，而不能说明湿空气干燥或潮湿的程度及吸湿能力的大小。

湿空气的绝对湿度与同温度下饱和湿空气的绝对湿度之比，称为相对湿度，用符号 φ 表示，则

$$\varphi = \frac{\rho_{vap}}{\rho_s} \times 100\% \tag{6-5}$$

相对湿度 φ 反映了湿空气中水蒸气含量接近饱和的程度，故又称饱和度，其值在 0～1 之间。在某温度 t 下，φ 值越小，表示空气越干燥，具有较大的吸湿能力；φ 值越大，表示空气潮湿，吸湿能力小。当 $\varphi=0$ 时，空气为干空气，$\varphi=1$ 时，空气为饱和空气。应用理想气体方程，相对湿度还可以表示为

$$\varphi = \frac{p_{vap}}{p_s} \tag{6-6}$$

上式表明，湿空气中水蒸气分压力的大小也是表示湿空气中水蒸气含量的参数。在一定温度下，水蒸气分压力 p_{vap} 愈大，则水蒸气含量愈多，也愈接近饱和湿空气；反之，湿空气愈干燥。

四、含湿量（比湿度）

以湿空气为工作介质的某些过程，例如干燥、吸湿等过程中，干空气作为载热体或载湿体，它的质量或质量流量是恒定的，发生变化的只是湿空气中水蒸气的质量。所以一些湿空气的状态参数，如湿空气的焓、气体常数、比容、比热等，都是以单位质量的干空气为基准的，这样可以方便计算。同样对于湿空气中水蒸气的含量，也是以单位质量干空气中所带有的水蒸气的质量来计算，称为含湿量（又称比湿度），以 d 表示，则

$$d = \frac{m_{vap}}{m_{dry}} \times 10^3 \qquad \text{g/(kg 干空气)} \tag{6-7}$$

利用理想气体状态方程式 $p_{dry}V = m_{dry}R_{dry}T$ 及 $p_{vap}V = m_{vap}R_{vap}T$，$V$ 表示湿空气的容积，也是干空气及水蒸气在各自分压力下所占有的容积，m³。干空气及水蒸气的气体常数分别为

$$R_{dry} = \frac{8314}{28.97} = 287 \text{J/(kg·K)}; R_{vap} = \frac{8314}{18.02} = 461 \text{J/(kg·K)}$$

故含湿量可表示为

$$d = 622 \frac{p_{vap}}{p_{dry}} = 622 \frac{p_{vap}}{p_b - p_{vap}} \qquad \text{g/(kg 干空气)} \tag{6-8}$$

上式也可以表示为

$$d = 622 \frac{\varphi p_s}{p_b - \varphi p_s} \qquad \text{g/(kg 干空气)} \tag{6-9}$$

在工程上，人们还常用湿空气的含湿量 d 与同温下饱和空气的含湿量 d_s 的比值（湿空气的饱和度）来表示湿空气的饱和程度，用符号 D 表示：

$$D = \frac{d}{d_s} = \frac{622 \dfrac{p_{vap}}{p_b - p_{vap}}}{622 \dfrac{p_s}{p_b - p_s}} = \varphi \frac{p_b - p_s}{p_b - p_{vap}} \tag{6-10}$$

由上式可以看出，湿空气的饱和度 D 略小于相对湿度 φ，由于 $p_b \gg p_s$、$p_b \gg p_{vap}$，故 $D \approx \varphi$。

五、湿空气的容积

如前所述，湿空气的容积是 1kg 干空气为基准定义的，它表示在一定温度 T 和总压力 p_b 下，1kg 干空气和 0.001$d$kg 水蒸气所占有的容积，即指含有 1kg 干空气的湿空气容积，即

$$v = \frac{V}{m_{dry}} = v_{dry} \qquad \text{m}^3/\text{(kg 干空气)} \tag{6-11}$$

根据理想气体状态方程及道尔顿定律，得

$$v = \frac{V}{m_{dry}} = \frac{R_{dry}T}{p_b}\left(1 + \frac{R_{vap}}{R_{dry}} \times 0.001d\right)$$

$$= \frac{R_{dry}T}{p_b}(1 + 0.001606d) \qquad \text{m}^3/\text{(kg 干空气)} \tag{6-12}$$

在一定的大气压力 p_b 之下，湿空气的容积与温度和含湿量有关。对饱和湿空气的容积为

$$v_s = \frac{V}{m_{dry}} = \frac{R_{dry}T}{p_b}(1+0.001606 d_s) \quad \text{m}^3/(\text{kg 干空气}) \tag{6-13}$$

对于湿空气的密度与湿空气容积之间，由于湿空气的容积是以 1kg 干空为基准定义的，故有

$$\rho = \frac{1+0.001d}{v} \tag{6-14}$$

六、湿空气的焓

湿空气的比焓也是指含有 1kg 干空气的湿空气的焓值，其值等于 1kg 干空气的焓和 $10^{-3}d$ kg 水蒸气的焓值之和，用 h 表示，即

$$h = \frac{H}{m_{dry}} = \frac{m_{dry}h_{dry}+m_{vap}h_{vap}}{m_{dry}} = h_{dry}+10^{-3}dh_{vap} \quad \text{kJ}/(\text{kg 干空气}) \tag{6-15}$$

在工程中，湿空气的焓值以 0℃时的干空气和 0℃时的饱和水为基准点。

若湿空气的温度变化范围不大（通常小于 100℃），干空气的比热可取为定值，$c_p = 1.01\text{kJ}/(\text{kg·K})$，则干空气的焓值为

$$h_{dry} = c_p t = 1.01t \tag{a}$$

对水蒸气，焓值可按下式计算

$$h_{vap} = 2501+1.85t \tag{b}$$

将（a）、（b）两式代入式（6-15），可得湿空气的焓值为

$$h = 1.01t+0.001d(2501+1.85t) \quad \text{kJ}/(\text{kg 干空气}) \tag{6-16}$$

七、湿球温度

如图 6-2 所示，表示了一个使未饱和空气在绝热的情况下稳定流动水面加湿而达到饱和的物理模型。进入该装置的湿空气是未饱和空气，其温度是 t_0。假设水槽足够长且绝热，总水量远大于水的蒸发量。空气流和水进行充分的热、质交换后，达到热湿平衡状态。此时，水槽中水的温度必将达到一个不变的数值 t^*，而出口空气经过绝热加湿后，也达到饱和空气状态，其温度也应该是 t^*。这一稳定的温度值 t^* 称为绝热饱和温度，也称热力学湿球温度，用符号 t_w^* 表示。热力学湿球温度是湿空气的状态参数，它只取决于进口湿空气的状态。

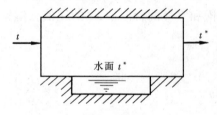

图 6-2 空气的绝热饱和过程

在工程上，要测得绝热饱和温度 t_w^* 是很困难的。因此，常用干、湿球温度计中湿球温度计的读数 t_w 来代替 t_w^*。

在干、湿球温度计中，若湿纱布中的水分不蒸发，两只温度计的读数应该是相同的。但是由于温度计周围的湿空气为未饱和空气，湿纱布上的水分将向空气蒸发，致使水温下降，即湿球温度计上的读数将下降。这样水和周围空气间产生了温度差，从而导致周围的空气向水传热，阻止水温下降。当两者达到平衡时，即水蒸发所需要的热量正好等于水从周围空气中所获得的热量时，湿球温度计上的读数不再下降保持一个定值，即 t_w。如图6-3 所示。

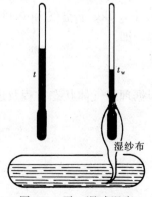

图 6-3 干、湿球温度

由于干、湿球温度计受风速及测量环境的影响，在相同的空气状态下，可能会出现不同的湿球温度的数据。因此，在测定湿球温度时，应防止干、湿球温度计与周围环境之间的辐射换热，并保证约等于5m/s的风速，以减少测量误差，此时可近似认为测量值等于绝热饱和温度（t'_w）。

对于湿球加湿过程，其热平衡关系为

$$h_1 + c_p t_w (d_2 - d_1) \times 10^{-3} = h_2 \tag{6-17}$$

式中 h_1、d_1——湿空气的焓及含湿量；

h_2、d_2、t_w——湿球纱布表面饱和空气层的焓、含湿量及湿球温度。

由于湿纱布上水分蒸发的数量只有几克，而湿球温度计的读数 t_w 又比较低，所以式 (6-17) 中 $c_p t_w (d_2 - d_1) \times 10^{-3}$ 项非常小，在一般的通风空调工程中，可以忽略不计。因此，式 (6-17) 可简化为

$$h_1 = h_2 \tag{6-18}$$

之所以有以上结果，是由于湿纱布水分的蒸发，在达到热平衡时，水汽化所需的潜热完全来自空气，最后这部分潜热又由水蒸气带回到空气中，所以对湿空气来讲，可以近似地认为焓不变，这是在不考虑蒸发掉的水本身焓值的情况下得出的近似结果。

最后需要指出的是，湿空气作为干空气和水蒸气组成的混合气体，必须有三个独立参数才能确定其状态。如果湿空气就是大气，且大气压力 p_b 一定，则需要两个独立参数即可以确定其状态。

【例 6-1】 已知湿空气总压力 $p_b = 0.1\text{MPa}$，温度 $t = 27℃$，其中水蒸气分压力 $p_{vap} = 0.00283\text{MPa}$，求该空气的含湿量 d、相对湿度 φ、绝对湿度 ρ_{vap} 及焓 h。

解 根据式 (6-8) 可求得含湿量，有

$$d = 622 \frac{p_{vap}}{p_b - p_{vap}} = 622 \times \frac{0.00283}{0.1 - 0.00283}$$
$$= 18.1 (\text{g/kg 干空气})$$

查附录 5，当 $t = 27℃$ 时，$p_s = 3564\text{Pa}$。

湿空气的相对湿度为

$$\varphi = \frac{p_{vap}}{p_s} = \frac{0.00283}{3564 \times 10^{-6}} \times 100\% = 79.4\%$$

根据理想气体状态方程，可求出绝对湿度，有

$$\rho_{vap} = \frac{1}{v_{vap}} = \frac{p_{vap}}{R_{vap} T} = \frac{0.00283 \times 10^6}{641 \times (273 + 27)}$$
$$= 0.0147 (\text{kg/m}^3)$$

湿空气的焓为

$$h = 1.01 t + 0.001 d (2501 + 1.85 t)$$
$$= 1.01 \times 27 + 0.001 \times 18.1 \times (2501 + 1.85 \times 27)$$
$$= 73.44 (\text{kJ/kg 干空气})$$

【例 6-2】 有温度 $t = 30℃$、相对湿度 $\varphi = 60\%$ 的湿空气 10000m^3，当时的大气压力 $p_b = 0.1\text{MPa}$。求露点 t_d、绝对湿度 ρ_{vap}、含湿量 d、干空气的密度 ρ_{dry}，湿空气的容积，干空气的比容，湿空气的密度 ρ，湿空气的总焓及湿空气的质量 m。

解 (1) 露点

根据水蒸气表，当 $t = 30℃$，由附录 5 查得水蒸气的饱和压力 $p_s = 4242\text{Pa}$，由式 (6-6)

得水蒸气分压力为
$$p_{vap} = \varphi p_s = 0.6 \times 4242 = 2545(\text{Pa})$$

查水蒸气表，当 $p_{vap}=2545\text{Pa}$ 时，饱和温度，亦即露点为
$$t_d = 21.5℃$$

(2) 绝对湿度

由理想气体的状态方程得水蒸气的绝对湿度为
$$\rho_{vap} = \frac{p_{vap}}{R_{vap}T} = \frac{2545}{461 \times 303} = 0.0182(\text{kg/m}^3)$$

或从水蒸气表中查得，当 $t=30℃$ 时可得
$$\rho_s = \frac{1}{v''} = \frac{1}{32.929} = 0.03037(\text{kg/m}^3)$$

代入式 (6-6) 可得
$$\rho_{vap} = \varphi p_s = 0.6 \times 0.03037 = 0.01822(\text{kg/m}^3)$$

(3) 含湿量

应用式 (6-8) 可得
$$d = 622\frac{p_{vap}}{p_b - p_{vap}} = 622 \times \frac{0.002545}{0.1 - 0.002545}$$
$$= 16.24[\text{g/(kg 干空气)}]$$

(4) 干空气的密度
$$\rho_{dry} = \frac{p_{dry}}{R_{dry}T} = \frac{p_b - P_{vap}}{R_{dry}T} = \frac{0.1 - 0.002545}{287 \times 303} \times 10^6$$
$$= 1.1206(\text{kg/m}^3)$$

(5) 湿空气的容积及干空气的比容

由式 (6-13) 可得湿空气的容积，它也是干空气的比容
$$v = v_{dry} = \frac{R_{dry}T}{p_b}(1 + 0.001606d)$$
$$= \frac{287 \times 303}{10^5}(1 + 0.001606 \times 16.24)$$
$$= 0.89(\text{m}^3/\text{kg})$$

其倒数 $\frac{1}{v_{dry}}$ 即干空气的密度，$\rho_{dry} = \frac{1}{v_{dry}} = 1.1206$ (kg/m³)。

(6) 湿空气的密度

由式 (6-14) 可得
$$\rho = \frac{1 + 0.001d}{v} = \frac{1 + 0.001 \times 16.24}{0.89}$$
$$= 1.142(\text{kg/m}^3)$$

(7) 湿空气的焓

由式 (6-16) 可得湿空气的焓为
$$h = 1.01t + 0.001d(2501 + 1.85t)$$
$$= 1.01 \times 30 + 0.001 \times 16.24 \times (2501 + 1.85 \times 30)$$
$$= 71.8[\text{kJ/(kg 干空气)}]$$

当 $V=10000\text{m}^3$，干空气的质量为

$$m_{\text{dry}} = \frac{p_{\text{dry}}V}{R_{\text{dry}}T} = \frac{(10^5 - 2545) \times 10000}{287 \times 303} = 11206(\text{kg})$$

或

$$m_{\text{dry}} = V\rho_{\text{dry}} = 10000 \times 1.1206 = 11206(\text{kg})$$

因此，可得 $V=10000\text{m}^3$ 时，湿空气的总焓为

$$H = m_{\text{dry}}h = 11206 \times 71.8 = 804590.8(\text{kJ})$$

(8) 湿空气的质量。

对于湿空气的气体常数为

$$R = \frac{287}{1 - 0.378 \times \frac{p_{\text{dry}}}{p_b}} = \frac{287}{1 - 0.378 \times \frac{2545}{10^5}} = 289.8[\text{J}/(\text{kg}\cdot\text{K})]$$

应用理想气体的状态方程，可得湿空气的质量为

$$m = \frac{p_b V}{RT} = \frac{10^5 \times 10000}{289.8 \times 303} = 11388(\text{kg})$$

【**例 6-3**】 某房间的容积为 50m^3，室内空气温度为 30℃，相对湿度为 60%，大气压力 $p_b=101300\text{Pa}$，求（1）湿空气的露点温度 t_d、含湿量 d、干空气的质量 m_{dry}、水蒸气的质量 m_{vap} 及湿空气的焓值 H；（2）若房间湿空气的温度冷却到 10℃，则凝水量为多少？

解 （1）由饱和水蒸气表可查得，$t=30℃$ 时，$p_s=4241\text{Pa}$，所以

$$p_{\text{vap}} = \varphi p_s = 0.6 \times 4241\text{Pa} = 2544.6(\text{Pa})$$

对应于此分压力 p_{vap} 时得饱和温度即为湿空气的露点温度，从饱和水蒸气表中可查得

$$t_d = 21.38℃$$

含湿量：根据式（6-8）可得

$$d = 622\frac{p_{\text{vap}}}{p_b - p_{\text{vap}}} = 622 \times \frac{2544.6}{101300 - 2544.6}$$
$$= 16[\text{g}/(\text{kg 干空气})]$$

干空气的分压力

$$p_{\text{dry}} = p_b - p_{\text{vap}} = 101300 - 2544.6 = 98755.4(\text{Pa})$$

干空气的质量：根据理想气体的状态方程，有

$$m_{\text{dry}} = \frac{p_{\text{dry}}V}{R_{\text{dry}}T} = \frac{98755.4 \times 50}{287 \times (273+30)} = 56.78(\text{kg})$$

水蒸气的质量

$$m_{\text{vap}} = dm_{\text{dry}} = 0.016 \times 56.78 = 0.91(\text{kg})$$

湿空气的比焓：根据公式（6-16），则

$$h = 1.01t + 0.001d(2501 + 1.85t)$$
$$= 1.01 \times 30 + 0.001 \times 16 \times (2501 + 1.85 \times 30)$$
$$= 71.2[\text{kJ}/(\text{kg 干空气})]$$

湿空气的总焓

$$H = m_{\text{dry}}h = 56.78 \times 71.2 = 4042.74(\text{kJ})$$

（2）当房间的终态温度 $t_2=10℃$，很显然已经低于露点温度，故当冷却到 $t_d=21.38℃$ 后，再继续冷却就会有凝结水析出。凝水量等于初、终态湿空气中含有水蒸气量的差值，且终态为饱和湿空气。

由 $t_2=10℃$，在饱和水蒸气表中查得 $p_s=1227.1\text{Pa}$，所以

$$p_{\text{vap},2} = p_{s,2} = 1227.1(\text{Pa})$$

终态含湿量：根据公式（6-8），有

$$d = 622 \frac{p_{\text{vap}}}{p_b - p_{\text{vap}}} = 622 \times \frac{1227.1}{101300 - 1227.1}$$

$$= 7.63[\text{g/(kg 干空气)}]$$

所以凝水量为

$$\Delta m = m_{\text{dry}}(d_1 - d_2) = 56.78 \times (16 - 7.63)$$

$$= 475(\text{g}) = 0.475(\text{kg})$$

第二节 湿空气的焓湿图

在一定的总压力 p_b 下，湿空气的状态可用 t、φ、d、h、t_d、t_w、ρ 等参数中的两个参数表示。这就为利用平面参数坐标系表示湿空气的状态参数提供了理论依据。

目前，在工程计算中最常用的湿空气参数坐标图是含湿图（h-d 图）。本节对焓湿图的绘制及构成进行介绍。

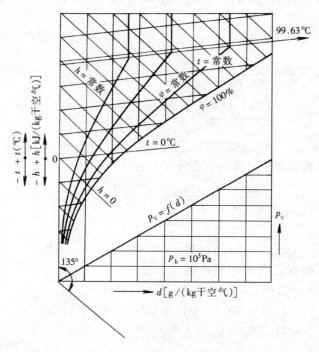

图 6-4 湿空气的 h-d 图

一、定焓线与定含湿量线（h＝常数、d＝常数）

如图 6-4 所示，焓湿图是以 1kg 干空气为基准，并在一定的大气压力 p_b 下，取焓 h 与含湿量 d 为坐标绘制而成的。为使图面开阔清晰，纵坐标焓 h 与横坐标含湿量 d 轴成 135°

的夹角。在纵坐标轴上标出零点，即 $h=0$、$d=0$。所以焓湿图的纵坐标轴，也即 $d=0$ 的等含湿量线，该坐标轴上的读数也就是干空气的焓值。在确定坐标轴的比例后，就可以绘制一系列与纵坐标轴平行的等 d 线，与纵坐标轴成 135° 的一系列等焓线。在实际绘制过程中，为避免图面过长，可取一水平线来代替 d 轴。

二、定干球温度线（$t=$ 常数）

根据公式（6-16）$h=1.01t+0.001d(2501+1.85t)$，可以得出当 t 为定值时，h 与 d 呈线性关系，其斜率 $0.001d(2501+1.85t)$ 为正值，并随 t 的升高而增大。由于各等温线的温度不同，每条等温线的斜率不等，所以各等温线不是平行的。但斜率中的 2501 远远大于 $1.85t$ 的值，所以各等温线又几乎是平行的，如图 6-4 所示。

三、定相对湿度线（$\varphi=$ 常数）

根据公式（6-9）$d=622\dfrac{\varphi p_s}{p_b-\varphi p_s}$。在一定的大气压 p_b 下，当 φ 值一定时，含湿量 d 与水蒸气饱和分压力 p_s 之间有一系列的对应值。而 p_s 又是温度 t 的单值函数，在 h-d 图上的等温线即可看作对应温度下的饱和水蒸气压力线。因此，当 φ 为某一定值时，把不同温度 t 的饱和分压力 p_s 值代入公式（6-9），就可得到相应温度 t 下的一系列 d 值。在 h-d 图上可得到相应的状态点，连接这些状态点，就可得出某一条定相对湿度线。显然，$\varphi=0$ 的定相对湿度线就是干空气线，也就是纵坐标轴；$\varphi=100\%$ 的相对湿度线是饱和空气线。在纵坐标轴与 $\varphi=100\%$ 两线之间为未饱和空气域，根据公式（6-9）作出一系列的不同 φ 值的定相对湿度线，如图 6-4 所示。

需要指出，若大气压 $p_b=0.1\text{MPa}$，则对应于大气压 p_b 的水蒸气饱和温度 $t=99.63℃$。当湿空气温度 $t<99.63℃$ 时，根据相对湿度的定义式 $\varphi=\dfrac{p_{vap}}{p_s}$，此时的定相对湿度 φ 线是上升的曲线，如图 6-4 所示。当 $t>99.63℃$ 时，水蒸气分压力能达到的极限值是 p_b，这时的相对湿度应为 $\varphi=\dfrac{p_{vap}}{p_b}$。在 p_b 为定值的情况下，若 φ 为常数时，p_{vap} 也不变。这说明相对湿度 φ 与 t 无关，仅与 p_{vap} 或 d 有关。因此，在 h-d 图上，定相对湿度 φ 线超过与 p_b 相应的饱和温度线之后，变成一条与等 d 线平行垂直向上的直线，如图 6-4 所示。由于在通风空调工程中，高温空气不常被采用，附图 2 中给出的 h-d 图中未示出这种情况。但是，在干燥工程中所应用的 h-d 图，湿空气的温度往往超过 100℃，所给出的 h-d 图中定相对湿度 φ 线就包括上述的垂直线段。

四、水蒸气分压力线

对公式（6-8）进行重新整理，可得

$$p_{vap}=\frac{p_b d}{622+d}$$

根据上式可绘制 p_{vap}—d 的关系曲线。若 $d\ll 622\text{g/kg}$（干空气），则 p_{vap} 与 d 就近似成直线关系，故对于图中 d 很小时的那段水蒸气的分压力 p_{vap} 就为直线。该曲线绘制在 $\varphi=100\%$ 等湿线的下方空档中，p_{vap} 的单位为 kPa。如附图 2 所示的 h-d 图。

五、角系数（热湿比）

在工程中，将过程中湿空气的吸热量和吸湿量的比值称为热湿比，用符号 ε 来表示，即

$$\varepsilon = \frac{Q}{W}$$

又据
$$Q = m_a(h_2 - h_1)$$
$$W = m_a(d_2 - d_1) \times 10^3$$

进而有
$$\varepsilon = \frac{h_2 - h_1}{\frac{d_2 - d_1}{1000}} = 1000\frac{h_2 - h_1}{d_2 - d_1} = 1000\frac{\Delta h}{\Delta d} \tag{6-19}$$

因此热湿比 ε 在 h-d 图上反映了过程线 1-2 的倾斜度，故又称为角系数。显然，当 ε 值为常数时，过程线在 h-d 图上为一组平行的直线。角系数在 h-d 图上往往是在右下角，以一点为基准绘制角系数的辐射线，并标注每条线的角系数值，如附图 2 所示。

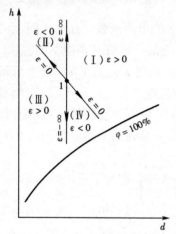

图 6-5 h-d 图各区的特征

从公式（6-19）可知，当 $\Delta h = 0$（即定焓过程）时，$\varepsilon = 0$；当 $\Delta d = 0$（即定含湿量过程）时，$\varepsilon = \infty$。这样，定焓线与定含湿量线将 h-d 图分为四个区，如图 6-5 所示，此时四个区域具有如下特点：

第 I 区域：从状态点 1 出发，向右上方即为第 I 区域。在这一区域中，$\Delta h > 0$，$\Delta d > 0$，也就是增焓增湿过程，此时的角系数 $\varepsilon > 0$ 为正值。

第 II 区域：从状态点 1 出发，向左上方即为第 II 区域。在这一区域中，$\Delta h > 0$，$\Delta d < 0$，也就是增焓减湿过程，此时的角系数 $\varepsilon < 0$ 为负值。

第 III 区域：从状态点 1 出发，向左下方即为第 III 区域。在这一区域中，$\Delta h < 0$，$\Delta d < 0$，也就是减焓减湿过程，此时的角系数 $\varepsilon > 0$ 为正值。

第 IV 区域：从状态点 1 出发，向右下方即为第 IV 区域。在这一区域中，$\Delta h < 0$，$\Delta d > 0$，也就是减焓增湿过程，此时的角系数 $\varepsilon < 0$ 为负值。

根据湿空气的两个独立状态参数（在 p_b 确定的情况下），可在 h-d 图上确定其他参数。但是并不是所有的参数都是独立的，例如露点温度 t_d 和含湿量 d、水蒸气分压力 p_{vap} 和含湿量 d、露点温度 t_d 和水蒸气分压力 p_{vap} 以及湿球温度 t_w 和焓值 h 都不是彼此独立的。可以用来确定状态的两个独立参数通常有：干球温度 t 和相对湿度 φ、干球温度 t 和含湿量 d、干球温度 t 和湿球温度 t_w、露点温度 t_d 和焓值 h 等。

【例 6-4】 试在 h-d 图上表示状态点 1（t_1、h_1）的露点温度 t_d 及湿球温度 t_w。

解 （1）露点温度是指在水蒸气分压力不变的情况下冷却到饱和状态时的温度，也就是在含湿量不变的情况下冷却到饱和状态时的温度。在 h-d 图上如图 6-6 所示：从初状态点 1 向下作垂直线与 $\varphi = 100\%$ 的饱和曲线相交得状态点 2，通过 2 状态点作等温线，得出的温度读数就是状态点 1 的湿空气的露点温度 t_d。

（2）湿球温度 t_w 为一定值时，定湿球温度线在 h-d 图上是一条直线。如图 6-7 所示。

令 $d_1 = 0$，则式（6-17）可表示为
$$h_2 - h_1 = c_p t_w d_2 \times 10^{-3}$$

第六章 湿空气

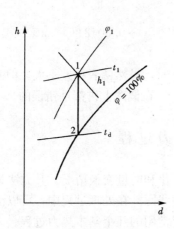

图 6-6 露点温度 t_d 的表示

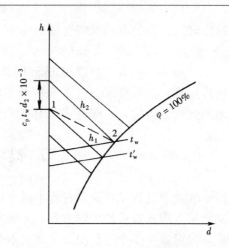

图 6-7 湿球温度 t_w 的表示

可见，$h_2 - h_1$ 就是 $d_1 = 0$ 时两条定焓线在纵轴上的差值。据此从已知焓值 h_1，在纵轴上得到点 1，然后在纵轴上从点 1 出发，量出 $c_p t_w d_2 \times 10^{-3}$ 的距离而得到 h_2，通过 h_2 定焓线与 $\varphi = 100\%$ 的饱和线相交得到点 2。连接 1—2 就是等湿球温度线，其 t_w 的大小就是通过点 2 的等温线的温度值。

【例 6-5】 某办公室要求房间空气的状态保持为 $t_2 = 20℃$，$\varphi_2 = 50\%$。办公室内有工作人员 10 人，每人每小时散热量为 530kJ/h，散湿量为 80g/h。经计算维护结构与设备进入房间的热量为 4700kJ/h，散湿量为 1.2kg/h。实际送入办公室空气的温度 $t_1 = 12℃$。试确定送风点的状态参数，求每小时送入室内的湿空气质量。当时当地的大气压力为 $p_b = 0.1013$MPa。

解 每小时向办公室散入的总热量为

$$Q = 10 \times 530 + 4700 = 10000 \text{(kJ/h)}$$

每小时散入办公室的水蒸气量为

$$W = 80 \times 10 + 1.2 \times 1000 = 2000 \text{(g/h)}$$

所以热湿比为

$$\varepsilon = 1000 \frac{Q}{W} = 1000 \times \frac{10000}{2000} = 5000$$

在湿空气的 h-d 图上，由 $t_2 = 20℃$，$\varphi_2 = 50\%$ 得出点 2，通过点 2 作一条 $\varepsilon = 5000$ 的热湿比线与 $t_1 = 12℃$ 的定温线相交得到点 1，从 h-d 图上查取点 1 的状态参数（见图 6-8）为

$h_1 = 23$(kJ/kg 干空气)　$d_1 = 4.2$(g/kg 干空气)

　　$t_{d1} = 1.8℃$　$\varphi_1 = 48\%$　$t_{w1} = 7℃$

点 2 的焓值为 $h_2 = 38.5$(kJ/kg 干空气)

每小时送入办公室的干空气量为

$$m_{dry} = \frac{Q}{h_2 - h_1} = \frac{10000}{38.5 - 23} = 645.16 \text{(kg/h)}$$

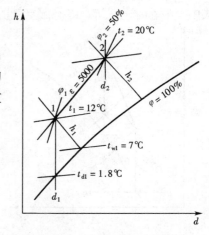

图 6-8 [例 6-5] 示意图

每小时送入办公室的湿空气量为

$$m = m_{dry}(1+0.001d_1) = 645.16 \times (1+0.0042)$$
$$= 647.87 (kg/h)$$

应该注意：在计算湿空气质量 m 及干空气质量 m_{dry} 时，虽然两者相差不大，但是将 m_{dry} 看作是湿空气的质量 m，或将 m 看作干空气的质量 m_{dry}，在概念上讲都是错误的。

第三节 湿空气的热力过程

湿空气处理过程主要研究过程中湿空气状态参数变化和能量交换情况。其方法为利用稳定流动能量方程式及质量守恒方程，并借助于湿空气的线图。在处理过程中，可以由一个过程完成，也可以由多个过程组合完成。本节将简要介绍常用的几个基本热力过程。

一、加热过程

湿空气单纯的加热或冷却时，压力（p_{dry} 和 p_{vap}）和含湿量均保持不变。在 h-d 图上过程沿等含湿量 d 线方向，在加热过程中，空气的温度升高、焓值增大，相对湿度减小，如

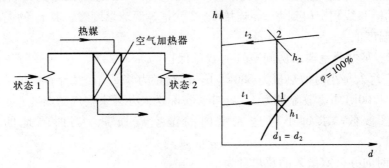

图 6-9 湿空气的加热过程

图 6-9 所示的 1—2 过程；反之，如果对湿空气冷却，其过程线沿等含湿量 d 线向下，如图 6-10 所示的 1—2 过程。根据稳定流动能量方程，过程中吸热量等于焓差，即

$$q = \Delta h = h_2 - h_1 \tag{6-20}$$

式中 h_1、h_2——初、终态湿空气的焓，[kJ/(kg 干空气)]。

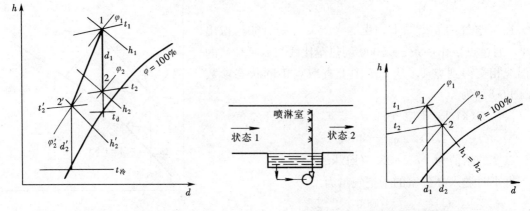

图 6-10 湿空气的冷却过程   图 6-11 绝热加湿过程

二、绝热加湿过程

在绝热的情况下对空气进行加湿,称为绝热加湿过程。常用的绝热加湿方法是喷水加湿。在绝热的条件下向湿空气喷水,增加其含湿量。水分蒸发所需要的热量,在外界不对气体供热量的情况下,将由空气本身供给,对湿空气来说,其焓值只是增加了几克水的液体焓,因此可以认为绝热加湿过程是一个等焓过程,如图 6-11 所示过程 1-2。因此,加湿后湿空气的温度将有所降低。

根据质量守恒定律,喷水量等于湿空气气流含湿量的增加,即

$$q_{m,1} = q_{m,\mathrm{dry}}(d_2 - d_1) \tag{6-21}$$

三、等温加湿过程

在湿空气中喷入少量的水蒸气,实现对湿空气的加湿过程称为等温加湿过程,这种方式在小型空调机组中是经常采用的。此时,湿空气从状态 1 变化到状态 2,如图 6-12 所示。喷入水蒸气的结果是使 $h_2 > h_1$,$\varphi_2 > \varphi_1$,$d_2 > d_1$,温度应该略有升高,但是由于 1kg 干空气中只是增加了几克的水蒸气,虽然喷入的水蒸气接近或大于 100℃,但是由于干空气的质量远远大于喷入水蒸气的量,因而空气的温度升高很小,故在空调工程中是可以简化为等温过程。但是如果喷入大量的水蒸气,甚至部分水蒸气凝结而放出汽化潜热来加热湿空气,此时湿空气的温度将有较大的提高,则不能当作等温过程处理。

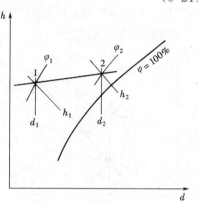

图 6-12 等温加湿过程

四、绝热混合过程

在空调工程中,在满足卫生条件的情况下,经常使一部分空调系统中的循环空气和室外新鲜空气混合后,经过处理再送入房间,以达到节约能源的目的。

如图 6-13 所示,假设质量为 m_1,状态参数为 t_1、h_1、φ_1、d_1 的湿空气(其中干空气的质量为 m_{dry1})与质量为 m_2 状态参数为 t_2、h_2、φ_2、d_2 的湿空气(其中干空气的质量为 m_{dry2})相混合。混合后湿空气的质量为 $m_c = m_1 + m_2$(其中干空气的质量为 $m_{\mathrm{dryc}} = m_{\mathrm{dry1}} + m_{\mathrm{dry2}}$),状态参数为 t_c、h_c、φ_c、d_c。

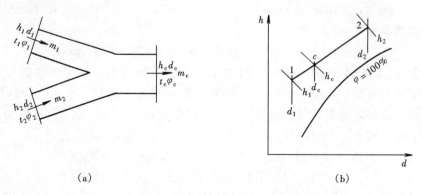

图 6-13 湿空气的绝热混合过程

根据干空气质量守恒

$$m_{\mathrm{dryc}} = m_{\mathrm{dry1}} + m_{\mathrm{dry2}} \tag{a}$$

根据湿空气中水蒸气质量守恒

$$m_{dry1}d_1 + m_{dry2}d_2 = (m_{dry1}+m_{dry2})d_c = m_{dryc}d_c \tag{b}$$

另据能量守恒

$$m_{dry1}h_1 + m_{dry2}h_2 = (m_{dry1}+m_{dry2})h_c = m_{dryc}h_c \tag{c}$$

将式（a）～式（c）联立求解，并整理后得

$$\frac{m_{dry2}}{m_{dry1}} = \frac{h_c - h_1}{d_c - d_1} = \frac{h_2 - h_c}{d_2 - d_c} \tag{6-22}$$

式 (6-22) 的左边代表 h-d 图上过程 1-c 的斜率，右边代表过程 c-2 线的斜率。由于过程 1-c 和过程 c-2 斜率相同，因此可以判定状态 c 在 1-2 过程线上。并且点 c 将 $\overline{12}$ 线分割比例与干空气的质量流量成反比。

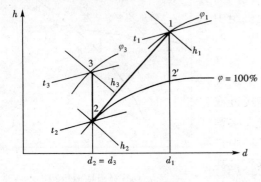

图 6-14 ［例 6-6］图

【例 6-6】 在空调设备中，将 $t_1 = 30℃$、$\varphi_1 = 75\%$ 的湿空气先冷却到 $t_2 = 15℃$，然后又加热到 $t_3 = 22℃$。干空气流量 $m_{dry} = 500$kg/min。试计算调节后空气的状态、冷却器中空气的放热量及凝结水量、加热器中的加热量。($p_b = 0.1$MPa)

解 空气调节过程表示在 h-d 图上，如图 6-14 所示。

1—2′—2 为冷却去湿过程。

从 h-d 图可查得

$h_1 = 82$kJ/(kg 干空气) $d_1 = 20.4$g/(kg 干空气)
$h_2 = 42$kJ/(kg 干空气) $d_2 = 10.7$g/(kg 干空气)

2—3 为加热过程，从 h-d 图上查得点 3 的状态的参数

$h_3 = 49$kJ/(kg 干空气) $d_2 = d_3 = 10.7$g/(kg 干空气)
$\varphi_3 = 64\%$

在空气冷却器中（过程 1—2′—2），

放出的热量为 $Q_1 = m_{dry}(h_2 - h_1) = 500 \times (42 - 82) = -2 \times 10^4$ (kJ/min)
凝结水量为 $m_w = m_{dry}(d_1 - d_2) = 500 \times (20.4 - 10.7) \times 10^{-3} = 4.85$ (kg/min)

在空气加热器中（过程 2—3），

吸热量为 $Q_2 = m_{dry}(h_3 - h_2) = 500 \times (49 - 42) = 3500$ (kJ/min)

【例 6-7】 35℃ 的热水 $m_{w3} = 2 \times 10^4$ kg/h 的流量进入冷却塔，被冷却到 20℃ 后离开。进入冷却塔的空气 $t_1 = 20℃$，$\varphi_1 = 60\%$，在 30℃ 的饱和状态下离开。求进入冷却塔的湿空气质量流量，离开冷却塔的湿空气质量流量及蒸发损失的水量。设当地大气压力为 101325Pa。

解 由 $t_1 = 20℃$、$\varphi_1 = 60\%$ 及 $t_2 = 30℃$、$\varphi_2 = 100\%$，从 h-d 图查得

$h_1 = 42.4$kJ/(kg 干空气) $d_1 = 8.6$g/(kg 干空气)
$h_2 = 100$kJ/(kg 干空气) $d_2 = 27.3$g/(kg 干空气)

由 $t_3 = 35℃$ 及 $t_4 = 20℃$，取水的平均定压比热 $c_{p,m} = 4.1868$kJ/(kg·K)，则水的焓值为

$h_{w3} = 4.1868 \times 35 = 146.54$ (kJ/kg)
$h_{w4} = 4.1868 \times 20 = 83.74$ (kJ/kg)

进入冷却塔的湿空气中干空气的质量为

$$m_{dry} = \frac{m_{w3}(h_{w3} - h_{w4})}{(h_2 - h_1) - h_{w4}(d_2 - d_1) \times 10^{-3}}$$

$$= \frac{2 \times 10^4 \times (146.54 - 83.74)}{(100 - 42.4) - 83.74 \times (27.3 - 8.6) \times 10^{-3}} = 22.41 \times 10^3 (\text{kg/h})$$

进入冷却塔的湿空气质量流量为

$$m_1 = m_{dry}(1 - 0.001d_1) = 22.41 \times 10^3 \times 1.0086 = 22.6 \times 10^3 (\text{kg/h})$$

离开冷却塔的湿空气质量流量为

$$m_2 = m_{dry}(1 - 0.001d_2) = 22.41 \times 10^3 \times 1.0273 = 23.02 \times 10^3 (\text{kg/h})$$

蒸发损失的水量为

$$m_w = m_2 - m_1 = (23.02 - 22.6) \times 10^3 = 420 (\text{kg/h})$$

【例 6-8】 若温度 $t_1 = 31℃$、相对湿度 $\varphi_1 = 80\%$ 的空气 600kg，与温度 $t_2 = 22℃$、相对湿度 $\varphi_2 = 60\%$ 的空气 200kg 绝热混合，求混合后状态。设 $p_b = 0.1\text{MPa}$。

解 在 h-d 图上，根据 t_1、φ_1 及 t_2、φ_2 分别确定状态点 1 和点 2，并连接 1—2，如图 6-15 所示。若以湿空气流量近似代替其中干空气的流量，有 $\dfrac{\overline{1c}}{\overline{c2}} = \dfrac{m_2}{m_1} = \dfrac{200}{600} = \dfrac{1}{3}$，那么可将线段 $\overline{12}$ 分为 4 等分。距离点 1 为 1 等分处，即混合后湿空气状态点 c，可查得

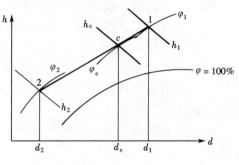

图 6-15　[例 6-8] 图

$$t_c = 29℃ \qquad \varphi_c = 77\%$$
$$d_c = 19.8\text{g/kg} \qquad h_c = 79\text{kJ/kg}$$

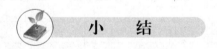

小　结

湿空气是由干空气和水蒸气组成。在一般情况下干空气作为一个整体对待，可近似当作理想气体来处理；又由于湿空气中的水蒸气的分压力很低、含量很少，也可视为理想气体，因此湿空气可以被认为是理想混合气体。本章主要介绍了湿空气的性质、湿空气的焓湿图（h-d 图）的构成和应用，最后介绍了湿空气热力过程的分析计算。在学习过程中要求掌握以下内容：

(1) 对于湿空气的绝对湿度、相对湿度、露点温度、湿球温度、含湿量和焓等状态参数的意义和表达式，以及饱和湿空气和未饱和湿空气的概念等要充分理解并掌握，要会用这些表达式对其状态参数进行一般计算。应当明确必须有三个独立的参数才能确定湿空气的状态。

(2) 湿空气的焓湿图（h-d 图）是在一定大气压力 p_b 下，根据湿空气各状态之间的参数关系式绘制而成的。h-d 图的纵横坐标轴构成 135° 的斜角坐标系，图上有定焓线、定含湿量线、等温线、定相对湿度线以及水蒸气的分压力线、角系数辐射线。该图在湿空气过程的分析计算中具有很重要的作用，必须了解其结构，并会利用 h-d 图来确定湿空气的状态参

数、分析湿空气的热力过程。另外还应掌握热湿比（角系数）ε的含义及用途。

(3) 对湿空气的加热或冷却、绝热加湿、等温加湿和绝热混合等典型过程要充分理解，并能熟练地在$h\text{-}d$图上把这些过程表示出来。并会利用$h\text{-}d$图查出这些过程的初、终态参数，进而进行分析计算。

6-1 解释下列现象：
(1) 冬天在室外呼出的气体是白色的。
(2) 夏天自来水管道外表面上出现水珠。
(3) 阴雨天晒衣服不易干，而晴天则容易干。

6-2 解释降雾、结露、结霜现象，并说明它们发生的条件。

6-3 对于未饱和湿空气，湿球温度、干球温度以及露点温度三者哪个大？对于饱和空气，三者的大小又如何？

6-4 有两个相互独立的状态参数就可以确定湿空气的状态。这种说法对吗？为什么？

6-5 为什么在冷却塔中能将水的温度降低到比大气温度还低的程度？这是否违反热力学第二定律？

6-6 在寒冷的阴天，虽然气温尚未达到0℃，但是晾在室外的湿衣服会结冰，这是什么原因？

6-7 利用空气的焓湿（$h\text{-}d$）图，确定表中空白处的状态参数。设$p_b=0.1\text{MPa}$。

表6-1　　　　　　　　　　习题6-7附表

序号	温度 t（℃）	相对湿度 φ（%）	焓 h（kJ/kg）	含湿量 d（g/kg）	湿球温度 t_w（℃）	露点温度 t_d（℃）	水蒸气分压力 p_{vap}（10^2Pa）
1	30				30		
2			56	10			
3	−10	75					
4			74			21	
5		70					13

6-8 由干湿球温度计测得湿空气的$t=15℃$、$t_w=12℃$，若已知总压力$p_b=0.1\text{MPa}$，求湿空气的d、φ、p_{dry}、p_{vap}。

6-9 已知湿空气的$t=100℃$、$t_d=20℃$，总压力$p_b=0.1\text{MPa}$，试在$h\text{-}d$图上确定湿空气的状态点A。

6-10 向未饱和湿空气[$t_1=95℃$、$d_1=0.032\text{kg}/(\text{kg}干空气)$]中喷入$p_{vap}=0.12\text{MPa}$的饱和水蒸气，将该加湿过程示意的画在$h\text{-}d$图上。

6-11 烘干用的湿空气进入加热器前$t_1=25℃$、$t_{w1}=20℃$，在加热器中被加热到$t_2=90℃$后进入烘烤箱，出烘箱时$t_3=40℃$。设当地大气压为$p_b=0.1\text{MPa}$，求（1）d_1、h_1、t_{d1}、p_{vap1}；（2）1kg的干空气在烘箱中吸收的水分；（3）烘箱中每吸收1kg水分所用的湿空气及在加热器中吸收的热量。

6-12 安装一冷却塔供应某厂工艺用冷却水,已知热水的质量流量为190kg/s,温度为46℃。设计要求出口处冷水水温为29℃,质量流量为190kg/s。湿空气进口参数为 $p_1=0.14\text{MPa}$、$\varphi_1=50\%$、$t_1=24℃$,流出时为 $t_2=31℃$ 的饱和湿空气。为保持水流量稳定,向底部冷却水中充入补充水,补充水温度 $t_1=29℃$,参见图6-16。已知干空气和水蒸气的气体常数和定压比热分别为 $R_{\text{dry}}=287\text{J}/(\text{kg}\cdot\text{K})$、$R_{\text{vap}}=462\text{J}/(\text{kg}\cdot\text{K})$ 和 $c_{p,\text{dry}}=1.01\text{kJ}/(\text{kg}\cdot\text{K})$、$c_{p,\text{vap}}=1.85\text{kJ}/(\text{kg}\cdot\text{K})$,求(1)干空气的质量流量 $q_{m,\text{dry}}$;(2)补充水的质量流量 $q_{m,1}$。

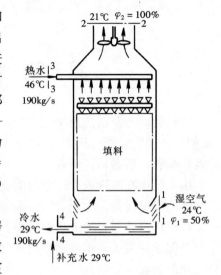

图6-16 冷却塔工作流程示意图

6-13 若室内温度 $t=21℃$,相对湿度 $\varphi=70\%$,房间容积为 $V=60\text{m}^3$,且当地大气压 $p_b=0.1\text{MPa}$。试求(1)房间内空气的总质量和总焓值各为多少?(2)若室内空气被冷却至7℃,则从空气析出的水分和放出的热量各是多少?

6-14 房间内空气温度为20℃,其外墙内表面温度为15℃。为避免墙内表面结露,房间内空气的最大允许相对湿度是多少?此时空气的含湿量是多少?($p_b=0.1\text{MPa}$)

6-15 将 $t_1=30℃$、$\varphi_1=65\%$ 的空气送入去湿机中去除水分。空气先被冷却到 $t_2=10℃$,然后又被加热到 $t_3=20℃$。求处理后的空气相对湿度、去除的水分及加热量。($p_b=0.1\text{MPa}$)

6-16 湿空气压力 $p_b=0.1\text{MPa}$,温度 $t=21℃$,露点温度 $t_d=10℃$。求(1)该空气的相对湿度、绝对湿度及含湿量;(2)将该湿空气加热到 $t_2=30℃$,再求其相对湿度和绝对湿度;(3)将湿空气冷却到饱和湿空气,其相对湿度和绝对湿度又为多少?

6-17 压力为 $p_b=0.1\text{MPa}$ 的湿空气进入喷淋室进行绝热加湿。若初态 $t_1=35℃$、$\varphi_1=40\%$,离开喷淋室时 $t_2=24℃$。求(1)处理后空气的相对湿度 φ_2;(2)每kg干空气组成的湿空气在喷淋室中吸收了多少水分。

6-18 某厂房产生余热16500kJ/h,热湿比 $\varepsilon=7000$。为保持室内温度 $t_2=27℃$ 及相对湿度 $\varphi_2=40\%$ 的要求,向厂房送入湿空气的温度 $t_1=19℃$,求每小时的送风量为多少千克及厂房的产湿量。($p_b=101325\text{Pa}$)

6-19 在容积为 $V=60\text{m}^3$ 的房间内,空气的温度和相对湿度分别为21℃及70%。问空气的质量及焓值各为多少?($p_b=101325\text{Pa}$)

第七章 气体和蒸汽的流动

在热能动力及供热通风设备中,有时需要借助于变截面短管,将气体和蒸汽的压力势能(动能)转变为动能(压力势能),产生高速气流(高压气流),保证热工设备的正常运转。前者称喷管,后者称扩压管。

由于气流在喷管或扩压管内的流速变化与状态参数的变化有关,而状态参数的变化又牵涉气体的能量转换。因此,气流在喷管或扩压管内的流动过程是一个涉及气流流速变化、状态参数变化及能量转换的热力过程。另外,气流在喷管或扩压管内的流动状态还与管截面变化及外部条件有关。本章重点研究气流在喷管或扩压管内的流动规律、管截面变化及外部条件变化对流动的影响。

第一节 绝热稳定流动基本方程

一、绝热稳定流动

气流在管道内的流动可以视为稳定流动(见第2章),为了简化起见,可认为垂直于管道轴向的任一截面上的各种力学参数、热力学参数都相同,气流参数只沿管道轴向(气流流动方向)发生变化,称为一维稳定流动。此外,由于气流在喷管或扩压管内的流动时间较短,与外界几乎没有热量交换,可认为是绝热流动。因此,气流在喷管或扩压管内的流动为一维绝热稳定流动。

二、绝热稳定流动基本方程

一维绝热稳定流动的流动规律可用以下三个基本方程来描述。

1. 连续性方程

根据质量守恒定律和稳定流动的条件,气流通过管道内任意截面的质量流量都相等,并且不随时间变化,即

$$\dot{m}_1 = \dot{m}_2 \cdots = \dot{m} = 常数$$

$$\frac{f_1 c_1}{v_1} = \frac{f_2 c_2}{v_2} = \cdots = \frac{fc}{v} = 常数 \tag{7-1}$$

式中 $\dot{m}_1, \dot{m}_2, \dot{m}$——各截面处的质量流量(kg/s);

f_1, f_2, f——各截面处的截面积(m^2);

c_1, c_2, c——各截面处的气流流速(m/s);

v_1, v_2, v——各截面处气体的比容(m^3/kg)。

对式(7-1)微分,可得出其微分形式为

$$\frac{dc}{c} + \frac{df}{f} - \frac{dv}{v} = 0 \tag{7-2}$$

式(7-1)及式(7-2)称稳定流动连续性方程式。由于是从质量守恒定律导出,没有涉及工质及过程性质。因此,适用于任何工质的可逆与不可逆稳定流动过程。

2. 绝热稳定流动能量方程

气流在管道内的流动同样也遵守能量守恒与转换定律，即气流的流动符合开口系统稳定流动能量方程式

$$q = (h_2 - h_1) + \frac{1}{2}(c_2^2 - c_1^2) + g(z_2 - z_1) + w_s$$

当气流高速流过喷管或扩压管时与外界没有功量交换，热量交换及位能差较小可以忽略。即

$$w_s = 0 \quad q \approx 0 \quad z_1 \approx z_2$$

于是得
$$\frac{1}{2}(c_2^2 - c_1^2) = h_1 - h_2 \tag{7-3}$$

对式（7-3）微分，可得出其微分形式为

$$cdc = -dh \tag{7-4}$$

式（7-3）及式（7-4）为适用于喷管或扩压管的绝热稳定流动能量方程式。由于从能量守恒规律导出，没有涉及工质及过程性质，因此，适用于任何工质的可逆与不可逆绝热稳定流动过程。这两个方程式说明在喷管气流动能的增量等于工质的焓降，在扩压管内则相反。

3. 定熵过程方程式

气流在管道内的绝热流动过程，如果是可逆的，则是定熵过程。理想气体的定熵过程方程式为

$$pv^\kappa = 常数 \tag{7-5}$$

对式（7-5）微分，可得出其微分形式为

$$\frac{dp}{p} + \kappa \frac{dv}{v} = 0 \tag{7-6}$$

式（7-5）及式（7-6）为理想气体的等熵指数 κ 为常数（定值比热）的定熵过程方程式。对变比热的定熵过程，κ 应取过程范围内的平均值。对于水蒸气在定熵过程中状态参数的变化，可通过水蒸气的 h-s 图或水蒸气表查得。

三、音速与马赫数

从物理学中可知，音速是微小扰动在流体中的传播速度。当可压缩流体中有一微小的压力变化时，压力波就是以音速向四面传播的。由于扰动微小，压力波的传播速度极快，可认为压力波传播过程中与外界绝热并无内摩擦，即压力波传播过程为定熵过程。

在定熵流动过程中，可压缩流体的音速计算式为

$$c_s = \sqrt{\left(\frac{\partial p}{\partial \rho}\right)_s} = \sqrt{-v^2\left(\frac{\partial p}{\partial v}\right)_s} \tag{7-7}$$

把理想气体定熵过程方程式（7-6）代入式（7-7）中，可得出理想气体的音速计算式为

$$c_s = \sqrt{\kappa pv} = \sqrt{\kappa RT} \tag{7-8}$$

由式（7-8）可知，理想气体性质一定时，音速只和流体的状态有关。流体所处的状态不同，就有不同的音速值。某指定状态下的音速称当地音速。

把气流的流速 c 与该状态下的当地音速 c_s 的比值称为马赫数。用 Ma 表示，即

$$Ma = \frac{c}{c_s} \tag{7-9}$$

根据马赫数的大小，可以把气流流速分为亚音速（$Ma<1$）、等音速（$Ma=1$）和超音速（$Ma>1$）三种。

第二节 定熵流动的基本特性

一、气流流速变化与状态参数的关系

对焓的定义式 $h=u+pv$ 两边微分可得

$$\mathrm{d}h = \mathrm{d}u + p\mathrm{d}v + v\mathrm{d}p$$

对定熵过程 $\delta q=\mathrm{d}u+p\mathrm{d}v=0$ 上式变为

$$\mathrm{d}h = v\mathrm{d}p$$

将这一关系式代入绝热稳定流动能量方程式（7-4），则

$$c\mathrm{d}c = -v\mathrm{d}p \tag{7-10}$$

式（7-10）适用于任何工质的定熵流动过程。说明流体在管道内定熵流动时，速度变化与压力变化正好相反。在喷管内气流流速增加（$\mathrm{d}c>0$），必导致气流的压力下降。在扩压管内气流的压力升高（$\mathrm{d}p>0$），则必导致气流流速下降。

二、喷管、扩压管截面变化规律

1. 管道截面变化与气流速度变化的关系

将式（7-10）等号两边各除以 c^2，并将等号右边分子分母各乘以 κp，于是

$$\frac{\mathrm{d}c}{c} = -\frac{\kappa p v}{\kappa c^2}\frac{\mathrm{d}p}{p}$$

将音速表达式 $c_s=\sqrt{\kappa p v}$ 及 $Ma=\dfrac{c}{c_s}$ 代入，上式可写成

$$\frac{\mathrm{d}c}{c} = -\frac{1}{\kappa Ma^2}\frac{\mathrm{d}p}{p}$$

再将连续性方程 $\dfrac{\mathrm{d}c}{c}+\dfrac{\mathrm{d}f}{f}-\dfrac{\mathrm{d}v}{v}=0$ 及定熵过程方程式 $\dfrac{\mathrm{d}p}{p}+\kappa\dfrac{\mathrm{d}v}{v}=0$ 代入上式，经整理可得

$$\frac{\mathrm{d}f}{f} = (Ma^2-1)\frac{\mathrm{d}c}{c} \tag{7-11}$$

式（7-11）指出了管道截面变化与气流速度变化的关系。

2. 喷管截面变化规律

如前所述，喷管的作用是将流体的压力势能转变为动能，即流体在喷管内流动时压力降低、流速增加（$\mathrm{d}p<0$，$\mathrm{d}c>0$）。根据进、出喷管的流体速度的不同，喷管可以设计成渐缩形、渐扩形、渐缩渐扩形三种形式。

当流入喷管的气流是亚音速气流（$Ma<1$），要求流出喷管的气流是亚音速或等音速气流（$Ma\leqslant 1$），因为喷管的$dc>0$，式（7-11）等号右边为负值，要满足方程的要求就必须使$df<0$，即沿气流方向喷管的截面逐渐缩小，这种喷管称为渐缩喷管。

当流入喷管的气流是超音速气流（$Ma>1$），若$dc>0$，式（7-11）等号右边为正值，要满足方程的要求就必须使$df>0$，即沿气流方向喷管的截面逐渐扩大，这种喷管称为渐扩喷管。

当流入喷管的气流是亚音速气流（$Ma<1$），要求流出喷管的气流是超音速气流（$Ma>1$），则喷管截面应先由$df<0$再转变为$df>0$，即沿气流方向喷管的截面由逐渐缩小再转变为逐渐扩大，这种喷管称为渐缩渐扩喷管，或简称缩放喷管。

在渐缩渐扩喷管中，渐缩部分气流流速为亚音速，而渐扩部分气流流速为超音速。渐缩与渐扩部分的分界面，即最小截面称为喉部，此处$Ma=1$而$df=0$。该截面也称为临界截面，它具有最小截面积f_{min}，相应的各种参数称为临界参数，如临界压力p_c，临界温度T_c等。临界截面的流速、当地音速分别称为临界流速和临界音速。由于此处$Ma=1$，临界流速和临界音速两者相等，即$c_c=c_s=\sqrt{\kappa RT_c}$。

如气体在渐缩渐扩喷管中充分膨胀，则沿喷管轴向流速c、压力p、比容v及当地音速c_s的变化如图7-1所示。由图可见，在临界截面，临界流速c_c和临界音速c_s两者相等，马赫数$Ma=1$。在喷管渐缩部分$Ma<1$，在喷管渐扩部分$Ma>1$。由于沿气流方向气体压力不断下降，由定熵过程方程式（7-6）可知，气体的比容沿流向逐渐增大。又由于沿气流方向气体温度不断下降，喷管中各截面的当地音速也沿流向逐渐降低，在喷管入口气体温度最高，当地音速最大；喷管出口温度最低，当地音速也最小。

3. 扩压管截面变化规律

扩压管的作用是将流体的动能转变为压力势能。与喷管作用相反，即流体在扩压管内流动时流速降低、压力升高（$dc<0$，$dp>0$）。根据进、出扩压管的流体速度的不同，扩压管也可以设计成渐扩形、渐缩形、渐缩渐扩形三种形式。

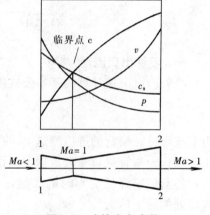

图7-1 喷管中各参数沿轴向变化示意图

当流入扩压管的气流是亚音速气流（$Ma<1$），要求流出扩压管的气流是亚音速或等音速气流（$Ma\leqslant 1$）。因为扩压管的$dc<0$，式（7-11）等号右边为正值，要满足方程的要求就必须使$df>0$，即沿气流方向扩压管的截面逐渐扩大，这种扩压管称为渐扩扩压管。

当流入扩压管的气流是超音速气流（$Ma>1$），若$dc<0$，式（7-11）等号右边为负值，要满足方程的要求就必须使$df<0$，即沿气流方向扩压管的截面逐渐缩小，这种扩压管称为渐缩扩压管。

若要将流入扩压管的超音速气流（$Ma>1$）降低到亚音速气流（$Ma<1$），则扩压管截面应先由$df<0$经喉部再转为$df>0$，即沿气流方向扩压管的截面由逐渐缩小再转变为逐渐扩大，这种扩压管称为渐缩渐扩扩压管。

有关喷管和扩压管流速变化与截面变化的关系见表7-1。

表 7-1　　　　　　　　　　喷管和扩压管流速变化与截面变化的关系

参数变化　管道形状　管道种类	渐缩形 $\dfrac{df}{f}<0$	渐扩形 $\dfrac{df}{f}>0$	渐缩渐扩形 $\dfrac{df}{f}<0$ 转 $\dfrac{df}{f}>0$
喷管 $dc>0, dp<0$	$c_1<c_2, p_1>p_2$ $Ma_1<1, Ma_2\leqslant 1$	$c_1<c_2, p_1>p_2$ $Ma_1\geqslant 1, Ma_2>1$	$c_1<c_2, p_1>p_2$ $Ma_1<1, Ma_2>1, Ma_c=1$
扩压管 $dc<0, dp>0$	$c_1>c_2, p_1<p_2$ $Ma_1>1, Ma_2\geqslant 1$	$c_1>c_2, p_1<p_2$ $Ma_1\leqslant 1, Ma_2<1$	$c_1>c_2, p_1<p_2$ $Ma_1>1, Ma_2<1, Ma_c=1$

第三节　通过喷管的流速及流量计算

一、喷管出口流速

喷管出口流速计算的基本公式为绝热稳定流动能量方程式（7-3），即

$$\frac{1}{2}(c_2^2 - c_1^2) = h_1 - h_2$$

由上式可见，喷管的进口流速 c_1 的大小将影响出口的参数值。为了简化计算，常用定熵滞止参数作为喷管进口参数数据。所谓定熵滞止参数是将具有一定速度的气流在定熵条件下扩压，使其流速降低为零时的参数，用 p_0、T_0、h_0、s_0 表示。根据绝热稳定流动能量方程，进口处的滞止焓为

$$h_0 = h_1 + \frac{c_1^2}{2} = h_2 + \frac{c_2^2}{2}$$

对于理想气体，还可根据 $h=c_p T$ 及定熵过程方程式求出其他定熵滞止参数。

$$T_0 = T_1 + \frac{c_1^2}{2c_p} \quad p_0 = p_1 \left(\frac{T_0}{T_1}\right)^{\frac{\kappa}{\kappa-1}} \quad v_0 = v_1 \left(\frac{T_1}{T_0}\right)^{\frac{1}{\kappa-1}}$$

根据上式可用喷管进口参数求出定熵滞止焓 h_0，然后求出喷管出口流速 c_2

$$c_2 = \sqrt{2(h_0 - h_2)}$$

一般情况下，进口流速 c_1 的值不是很大，$\dfrac{c_1^2}{2}$ 与 h_1 相比很小，可以忽略。即在喷管计算中可按 $c_1=0$、$h_0=h_1$ 处理。把上式中的 h_0 用 h_1 代替，可得喷管出口流速为

$$c_2 = \sqrt{2(h_1 - h_2)} \tag{7-12}$$

式（7-12）中 h_1 及 h_2 的单位是 J/kg。但焓的常用单位为 kJ/kg，如 h 的单位用 kJ/kg，上式应改为

$$c_2 = \sqrt{2\times 1000(h_1 - h_2)} = 44.72\sqrt{h_1 - h_2} \tag{7-13}$$

式（7-12）及式（7-13）是从绝热稳定流动能量方程导出的，适用于任何工质在喷管或扩压管内的可逆和不可逆流动过程。对比热为定值的理想气体 $h_1-h_2=c_p(T_1-T_2)$，对于水蒸气 h_1、h_2 可从水蒸气表或水蒸气 h-s 图查取。

为了便于分析不同情况下各种参数对喷管出口流速的影响，可设理想气体的比热为定值，式（7-12）可演化为

$$c_2 = \sqrt{2(h_1-h_2)} = \sqrt{2c_p(T_1-T_2)} = \sqrt{2\frac{\kappa}{\kappa-1}R(T_1-T_2)}$$

$$= \sqrt{2\frac{\kappa}{\kappa-1}RT_1\left(1-\frac{T_2}{T_1}\right)} = \sqrt{2\frac{\kappa}{\kappa-1}RT_1\left[1-\left(\frac{p_2}{p_1}\right)^{\frac{\kappa-1}{\kappa}}\right]}$$

$$= \sqrt{2\frac{\kappa}{\kappa-1}p_1v_1\left[1-\left(\frac{p_2}{p_1}\right)^{\frac{\kappa-1}{\kappa}}\right]} \tag{7-14}$$

由式（7-14）可见，喷管出口流速 c_2 的大小取决于气体的等熵指数、进口状态参数 p_1，T_1，v_1 及膨胀过程的压力比 $\dfrac{p_2}{p_1}$。喷管出口流速 c_2 与喷管出口截面积 f_2 的大小无关。

二、临界压力比与临界流速

1. 临界压力比与临界流速

从前面的分析可知，渐缩渐扩形喷管的喉部截面称为临界截面，相应的参数称为临界参数，在临界截面上气流的临界流速 c_c 等于临界音速 c_s，即 $Ma=1$。临界压力 p_c 与进口压力 p_1 的比值 p_c/p_1，称为临界压力比，用 β_c 表示。由式（7-8）和式（7-14）可得临界流速为

$$c_c = c_s = \sqrt{2\frac{\kappa}{\kappa-1}p_1v_1\left[1-\left(\frac{p_c}{p_1}\right)^{\frac{\kappa-1}{\kappa}}\right]} = \sqrt{\kappa p_c v_c}$$

根据定熵过程方程式 $p_1v_1^\kappa = p_c v_c^\kappa$，由上式可求得临界压力比为

$$\beta_c = \frac{p_c}{p_1} = \left(\frac{2}{\kappa+1}\right)^{\frac{\kappa}{\kappa-1}} \tag{7-15}$$

由上式可见，理想气体的临界压力比 β_c 只取决于气体的性质（等熵指数 κ）。当等熵指数为定值时，一些理想气体的临界压力比的数值如下：

  单原子气体 $\kappa=1.67$，$\beta_c=0.487$
  双原子气体 $\kappa=1.40$，$\beta_c=0.528$
  多原子气体 $\kappa=1.30$，$\beta_c=0.546$

将临界压力比计算式（7-15）代入式（7-14），可得临界流速为

$$c_c = \sqrt{2\frac{\kappa}{\kappa+1}p_1v_1} = \sqrt{2\frac{\kappa}{\kappa+1}RT_1} \tag{7-16}$$

式（7-16）适用于理想气体定熵流动过程。

临界流速也可直接应用式（7-13）计算，即

$$c_c = 44.72\sqrt{h_1-h_c} \tag{7-17}$$

式（7-17）适用于任何工质的可逆和不可逆绝热稳定流动过程。

2. 根据临界压力确定喷管形状

在喷管的设计计算中，一般已知进口参数 p_1、v_1、c_1 及喷管出口所在空间的压力 p_b（称出口背压）。如气体在喷管内能充分膨胀，喷管出口截面压力 p_2 应等于出口背压 p_b；如

气体在喷管内不能充分膨胀,则喷管出口截面压力 p_2 大于出口背压 p_b,此时从 p_2 降低到 p_b 的过程将在喷管出口外的空间进行,使得这部分压力势能不能有效地转变成动能而造成损失。因此,喷管的形状应按下述原则确定:

当 $\frac{p_b}{p_1} \geq \frac{p_c}{p_1} = \beta_c$（即 $p_b \geq p_c$）时,应选用渐缩形喷管;

当 $\frac{p_b}{p_1} < \frac{p_c}{p_1} = \beta_c$（即 $p_b < p_c$）时,应选用渐缩渐扩形喷管。

对已有的渐缩喷管,其出口压力和流速的判断如下:

当渐缩喷管的出口背压 $p_b > p_c$ 时,喷管出口截面上的压力 $p_2 = p_b$,喷管出口流速 $c_2 < c_c$,可用式(7-13)或式(7-14)计算。

当渐缩喷管的出口背压 $p_b \leq p_c$ 时,因受截面形状的制约,喷管出口截面上的压力只能降低到临界压力 p_c,即 $p_2 = p_c$,喷管出口流速为临界流速 c_c,可用式（7-16）或式(7-17)计算。

三、流量与临界流量

由连续性方程可知,气体流过喷管任何截面的质量流量都相同,原则上可用任一截面的参数计算流量,通常选用最小截面来计算。

1. 渐缩喷管的流量

渐缩喷管的质量流量按出口截面参数计算。由连续性方程式（7-1）可得质量流量为

$$\dot{m} = \frac{f_2 c_2}{v_2} \tag{7-18}$$

上式适用于任何工质任何过程。

将理想气体的定熵过程方程 $p_1 v_1^\kappa = p_2 v_2^\kappa$ 和式（7-14）代入式（7-18）,经整理后得

$$\dot{m} = f_2 \sqrt{2 \frac{\kappa}{\kappa-1} \frac{p_1}{v_1} \left[\left(\frac{p_2}{p_1}\right)^{\frac{2}{\kappa}} - \left(\frac{p_2}{p_1}\right)^{\frac{\kappa+1}{\kappa}} \right]} \tag{7-19}$$

由式（7-19）可以看出,在进口参数、等熵指数及出口截面一定的情况下,渐缩喷管中气体的质量流量取决于进出口的压力比 p_2/p_1。式（7-19）适用于理想气体定熵流动过程。

应该指出式（7-19）中的 p_2 是喷管出口截面上气流的压力,并不是喷管的出口背压 p_b。只有在出口背压 $p_b > p_c$ 时,p_2 才等于 p_b,当出口背压 $p_b \leq p_c$ 时,喷管出口截面上气流的压力 $p_2 = p_c$,保持不变。

渐缩喷管的质量流量 $\dot{m}$ 随出口背压与进口压力的比值 p_b/p_1 的变化关系如图 7-2 中的曲线 $a-b-c$ 所示。

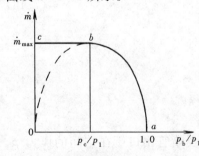

图 7-2 质量流量随压力比的变化

若 $p_b = p_1$,由于喷管进、出口压力及出口背压相等,从式（7-19）可知 $\dot{m} = 0$,见图中 a 点。

随着出口背压 p_b 逐渐降低,喷管出口截面上气流的压力 p_2 也随之降低,并保持 $p_2 = p_b$,质量流量 $\dot{m}$ 逐渐增大。当出口背压降到 $p_b = p_c$ 时,喷管出口压力达到最小值 p_c,压力比为临界压力比 β_c,流量为最大流量 $\dot{m}_{max}$,如图中曲线 $a-b$。

当出口背压降到 $p_b=p_c$ 后，再降低出口背压，渐缩喷管的出口截面压力 p_2 不再降低，而保持 p_c 不变，质量流量也保持最大流量 $\dot{m}_{max}$（也称临界流量）不变，如图中直线 $b-c$。

将临界压力比计算式（7-15）代入式（7-19）可得最大流量计算式为

$$\dot{m}_{max} = f_2 \sqrt{2\frac{\kappa}{\kappa+1}\left(\frac{2}{\kappa+1}\right)^{\frac{2}{\kappa-1}}\frac{p_1}{v_1}} \tag{7-20a}$$

式（7-20a）适用于理想气体定熵流动过程。

如果应用连续性方程计算最大流量，则有

$$\dot{m}_{max} = \frac{f_2 c_c}{v_c} \tag{7-21a}$$

式（7-21a）适用于任何工质任何过程。

2. 渐缩渐扩喷管的流量

对于渐缩渐扩喷管，气流通过喉部后，压力将低于临界压力 p_c，流速也将大于临界流速 c_c，但通过喷管的质量流量不会增加。由连续性方程可知，通过同一喷管各截面的质量流量相等。又由于渐缩渐扩喷管的喉部为临界截面，具有最小截面积 f_{min}，参见式（7-20a）和式（7-21a），渐缩渐扩喷管的最大流量可表示为

$$\dot{m}_{max} = f_{min} \sqrt{2\frac{\kappa}{\kappa+1}\left(\frac{2}{\kappa+1}\right)^{\frac{2}{\kappa-1}}\frac{p_1}{v_1}} \tag{7-20b}$$

和

$$\dot{m}_{max} = \frac{f_{min} c_c}{v_c} \tag{7-21b}$$

四、水蒸气的流速与流量

前面分析讨论了气体和蒸汽在喷管内的流动特性。但由于应用了理想气体定熵过程方程 $pv^\kappa=$常数，使所得出的有些计算公式不适用于水蒸气的定熵过程。为了简化分析计算，我们假定水蒸气的定熵流动过程也符合 $pv^\kappa=$常数的关系，但此时的 κ 不再是等熵指数的概念，而是一个经验数值。这样就可应用式（7-15）求得水蒸气的临界压力比 β_c。

对过热蒸汽，取 $\kappa=1.3$，则 $\beta_c=0.546$；

对干饱和蒸汽，取 $\kappa=1.135$，则 $\beta_c=0.577$。

上述经验数值 κ，原则上只适用于求解临界压力比 β_c 和临界压力 p_c。由于水蒸气的定熵膨胀过程可能要经历由过热蒸汽变成干饱和蒸汽及湿饱和蒸汽的过程，因此，蒸汽在流动过程中 κ 值是变化的。为了方便，一般取进口蒸汽状态确定 κ 值。

由于水蒸气不是理想气体，有关参数的计算只能应用普遍适用的连续性方程和能量方程。有关计算公式为

出口流速 $\qquad c_2=44.72\sqrt{h_1-h_2}$

临界流速 $\qquad c_c=44.72\sqrt{h_1-h_c}$

质量流量 $\qquad \dot{m}=\dfrac{f_2 c_2}{v_2}$

最大流量，对渐缩喷管 $\dot{m}_{max}=\dfrac{f_2 c_c}{v_c}$，对渐缩渐扩喷管 $\dot{m}_{max}=\dfrac{f_{min} c_c}{v_c}$。

根据给定的喷管进口压力 p_1，由 $p_c=\beta_c p_1$ 求得临界压力 p_c，然后由喷管进、出口参数及临界参数从水蒸气的 $h-s$ 图查得 h_1、h_c、h_2、v_c 及 v_2，如图 7-3 所示。

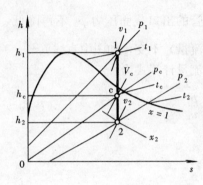

图 7-3 水蒸气的定熵流动过程

【例 7-1】 空气进入喷管时的压力为 3MPa，温度为 57℃，把该喷管接入压力为 0.15MPa 的容器中，忽略空气进口流速。

(1) 为使空气在喷管内能充分膨胀，试选择喷管形状；

(2) 如采用渐缩形喷管，喷管出口截面积为 500mm²，求出口流速及质量流量；

(3) 如采用渐缩渐扩形喷管，喷管喉部截面积为 500mm²，求出口流速及质量流量。

解 由题意可知 $p_1=3\text{MPa}$，$p_b=0.15\text{MPa}$，空气可认为是双原子气体 $\beta_c=0.528$，空气进口流速 $c_1=0\text{m/s}$。

(1) 空气在该进口状态下的临界压力为

$$p_c=\beta_c p_1=0.528\times 3=1.584\text{MPa}>p_b=0.15\text{MPa}$$

为使空气在喷管内能充分膨胀，应采用渐缩渐扩形喷管。

(2) 对渐缩形喷管。

如采用渐缩形喷管，喷管出口压力为临界压力 $p_2=p_c=1.584\text{MPa}$，出口温度为

$$T_2=T_1\left(\frac{p_2}{p_1}\right)^{\frac{\kappa-1}{\kappa}}=330\times\left(\frac{1.584}{3}\right)^{\frac{1.4-1}{1.4}}=274.96(\text{K})$$

喷管出口流速为 $c_2=c_c=\sqrt{\kappa RT_2}=\sqrt{1.4\times 287\times 274.96}=332.4$ (m/s)

由理想气体状态方程 $v_2=\dfrac{RT_2}{p_2}$，代入式 (7-18) 得通过喷管的质量流量为

$$\dot{m}=\frac{f_2 c_2}{v_2}=\frac{f_2 c_2 p_2}{RT_2}=\frac{500\times 10^{-6}\times 332.4\times 1.584\times 10^6}{287\times 274.96}=3.34(\text{kg/s})$$

上面所求得的质量流量也为该渐缩形喷管的最大质量流量，即 $\dot{m}_{\max}=3.34\text{kg/s}$。

(3) 对渐缩渐扩形喷管。

渐缩渐扩形喷管的喉部最小截面积 $f_{\min}$ 与渐缩形喷管的出口截面积 f_2 相同，其质量流量与渐缩形喷管的最大流量相同，即 $\dot{m}=\dot{m}_{\max}=3.34\text{kg/s}$。

由式 (7-14)，喷管出口流速为

$$c_2=\sqrt{2\frac{\kappa}{\kappa-1}RT_1\left[1-\left(\frac{p_2}{p_1}\right)^{\frac{\kappa-1}{\kappa}}\right]}$$

$$=\sqrt{2\frac{1.4}{1.4-1}\times 287\times 330\left[1-\left(\frac{0.15}{3}\right)^{\frac{1.4-1}{1.4}}\right]}$$

$$=617.5(\text{m/s})$$

【例 7-2】 水蒸气进入喷管时的压力为 0.8MPa，温度为 200℃，该喷管接入压力为 0.15MPa 的容器中，忽略水蒸气进口流速。

(1) 为使蒸汽在喷管内能充分膨胀，试选择喷管形状；

(2) 当蒸汽的质量流量为 500kg/h 时，求该喷管的出口流速和喷管的主要截面积。

解 由题意可知 $p_1=0.8$MPa，$t_1=200℃$，查水蒸气表，该蒸汽为过热蒸汽，由前所述 $\kappa=1.3$、$\beta_c=0.546$，$p_b=0.15$MPa，蒸汽进口流速 $c_1=0$m/s，$\dot{m}_{max}=500$kg/h。

(1) 对过热蒸汽 $\beta_c=0.546$，该进口状态下的临界压力为

$$p_c = \beta_c p_1 = 0.546 \times 0.8 = 0.437\text{MPa} > p_b = 0.15\text{MPa}$$

为使蒸汽在喷管内能充分膨胀，应采用渐缩渐扩形喷管。

(2) 初状态为 $p_1=0.8$MPa，$t_1=200℃$ 的过热蒸汽，在喷管中定熵膨胀，经临界点 $p_c=0.437$MPa 到 $p_2=0.15$MPa，从水蒸气的 $h\text{-}s$ 图可查得下列参数，如图 7-4 所示。

进口参数 $h_1=2880$kg/kJ
临界参数 $h_c=2602$kg/kJ，$v_c=9.0$m³/kg
出口参数 $h_2=2530$kg/kJ，$v_2=13.0$m³/kg

喷管的临界流速为

$$c_c = 44.72\sqrt{h_1-h_c}$$
$$= 44.72\sqrt{2880-2602} = 745.6(\text{m/s})$$

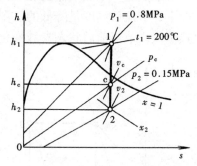

图 7-4 [例 7-2] 图示

喉部截面积为

$$f_{min} = \frac{\dot{m}_{max}v_c}{c_c} = \frac{500 \times 9.0 \times 10^6}{3600 \times 745.6} = 1676(\text{mm}^2)$$

出口流速为

$$c_2 = 44.72\sqrt{h_1-h_2} = 44.72\sqrt{2880-2530} = 836.6(\text{m/s})$$

出口截面积为

$$f_2 = \frac{\dot{m}_{max}v_2}{c_2} = \frac{500 \times 13.0 \times 10^6}{3600 \times 836.6} = 2158(\text{mm}^2)$$

第四节 绝热节流

当流体流过阀门、节流孔板时，由于流道截面突然变窄，产生局部能量损失而造成压力降低的现象称为节流。节流过程中，如果流体和外界没有热量交换称为绝热节流，如图 7-5 所示。由稳定流动能量方程可知，绝热节流前后焓值相等。但是，绝热节流过程并不是等焓过程。流体流过缩孔时，流道截面突然变窄，由连续性方程可知，流体的流速将增大，焓和压力均降低。流体流过缩孔后，过流断面逐渐扩大，流体的流速降低而焓和压力增大。但由于流体流过缩孔时的扰动和摩擦而产生了局部能量损失，使得绝热节流后的压力低于绝热节流前的压力。由扰

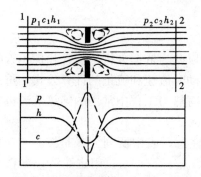

图 7-5 绝热节流前后参数的变化

动和摩擦而产生的局部能量损失转变成热能被流体吸收，使得绝热节流前后的焓值相等。由于扰动和摩擦具有不可逆性，所以说绝热节流是一个典型的不可逆过程，节流后工质的焓不变，压力下降，熵增加，做功能力下降。

对理想气体，绝热节流过程如图 7-6 中 1-2 所示，节流前后状态参数变化如下：

焓不变，温度不变，即 $h_1=h_2$，$T_1=T_2$；

压力下降，即 $p_2<p_1$；

比容增大，即 $v_2>v_1$；

熵增大，即 $s_2>s_1$。

对水蒸气，绝热节流过程如图 7-7 中 1-2 所示，虽然绝热节流前后焓值不变，但在一般情况下，节流后温度是降低的。湿饱和蒸汽绝热节流后干度增大，还可以变为干饱和蒸汽或过热蒸汽。节流前后状态参数变化如下：

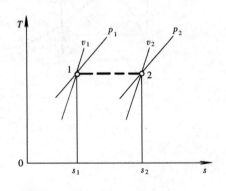

图 7-6　理想气体的绝热节流

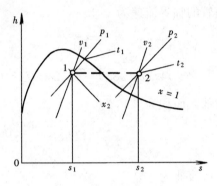

图 7-7　水蒸气的绝热节流

焓不变，即 $h_1=h_2$；

压力下降，即 $p_2<p_1$；

比容增大，即 $v_2>v_1$；

熵增大，即 $s_2>s_1$。

虽然绝热节流是一个典型的不可逆过程，气体和蒸汽在节流后熵增大而使工质做功能力降低，但由于其简单易行，在工程中得到了广泛的应用。如：利用节流阀件（或孔板）调节压力、控制流量；利用流体流经节流孔板后压力下降的原理测定流体的流量等。

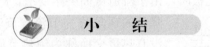

小　结

本章介绍了描述气体和蒸汽流动的三个基本方程，并以此为依据分析了喷管和扩压管的截面变化规律，推导出了气体和蒸汽在喷管和扩压管内流动时流速和流量的计算公式。重点研究了如何根据临界压力比来设计喷管和扩压管的形状。对热力工程中常用的绝热节流也做了简要介绍。

（1）喷管的主要计算公式见表 7-2。但选用公式时应注意，表中所列公式是按 $c_1=0$ 导出的，若实际计算时 c_1 较大则应先求出定熵滞止参数 h_0、p_0、T_0、v_0，用定熵滞止参数代替进口参数。

（2）根据临界压力设计喷管形状，确定出口参数：

当喷管出口背压 $p_b \geqslant p_c$ 时，喷管应设计成渐缩形；

当喷管出口背压 $p_b < p_c$ 时，为使气流充分膨胀，喷管应设计成渐缩渐扩形。

对已有的渐缩喷管，当喷管出口背压 $p_b > p_c$ 时，喷管出口截面压力 $p_2 = p_b$，出口截面流速 $c_2 < c_c$，质量流量 $\dot{m} < \dot{m}_{max}$；当喷管出口背压 $p_b \leqslant p_c$ 时，喷管出口截面压力 p_2 最多只能降低到 p_c，即 $p_2 = p_c$，此时，喷管出口截面流速为临界流速 c_c，质量流量为最大流量 $\dot{m}_{max}$。由 p_c 降低到 p_b 的过程在喷管外部进行，这部分压差没有转变成气流的动能，并不影响喷管出口的流速和流量。

渐缩渐扩形喷管在设计工况下，气流应能充分膨胀，喷管的出口截面压力 p_2 等于出口背压 p_b。此时，喷管喉部截面流速为临界流速 c_c，出口截面流速 $c_2 > c_c$，质量流量为最大流量 $\dot{m}_{max}$。

表 7-2　　　　　　　　气体和蒸汽在喷管内流动时的主要计算公式

计算项目	计算公式	单位	适用范围
出口流速	$c_2 = 44.72\sqrt{h_1 - h_2}$	m/s	任何工质，绝热流动，$c_1 = 0$
	$c_2 = \sqrt{2\dfrac{\kappa}{\kappa-1}p_1 v_1\left[1-\left(\dfrac{p_2}{p_1}\right)^{\frac{\kappa-1}{\kappa}}\right]}$	m/s	理想气体，定熵流动，$c_1 = 0$
临界压力比	$\beta = \dfrac{p_c}{p_1} = \left(\dfrac{2}{\kappa+1}\right)^{\frac{\kappa}{\kappa-1}}$		理想气体，定熵流动，$c_1 = 0$；用于水蒸气时 κ 采用经验数据
临界流速	$c_c = 44.72\sqrt{h_1 - h_c}$	m/s	任何工质，绝热流动，$c_1 = 0$
	$c_c = \sqrt{2\dfrac{\kappa}{\kappa+1}p_1 v_1} = \sqrt{2\dfrac{\kappa}{\kappa+1}RT_1}$	m/s	理想气体，定熵流动，$c_1 > 0$
流量	$\dot{m} = \dfrac{f_2 c_2}{v_2}$	kg/s	任何工质，稳定流动
	$\dot{m} = f_2\sqrt{2\dfrac{\kappa}{\kappa-1}\dfrac{p_1}{v_1}\left[\left(\dfrac{p_2}{p_1}\right)^{\frac{2}{\kappa}} - \left(\dfrac{p_2}{p_1}\right)^{\frac{\kappa+1}{\kappa}}\right]}$	kg/s	理想气体，定熵流动，$c_1 > 0$
最大流量	$\dot{m}_{max} = \dfrac{f_{min} c_c}{v_c}$	kg/s	任何工质，稳定流动
	$\dot{m}_{max} = f_{min}\sqrt{2\dfrac{\kappa}{\kappa-1}\left(\dfrac{2}{\kappa+1}\right)^{\frac{2}{\kappa-1}}\dfrac{p_1}{v_1}}$	kg/s	理想气体，定熵流动，$c_1 = 0$

7-1 喷管和扩压管在热力工程中各起什么作用？

7-2 绝热稳定流动基本方程式各自的适用条件是什么？

7-3 何为当地音速？分析流体在喷管和扩压管内流动时它有什么作用？

7-4 流体在喷管和扩压管内流动时，其流速变化和状态参数变化有什么关系？

7-5 如何根据进入喷管和扩压管的气流流速确定喷管和扩压管的形状？

7-6 什么是定熵滞止参数？它和喷管进口参数有何关系？

7-7 什么是临界压力比？它在喷管的分析和计算中有什么作用？

7-8 为什么气流在渐缩喷管中最多只能膨胀到临界压力？

7-9 对水蒸气 κ 不再是等熵指数的概念，引用它有什么作用？

7-10 如图 7-8 所示，有一渐缩喷管和一渐缩渐扩喷管，两喷管最小截面积相同，且工作在相同的进口参数和出口背压之间（出口背压远远低于临界压力）。试问两喷管的出口截面压力、出口流速、流量是否相同？如果在渐缩喷管的出口增加一个渐缩段、在渐缩渐扩喷管的出口截去一个渐扩段，它们的出口截面压力、出口流速、流量有何变化？

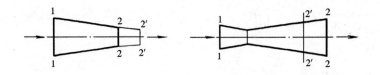

图 7-8 习题 7-10 图

7-11 什么叫绝热节流？对理想气体和水蒸气绝热节流其状态参数有何变化？

7-12 某管道内的空气，压力为 1.0MPa，温度为 50℃。通过一喷管将该空气接入压力为 0.6MPa 的容器中，试确定喷管的形状并求喷管出口的压力和流速。若喷管的最小截面积为 300mm²，求喷管出口的质量流量（忽略喷管进口流速）。

7-13 若将上题中容器的压力降低为 0.12MPa，空气进口参数和喷管的最小截面积保持不变，为了充分利用空气的压力势能，试确定喷管的形状并求喷管出口的压力、出口流速和质量流量。

7-14 若 7-12 题中已确定的喷管形状不变，容器的压力也降低为 0.12MPa，其他条件不变。试求喷管出口的压力、流速和质量流量。

7-15 已知喷管进口空气压力为 1.6MPa，温度为 27℃，喷管出口背压分别为 0.8MPa 和 0.2MPa，质量流量均为 0.8kg/s。如不考虑进口流速的影响，试确定喷管类型，计算喷管出口流速、出口截面积和最小截面积。

7-16 某渐缩渐扩喷管，进口水蒸气压力为 1.0MPa，温度为 250℃，进口流速为 50m/s，喷管出口背压为 0.2MPa，工艺要求喷管出口的质量流量为 0.8kg/s。求喷管的出口流速、临界流速、出口截面积和喉部截面积。

7-17 忽略上题中喷管的进口流速，其他条件不变。求喷管的出口流速、临界流速、出口截面积和喉部截面积，并与上题相比较。

7-18 已知进入喷管的干饱和蒸汽的压力为 0.2MPa，喷管出口背压为 0.1MPa，问应选用何种类型的喷管。若要求蒸汽流量为 1000kg/h，求喷管出口流速和截面积。

7-19 对湿饱和蒸汽绝热节流可以测定其干度，已知节流前湿饱和蒸汽的压力为 1.5MPa，节流后蒸汽的压力为 0.1MPa，温度为 120℃，求节流前湿饱和蒸汽的干度。

第八章 蒸汽动力循环

如前所述，将热能转变为机械能的循环称为正循环，也称动力循环。根据循环所用工质的不同，动力循环可分为蒸汽动力循环和燃气动力循环。蒸汽机、汽轮机的工作循环属蒸汽动力循环，而内燃机、燃气轮机的工作循环属燃气动力循环。由于供热通风与空调专业不涉及燃气动力循环，本章只介绍几种典型的蒸汽动力循环的系统组成、工作原理、能量分析及提高蒸汽动力循环的能量利用率的有效途径等。

第一节 朗 肯 循 环

朗肯循环是最简单、最基本的蒸汽动力循环。其他几种较复杂的蒸汽动力循环都是在朗肯循环的基础上改进得到的，因此，研究朗肯循环是研究其他复杂的蒸汽动力循环的基础。

一、朗肯循环的系统组成与工作原理

朗肯循环的系统组成与工作原理如图 8-1（a）所示。它包括四部分主要热力设备：锅炉、汽轮机、凝汽器和给水泵。用管道把锅炉、汽轮机、凝汽器和给水泵连接起来，组成一个封闭的系统，系统内循环工质为水和蒸汽。水先在给水泵中绝热加压送入锅炉，在锅炉中水被定压加热而形成高温高压的过热蒸汽，过热蒸汽在汽轮机中绝热膨胀做功后变成低温低压的乏汽，乏汽进入凝汽器定压凝结放热变为冷凝水，重新经给水泵加压送入锅炉进行新的循环。

朗肯循环可以理想化为由两个定压过程和两个定熵过程组成，由于忽略了工质在四部分主要热力设备及管道中的能量损失，朗肯循环是一个理想循环。如图 8-1 所示，四个热力过程分别为：

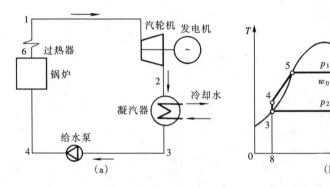

图 8-1 朗肯循环
(a) 工作原理图；(b) T-s 图

3—4 冷凝水在给水泵中的定熵压缩过程；
4—5—6—1 水在锅炉中的定压加热过程；
1—2 过热蒸汽在汽轮机中的定熵膨胀过程；

2—3 蒸汽在凝汽器中的定压放热过程。

二、朗肯循环的热效率

忽略流入、流出各热力设备的动能和重力势能的变化，对其建立能量方程如下：
对 1kg 水，给水泵在定熵压缩过程 3—4 中消耗的轴功为
$$w_{s,p} = h_4 - h_3 = v_3(p_1 - p_2)$$
1kg 水或蒸汽在定压加热过程 4—5—6—1 中从锅炉吸收的热量为
$$q_1 = h_1 - h_4$$
1kg 水蒸气在汽轮机内的定熵膨胀过程 1—2 中所做的轴功为
$$w_{s,t} = h_1 - h_2$$
1kg 乏汽在定压凝结过程 2—3 中向冷凝器放出的热量为
$$q_2 = h_2 - h_3$$
对整个循环系统则有
$$q_1 - q_2 = w_{s,t} - w_{s,p}$$
由此可得朗肯循环的热效率为
$$\eta_t = \frac{w_0}{q_1} = \frac{w_{s,t} - w_{s,p}}{q_1} = \frac{q_1 - q_2}{q_1}$$
$$= \frac{(h_1 - h_4) - (h_2 - h_3)}{h_1 - h_4} \tag{8-1}$$

通常给水泵所消耗的轴功与汽轮机所做的轴功相比很小，可忽略不计，即 $w_{s,p} = 0$，$h_4 = h_3$，式 (8-1) 可以简化为
$$\eta_t = \frac{h_1 - h_2}{h_1 - h_3} \tag{8-2}$$

【例 8-1】 有一工厂自备电站的运行工况如下：锅炉工作压力为 2MPa，凝汽器工作压力为 20kPa，过热蒸汽温度为 500℃，如图 8-2 所示，求其朗肯循环的热效率。

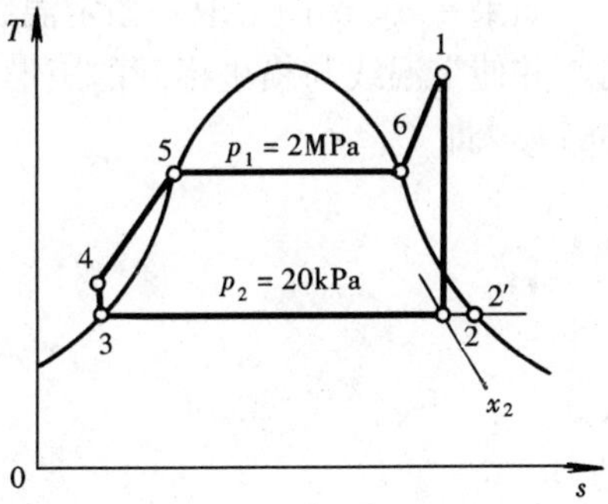

解 查水蒸气表由 p_1=2MPa，t_1=500℃ 得过热蒸汽的焓 h_1=3467.4kJ/kg，熵 s_1=7.4323kJ/(kg·K)；再由 p_2=20kPa 得饱和水的焓 h_3=251.46kJ/kg，熵 s_3=0.8321kJ/(kg·K)，比容 v_3=0.001m³/kg，干饱和蒸汽的焓 $h_{2'}$=2609.6kJ/kg，熵 $s_{2'}$=7.9092 kJ/(kg·K)。

对 1kg 工质给水泵消耗的轴功为
$$w_{s,p} = v_3(p_1 - p_2) = 0.001 \times (2000 - 20) = 1.98 \text{(kJ/kg)}$$
给水泵出口的焓
$$h_4 = h_3 + w_{s,p} = 251.46 + 1.98 = 253.44 \text{(kJ/kg)}$$

图 8-2 [例 8-1] 图示

水或蒸汽在锅炉内吸热量为

$$q_1 = h_1 - h_4 = 3467.4 - 253.44 = 3213.96 (\text{kJ/kg})$$

对湿蒸汽状态 2 有 $s_2 = s_1 = s_3 + x_2 s_{2'}$ 即 $7.4323 = 0.8321 + 7.9092 x_2$
得湿蒸汽的干度 $x_2 = 0.8345$
湿蒸汽的焓 $h_2 = h_3 + x_2 h_{2'} = 251.46 + 0.8345 \times 2609.6 = 2429.17 (\text{kJ/kg})$
汽轮机所做的轴功为

$$w_{s,t} = h_1 - h_2 = 3467.4 - 2429.17 = 1038.23 (\text{kJ/kg})$$

因此，朗肯循环的热效率为

$$\eta_t = \frac{w_0}{q_1} = \frac{w_{s,t} - w_{s,p}}{q_1} = \frac{1038.23 - 1.98}{3213.96} = 0.3224 (32.24\%)$$

由此可见，给水泵消耗的轴功（1.98 kJ/kg）与汽轮机所做的轴功（1039.53 kJ/kg）相比甚小，本例为 0.19%，一般情况下可以忽略。

三、提高朗肯循环热效率的有效途径

在所有的动力循环中，卡诺循环的热效率最大，其计算式为

$$\eta_{t,c} = 1 - \frac{T_2}{T_1}$$

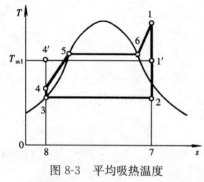

图 8-3　平均吸热温度

由此可见，卡诺循环的热效率随热源温度的提高或冷源温度的降低而增大。对朗肯循环也一样，提高工质的吸热温度或降低工质的放热温度，都能提高其热效率。但是，朗肯循环中工质的吸热温度是变化的，为了便于分析，引入平均吸热温度的概念。

设有一朗肯循环 1—2—3—4—5—6—1，如图 8-3 所示，工质在锅炉中的吸热量

$$q_1 = \int_4^1 T ds = \text{面积 } 4561784$$

如果在 $T-s$ 图上取一条定温线 $4'-1'$，使它的横坐标和定压吸热过程 4—5—6—1 相同，并使定温线与横坐标间的矩形面积 $4'1'784'$ 等于吸热过程线与横坐标间的曲边梯形面积 4561784 即

$$T_{m1}(s_7 - s_8) = \int_4^1 T ds$$

$$T_{m1} = \frac{\int_4^1 T ds}{s_7 - s_8} \tag{8-3}$$

T_{m1} 称平均吸热温度。引入平均吸热温度的实质就是用一个等效的卡诺循环代替朗肯循环。于是等效卡诺循环的热效率为

$$\eta_{t,c} = 1 - \frac{T_2}{T_{m1}} \tag{8-4}$$

由此可见，提高朗肯循环热效率的有效途径是提高等效卡诺循环的平均吸热温度或降低工质的放热温度。具体措施如下：

1. 提高蒸汽的初始压力

在保持蒸汽的初始温度和终了压力不变的条件下，提高蒸汽的初始压力可增大朗肯循环的热效率。如图 8-4 所示，保持初始温度 T_1 和终了压力 p_2 不变，将初始压力提高到 $p_{1'}$，由图可见，新的循环 $1'-2'-3-4'-5'-6'-1'$ 与原有循环相比，输出循环净功虽增加不大（面积 $1'6'5'4'456a1'$ 与面积 $122'a1$ 的差值），但吸热量有明显减少（面积 $177'a1$ 与面积 $1'6'5'4'456a1'$ 的差值），其热效率有明显的提高。[例8-2] 说明了这一影响。但随蒸汽的初始压力的提高，乏汽的干度将降低，由 x_2 降 $x_{2'}$，过低干度的乏汽会侵蚀汽轮机后几级叶片而降低汽轮机的效率。

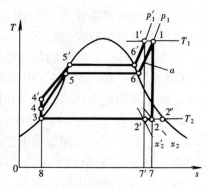

图 8-4 提高初始压力的 $T-s$ 图

【例 8-2】 将 [例 8-1] 中锅炉的工作压力提高到 $p_{1'}=3\text{MPa}$，而初始温度及终了压力保持不变，试计算朗肯循环的热效率并比较乏汽干度的变化。

解 查水蒸气表由 $p_{1'}=3\text{MPa}$、$t_1=500℃$ 得过热蒸汽的焓 $h_{1'}=3456.4\text{kJ/kg}$，熵 $s_{1'}=7.2345\text{kJ/(kg·K)}$；其他参数不变。

参见图 8-4，忽略给水泵消耗的轴功，则 $h_{4'}=h_3=251.46\text{kJ/kg}$

水或蒸汽在锅炉内吸热量为

$$q'_1 = h_{1'} - h_{4'} = 3456.4 - 251.46 = 3204.94(\text{kJ/kg})$$

对湿蒸汽状态 $2'$ 有 $s_{1'}=s_{2'}=s_3+x_{2'}s_{2''}$，即 $7.2345=0.8321+7.9092x_{2'}$

得湿蒸汽的干度 $x_{2'}=0.8095$

湿蒸汽的焓 $h_{2'}=h_3+x_{2'}h_{2''}=251.46+0.8095\times2609.6=2363.93(\text{kJ/kg})$

汽轮机所做的轴功为

$$w'_{s,t} = h_{1'} - h_{2'} = 3456.4 - 2363.93 = 1092.47(\text{kJ/kg})$$

因此，朗肯循环的热效率为

$$\eta'_t = \frac{w'_0}{q'_1} = \frac{w'_{s,t}}{q'_1} = \frac{1092.47}{3204.94} = 0.3409(34.09\%)$$

与 [例 8-1] 相比，热效率提高

$$\frac{0.3409-0.3224}{0.3224}\times100\% = 5.74\%$$

乏汽干度由 0.8354 降为 0.8095。

2. 提高蒸汽的初始温度

在保持蒸汽的初始和终了压力不变的条件下，提高蒸汽的初始温度也可提高朗肯循环的热效率。如图 8-5 所示，保持初始压力 p_1 和终了压力 p_2 不变，将初始温度由 T_1 提高到 T'_1，则新的循环 $1'-2'-3-4-5-6-1'$ 与原有循环相比，输出循环净功增加（面积 $1'2'211'$），吸热量也增加（面积

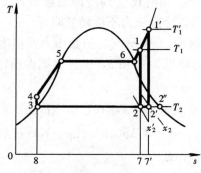

图 8-5 提高初始温度的 $T-s$ 图

$1'7'7_11'$),但后者的增加比率小于前者,热效率必然提高。另外,从吸热平均温度提高而放热温度不变也可推断出上述结论。见[例 8-3]。提高蒸汽的初始温度可使乏汽干度增大,汽轮机尾部液滴量减少。

需要说明的是,蒸汽的最高温度受到材料耐热性能的限制,一般不超过 600℃。

【例 8-3】 将[例 8-1]中蒸汽的初始温度提高到 $t_{1'}=600℃$,而初始及终了压力保持不变,试计算朗肯循环的热效率并比较乏汽干度的变化。

解 查水蒸气表由 $p_1=2$MPa、$t_{1'}=600℃$ 得过热蒸汽的焓 $h_{1'}=3689.5$kJ/kg,熵 $s_{1'}=7.7024$ kJ/(kg·K);冷凝压力下饱和水和干饱和蒸汽参数不变。

参见图 8-5,忽略给水泵消耗的轴功,则 $h_4=h_3=251.46$kJ/kg

水或蒸汽在锅炉内吸热量为

$$q'_1 = h_{1'} - h_{4'} = 3689.5 - 251.46 = 3438.04\text{kJ/kg}$$

对湿蒸汽状态 $2'$ 有 $7.7024=0.8321+7.9092x_{2'}$,可得出湿蒸汽的干度 $x_{2'}=0.8686$
湿蒸汽的焓 $h_{2'}=h_3-x_{2'}h_{2''}=251.46+0.8686\times 2609.6=2518.16$(kJ/kg)
汽轮机所做的轴功为

$$w'_{s,t} = h_{1'} - h_{2'} = 3689.5 - 2518.16 = 1171.34\text{(kJ/kg)}$$

因此,朗肯循环的热效率为

$$\eta'_t = \frac{w'_0}{q'_1} = \frac{w'_{s,t}}{q'_1} = \frac{1171.34}{3438.04} = 0.3407(34.07\%)$$

与[例 8-1]相比,热效率提高

$$\frac{0.3407-0.3224}{0.3224}\times 100\% = 5.68\%$$

乏汽干度由 0.8345 增大到 0.8686。

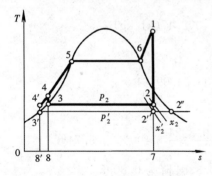

图 8-6 降低冷凝温度的 $T-s$ 图

3. 降低蒸汽的终了压力

如图 8-6 所示,若蒸汽的初始压力和温度不变,降低终了压力(冷凝压力)也可使朗肯循环的效率增大。将终了压力 p_2 降低为 $p_{2'}$,新的循环 $1-2'-3'-4'-5-6-1$ 输出净功增加较大(面积$2344'3'2'2$),吸热量增加很小(面积$488'4'4$),朗肯循环的效率有所提高。降低冷凝压力使乏汽的干度减小,同时还受到冷源温度及冷凝器传热温差的限制,所以,冷凝压力不能随意降低。

【例 8-4】 将[例 8-1]中蒸汽的初始压力及温度保持不变,而将终了压力降低为 10kPa,试计算朗肯循环的热效率并比较乏汽干度的变化。

解 查水蒸气表由 $p_{2'}=10$kPa,得冷凝压力下饱和水参数为 $h_{3'}=191.84$ kJ/kg、$s_{3'}=0.6493$kJ/(kg·K),干饱和蒸汽参数为 $h_{2''}=2584.4$kJ/kg、$s_{2''}=8.1505$kJ/(kg·K);过热蒸汽的焓 $h_1=3467.4$kJ/kg,熵 $s_1=7.4323$kJ/(kg·K)保持不变。

参见图 8-6,忽略给水泵消耗的轴功,则 $h_{4'}=h_{3'}=191.84$kJ/kg

水或蒸汽在锅炉内吸热量为
$$q'_1 = h_1 - h_{4'} = 3467.4 - 191.84 = 3275.56 (\text{kJ/kg})$$
对湿蒸汽状态 $2'$ 有 $7.4323 = 0.6493 + 8.1505 x_{2'}$，可得出湿蒸汽的干度 $x_{2'} = 0.8322$
湿蒸汽的焓 $h_{2'} = h_{3'} + x_{2'} h_{2'} = 191.84 + 0.8322 \times 2584.4 = 2342.58 (\text{kJ/kg})$
汽轮机所做的轴功为
$$w'_{s,t} = h_1 - h_{2'} = 3467.4 - 2342.58 = 1124.82 (\text{kJ/kg})$$
因此，朗肯循环的热效率为
$$\eta'_t = \frac{w'_0}{q'_1} = \frac{w'_{s,t}}{q'_1} = \frac{1124.82}{3275.56} = 0.3434 (34.34\%)$$
与[例8-1]相比，热效率提高
$$\frac{0.3434 - 0.3224}{0.3224} \times 100\% = 6.51\%$$
乏汽干度由 0.8345 降低到 0.8322。

综上所述，提高蒸汽的初始压力和温度、降低冷源温度都可以提高朗肯循环的热效率，但由于受外部条件的制约，用调整蒸汽参数的方法来提高朗肯循环的热效率，潜力是有限的。为了提高蒸汽动力循环的热效率和改善运行效果，在朗肯循环的基础上，人们开发了一些较复杂的循环，如回热循环、再热循环、再热—回热循环、热电循环等。

第二节 再 热 循 环

从对朗肯循环的分析我们知道，提高进入汽轮机的蒸汽压力可以提高其热效率。但是，如果不相应提高蒸汽的温度，从汽轮机排出蒸汽的干度减小，使汽轮机的效率降低并侵蚀后几级叶片，会对运行产生不利影响。为此，对朗肯循环作适当的改进而得出了再热循环。

一、再热循环的系统组成与工作原理

再热循环的系统组成与工作原理如图 8-7（a）所示，从锅炉引出的过热蒸汽进入汽轮机的高压段，膨胀到某一中间压力 p_7 后流出高压段，进入锅炉的中间加热器（称再热器）再次加热，加热升温后的蒸汽流入汽轮机的低压段继续膨胀做功。这种循环称再热循环。

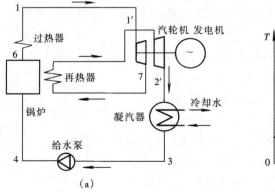
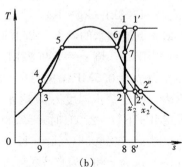

图 8-7 再热循环
(a) 工作原理图；(b) $T-s$ 图

从图 8-7（b）可见，如果不用再热，则进入汽轮机的蒸汽膨胀到 p_2 时的状态点为 2，而再热后膨胀到相同压力时的状态点为 $2'$，与 2 点相比干度增大，这样通过再热就可解决由于提高 p_1 而带来的排汽干度降低的问题。另外，采用再热循环后的平均吸热温度高于原有的朗肯循环的平均吸热温度，热效率有所提高。

二、再热循环的热效率

图 8-7 所示的再热循环称一次再热循环，其热效率计算如下：

1kg 工质在整个再热循环中的吸热量为

$$q_1 = (h_1 - h_4) + (h_{1'} - h_7)$$

1kg 工质对外界的放热量为

$$q_2 = h_{2'} - h_3$$

再热循环的热效率为

$$\eta_t = \frac{q_1 - q_2}{q_1} = \frac{(h_1 - h_4) + (h_{1'} - h_7) - (h_{2'} - h_3)}{(h_1 - h_4) + (h_{1'} - h_7)}$$

若忽略给水泵的轴功，则 $h_3 = h_4$，上式可表示为

$$\eta_t = \frac{(h_1 - h_7) + (h_{1'} - h_{2'})}{(h_1 - h_4) + (h_{1'} - h_7)} \tag{8-5}$$

由式（8-5）不能直接看出采用再热循环后其热效率是否较朗肯循环有所提高，但是由 $T-s$ 图可以看到，再热循环相当于在朗肯循环的基础上附加了一个循环 $1'-7-2-2'-1'$，如果附加循环的热效率高于朗肯循环的热效率，则再热循环的热效率就高于朗肯循环的热效率。附加循环的热效率为面积 $1'722'1'$ 与面积 $1'788'1'$ 之比。由图可见，再热压力 p_7 将影响再热循环的热效率。再热压力增高，上述两个面积之比就增大，附加循环的热效率提高。但再热压力也不能过高，因为附加循环占再热循环的比例甚小，即使是本身效率较高，对整个循环影响不大；再有再热压力过高排出汽轮机的乏汽干度就减小，从而就失去了采用再热循环提高排汽干度的意义。再热压力一般在 $20\% \sim 30\% p_1$ 范围内选取，该范围内的再热压力对热效率的提高作用较大。同时所选取的再热压力必须保证乏汽的干度在允许范围内。

【例 8-5】 ［例 8-1］中蒸汽的初始压力、温度及终了压力保持不变，而将其改为再热循环，再热压力 $p_7 = 25\%$，$p_1 = 0.25 \times 2 = 0.5$MPa，试计算该循环的热效率并比较乏汽干度的变化。

解 参见图 8-7 及［例 8-1］给定条件，进入汽轮机高压部分过热蒸汽的焓 $h_1 = 3467.4$ kJ/kg，熵 $s_1 = 7.4323$ kJ/(kg·K)。

$p_2 = 20$kPa 下饱和水的焓 $h_3 = 251.46$ kJ/kg，熵 $s_3 = 0.8321$ kJ/(kg·K)，干饱和蒸汽的焓 $h_{2'} = 2609.6$ kJ/kg，熵 $s_{2'} = 7.9092$ kJ/(kg·K)。

由再热压力 $p_7 = 0.5$MPa，$s_7 = s_1 = 7.4323$ kJ/(kg·K)

查过热蒸汽表，确定蒸汽温度 t_7 及焓 h_7。

$p_7 = 0.5$MPa 下，$t = 280$℃时 $s = 7.3871$ kJ/(kg·K)，$h = 3022.8$ kJ/kg；
$t = 300$℃时 $s = 7.4605$ kJ/(kg·K)，$h = 3064.2$ kJ/kg。

由内插法（认为 s 和 t 为直线关系）可得下式

$$\frac{7.4605 - 7.3871}{300 - 280} = \frac{7.4323 - 7.3871}{t_7 - 280}$$

则，蒸汽温度为

$$t_7 = 280 + \frac{7.4323 - 7.3871}{7.4605 - 7.3871} \times (300 - 280) = 292.3(℃)$$

蒸汽的焓为

$$h_7 = 3022.8 + \frac{3064.2 - 3022.8}{300 - 280} \times (292.3 - 280) = 3048.3(kJ/kg)$$

再由 $p_7 = 0.5$MPa，$t_1 = 500$℃ 查得进入汽轮机低压部分过热蒸汽的焓 $h_{1'} = 3483.6$kJ/kg，熵 $s_{1'} = 8.0877$kJ/(kg·K)，$s_{2'} = s_{1'}$。

对湿蒸汽状态 $2'$ 有 $8.0877 = 0.8321 + 7.9092 x_{2'}$，可得出湿蒸汽的干度 $x_{2'} = 0.9174$。

湿蒸汽的焓 $h_{2'} = h_3 + x_{2'} h_{2''} = 251.46 + 0.9174 \times 2609.6 = 2645.5(kJ/kg)$

再热循环的热效率为

$$\eta_t = \frac{(h_1 - h_7) + (h_{1'} - h_{2'})}{(h_1 - h_4) + (h_{1'} - h_7)}$$

$$= \frac{(3467.4 - 3048.3) + (3483.6 - 2645.5)}{(3467.4 - 251.46) + (3483.6 - 3048.3)} = 0.3443 = 34.43\%$$

与［例 8-1］相比，热效率提高

$$\frac{0.3443 - 0.3224}{0.3224} \times 100\% = 6.79\%$$

乏汽干度由 0.8345 增大到 0.9174。

由此可见，采用再热循环后热效率提高，乏汽干度明显增大。

第三节 回 热 循 环

在朗肯循环和再热循环中，有相当一部分来自热源（锅炉）的热量被用于将温度为 T_4 的高压未饱和水加热至饱和水状态。图 8-8 中斜线区域的面积代表这部分热量。为了减少能耗，提高平均吸热温度及热能利用率，人们想到用做功后的蒸汽代替热源来加热这部分给水。也就是说，我们可以设计一个循环，利用蒸汽的回热加热锅炉给水，消除朗肯循环中 4—5 段在较低温度下吸热的影响，以提高热效率。这个循环称回热循环。由于汽轮机排出的乏汽的温度较低（凝汽压力为 7kPa 时温度为 39℃）且和凝结水的温度相同，给水加热温差较大（锅炉工作压力为 3.5MPa、凝汽压力为 7kPa 时，加热温差为 203.5℃），因此，只能从汽轮机分级抽汽来加热这部分给水。

理论上讲，回热级数越多，回热循环的热效率越高。

一、回热循环的系统组成与工作原理

图 8-9(a) 为一级抽汽回热循环系统的组成与工作原理简图。从凝汽器流出的凝结水 3 经凝结水泵加压至 4 流入混合式给水加热器，在加热器内凝结水 4 与汽轮机的抽汽 7 进行热量交换，流出给水加热器的水 9 为 p_4 压力下的饱和水。饱和水 9 经给水泵加压后送入锅炉。由图 8-9(b) 可见，采用回热循环后给水在锅炉内吸热

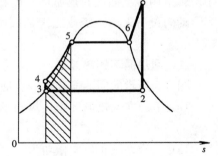

图 8-8 朗肯循环的给水加热量

量减少，为 10—5 曲线下的面积。

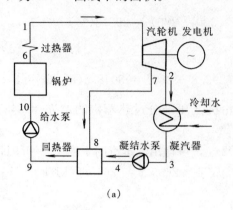 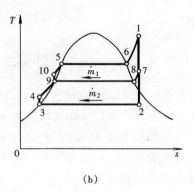

图 8-9 一级抽汽回热循环
(a) 工作原理图；(b) $T-s$ 图

取给水加热器为控制体，见图 8-9 (a)，忽略进出口动能、重力势能的变化及与外界的热量交换，由质量守恒和能量守恒可得

$$\dot{m}_9 = \dot{m}_7 + \dot{m}_4 \quad (\dot{m}_2 = \dot{m}_3 = \dot{m}_4)$$

$$\dot{m}_9 h_9 = \dot{m}_7 h_7 + \dot{m}_4 h_4$$

由以上两式得回汽量

$$\dot{m}_7 = \frac{h_9 - h_4}{h_7 - h_4} \dot{m}_9 \tag{8-6}$$

$\dot{m}_7$ 与 $\dot{m}_9$ 之比称为抽汽率，用 α 表示

$$\alpha = \frac{\dot{m}_7}{\dot{m}_9} = \frac{h_9 - h_4}{h_7 - h_4} \tag{8-7}$$

表示抽汽的质量占进入汽轮机总质量的百分数。

若采用多级抽汽回热循环，热效率会提高更多，但会增加初投资和运行费用。一般小型蒸汽动力设备采用一级或二级抽汽回热循环，而大型蒸汽动力设备回热级数最多可达 6～8 级。

二、回热循环的热效率

图 8-9 所示的回热循环称一级抽汽回热循环，其热效率计算如下：

1kg 工质在回热循环中从热源吸收热量为

$$q_1 = h_1 - h_{10}$$

1kg 工质在汽轮机中做功为

$$w_{s,t} = (h_1 - h_7) + (h_7 - h_2)(1 - \alpha)$$

一级抽汽回热循环的热效率为

$$\eta_t = \frac{w_{s,t}}{q_1} = \frac{(h_1 - h_7) + (h_7 - h_2)(1 - \alpha)}{h_1 - h_{10}} = \frac{h_1 - h_2 - \alpha(h_7 - h_2)}{h_1 - h_{10}} \tag{8-8}$$

【例 8-6】 在 [例 8-4] 加入一个混合式回热器，回热蒸汽压力为 500kPa，求循环的热效率并与［例 8-4］比较。

解 参考图 8-9，由［例 8-4］、［例 8-5］及水蒸气表得

$h_1 = 3467.4 \text{kJ/kg}$，$h_2 = 2342.58 \text{kJ/kg}$，$h_3 = h_4 = 191.84 \text{ kJ/kg}$（见［例 8-4］）；
$h_7 = 3048.3 \text{ kJ/kg}$（见［例 8-5］）；$h_9 = h_{10} = 640.1 \text{ kJ/kg}$（见水蒸气表）。

由式（8-7）可求出抽汽率为

$$\alpha = \frac{\dot{m}_7}{\dot{m}_9} = \frac{h_9 - h_4}{h_7 - h_4} = \frac{640.1 - 191.84}{3048.3 - 191.84} = 0.157$$

由式（8-8）可求出热效率为

$$\eta_t = \frac{w_{s,t}}{q_1} = \frac{h_1 - h_2 - \alpha(h_7 - h_2)}{h_1 - h_{10}}$$

$$= \frac{3467.4 - 2342.58 - 0.157 \times (3048.3 - 2342.58)}{3467.4 - 640.1} = 0.3587 = 35.87\%$$

与［例 8-4］相比，热效率提高

$$\frac{0.3587 - 0.3434}{0.3434} \times 100\% = 4.46\%$$

乏汽干度不变，仍然为 0.8322。

第四节 热 电 循 环

现代大型蒸汽动力循环，即使在超高蒸汽参数下运行并且采取了回热、再热等技术措施，其热效率仍不超过 40%。也就是说，燃料燃烧放出的热量只有不足 40% 转变成机械能，其余部分无任何利用价值地散失到自然界中。这些热量的绝大部分在凝汽器中被冷却水带走而排放到大气或河流中，它既浪费了能源又污染了环境。能否采取某些措施对这部分热量加以利用，是本节研究的内容。

前面曾介绍，降低乏汽的压力，可使循环的热效率提高。一般大型的冷凝式汽轮机乏汽压力可低到 4kPa 左右，相应的饱和温度为 28.98℃。由于温度太低，虽然这部分热量数量很大但却无法利用，而作为"废热"白白地浪费掉。但是如果将乏汽的压力提高到 0.1MPa，相应的饱和温度为 99.63℃，这样温度的乏汽便可以利用，如加热采暖系统的循环水，还可以利用汽轮机抽汽为一些工矿企业提供压力为 1.3MPa 以下的生产用汽。像这种既发电又供热的发电厂称为热电厂。它把发电厂中作了一定数量功的蒸汽作为供热热源，大大地提高了燃料的利用率。

这种既发电又供热的动力循环称为热电循环。热电循环有两种基本形式，即背压式热电循环和调节抽汽式热电循环。

一、背压式热电循环

背压式热电循环中的汽轮机为背压式汽轮机，因它的排汽压力高于大气压力而得名。背压式热电循环系统组成与工作原理如图 8-10（a）所示，与图 8-1（a）相比，该系统用热用户取代了凝汽器，汽轮机则由冷凝式变为背压式。蒸汽在汽轮机内做功后仍具有一定的压力，通过管路供给热用户作为热源，放热后，凝结水全部或部分流回热电厂。

由于背压式热电循环提高了汽轮机的排汽压力，所以蒸汽所做轴功相应减少。图 8-10

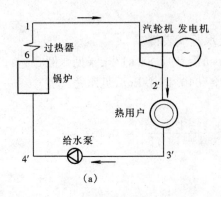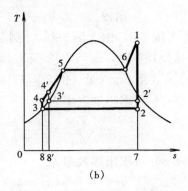

图 8-10 背压式热电循环
(a) 工作原理图；(b) $T-s$ 图

(b) 中面积 $12'3'4'561$ 为背压式热电循环所做轴功，面积 1234561 为朗肯循环所作轴功，前者的面积小于后者，而两者从热源吸收的热量相差不大。因此，背压式热电循环的热效率要小于相同条件下朗肯循环的热效率。从热能转变成机械能的角度看这是不利的，但此时乏汽的温度由 T_2 升高到 T_2'，有了利用的价值。若不考虑各种损失，在理想条件下，燃料放出的热量可全部被利用。所以从总的经济效果来看，热电循环要优于朗肯循环。

为了全面评价热电循环的经济性，除循环热效率外，常引用热能利用率 K 这样一个经济指标

$$K = \frac{已被利用的热量}{工质从热源吸收的热量} \tag{8-9}$$

在理想条件下 $K=1$，即工质从热源吸收的热量 q_1 等于工质所做轴功 w_0 与热用户供热量 q_2 之和。但是，由于管路及设备散热、供热负荷与供电负荷不能完全配合等因素的存在，实际运行中 K 值约为 $0.65 \sim 0.70$。

【例 8-7】 将［例 8-4］的朗肯循环改为背压式热电循环，汽轮机排汽背压 $p_{2'}=0.12\mathrm{MPa}$，试计算该循环能提供给热用户的热量、循环的热效率并与［例 8-4］比较。

解 参考图 8-10 (b)，由［例 8-4］及水蒸气表得
$h_1=3467.4\mathrm{kJ/kg}$，$s_1=7.4323\mathrm{kJ/(kg \cdot K)}$，$p_{2'}=0.12\mathrm{MPa}$ 时，
饱和水的焓 $h_{3'}=439.36\ \mathrm{kJ/kg}$，熵 $s_{3'}=1.3609\ \mathrm{kJ/(kg \cdot K)}$；
干饱和蒸汽的焓 $h_{2''}=2683.8\mathrm{kJ/kg}$，熵 $s_{2''}=7.2996\mathrm{kJ/(kg \cdot K)}$
参见图 8-12，忽略给水泵消耗的轴功，则 $h_{4'}=h_{3'}=439.36\mathrm{kJ/kg}$
水或蒸汽在锅炉内吸热量为
$$q_1 = h_1 - h_{4'} = 3467.4 - 439.36 = 3028.04(\mathrm{kJ/kg})$$
对湿蒸汽状态 $2'$ 有 $7.4323=1.3609+7.2996x_{2'}$，可得出湿蒸汽的干度 $x_{2'}=0.8317$
湿蒸汽的焓 $h_{2'} = h_{3'} + x_{2'}h_{2''} = 439.36 + 0.8317 \times 2683.8 = 2671.48(\mathrm{kJ/kg})$
汽轮机所做的轴功为
$$w_{\mathrm{s,t}} = h_1 - h_{2'} = 3467.4 - 2671.48 = 795.92(\mathrm{kJ/kg})$$
供给热用户的热量为
$$q_2 = q_1 - w_{\mathrm{s,t}} = 3028.04 - 795.92 = 2232.12(\mathrm{kJ/kg})$$
背压式热电循环的热效率为

$$\eta_t = \frac{w_{s,t}}{q_1} = \frac{795.92}{3028.04} = 0.2628 = 26.28\%$$

与[例 8-4]朗肯循环相比，热效率降低

$$\frac{0.3434 - 0.2628}{0.3434} \times 100\% = 23.5\%$$

背压式热电循环系统简单，热能利用率高。但它有一个致命的缺点，就是供热与供电相互牵制，当热用户用热负荷发生变化时热电厂无法进行调节。为了解决这个矛盾，热电厂常采用调节抽汽式热电循环。

二、调节抽汽式热电循环

调节抽汽式热电循环的系统组成与工作原理见图 8-11。

蒸汽在调节抽汽式汽轮机内膨胀至一定压力时被抽出，一部分供给热用户，其余部分在汽轮机低压段内继续膨胀做功，乏汽进入凝汽器。凝汽器排出的凝结水经给水泵 1 加压后进入混合器与来自热用户的凝结水混合，然后经给水泵 2 加压后进入锅炉继续加热。为了调节抽汽量，在抽汽口处设调节阀。

这种热电循环的最大优点是能调节供热供电出力，以满足热用户对热、电负荷的不同要求。如热用户主要为集中采暖用户，在冬季可加大抽汽量降低供电负荷，夏季则相反。

从图 8-11 可见，通过热用户那部分蒸汽实质上是在汽轮机高压段进行了一个背压式热电循环，理想热能利用率 $K=1$；通过凝汽器那部分蒸汽则在整个汽轮机内进行了一个普通的朗肯循环。所以，调节抽汽式热电循环的热能利用率介于背压式热电循环和普通朗肯循环之间。

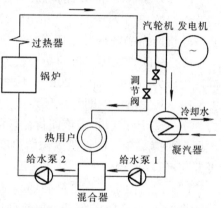

图 8-11 调节抽汽式热电循环

最后指出，机械能和热能的能量品位是不同的，即使两个循环的 K 值相同，其经济性也不一定相同。所以，必须同时用 K 和 η_t 两个指标来衡量热电循环的经济性。

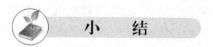

小　　结

本章分别介绍了几种蒸汽动力循环的系统组成、工作原理及循环在 $T-s$ 图上的表示方法。重点研究了蒸汽动力循环的基本循环——朗肯循环的热效率计算，分析了蒸汽初、终参数对朗肯循环热效率的影响。从循环系统组成上讲解了提高蒸汽动力循环热效率应采取的有效措施，如采用再热循环、回热循环及再热—回热循环等。简要介绍了两种典型的热电循环——背压式热电循环和调节抽汽式热电循环。

8-1　为什么在朗肯循环中要设凝汽器，它起什么作用？

8-2 若提高朗肯循环蒸汽的初始压力，对循环的热效率及排汽的干度有何影响？

8-3 若提高朗肯循环蒸汽的初始温度，对循环的热效率及排汽的干度有何影响？

8-4 若降低朗肯循环蒸汽的冷凝压力，对循环的热效率及排汽的干度有何影响？

8-5 采用再热循环后，热效率及排汽的干度与相同条件下的朗肯循环相比有何变化？

8-6 采用回热循环后，热效率及排汽的干度与相同条件下的朗肯循环相比有何变化？

8-7 采用再热—回热循环后，热效率及排汽的干度与相同条件下的朗肯循环相比有何变化？

8-8 为什么说采用热电循环供热比采用单独锅炉房供热更经济？

8-9 背压式热电循环的优、缺点是什么？

8-10 调节抽汽式热电循环与背压式热电循环相比有何优点？

8-11 某朗肯循环蒸汽的参数为：初始温度 $t_1=400$℃，冷凝压力 $p_2=5$kPa，试计算在不同蒸汽初始压力 $p_1=3$、5、6MPa 时（1）水泵消耗的轴功；（2）工质从热源吸收的热量；（3）汽轮机所做的轴功及循环净功；（4）汽轮机的排汽干度；（5）循环的热效率。

8-12 某朗肯循环蒸汽的初参数为：$p_1=4$MPa，$t_1=500$℃，忽略水泵轴功，试计算在不同冷凝压力 $p_2=4$、10、20kPa 下的热效率 η_t 及排汽干度 x_2。

8-13 某发电厂的朗肯循环，蒸汽的初始参数为 $p_1=3$MPa、$t_1=300$℃，汽轮机的排汽压力为 $p_2=7$kPa。（1）求该朗肯循环的热效率及排汽干度；（2）蒸汽初始压力、汽轮机的排汽压力保持不变，而将蒸汽初始温度提高到 $t_{1'}=500$℃，求此时朗肯循环的热效率及排汽干度并与（1）比较。

8-14 设有两个蒸汽再热循环，蒸汽的初始参数均为 $p_1=6$MPa、$t_1=500$℃，汽轮机的排汽压力为 $p_2=5$kPa，第一个再热循环再热时的压力为 0.5MPa，第二个再热循环再热时的压力为 2MPa，两个再热循环再热后的温度还为 500℃。（1）求这两个再热循环的热效率及排汽干度；（2）将这两个再热循环的热效率及排汽干度与朗肯循环相比较；（3）简要说明再热压力的选择对循环热效率及排汽干度的影响。

8-15 有一蒸汽回热循环，蒸汽的初始参数为 $p_1=5$MPa、$t_1=500$℃，冷凝压力为 $p_2=4$kPa，如在系统中使用一混合式给水加热器，抽汽点压力为 800kPa，试计算该循环的热效率并与朗肯循环相比较。

8-16 某热电厂，发电功率为 24MW，采用背压式热电循环，蒸汽的初始参数为 $p_1=4.9$MPa，$t_1=470$℃，排汽压力 $p_2=980$kPa，排汽全部用于供热。（1）计算电厂的循环热效率及供热量；（2）设电厂锅炉效率为 88%，燃煤发热量 21000kJ/kg，求电厂的耗煤量。

8-17 上题中若热电分别生产，电能由排汽压力为 $p_2=5$kPa 的凝汽式汽轮机生产，热能由单独的集中供热锅炉房供给，蒸汽的初始参数、燃煤发热量、锅炉效率同上题，求耗煤量并与上题比较。

第九章 气体压缩与制冷循环

前面介绍的蒸汽动力循环是将热能转变成机械能的循环，称为正循环。在空气调节工程和其他热力工程领域广泛应用的制冷循环（或热泵循环）为动力循环的逆循环，它是以消耗能量（机械能或热能）为代价，迫使热量从低温传向高温来维持低温（或高温）环境温度的循环。按制冷原理的不同，可分为压缩式制冷循环、吸收式制冷循环、吸附式制冷循环、蒸汽喷射式制冷循环和半导体制冷。

压缩式制冷循环按循环中制冷工质有无相变，分为气体压缩式制冷循环和蒸气压缩式制冷循环。如果在制冷循环中制冷工质始终处于气态，则称为气体压缩式制冷循环。如果制冷工质发生气、液两相变化，则称为蒸气压缩式制冷循环。

蒸气压缩式制冷循环是最典型、最常用的制冷循环，而压缩机是它的主要组成部分。本章主要讨论压气机的工作原理和它所消耗压缩功的计算方法，着重分析蒸气压缩式制冷循环的工作原理和基本热力计算方法，简要介绍空气压缩式制冷循环、蒸汽喷射式制冷循环、吸收式制冷循环和热泵循环的工作原理。

第一节 气体的压缩

在供热通风与空调工程中，常用的风机、制冷压缩机、输送煤气的压缩机内部进行的热力过程都为气体的压缩过程。上面所说的风机、压缩机等统称为压气机，它是用于压缩或输送气体的设备。它不是动力机，而是消耗机械功的工作机。

根据压缩或输送气体的压力和流量，可选用不同型式的压气机。按压缩气体压力的大小将压气机大致分为：通风机（工作压力在 10kPa 以下）、鼓风机（工作压力在 10～200kPa）和压缩机（工作压力在 200kPa 以上）。按其工作原理和构造型式压气机可分为：活塞式压气机、叶轮式压气机和引射式压缩器等。活塞式压气机利用活塞在气缸内往复运动对气体进行压缩，通常用于压力高、排气量小的场合。叶轮式压气机靠叶轮旋转的离心力来压缩气体，通常用于压力低、排气量大的场合。每种类型的压气机又可分为单级压缩和多级压缩。

压气机的型式虽然很多，但其热力学原理是一样的。本节主要介绍活塞式压气机的工作原理和热力计算方法。

一、单级活塞式压气机的工作过程

单级活塞式压气机的工作简图如图 9-1 所示。它由活塞、气缸、进气阀和排气阀组成。活塞行程的起点称下止点，活塞行程的终点称上止点。为了运转平稳和安置进排气阀，在上止点活塞顶面和气缸盖之间留有一定的间隙，称余隙容积，见图 9-1（c）。

单级活塞式压气机的整个工作循环可分为四个过程（见图 9-1）。

压缩过程 1—2：气体为 1 状态时，活塞位于下止点，进、排气阀均关闭，气体状态参数为 p_1、T_1，如图 9-1（a）所示。活塞由下止点向上运动，对气体进行压缩，到状态 2 时压力最大，气体状态参数变为 p_2、T_2，压缩过程结束，如图 9-1（a）、(b) 所示。

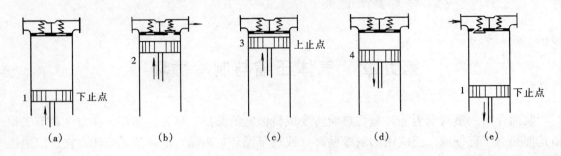

图 9-1 单级活塞式压气机的工作简图

排气过程 2—3：气体的压力达到 p_2 后，排气阀打开进行排气，活塞继续向上运动直到上止点，气体状态为 3，排气过程结束，如图 9-1（b）、(c) 所示。排气过程中气体的压力和温度 p_2、T_2 不变，但气缸内气体的质量不断减少。

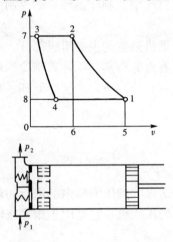

图 9-2 理想压气循环

膨胀过程 3—4：排气过程结束后，排气阀关闭，活塞由上止点向下运动，余隙容积内的气体膨胀至状态 4，膨胀过程中气体的压力由 p_2 降到 p_1。如图 9-1（c）、（d）所示。

吸气过程 4—1：气体的压力降到 p_1 后，进气阀打开，活塞继续向下运动吸气，直至下止点，吸气过程结束，完成整个压气循环，如图 9-1（d）、(e) 所示。吸气过程中气体的压力和温度 p_1、T_1 不变，但气缸内气体的质量不断增加。

整个压气循环中气体状态参数的变化见图 9-2。图中 2—3 和 4—1 只是气体被吸入或排出气缸的质量迁移过程，其热力状态不发生变化，而 1—2 和 3—4 则是在闭口系统内进行的压缩和膨胀过程。由于我们假定膨胀和压缩过程是可逆的，且没有考虑进、排气阀的阻力损失，因此称上述压气机循环为理想压气机循环。

二、单级活塞式压气机理想循环的压缩轴功计算

为了分析的方便，我们先研究理想压气循环中压缩过程1—2轴功的计算。

对于一般的热工设备，往往不考虑工质动能和重力势能的变化，其轴功和技术功相等，对气体的可逆压缩过程 1—2 则有

$$w_s = w_t = w + p_1 v_1 - p_2 v_2 = -\int_1^2 v \mathrm{d}p \tag{9-1}$$

压气机压缩过程的理论轴功在图 9-2 中用面积 12781 表示，由式（9-1）可见，压气机压缩过程所消耗的轴功与压缩过程的初、终状态和过程性质有关。压缩过程有以下三种情况。

1. 定熵压缩的轴功

如果压缩过程进行的很快，气体在压气机内停留时间较短，来不及和外界交换热量，压缩过程可认为是绝热压缩。若压缩过程可逆则为定熵压缩。

将理想气体定熵过程方程式代入式（9-1）积分得定熵压缩过程的轴功为

$$w_{s,s} = -\int_1^{2s} v \mathrm{d}p = \frac{\kappa}{\kappa-1} p_1 v_1 \left[1 - \left(\frac{p_2}{p_1} \right)^{\frac{\kappa-1}{\kappa}} \right] \tag{9-2}$$

见图 9-3 中面积 12_s781。

压缩终了时气体的温度为

$$T_{2s} = T_1 \left(\frac{p_2}{p_1}\right)^{\frac{\kappa-1}{\kappa}} \tag{9-3}$$

2. 定温压缩的轴功

如果压缩过程进行得比较缓慢，气缸冷却较充分，则压缩过程中气体的温度始终接近于初始温度，这种压缩过程可近似认为是定温压缩。

将理想气体定温过程方程式代入式（9-1）积分，得定温压缩过程的轴功为

$$w_{s,T} = -\int_1^{2T} v \mathrm{d}p = p_1 v_1 \ln\frac{p_1}{p_2} = RT_1 \ln\frac{p_1}{p_2} \tag{9-4}$$

见图 9-3 中面积 12_T781。

压缩终了时气体的温度为

$$T_{2T} = T_1 \tag{9-5}$$

3. 多变压缩的轴功

实际的压缩过程，气体既被冷却向外放热，温度也升高，它是一个介于定熵压缩与定温压缩之间的多变压缩过程。

将式（9-2）中的 κ 换成多变指数 n，则多变压缩过程的轴功为

$$w_{s,n} = -\int_1^{2n} v \mathrm{d}p = \frac{n}{n-1} p_1 v_1 \left[1 - \left(\frac{p_2}{p_1}\right)^{\frac{n-1}{n}}\right] \tag{9-6}$$

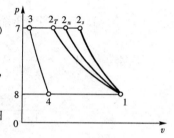

图 9-3　三种压缩过程的 $p-v$ 图

见图 9-3 中面积 12_n781。

压缩终了时气体的温度为

$$T_{2n} = T_1 \left(\frac{p_2}{p_1}\right)^{\frac{n-1}{n}} \tag{9-7}$$

由图 9-3 可见，定温压缩消耗的轴功最少，压缩终温最低；定熵压缩消耗的轴功最多，压缩终温最高；多变压缩介于两者之间。所以，活塞式压缩机大都采用冷却水或空气对气缸进行冷却，使压缩过程的多变指数尽可能地降低。但是，因为气缸内快速运动的气体必须通过气缸壁和冷却水或空气换热，要大幅度地降低多变指数是很困难的。对水冷式空气压缩机，多变指数大约可以降低到 1.35 左右。

【**例 9-1**】　某压气机将压力为 0.1MPa，温度为 27℃ 的空气压缩到 1.0MPa，若压缩空气的质量流量为 0.5kg/s，试求定熵压缩、定温压缩、多变压缩（$n=1.35$）三种压缩过程的压缩轴功和空气的终了温度。

解　由题意已知，$p_1 = 0.1$MPa，$T_1 = 273 + 27 = 300$K，$p_2 = 1.0$MPa，$\dot{m} = 0.5$kg/s。

（1）定熵压缩过程

压缩功　$W_{s,s} = -\int_1^{2s} V \mathrm{d}p = \frac{\kappa}{\kappa-1} \dot{m} R T_1 \left[1 - \left(\frac{p_2}{p_1}\right)^{\frac{\kappa-1}{\kappa}}\right]$

$= \frac{1.4}{1.4-1} \times 0.5 \times 287 \times 10^{-3} \times 300 \times \left[1 - \left(\frac{1.0}{0.1}\right)^{\frac{1.4-1}{1.4}}\right]$

$$=-140.24(\mathrm{kW})$$

终了温度 $T_{2s} = T_1 \left(\dfrac{p_2}{p_1}\right)^{\frac{\kappa-1}{\kappa}} = 300 \times \left(\dfrac{1.0}{0.1}\right)^{\frac{1.4-1}{1.4}} = 579(\mathrm{K})$

(2) 定温压缩过程

压缩功 $W_{s,T} = -\displaystyle\int_1^{2T} V \mathrm{d}p = \dot{m} p_1 v_1 \ln\dfrac{p_1}{p_2} = \dot{m} R T_1 \ln\dfrac{p_1}{p_2}$

$$= 0.5 \times 287 \times 10^{-3} \times 300 \times \ln\dfrac{0.1}{1.0}$$

$$= -99.13(\mathrm{kW})$$

终了温度 $T_{2T} = T_1 = 300(\mathrm{K})$

(3) $n=1.35$ 的多变压缩过程

压缩功 $W_{s,n} = -\displaystyle\int_1^{2n} V \mathrm{d}p = \dfrac{n}{n-1} \dot{m} R T_1 \left[1 - \left(\dfrac{p_2}{p_1}\right)^{\frac{n-1}{n}}\right]$

$$= \dfrac{1.35}{1.35-1} \times 0.5 \times 287 \times 10^{-3} \times 300 \times \left[1 - \left(\dfrac{1.0}{0.1}\right)^{\frac{1.35-1}{1.35}}\right]$$

$$= -135.60(\mathrm{kW})$$

终了温度 $T_{2n} = T_1 \left(\dfrac{p_2}{p_1}\right)^{\frac{n-1}{n}} = 300 \times \left(\dfrac{1.0}{0.1}\right)^{\frac{1.35-1}{1.35}} = 545(\mathrm{K})$

上例验证了定温压缩消耗的轴功最少,压缩终温最低;定熵压缩消耗的轴功最多,压缩终温最高;多变压缩介于两者之间。

三、余隙容积对活塞式压气机工作过程的影响

如前所述,活塞式压气机为了运转平稳和安置进排气阀,要留有一定的余隙容积,如图 9-4 中的 V_3,该容积对活塞式压气机的工作过程有一定的影响。

1. 余隙容积对排气量的影响

由于余隙容积的存在,当活塞运行到上止点时,仍有一部分高压气体残留在气缸内。当活塞由上止点向下运动时,余隙容积内的高压气体膨胀到进气压力 p_1 后,进气阀才打开从外界吸气。因此,气缸的有效吸气量 (V_1-V_4) 小于活塞排量(气缸的工作容积)(V_1-V_3),两者之比反映了气缸容积的有效利用程度,称为容积效率,用 λ_V 表示,即

$$\lambda_V = \dfrac{V_1-V_4}{V_1-V_3}$$

令 $c = \dfrac{V_3}{V_1-V_3}$ 称余隙百分比,把 c 和 $\dfrac{V_4}{V_3} = \left(\dfrac{p_2}{p_1}\right)^{\frac{1}{n}}$ 代入上式得

$$\lambda_V = 1 - c\left[\left(\dfrac{p_2}{p_1}\right)^{\frac{1}{n}} - 1\right] \tag{9-8}$$

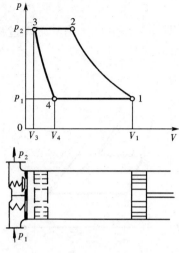
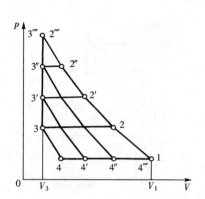

图 9-4　余隙容积、有效吸气量活塞排量示意图

图 9-5　余隙容积对排气量的影响

如图 9-5 所示，当余隙容积 V_3 一定时，升压比（p_2/p_1）提高，有效吸气量减少，容积效率降低。当升压比达到某一极限，如（p_2'''/p_2）时，压缩过程线 $1-2'''$ 与膨胀过程线 $3'''-4'''$ 重合，则 $\lambda_V = 0$，气缸不能从外界吸气。由此可见，由于余隙容积的存在，使气缸的容积效率降低，且升压比越大容积效率越低。因此，当要获得较高压力的气体时，必须采用多级压缩。

2. 余隙容积对理想压气循环轴功的影响

理想压气循环 12341 消耗的循环净功为压缩过程 $1-2$ 的压缩功（面积 12781）减去膨胀过程 $3-4$ 的膨胀功（面积 34873），见图 9-2。

$$W_{s,n} = -\int_1^{2n} V dp - \int_3^{4n} V dp$$

$$= \frac{n}{n-1} p_1 V_1 \left[1 - \left(\frac{p_2}{p_1}\right)^{\frac{n-1}{n}}\right] - \frac{n}{n-1} p_4 V_4 \left[1 - \left(\frac{p_3}{p_4}\right)^{\frac{n-1}{n}}\right]$$

对理想压气循环 $p_1 = p_4$、$p_2 = p_3$，并设压缩过程 $1-2$ 与膨胀过程 $3-4$ 具有相同的多变指数 n，则上式变为

$$W_{s,n} = \frac{n}{n-1} p_1 (V_1 - V_4) \left[1 - \left(\frac{p_2}{p_1}\right)^{\frac{n-1}{n}}\right]$$

$$= \frac{n}{n-1} p_1 V \left[1 - \left(\frac{p_2}{p_1}\right)^{\frac{n-1}{n}}\right]$$

式中：$V = V_1 - V_4$ 为实际吸入的气体容积，该式与式（9-6）完全相同。说明余隙容积的存在并不影响压气机所消耗的轴功，因为理论上余隙容积内的气体膨胀所做的功和压缩时所消耗的功正好相等。

四、多级压缩和中间冷却

如前所述，压气机的升压比越大，排气温度越高、容积效率越低。因此，要获得较高压力的压缩气体，必须采用多级压气机，同时为了降低排气温度、减少压缩功的消耗，在压气机的级间要进行冷却。

1. 多级活塞式压气机的工作过程

图 9-6（a）为两级压缩、中间冷却的压气机示意图，图 9-6（b）为其工作过程在 $p-V$ 图上的表示。

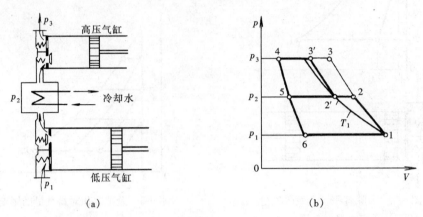

图 9-6　两级压缩中间冷却压气机工作过程示意图
(a) 压气机示意图；(b) $p-V$ 图

在图 9-6（b）中，6—1 为低压气缸的吸气过程；1—2 为低压气缸的压缩过程；2—5 为低压气缸的排气过程；5—2 为气体进入中间冷却器的过程；2—2′为气体在中间冷却器中的定压冷却过程；2′—5 为冷却后的气体从中间冷却器的排出过程；5—2′为高压气缸的吸气过程；2′—3′为高压气缸的压缩过程；3′—4 为高压气缸的排气过程；4—5 和 5—6 分别为高、低压气缸余隙容积内气体的膨胀过程。

两级压缩、中间冷却压气机所消耗的轴功为每一级压缩所耗轴功之和，用 $p-V$ 图上的面积 122′3′461 表示。如果不分级或分级后不进行中间冷却，压气机所消耗的轴功用 $p-V$ 图上面积 13461 表示。由此可见，当压缩气体的初、终压力相同时，带有中间冷却的两级压缩比单级压缩消耗轴功要少，用面积 22′3′3 表示。

由 $p-V$ 图可见，多级压缩分级越多，整个压缩过程就越接近定温压缩，消耗轴功就越少。但级数过多会使压气机结构复杂，造价增高。因此，一般压气机视总升压比的大小可分为两级、三级压缩，高压压气机可达四至六级压缩。当排气压力在 0.7MPa 以下时，通常采用单级压缩。

2. 级间压力的确定

由图 9-6（b）可见，两级压缩、中间冷却压气机所消耗的轴功和中间压力 p_2 有关，如果两级气缸消耗轴功之和为最小，相应的压力 p_2 为最佳中间压力。设每级压缩的多变指数 n 相同，则两级压缩压气机所耗轴功为

$$W_{s,n} = \frac{n}{n-1} p_1 V_1 \left[1-\left(\frac{p_2}{p_1}\right)^{\frac{n-1}{n}}\right] + \frac{n}{n-1} p_2 V_{2'} \left[1-\left(\frac{p_3}{p_2}\right)^{\frac{n-1}{n}}\right]$$

设冷却终温 $T_{2'} = T_1$，则 $p_1 V_1 = p_2 V_{2'}$ 可得

$$W_{s,n} = \frac{n}{n-1} p_1 V_1 \left[2-\left(\frac{p_2}{p_1}\right)^{\frac{n-1}{n}} - \left(\frac{p_3}{p_2}\right)^{\frac{n-1}{n}}\right]$$

令
$$\frac{\mathrm{d}W_{s,n}}{\mathrm{d}p_2}=0$$

可求得使总耗功量最小的中间压力 p_2 为
$$p_2=\sqrt{p_1 p_3}$$

或写成
$$\beta=\frac{p_2}{p_1}=\frac{p_3}{p_2}=\sqrt{\frac{p_3}{p_1}}$$

此式表明，当两级压缩的升压比相等时，压气机总耗功量最小。此时两级压的耗功量相同，每级压缩的温升也相同。

对 z 级压缩要使压气机的总耗功量最小，每级升压比应为
$$\beta=\left(\frac{p_{z+1}}{p_1}\right)^{1/z} \tag{9-9}$$

总耗功量为
$$W_{s,n}=zW_{s,n1} \tag{9-10}$$

式中　$W_{s,n1}$——第一级压缩的耗功量。

【例 9-2】 将 [例 9-1] 中 $n=1.35$ 的多变压缩过程变为两级压缩，其多变指数与单级压缩相同。求两级压缩过程消耗的轴功和空气的终了温度，并与 [例 9-1] 中（3）比较。

解 由题意已知，$p_1=0.1\text{MPa}$，$T_1=273+27=300\text{K}$，$p_3=1.0\text{MPa}$，$\dot{m}=0.5\text{kg/s}$。

两级压缩的级间压力为
$$p_2=\sqrt{p_1 p_3}=\sqrt{0.1\times 1.0}=0.316(\text{MPa})$$

各级气缸的排气温度为
$$T_2=T_3=T_1\left(\frac{p_2}{p_1}\right)^{\frac{n-1}{n}}=300\times\left(\frac{0.316}{0.1}\right)^{\frac{1.35-1}{1.35}}=404(\text{K})$$

两级压缩过程消耗的轴功为
$$W_{s,n}=2W_{s,n1}=2\frac{n}{n-1}\dot{m}RT_1\left[1-\left(\frac{p_2}{p_1}\right)^{\frac{n-1}{n}}\right]$$
$$=\frac{2\times 1.35}{1.35-1}\times 0.5\times 287\times 300\times 10^{-3}\times\left[1-\left(\frac{0.316}{0.1}\right)^{\frac{1.35-1}{1.35}}\right]$$
$$=-115.42(\text{kW})$$

与单级压缩相比排气温度降低了 $545-404=141\text{K}$

少消耗功量
$$\frac{135.60-115.42}{135.60}\times 100\%=14.9\%$$

第二节　蒸气压缩式制冷循环

从第五章可知，液体在汽化时要吸收汽化潜热，而且吸热可以在定温定压下进行。蒸气压缩式制冷循环是以低沸点物质做制冷剂，利用其在低温下汽化吸热的原理来实现制冷的。例如在 101325Pa 下，常用制冷剂氨（NH_3）的沸点为 $-33.35℃$，替代 R12 的环保型制冷

剂 R134a（CF_3CH_2F）的沸点为 $-26.5℃$。

一、蒸气压缩式制冷理论循环和制冷系数

图 9-7 是蒸气压缩式制冷理论循环的工作原理图和工作过程在 $T-s$ 图上的表示。该系统主要由压缩机、冷凝器、节流阀（或称膨胀阀）和蒸发器四大部件组成。通过管路把这四大部件连接在一起组成一个封闭的系统，系统内充有低沸点的制冷剂。

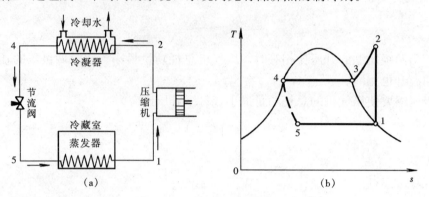

图 9-7　蒸气压缩式制冷理论循环

(a) 工作原理图；(b) $T-s$ 图

蒸气压缩式制冷理论循环由四个热力过程组成，见图 9-7（b）。

绝热压缩过程 1—2：从蒸发器出来的状态为 1 的干饱和蒸气被压缩机吸入，经绝热压缩后升温升压至过热蒸气状态 2 流出压缩机；

定压放热过程 2—4：状态为 2 的过热蒸气进入冷凝器，在定压条件下放热，先从过热蒸气状态 2 定压冷却成为干饱和蒸气状态 3，然后继续在定温定压下凝结为饱和液体状态 4。其放热量被冷却介质（一般为水或空气）带走；

绝热节流过程 4—5：从冷凝器出来的饱和液体经节流阀绝热节流后，降压降温至湿蒸气状态 5；

定压吸热过程 5—1：节流后的湿蒸气进入蒸发器，定压蒸发吸热变为干饱和蒸气状态 1。吸收的热量来自被冷却的物体或环境。

理论循环中每 kg 制冷剂在蒸发器中的吸热量为

$$q_2 = h_1 - h_5 = h_1 - h_4$$

在冷凝器中的放热量为

$$q_1 = h_2 - h_4$$

消耗的循环净功为

$$w_0 = h_2 - h_1$$

制冷系数为

$$\varepsilon_1 = \frac{q_2}{w_0} = \frac{h_1 - h_4}{h_2 - h_1} \quad (9-11)$$

二、影响制冷系数的主要因素

1. 冷凝温度的影响

如图 9-8 所示，1—2—3—4—5—1 为原有蒸气压缩制冷理论循环，当冷凝温度由 T_4 降低至 $T_{4'}$ 时，其他条件不变，新循

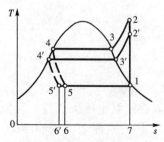

图 9-8　冷凝温度的影响

环为 $1-2'-3'-4'-5'-1$。新循环压缩机所耗轴功减小了 $(h_2-h_{2'})$，而制冷量增加了 $(h_5-h_{5'})$，制冷系数提高。

2. 蒸发温度的影响

如图 9-9 所示，将制冷循环 $1-2-3-4-5-1$ 的蒸发温度由 T_5 升高至 $T_{5'}$，压缩功减少了 $(h_{1'}-h_1)$，制冷量增加了 $(h_{1'}-h_{5'})-(h_1-h_5)$，制冷系数有所提高。

3. 过冷温度的影响

除冷凝温度、蒸发温度对制冷系数有影响外，制冷剂的过冷温度对制冷系数也有直接影响。所谓的过冷是将冷凝后的饱和液体进一步冷却，使其温度降低到冷凝温度以下，变成状态为 $4'$ 过冷液体。由图 9-10 可见，对制冷剂过冷压缩功 (h_2-h_1) 未变，但制冷量增大了 $(h_5-h_{5'})$，因而制冷系数有所提高。

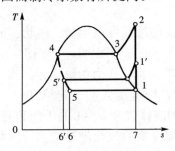

图 9-9 蒸发温度的影响

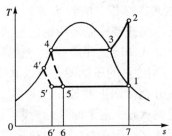

图 9-10 过冷温度的影响

虽然采取降低冷凝温度、提高蒸发温度和对制冷剂过冷的措施可以提高制冷系数，但受冷却介质温度和制冷要求的限制，冷凝温度和过冷温度不能任意降低，而蒸发温度也不能任意提高。

三、制冷剂的热力学性质和压焓图（$\lg p-h$ 图）

制冷系数大小不仅取决于冷凝温度和蒸发温度，还和制冷剂的性质密切相关。同时制冷剂的性质也直接影响制冷系统运行的经济性和安全性。因此，对制冷剂的热力学性质应有一定的要求。

1. 制冷剂应具备的热力学性质

理论上，制冷剂应具备以下热力学性质：

（1）在大气压力下，制冷剂的饱和温度要低；

（2）蒸发压力与冷凝压力应适中，蒸发温度下的饱和压力以稍高于大气压力为宜，以免空气渗入系统。冷凝温度下的饱和压力不应过高，冷凝压力过高，设备的强度和密封性要求高，压缩机耗功大；

（3）工作温度范围内的汽化潜热要大，以使单位质量制冷剂的制冷量增加，设备和管路几何尺寸减小；

（4）液体比热要小，这样在温熵图上饱和液体线斜率大，因节流而损失的制冷量就小；

（5）具有较高的临界温度。临界温度高，制冷循环远离临界点，使制冷剂的大部分放热过程在湿蒸气区内进行。

此外，还要求制冷剂具有较好的化学稳定性和较高的安全性，不污染环境，来源充足，价格低廉等。

目前，还没有任何一种制冷剂能满足以上所有要求，所以，选用何种制冷剂应根据具体情况决定。氨和各种氟利昂是最常用的制冷剂。

氨的汽化潜热较大，蒸发压力与冷凝压力适中，具有很好的吸水性，价格便宜，容易购买，适于在工业、商业等大中型制冷系统中使用。缺点是具有很强的毒性和可燃性。

氟利昂是一族卤碳化合物的总称，它们化学稳定性好，毒性极小，无燃烧和爆炸危险，被广泛用作冰箱和空调的制冷剂。缺点是汽化潜热较小，价格较高。氟利昂族中的氯氟烃物质 CFC（如 CFC—11、CFC—12 等）和含氢的氯氟烃物质 HCFC（如 HCFC—22）挥发到大气中会破坏臭氧层，削弱其对紫外线的吸收能力，对地球上的人类和生物构成威胁，还可加剧温室效应使地球变暖，被"蒙特利尔协议书"列为禁止生产和使用的物质。在我国，用于冰箱和空调制冷剂的 CFC—11、CFC—12 正逐渐被不含氯原子的新型制冷剂 HFC—134a 所替代。

2. 制冷剂的压焓图（$\lg p-h$ 图）

由于蒸气压缩式制冷循环中的定压吸热和定压放热过程可以用初、终状态的焓差表示，因此对蒸气压缩式制冷循环进行热力计算时，用制冷剂的压焓图（$\lg p-h$ 图）最为方便。

图 9-11 为制冷剂的压焓图，它以制冷剂的焓为横坐标，压力为纵坐标，为了缩小图幅，压力采用对数分格。图上共绘出六种状态参数线簇，即定压（p）、定焓（h）、定温（T）、定容（v）、定熵（s）、定干度（x）线。$x=0$ 的饱和液体线和 $x=1$ 的干饱和蒸气线把图面划分为过冷液体区、湿蒸气区和过热蒸气区。由于制冷剂的汽化潜热较大，湿蒸气区很宽，其中间部分在热工计算中很少用到。另外，靠近临界点的高压部分也用不到。因此，工程上实用的 $\lg p-h$ 图有时也将这两部分裁去以缩小图幅。

常用制冷剂氨（NH_3，代号 R717）、氟利昂 22（CHF_2Cl，代号 R22）和氟利昂 134a（$C_2H_2F_4$，代号 R134a）的见本书附图 3、4、5。

蒸气压缩式制冷循环在 $\lg p-h$ 图上的表示见图 9-12。图中：1—2 为绝热压缩过程；2—4 为定压放热过程；4—4′为定压过冷过程；4′—5′为绝热节流过程；5′—1 为定压吸热过程。

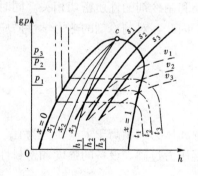

图 9-11 制冷剂的 $\lg p-h$ 图

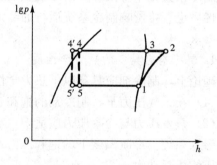

图 9-12 制冷循环的 $\lg p-h$ 图

【例 9-3】 某冷藏库的制冷系统以氨为制冷剂，冷凝温度为 40℃（冷凝压力 1.56MPa），蒸发温度为 −24℃（蒸发压力 0.16MPa），过冷温度 35℃，制冷量为 150×10^4 kJ/h，试求压缩机功率、制冷剂流量、过冷量及制冷系数。

解 首先根据已知条件在 $\lg p-h$ 图上确定制冷循环的关键点 1、4、4′、5′，查出有关参数值 $h_1=1430$kJ/kg；$h_2=1780$kJ/kg；$h_4=390$kJ/kg；$h_{4'}=h_{5'}=366$kJ/kg；

(1) 制冷剂流量

$$\dot{m} = \frac{Q_2}{q_2} = \frac{Q_2}{h_1 - h_{5'}} = \frac{150 \times 10^4}{3600 \times (1430 - 366)} = 0.39 (\text{kg/s})$$

(2) 压缩机功率

$$P = \dot{m} w_0 = \dot{m}(h_2 - h_1) = 0.39 \times (1780 - 1430) = 136.5 (\text{kW})$$

(3) 过冷量

$$Q'_2 = \dot{m}(h_4 - h_{4'}) = 0.39 \times (390 - 366) = 9.36 (\text{kW})$$

(4) 制冷系数

$$\varepsilon_1 = \frac{q_2}{w_0} = \frac{h_1 - h_{5'}}{h_2 - h_1} = \frac{1430 - 366}{1780 - 1430} = 3.04$$

第三节 其他形式制冷循环

上节所讲的蒸气压缩式制冷循环是最典型、最常用的制冷循环，除此以外还有其他形式的制冷循环。如空气压缩式制冷循环、吸收式制冷循环、蒸汽喷射式制冷循环等。下面分别介绍这几种制冷循环的系统构成、工作原理及性能系数。

一、空气压缩式制冷循环

1. 系统组成与工作原理

图 9-13 (a) 为空气压缩式制冷循环的工作原理图。其工作过程如下：从冷藏室换热器出来的空气被压缩机吸入，经绝热压缩后变成高温高压的空气进入冷却器，被冷却水或空气定压冷却至常温后进入膨胀机绝热膨胀，温度和压力均降低，低温低压的空气进入冷藏室换热器定压吸热，以维持冷藏室的低温。吸热升温后的空气又被压缩机吸入进行下一个循环。如果忽略空气在压缩机、冷却器、膨胀机，换热器和管路的能量损失以及在压缩机、膨胀机的散热，则上述循环为理想制冷循环，也称布雷顿制冷循环。它在 p-v 图和 T-s 图上的表示见 9-13 (b)、(c)。其中：1—2 为空气在压缩机内的定熵压缩过程；2—3 为空气在冷却器内的定压冷却过程；3—4 为空气在膨胀机内的定熵膨胀过程；4—1 为空气在换热器内的定压吸热过程。

2. 制冷系数

若空气的比热为定值，则每 kg 空气在冷却器内的放热量为

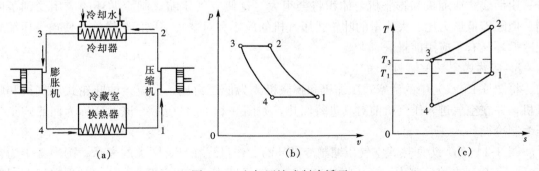

图 9-13 空气压缩式制冷循环
(a) 工作原理图；(b) p-v 图；(c) T-s 图

$$q_1 = h_2 - h_3 = c_p(T_2 - T_3)$$

在冷藏室换热器内的吸热量为

$$q_2 = h_1 - h_4 = c_p(T_1 - T_4)$$

则循环的制冷系数为

$$\varepsilon_1 = \frac{q_2}{q_1 - q_2} = \frac{T_1 - T_4}{(T_2 - T_3) - (T_1 - T_4)} = \frac{1}{\frac{T_2 - T_3}{T_1 - T_4} - 1}$$

对定熵过程 1-2 及 3-4 有

$$\frac{T_2}{T_1} = \left(\frac{p_2}{p_1}\right)^{\frac{\kappa-1}{\kappa}}; \frac{T_3}{T_4} = \left(\frac{p_3}{p_4}\right)^{\frac{\kappa-1}{\kappa}}$$

又因为 $p_2 = p_3, p_1 = p_4$,所以

$$\frac{T_2}{T_1} = \frac{T_3}{T_4} = \frac{T_2 - T_3}{T_1 - T_4}$$

于是可得出空气压缩式制冷循环的制冷系数为

$$\varepsilon_1 = \frac{1}{\frac{T_2}{T_1} - 1} = \frac{1}{\left(\frac{p_2}{p_1}\right)^{\frac{\kappa-1}{\kappa}} - 1} = \frac{T_1}{T_2 - T_1} \tag{9-12}$$

如图 9-13 (c) 的 T-s 图所示,在相同的冷却水温度 T_3(空气在冷却器出口的温度)和冷藏室温度 T_1(空气在换热器出口的温度)下,逆卡诺循环的制冷系数为

$$\varepsilon_{1,c} = \frac{T_1}{T_3 - T_1}$$

对比式 (9-12),由于 $T_3 < T_2$,所以空气压缩式制冷循环的制冷系数小于相同温度范围内的逆卡诺循环的制冷系数。

在空气压缩式制冷循环中无气、液两相转变,空气只能靠本身温度变化来吸收和放出热量。由于空气的比热较小,在冷藏室内的温升又不宜过高(温升高,升压比大,制冷系数小),即单位质量空气的制冷量较小,因而在一定的制冷量下,所需空气的质量流量较大,若采用活塞式压缩机和膨胀机,体积将会很大。这使空气压缩式制冷循环的应用受到了限制。但随着低压力比、大流量的叶轮式压气机的应用和对空气采取回热措施,使空气压缩式制冷循环又有了应用前景。

3. 回热式空气压缩制冷循环

将图 9-13 (a) 中的活塞式压缩机和膨胀机改为低压力比、大流量的叶轮式压气机和膨胀机,并在空气进入压气机前对其进行回热,如图 9-14 (a) 所示。该循环称为回热式空气压缩制冷循环。

图 9-14 (b) 为回热式空气压缩制冷循环的工作过程在 T-s 图上的表示。图中 4-1 为空气(p_1、T_4)在冷藏室内的定压吸热过程,空气温度由 T_4 升高至 T_1;1—1′为空气在回热器内的定压预热过程,空气温度由 T_1 升高至 $T_{1'}$;1′—2′为空气在压气机内的绝热压缩过

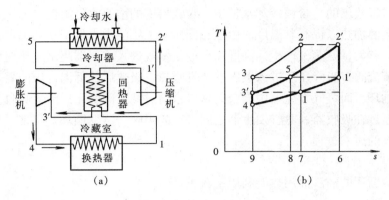

图 9-14　回热式空气压缩制冷循环
(a) 工作原理图；(b) T-s 图

程，经压缩后空气的压力、温度升至 $p_{2'}$、$T_{2'}$；$2'$—5 为空气在冷却器内的定压放热过程，空气温度由 $T_{2'}$ 降至 T_5；5—$3'$ 为空气在回热器内的定压放热过程，空气温度由 T_5 降至 $T_{3'}$；$3'$—4 为空气在膨胀机内的绝热膨胀过程，膨胀后空气的压力、温度降至 p_1、T_4，进入冷藏室继续吸热。经过以上 6 个热力过程后空气完成了一个理想的回热循环 4—1—$1'$—$2'$—5—$3'$—4。

由于是理想回热循环，空气在 5—$3'$ 过程中放出的热量（面积 $3'5893'$）等于 1—$1'$ 过程所吸收的热量（面积 $11'671$）。与不采用回热的空气压缩式制冷循环 12341 相比，当两种循环的最高温度相同时，二者制冷量相等，均为面积 41794，在冷却器中的放热量也相等，即面积 32793 等于面积 $52'685$。因此，两种循环的制冷系数相同。但与不采用回热的空气压缩式制冷循环相比，升压比却明显地减小，为采用低压力比、大流量的叶轮式压气机和膨胀机提供了条件。

二、吸收式制冷循环

吸收式制冷循环也是利用制冷剂液体在低温下汽化吸热的原理来实现制冷的，这与蒸气压缩式制冷循环相类似，不同的是它是以消耗热能作为补偿条件，把热量从低温物体转移到高温物体。吸收式制冷采用的工质是两种沸点相差较大的物质组成的二元溶液，其中低沸点的物质为制冷剂，高沸点的物质为吸收剂。根据冷媒温度的不同，制冷剂和吸收剂的组合也不同，最常用的有氨—水溶液（氨为制冷剂，水为吸收剂）和溴化锂—水溶液（水为制冷剂，溴化锂为吸收剂），前者主要用于工艺生产过程制冷，后者主要用于空调制冷。

1. 系统组成与工作原理

图 9-15 为氨—水吸收式制冷循环的工作原理图。图中的冷凝器、节流阀和蒸发器与蒸气压缩式制冷循环完全相同，不同的是用吸收器、发生器、溶液泵和减压阀取代了压缩机。

其工作过程如下：从蒸发器出来的低温低压的氨蒸气进入吸收器被稀氨水吸收

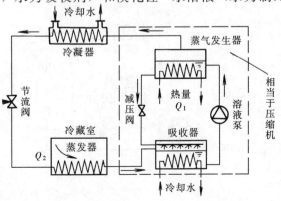

图 9-15　吸收式制冷循环的原理图

变成浓氨水，溶解放出的热量被冷却水带走，吸收器内的浓氨水经溶液泵加压后送入蒸气发生器，由外部热源加热以提高其温度。由于相同压力下氨的沸点低于水的沸点，当温度升高到氨的沸点时，有大量氨蒸气产生。高温高压的氨蒸气进入冷凝器凝结放热变成高压的饱和氨液，氨液经节流阀节流降压后进入蒸发器蒸发吸热，吸热后的低温低压的氨蒸气进入吸收器进行下一个循环。而蒸气发生器中剩余的稀氨水通过减压阀降压后流入吸收器重新吸收氨蒸气。这样，通过在吸收器和蒸气发生器之间进行的吸收—蒸发循环，实现了把低压氨蒸气变为高压氨蒸气的压缩过程。

2. 热能利用系数

吸收式制冷循环的经济性用热能利用系数表示即

$$\xi = \frac{Q_2}{Q_1} \qquad (9\text{-}13)$$

式中　Q_2——制冷量，kJ/h；

Q_1——蒸气发生器消耗的热量，kJ/h。

吸收式制冷循环的最大优点是可以充分利用低温热能，如工艺生产过程中的废气、烟气等，所以吸收式制冷是利用生产余热制冷的最好方式。

三、蒸汽喷射式制冷循环

蒸汽喷射式制冷循环也是以消耗蒸汽的热能作为补偿条件，把热量从低温物体转移到高温物体。蒸汽喷射式制冷循环是以水蒸气为制冷剂，利用水在低温下汽化吸热的原理来实现制冷的。

1. 系统组成与工作原理

图 9-16 为蒸汽喷射式制冷循环的工作原理图及工作过程在 T-s 图上的表示。蒸汽喷射式制冷系统主要由锅炉、蒸汽喷射器、冷凝器、节流阀和水泵组成。蒸汽喷射器主要用来压缩水蒸气，所起作用与压缩机相同，它由喷管、混合室和扩压管三部分组成。

蒸汽喷射式制冷循环的工作过程如下：

由锅炉引出的工作蒸汽（状态 1′）在喷射器的喷管中绝热膨胀，使喷管出口流速剧增，进而在混合室内形成低压（状态 2′）。蒸发器内的制冷蒸气（状态 1）在压差作用下流入混合室与工作蒸汽混合（状态 2），经扩压管减速增压后（状态 3）流入冷凝器，在冷凝器内定压凝结放热变为饱和水（状态 4）。一部分冷凝水经节流阀节流降压后（状态 5）进入蒸发器

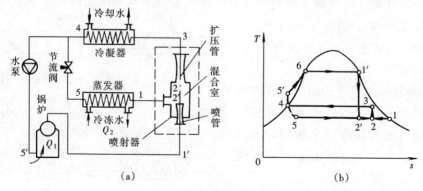

图 9-16　蒸汽喷射式制冷循环
(a) 工作原理图；(b) T-s 图

汽化吸热变为干饱和蒸汽（状态1），另一部分冷凝水经水泵加压后（状态5′）送入锅炉定压加热变成工作蒸汽（状态1′）。

同吸收式制冷循环一样，蒸汽喷射式制冷循环也由两个循环组成，即制冷循环和工作蒸汽循环。图9-16（b）中1—2—3—4—5—1为制冷循环，而1′—2′—2—3—4—5′—1′为工作蒸汽循环。

2. 热能利用系数

蒸汽喷射式制冷循环的经济性也用热能利用系数表示

$$\xi = \frac{Q_2}{Q_1} \tag{9-14}$$

式中　Q_2——制冷量，kJ/h；

　　　Q_1——工作蒸汽在锅炉内的吸热量，kJ/h。

蒸汽喷射式制冷循环的优点是不消耗机械功，而是消耗蒸汽的热能来实现制冷，工矿企业的生产废气可以通过蒸汽喷射式制冷来加以利用；此外，蒸汽喷射式制冷可以取代压缩机的喷射器，结构简单紧凑，允许通过较大流量。缺点是循环的不可逆性大，热能利用系数低。由于以水为制冷剂，其制冷温度只能在0℃以上，适于作空调冷源。

第四节　热　泵

热泵的工作循环与制冷循环原理相同，都是以消耗能量为补偿条件，迫使热量从低温传向高温，但它们工作的温度范围、使用目的有所不同。制冷循环是将低温物体的热量传给自然环境以维持低温环境温度；热泵则是从自然环境中吸收热量并传给高温物体以维持高温环境温度。

图9-17为热泵的工作原理图及工作过程在 T-s 图上的表示。

将蒸气压缩式制冷循环的蒸发器置于自然环境（水、空气、土壤）中，蒸发器内的制冷剂从自然环境吸收热量而汽化，经压缩后的制冷剂蒸气在冷凝器中凝结放热加热供热系统的回水，热水由水泵送给热用户。冷凝后的制冷剂经节流阀节流降压后送入蒸发器继续汽化吸热，从而完成一个热泵循环。

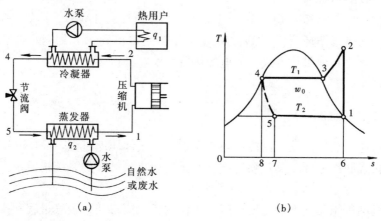

图9-17　热泵工作原理及 T-s 图
(a) 工作原理图；(b) T-s 图

热泵循环的经济性用供热系数表示

$$\varepsilon_2 = \frac{q_1}{w_0} \tag{9-15}$$

式中　q_1——热泵供热量，kJ/kg；
　　　w_0——热泵耗功量，kJ/kg。

热泵循环向热用户的供热量为

$$q_1 = q_2 + w_0 = h_2 - h_4 = 面积\ 234862$$

由于 $q_1 > w_0$，故 ε_2 总是大于 1，也就是说在把 q_2 从低温物体传向高温物体的同时，作为补偿条件所消耗的能量 w_0 也一同传向高温物体。一个高性能的热泵消耗很小的功量就能提供给高温物体很多的热量，这正是用热泵供热优于其他方式供热之所在。经过合理设计，热泵可在不同的温差范围内运行，这样热泵又可用于制冷。因此，用户可以使用同一套设备在夏季制冷在冬季供热。

把制冷系数计算式（9-11）代入上式

$$\varepsilon_2 = \frac{q_1}{w_0} = \frac{q_2 + w_0}{w_0} = \varepsilon_1 + 1$$

由此可见，循环的制冷系数越高，供热系数也越高。

【例 9-4】　有一热泵按逆卡诺循环工作，输入功率为 30kW，热泵从温度为 5℃ 的废水中吸收热量生产 80℃ 热水向用户供热，若假定热水和废水的温度不变，求供热系数及供热量。

解　根据题意热源温度 $T_1 = 273 + 80 = 353\text{K}$，冷源温度 $T_2 = 273 + 5 = 278\text{K}$，由逆卡诺循环供热系数计算式得

$$\varepsilon_{2,c} = \frac{T_1}{T_1 - T_2} = \frac{353}{353 - 278} = 4.71$$

根据式（9-15），供热量为

$$Q_1 = \varepsilon_{2,c} W_0 = 4.71 \times 30 = 141.3\ (\text{kW})$$

热泵从废水中吸收的热量为

$$Q_2 = Q_1 - W_0 = 141.3 - 30 = 111.3\ (\text{kW})$$

由此可见，该热泵循环消耗 1kW 的功量可使热用户得到 4.71kW 的热量，所以说用热泵循环向用户供热比其他供热方式（如电加热器）要经济得多。

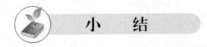

小　结

本章重点讲述了蒸气压缩式制冷循环和压缩机的气体压缩过程，简要介绍了空气压缩式制冷循环、吸收式制冷循环、蒸汽喷射式制冷循环和热泵循环的系统构成、工作原理和性能评价指标。

（1）压气机的理想压气循环主要由四个工作过程组成。其中吸气过程和排气过程为气体的质量迁移过程，热力状态并没有发生变化，而在压缩过程和膨胀过程中气体的状态发生变化。理论压缩功由式（9-1）积分计算。压气机的压缩过程为多变过程，其多变指数 $1 < n <$

κ，且较接近 κ。

（2）为了降低排气温度，减少压缩功的消耗，压气机常采用多级压缩、中间冷却措施。多级压缩每级的升压比应相同，中间冷却后的温度等于第一级的进气温度。

（3）蒸气压缩式制冷循环是利用低沸点液体汽化吸热的原理实现制冷的，它以消耗机械能作为制冷的补偿条件。蒸气压缩式制冷的理论循环由四个热力过程组成，其中在冷凝器的放热量、在蒸发器的吸热量和消耗的压缩功均可用初终状态的焓差表示，节流阀的绝热节流过程初终状态的焓值相等。

（4）制冷系数是评价制冷循环经济性的重要指标，提高蒸发温度、降低冷凝温度和对制冷剂液体过冷都可以提高制冷系数。

（5）空气压缩式制冷循环也以消耗机械能作为制冷的补偿条件，而吸收式制冷循环和蒸汽喷射式制冷循环是以消耗热能作为制冷的补偿条件。

（6）理论上讲，在所有的供热方式中，热泵供热是最经济的。

9-1 将压气机的理想定温、绝热和多变压缩过程表示在 T-s 图上。

9-2 多级压缩是否一定要有中间冷却？若可以没有，多级压缩的压缩功和最终排气温度和单级压缩有何区别？

9-3 试用制冷剂的 $\lg p$-h 图分析蒸发温度、冷凝温度和过冷温度对制冷系数有何影响？

9-4 对蒸气压缩式制冷循环的制冷剂有何基本要求？常用制冷剂 CFC-12 对环境有何影响？

9-5 空气压缩式制冷循环的工作原理是什么？空气回热式压缩制冷循环有何优点？

9-6 吸收式制冷循环中为何要使用二元溶液？

9-7 为什么说热泵供热优于其他方式供热？

9-8 活塞式压缩机每小时吸入温度为 17℃、压力为 0.1MPa 的空气 1000m³，将空气在压缩机中定温压缩到 0.6MPa，求压缩机的压缩功率。

9-9 将上题中空气的定温压缩改为定熵压缩，其他条件不变，求压缩机的压缩功率和排气温度。

9-10 将 9-8 题中空气的定温压缩过程改为 $n=1.3$ 的多变压缩过程，其他条件不变，求压缩机的压缩功率和排气温度。

9-11 活塞式压缩机吸入空气的温度为 17℃、压力为 0.1MPa，经两级压缩后压力提高到 1.6 MPa，若两级压缩的多变指数均为 $n=1.35$，求压缩 1kg 空气的压缩功和排气温度并同单级压缩比较。

9-12 活塞式压缩机吸入空气的温度为 20℃、压力为 0.1MPa，经三级压缩后压力提高到 6.4MPa，若三级压缩的多变指数均为 $n=1.3$，求压缩 1kg 空气的压缩功和排气温度并同单级压缩比较。

9-13 某冷库的蒸气压缩式制冷系统以氨（NH_3）为制冷剂，压缩机进口为干饱和蒸气，蒸发温度为 −25℃，冷凝器出口为饱和液体，冷凝温度为 35℃，制冷剂流量为 0.2kg/s。求：制冷系数、制冷量及理论功率。

9-14 某冷藏库的蒸气压缩式制冷系统以 R—134a 为制冷剂，压缩机进口为干饱和蒸气，蒸发温度为-20℃，冷凝器出口为饱和液体，冷凝温度为 37℃，过冷温度为 30℃，制冷量为 400×10^4 kJ/h，求：制冷剂流量、理论功率、过冷量及制冷系数。

9-15 某热泵以温度为-10℃的室外空气为低温热源，在 20℃温度下向热用户提供 7000kJ/h 的热量，若热泵按逆卡诺循环工作，求：热泵所需功率、热泵从室外空气吸收的热量。

第二篇 传 热 学

引　言

传热学是研究热量传递规律的一门科学。

热力学第二定律指出，热量可以自发地从高温物体传向低温物体。也就是说，只要有温差存在，就会有热量传递。由于在自然界和人们的日常生活及生产实践中，温差无处不在，因此传热是普遍存在的物理现象。如热电厂为强化换热和节能改进锅炉及其换热设备的结构；电子工业中因超大规模集成电路的冷却而产生的微尺度的传热问题；机械制造工业测算和控制冷加工或热加工中机件的温度场；航天领域中为航天器、载人飞船的热控制而产生的微重力、零重力条件下的传热问题等。由此可见，传热学是现代科学技术的主要基础学科之一，对人们的生活和生产实践有广泛而深刻的影响。因此，认识传热的规律，掌握控制与优化热量传递的方法和技术措施，对国民经济建设、改善人民生活具有重要意义。

在供热通风与空调工程中传热问题更是普遍存在。如热源和冷源设备的选用、配套和有效合理地利用；供热通风空调产品的开发、设计和实验研究；保温材料的研制、热损失的分析计算；换热器的设计、选型等等，这都要求具备一定的传热理论知识。所以，传热学是本专业一门非常重要的专业基础课。

还要指出，一些传热过程还伴有由于物质浓度差引起的质量传递，即传质过程，如，空调系统中喷淋水与空气的热质交换过程，湿空气参数的测量等等。

第一节　热量传递的基本方式

要掌握热量传递的规律，必须首先了解热量传递的基本方式。通常，热量传递过程是以热传导、热对流、热辐射三种方式进行，而且多数情况都是两种或三种热量传递方式同时存在。

一、热传导

热传导又称导热，是指物体各部分无相对位移或不同物体直接接触时，由于分子、原子及自由电子等微观粒子的热运动而进行的热量传递现象。如，手握金属棒的一端，将另一端伸进灼热的火炉，就会有热量通过金属棒传到手掌。导热是物质的固有属性，导热现象既可以发生在固体内部，也可以发生在静止的液体和气体之中。

在日常生活、生产中，大平壁导热是最常见的导热问题。如房屋墙壁在冬季的散热，整个过程可分为三段，如图02-1所示，首先热量由室内空气以对流方式传给墙体内表面；再由墙

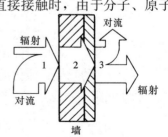

图 02-1　墙壁的散热

内表面以固体导热方式传递到墙外表面；最后由墙外表面传给室外环境。经实验证实，平壁导热量与壁两侧表面的温差成正比，与导热面积成正比，与平壁壁厚 δ 成反比，并与平壁材料的导热性能有关。通过平壁的导热量的计算公式可表示为

$$\Phi = \frac{\lambda}{\delta} \Delta t F \tag{02-1}$$

式中　Φ——热流量，W；
　　　δ——平壁壁厚，m；
　　　Δt——平壁两侧表面的温差，$\Delta t = t_{w1} - t_{w2}$，℃；
t_{w1}，t_{w2}——平壁两侧的壁面温度（$t_{w1} > t_{w2}$），℃；
　　　F——平壁面积，m^2；
　　　λ——热导率或导热系数，W/(m·K)，是指具有单位温差、单位厚度的物体，在单位面积上单位时间的导热量，用以表示材料的导热能力。热导率越大，导热能力越强。一般通过实验测定。

在传热学中，常借鉴电学中欧姆定律表达式的形式（电流＝电位差/电阻）来描述导热过程，则热量与温差的关系

$$\Phi = \frac{t_{w1} - t_{w2}}{\frac{\delta}{\lambda F}} = \frac{t_{w1} - t_{w2}}{R_\lambda} \tag{02-2}$$

式中：R_λ 称为平壁导热热阻，$R_\lambda = \frac{\delta}{\lambda F}$，单位 K/W。平壁的厚度越大，热阻越大；材料的导热系数越大，热阻越小。热阻是传热学中一个非常重要的概念，如同电阻在电学中所起的作用，表示物体对热量传递的阻力，热阻越小，传热愈强。

单位面积上的热流量称为热流密度，用符号 q 表示，单位为 W/m^2，由式（02-1）可得

$$q = \frac{\Phi}{F} = \lambda \frac{t_{w1} - t_{w2}}{\delta} \tag{02-3}$$

二、热对流

热对流是指由于流体的宏观运动，将热量由一处传递到另一处的热量传递现象。

在日常生活和生产实践中，遇到的实际传热问题多是流体和它所接触的固体表面之间的热量交换。所以，流体与固体表面之间的热量传递应是热对流和导热两种基本传热方式共同作用的结果，这种传热现象在传热学中被称为对流换热。

对流换热的基本计算公式是牛顿在 1701 年提出的，称为牛顿冷却公式，即

$$\Phi = \alpha F (t_w - t_f) \tag{02-4}$$

式中　t_w——固体壁面温度，℃；
　　　t_f——流体温度，℃；
　　　α——对流换热系数，$W/(m^2·K)$，是指单位面积上，流体同固体壁面间在单位温差、单位时间内的对流换热量，用以表述对流换热过程的强弱。它取决于流体的物性、流体的流速与流态、物体表面的形状和尺寸等多项因素。

利用热阻的概念，式（02-4）可改写为

$$\Phi = \frac{t_w - t_f}{\frac{1}{\alpha F}} \tag{02-5a}$$

或 $$q=\frac{t_w-t_f}{\frac{1}{\alpha}} \quad (02\text{-}5b)$$

式中：$R=\frac{1}{\alpha F}$ 称为 F 面积上的对流换热热阻，单位 K/W；$R_F=\frac{1}{\alpha}$ 称为单位面积上的对流换热热阻，单位 $m^2 \cdot K/W$。

三、热辐射

热辐射是指依靠物体表面对外发射可见或不可见射线（电磁波）传递热量的现象。它与热传导和热对流两种传热方式不同，不需要冷热物体直接接触。

发射辐射能是各类物质的固有特性。所有温度大于 0K 的实际物体都具有发射电磁波的能力，并且温度越高，发射电磁波的能力越强。物体间靠热辐射进行的热量传递称为辐射换热。它的特点是：

（1）热辐射过程中总是伴随着能量的形式转换，物体内能→电磁波能→物体内能。

（2）热辐射不依靠中间媒介，可以在真空中传播。

（3）以热辐射方式进行的热量传递是双向的。当两个物体温度不同时，由于高温物体辐射给低温物体的能量大于低温物体辐射给高温物体的能量，总的结果表现为热量由高温物体传给低温物体。即使两个物体温度相同，它们之间热辐射交换也在进行，不过辐射换热量为零，处于动态平衡状态。

物体表面单位时间、单位面积对外辐射的热量称为辐射力，用符号 E 表示，它的大小与物体表面性质及温度有关。对于绝对黑体（一种理想的热辐射表面，能全部吸收外来射线），经理论和实验证实，它的辐射力 E_b 与热力学温度的四次方成正比，即斯忒藩—玻耳兹曼定律

$$E_b=C_b\left(\frac{T}{100}\right)^4 \quad (02\text{-}6a)$$

式中 E_b——绝对黑体的辐射力，W/m^2；

C_b——绝对黑体辐射系数，$C_b=5.67 W/(m^2 \cdot K^4)$；

T——热力学温度，K。

一切实际物体的辐射力均低于同温度下绝对黑体的辐射力，其表达式为

$$E=\varepsilon_b C_b\left(\frac{T}{100}\right)^4 \quad (02\text{-}6b)$$

式中：ε_b 为黑度，即实际物体表面的发射率，其值介于 0～1 之间。

物体间的辐射换热量计算由于客观条件（材料、物体间的相对位置等）的不同而发生变化，将在第十六章中详细介绍。

以上简单介绍了热传导、热对流和热辐射三种热量传递的基本方式。在实际的热量传递问题中，这三种方式往往不是单独出现，而是两种或三种同时作用于同一传热现象中，所以我们应弄清楚有哪些热量传递方式在起作用，再按每一种方式的规律进行计算。

第二节 传热过程与传热系数

在实际工程中经常遇到固体壁面与两侧流体间的热量交换，如热量从散热器中的热水

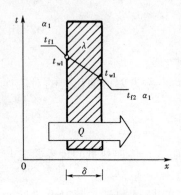

图 02-2 两流体间的传热过程

（或蒸汽）传给室内的空气；冬季房屋墙壁散热，热量由室内空气传给室外空气，等等。

在传热学中，把热量从壁一侧的流体通过壁传递给另一侧流体的过程称为传热过程。在初步了解了热量传递的基本方式后，不难导出传热过程的基本计算式。我们以平壁传热过程为例进行分析。

如图 02-2 所示，设有一导热系数为常数，厚度为 δ，面积为 F 的平壁，两侧分别为温度 t_{f1} 的热流体和 t_{f2} 的冷流体，两侧的对流换热系数分别为 α_1 和 α_2，两侧壁面温度分别为 t_{w1} 和 t_{w2}。又设壁的长度和宽度远大于它的厚度，可认为热流方向与壁垂直。设传热工况不随时间变化，即各处温度和传热量不随时间改变。

显然，这是稳态的传热过程，由平壁左侧的对流换热、平壁的导热和平壁右侧的对流换热三个热量传递环节组成。

平壁左侧热流体与左侧壁面间的对流换热，根据式（02-4）得

$$\Phi = \alpha_1 F(t_{f1} - t_{w1})$$

平壁的导热，根据式（02-1）得

$$\Phi = \frac{\lambda}{\delta}(t_{w1} - t_{w2})F$$

平壁右侧冷流体与右侧壁面间的对流换热，即

$$\Phi = \alpha_2 F(t_{w2} - t_{f2})$$

在稳态情况下，上述三式的热流量 Φ 是相等的，可改写为

$$t_{f1} - t_{w1} = \frac{\Phi}{\alpha_1 F}$$

$$t_{w1} - t_{w2} = \frac{\Phi}{\frac{\lambda}{\delta}F}$$

$$t_{w2} - t_{f2} = \frac{\Phi}{\alpha_2 F}$$

将三式相加，消去 t_{w1} 和 t_{w2}，整理后得

$$\Phi = \frac{t_{f1} - t_{f2}}{\frac{1}{\alpha_1 F} + \frac{\delta}{\lambda F} + \frac{1}{\alpha_2 F}} = \frac{t_{f1} - t_{f2}}{R_{F1} + R_\lambda + R_{F2}}$$

$$= \frac{t_{f1} - t_{f2}}{R_K} \tag{02-7}$$

式中：R_K 为传热热阻，由对流换热热阻和导热热阻串联而成，$R_K = \frac{1}{\alpha_1 F} + \frac{\delta}{\lambda F} + \frac{1}{\alpha_2 F}$

上式还可写成

$$\Phi = KF\Delta t \tag{02-8}$$

式中

$$K = \frac{1}{\frac{1}{\alpha_1} + \frac{\delta}{\lambda} + \frac{1}{\alpha_2}} \tag{02-9}$$

称为传热系数,反映传热过程的强弱,单位为 W/(m²·K);Δt 为传热温差,$\Delta t = t_{f1} - t_{f2}$。

通过单位面积平壁的热流密度为

$$q = K(t_{f1} - t_{f2}) = \frac{t_{f1} - t_{f2}}{\frac{1}{\alpha_1} + \frac{\delta}{\lambda} + \frac{1}{\alpha_2}} \tag{02-10}$$

【例 02-1】 一混凝土外墙厚度 $\delta = 150$mm,混凝土的导热系数 $\lambda = 1.5$W/(m·K),两侧空气温度分别为 $t_{f1} = 25$℃ 和 $t_{f2} = -10$℃,两侧换热系数分别为 $\alpha_1 = 5$W/(m²·K) 和 $\alpha_2 = 20$W/(m²·K),假设传热工况不随时间变化,求墙壁的热流密度及内外墙壁面温度 t_{w1} 和 t_{w2}。

解 由已知条件可知,这是一个稳态的传热过程。

根据式 (02-10),通过墙壁的热流密度为

$$q = \frac{t_{f1} - t_{f2}}{\frac{1}{\alpha_1} + \frac{\delta}{\lambda} + \frac{1}{\alpha_2}} = \frac{[25 - (-10)]}{\frac{1}{5} + \frac{0.15}{1.5} + \frac{1}{20}}$$

$$= 100(\text{W/m}^2)$$

根据式 (02-4),对于内外墙壁面与空气之间的对流换热

$$q = \alpha_1(t_{f1} - t_{w1})$$
$$q = \alpha_2(t_{w2} - t_{f2})$$

可得

$$t_{w1} = t_{f1} - \frac{q}{\alpha_1} = 25 - \frac{100}{5} = 5(\text{℃})$$

$$t_{w2} = t_{f2} + \frac{q}{\alpha_2} = -10 + \frac{100}{20} = -5(\text{℃})$$

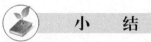

小 结

引言概述了传热学的研究对象及其在工程应用中的广泛性和重要性。简单介绍了本篇的主要内容,即导热、对流换热、辐射换热、传热过程、热流量的基本计算公式。通过学习要求掌握一些基本概念,如导热、热对流、热辐射、辐射换热、传热、传质和热阻等,掌握公式 (02-1)~式 (02-10) 的意义及式中各物理量的含义和单位。

习 题

02-1 试说明导热、热对流和热辐射三种热量传递的基本方式之间的联系和区别。

02-2 试说明热对流和对流换热之间的联系和区别。

02-3 导热系数和对流换热系数是物性参数吗?

02-4 试从传热的角度说明暖气片和家用空调机放在室中什么位置合适。

02-5 试说明暖水瓶的散热过程与保温机理。

02-6 夏季在维持 20℃ 的室内,穿单衣感觉舒适,而冬季在保持同样温度的室内却必须穿绒衣,试从传热学的观点分析这是为什么?

02-7 一大平板,高 3m,宽 2m,厚 0.02m,导热系数为 45W/(m·℃),两侧表面温

度分别为 $t_1=150℃$ 及 $t_2=285℃$，试求该板的热阻、热流量及热流密度。

02-8 一房屋外墙厚度 $\delta=370\text{mm}$，室外温度 $t_{f2}=-10℃$，室内温度 $t_{f1}=18℃$，墙的导热系数 $\lambda=0.61\text{W}/(\text{m}\cdot℃)$，内外表面换热系数分别为 $\alpha_1=8.7\text{W}/(\text{m}^2\cdot\text{K})$ 和 $\alpha_2=24.5\text{W}/(\text{m}^2\cdot\text{K})$，求通过外墙的散热量 q 及内外壁面温度 t_{w1} 和 t_{w2}。

02-9 有一厚度为 $\delta=400\text{mm}$ 的外墙，导热系数为 $\lambda=0.5\text{W}/(\text{m}\cdot℃)$。冬季，室外为大风天气时，室内空气温度为 20℃，与墙内壁面之间的对流换热系数为 $\alpha_1=4\text{W}/(\text{m}^2\cdot\text{K})$，室外空气温度为 $-10℃$，室外空气与外墙之间的对流换热系数 $\alpha_2=10\text{W}/(\text{m}^2\cdot\text{K})$，假设室内空气只通过外墙与室外空气进行热量交换。求要保持室内温度不变，需要多大功率的电暖气。

第十章 导热的理论基础

引言中指出，导热是由于物体内部微观粒子的热运动而产生的热量传递现象。但是导热理论并不研究物质的微观结构，而是把物质看作连续介质，从宏观角度进行现象分析，讨论导热的基本规律及计算方法。一般情况下，大多数的固体、液体和气体都可以认为是连续介质，但是某些特殊情形下，如压力降低到一定程度的稀薄气体，就不能当作连续介质。

导热理论的任务就是要确定任何时刻物体中的温度分布。所以，本章从温度分布的基本概念出发进行导热理论基本规律和导热现象数学描述方法的讨论。

第一节 导热基本概念

一、温度场

在某一瞬间，空间所有各点的温度分布称为温度场。一般情况下，温度场是空间坐标 x、y、z 和时间 τ 的函数，可表示为

$$t = f(x, y, z, \tau) \tag{10-1}$$

若温度场不随时间变化 $\left(\dfrac{\partial t}{\partial \tau}=0\right)$，则称为稳态温度场，$t=f(x, y, z)$，稳态温度场下的导热称为稳态导热。

按照温度在 x、y、z 三个方向上的变化情况，温度场又可划分为三维温度场、二维温度场和一维温度场。

二、等温面和等温线

温度场中，同一时刻温度相同的点所组成的线或面称为等温线或等温面。等温面上的任一条线都是等温线。同一时刻，不同温度的等温线之间和等温面之间不会相交，因为在同一时刻，空间内同一个点不能有两个或两个以上的温度值。所以，在连续的温度场内，等温面（或等温线）在物体中形成封闭的曲面（或曲线），或者终止于物体的边界上，不会在物体中中断。

三、温度梯度

由热力学第二定律可知，在物体中，热量总是由高温部分传向低温部分。因此，在等温面上不可能有热量的传递。热量传递只能发生在不同的等温面之间。从等温面上某点出发，沿不同方向到达另一等温面时，将发现温度的变化率（单位距离的温度变化）具有不同的数值，其中，以沿等温面法线方向的温度变化率为最大。数学上，用矢量——温度梯度来表示等温面法线方向的温度变化，用 $\mathrm{grad}\,t$ 表示，正向是朝着温度增加的方向，如图 10-1 所示。

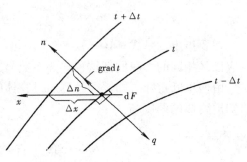

图 10-1　温度梯度与热流示意图

$$\mathrm{grad}\,t = \frac{\partial t}{\partial n}\boldsymbol{n} \tag{10-2}$$

式中　$\mathrm{grad}\,t$——温度梯度；

　　　$\frac{\partial t}{\partial n}$——等温面法线方向的温度变化率（偏导数）；

　　　n——等温面法线方向的单位矢量，指向温度增加的方向。

在直角坐标系中，温度梯度可表示为

$$\mathrm{grad}\,t = \frac{\partial t}{\partial x}\boldsymbol{i} + \frac{\partial t}{\partial y}\boldsymbol{j} + \frac{\partial t}{\partial z}\boldsymbol{k} \tag{10-3}$$

式中 $\frac{\partial t}{\partial x}$、$\frac{\partial t}{\partial y}$、$\frac{\partial t}{\partial z}$ 分别为温度在 x、y、z 方向的温度变化率，$\boldsymbol{i}$、$\boldsymbol{j}$、$\boldsymbol{k}$ 分别为 x、y、z 方向的单位矢量。

四、热流密度

单位时间内单位面积上所传递的热量，称为热流密度或热流通量。热流密度的大小和方向可用矢量 $\boldsymbol{q}$ 表示

$$\boldsymbol{q} = -\frac{\mathrm{d}\Phi}{\mathrm{d}F}\boldsymbol{n}$$

式中：负号表示 $\boldsymbol{q}$ 的方向与 $\boldsymbol{n}$ 的方向相反，即与温度梯度的方向相反，指向温度降低的方向。

在直角坐标系中，热流密度矢量 $\boldsymbol{q}$ 可表示为

$$\boldsymbol{q} = q_x \boldsymbol{i} + q_y \boldsymbol{j} + q_z \boldsymbol{k} \tag{10-4}$$

式中：q_x、q_y、q_z 分别是热流密度矢量 $\boldsymbol{q}$ 在 x、y、z 三个方向的分量。

第二节　傅里叶定律

傅里叶在对纯导热过程进行大量实验研究和分析的基础上，揭示了导热热流密度与温度梯度间的关系，于 1822 年提出了著名的导热基本定律——傅里叶定律。

$$\boldsymbol{q} = -\lambda\,\mathrm{grad}\,t = -\lambda\frac{\partial t}{\partial n}\boldsymbol{n} \tag{10-5}$$

傅里叶定律说明，导热热流密度的大小与温度梯度成正比，方向与温度梯度方向相反。

根据傅里叶定律和式（10-3）、式（10-4），热流密度沿 x、y、z 方向的分量应为

$$q_x = -\lambda\frac{\partial t}{\partial x} \qquad q_y = -\lambda\frac{\partial t}{\partial y} \qquad q_z = -\lambda\frac{\partial t}{\partial z} \tag{10-6}$$

需要指出的是式（10-5）、式（10-6）中隐含着一个条件，就是导热系数在各个不同方向应该是相同的。我们把这种导热系数与方向无关的材料称为各向同性材料。

由傅里叶定律可知，要计算通过物体的热流量，除需要知道材料的导热系数之外，还需要知道物体的温度场。

第三节　导热系数

导热系数是表明物质导热特性的一个重要的物性参数，它说明了物质导热能力的大小。

对于均匀温度场，由式（10-5）可得其定义式

$$\lambda = -\frac{q}{\text{grad}\,t} \tag{10-7}$$

上式说明，导热系数的数值等于物体中单位温度降度、单位时间、单位面积所通过的导热量。

实验结果表明，各种物质导热系数的数值是不同的。导热系数的大小主要取决于物质的成分、内部结构、密度、温度、压力等因素。工程上常用材料的导热系数一般都由实验测定，表 10-1 给出了一些常用材料的导热系数，更详细的资料可查阅附录 11 及有关手册。从表 10-1 中可以看出，金属材料的导热系数值最大，非金属固体材料次之，液体材料再次之，气体材料为最小。这是由于不同物质的分子密集程度不同而造成的。

导热过程是在温度不同的物体各部分之间进行的，因此温度的影响极为重要。在温度变化范围不大时，对于大多数工程材料，导热系数可认为是温度的线性函数，即

$$\lambda = \lambda_0 (1 + bt) \tag{10-8}$$

式中　λ——温度为 t℃时的导热系数；

　　　λ_0——温度为 0℃时的导热系数；

　　　b——常数，与材料物理性质有关，由实验测得。

表 10-1　　　　　　　　　　几种材料在 20℃时的导热系数值

材料名称	$\lambda[\text{W}/(\text{m}\cdot\text{K})]$	材料名称	$\lambda[\text{W}/(\text{m}\cdot\text{K})]$
金属（固体）		松木（平行木纹）	0.35
纯银	427	冰（0℃）	2.22
纯铜	398	液体：	
黄铜（70%Cu，30%Zn）	109	水（0℃）	0.551
纯铝	236	水银（汞）	7.90
铝合金（87%Al，13%Si）	162	变压器油	0.124
纯铁	81.1	柴油	0.128
碳钢	49.8	润滑油	0.146
非金属（固体）		气体（大气压力）	
石英晶体（0℃，平行于轴）	19.4	空气	0.0257
石英玻璃（0℃）	1.13	氮气	0.0256
大理石	2.70	氢气	0.177
玻璃	0.65～0.71	水蒸气（0℃）	0.183
松木（垂直木纹）	0.15		

不同物质导热系数的差异是由于物质构造上的差别以及导热的机理不同所致，下面分别研究气体、液体和固体的导热系数。

气体导热系数的数值约在 0.006～0.6W/(m·K) 之间。气体的导热是由于分子的热运动和相互碰撞时所发生的能量传递。根据气体分子运动理论，常温常压下，气体的导热系数可表示为

$$\lambda = \frac{1}{3}\bar{u}l\rho c_V \tag{10-9}$$

式中 $\bar{u}$——气体分子运动的平均速度；

l——气体分子在两次碰撞间的平均自由行程；

ρ——气体的密度；

c_V——气体的定容比热。

当气体压力升高时，气体的密度增大，自由行程 l 减小，而乘积 ρl 保持常数，因此，对于大多数气体，可认为其导数系数与压力无关。

图10-2给出了几种常见气体的导热系数随温度变化的曲线，不难看出，气体的导热系数随温度的升高而增大，这是由于气体的分子运动平均速度和定容比热均随温度的升高而增大的原因。

混合气体的导热系数不像比热等参数那样可用简单的相加定律求解，而只能用实验方法测定。

液体导热系数的数值约在 0.07～0.7W/(m·℃) 之间。液体的导热是依靠晶格的振动来实现的，其经验公式为

$$\lambda = A \frac{c_p \rho^{\frac{4}{3}}}{M^{\frac{1}{8}}} \qquad (10\text{-}10)$$

式中，c_p 是液体的定压比热；ρ 是液体的密度；M 是液体的分子量；系数 A 与晶格振动在液体中的传播速度成正比，与液体性质无关，与温度有关。一般情况下认为 A 为常数。

由式(10-10)不难看出，当温度升高时，由于液体密度减小，大多数液体的导热系数会减小，只有水和甘油等强缔合液体，由于它们的分子量随温度变化，其导热系数变化规律比较特殊，例如水在120℃以下时，导热系数随温度升高而增大，高于120℃时则随温度升高而减小。

图10-3给出了几种常见液体的导热系数随温度的变化曲线。

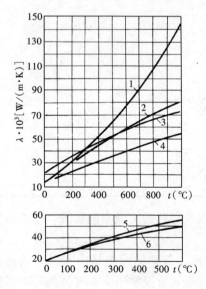

图 10-2 气体的导热系数

1—水蒸气；2—二氧化碳；3—空气；
4—氩；5—氧；6—氮

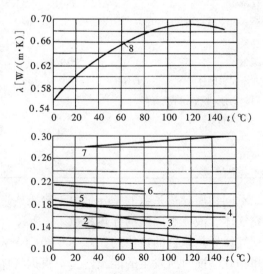

图 10-3 液体的导热系数

1—凡士林油；2—苯；3—丙酮；4—蓖麻油；
5—乙醇；6—甲醇；7—甘油；8—水

固体材料的导热系数由于金属和非金属的导热机理不同,分别给予说明。

金属材料的导热系数一般在 12～418W/(m·℃)之间变化。大多数的纯金属其导热系数随温度的升高而减小,如图 10-4 所示。若在纯金属中掺入杂质后,其导热系数会显著降低。大部分合金的导热系数是随温度的升高而增大。

对供热通风和空调专业来说特别感兴趣的是建筑材料和隔热保温材料等非金属材料的导热系数。这一类材料的导热系数一般在 0.025～3W/(m·℃)之间,特点是多孔隙、吸湿性强、导热系数值随温度升高而增加。材料受潮后,λ 值显著增加,甚至超过水。例如砖在干燥时导热系数为 0.35W/(m·℃),而湿砖的导热系数高达 1.0W/(m·℃)。所以对于建筑物的围护结构,特别是冷、热设备的隔热层,应采取防潮措施。

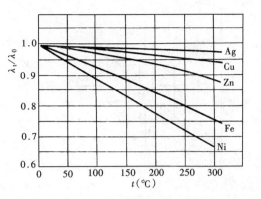

图 10-4 金属的导热系数

导热系数值小于 0.2W/(m·℃)的材料称为隔热保温材料或热绝缘材料。

表 10-2 给出了一些常用建筑隔热保温材料的导热系数和密度值,以供参考。

表 10-2　常用建筑隔热保温材料的导热系数和密度

材料名称	温度(℃)	密度(kg/m³)	导热系数[W/(m·℃)]	材料名称	温度(℃)	密度(kg/m³)	导热系数[W/(m·℃)]
膨胀珍珠岩散料	25	60～300	0.021～0.062	硬泡沫塑料	30	29.5～56.3	0.041～0.048
岩棉制品	20	80～150	0.035～0.038	软泡沫塑料	30	41～162	0.043～0.056
膨胀蛭石	20	100～130	0.051～0.07	铝箔间隔层（5层）	21		0.042
石棉绳		590～730	0.1～0.21	红砖（营造状态）	25	1860	0.87
微孔硅酸钙	50	82	0.049	红　砖	35	1560	0.49
粉煤灰砖	27	458～589	0.12～0.22	水　泥	30	1900	0.30
矿渣棉	30	207	0.058	混凝土板	35	1930	0.79
软木板	20	105～437	0.044～0.079	瓷　砖	37	2090	1.1
木丝纤维板	25	245	0.048	玻　璃	45	2500	0.65～0.71
云　母		290	0.58	聚苯乙烯	30	24.7～37.8	0.04～0.043

第四节　导热过程的数学描述

傅里叶定律确定了热流密度和温度梯度间的关系。但要确定热流密度的大小,还要知道物体内的温度场,即

$$t = f(x, y, z, \tau)$$

为此,首先要找到数学上描述它的微分方程,然后在傅里叶定律的基础上,借助热力学第一定律,把物体内各点的温度关联起来,建立起温度场的通用数学描述——导热微分方程式。

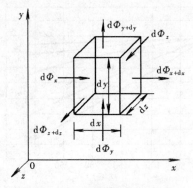

图 10-5 微元体的导热

假设所研究的物体是各向同性的连续介质，其导热系数 λ、比热 c 和密度均为已知，并假定物体内有内热源，例如化学反应时放出反映热，电阻通电发热等，此时内热源为正值；又例如，化学反应时吸收热量，熔化过程中吸收物理潜能等，此时，内热源为负值。用单位体积单位时间内所发出的热量 q_V 表示内热源的强度。再从进行导热过程的物体中分离出一个微元体 $dv = dxdydz$，微元体的三个边分别平行于 x、y 和 z 轴，如图 10-5 所示。根据能量守恒定律，对微元体进行热平衡分析，那么在 $d\tau$ 时间内导入与导出微元体的净热量，加上内热源的发热量，应等于微元体内能的增加，即

$$\begin{bmatrix} 导入与导出 \\ 微元体的净热量 \end{bmatrix} + \begin{bmatrix} 微元体中 \\ 内热源的发热量 \end{bmatrix} = \begin{bmatrix} 微元体 \\ 内能的增量 \end{bmatrix} \quad (10\text{-}11)$$

$$\qquad\qquad \text{I} \qquad\qquad\qquad \text{II} \qquad\qquad\qquad \text{III}$$

下面分别计算式（10-11）中的各项。

导入与导出微元体的净热量可由 x、y、z 三个方向导入与导出微元体的净热量相加得到。

在 $d\tau$ 时间内，沿 x 轴方向，经 x 表面导入的热量为

$$d\Phi_x = q_x dydzd\tau$$

经 $x+dx$ 表面导出的热量为

$$d\Phi_{x+dx} = q_{x+dx} dydzd\tau$$

而

$$q_{x+dx} = q_x + \frac{\partial q_x}{\partial x}dx$$

于是，在 $d\tau$ 时间内，沿 x 轴方向，导入与导出微元体的净热量为

$$d\Phi_x - d\Phi_{x+dx} = -\frac{\partial q_x}{\partial x}dxdydzd\tau$$

同理，在 $d\tau$ 时间内，沿 y 轴和 z 轴方向，导入与导出微元体的净热量为

$$d\Phi_y - d\Phi_{y+dy} = -\frac{\partial q_y}{\partial y}dxdydzd\tau$$

$$d\Phi_z - d\Phi_{z+dz} = -\frac{\partial q_z}{\partial z}dxdydzd\tau$$

将 x、y、z 三个方向导入与导出微元体的净热量相加即可得到

$$\text{I} = -\left(\frac{\partial q_x}{\partial x} + \frac{\partial q_y}{\partial y} + \frac{\partial q_z}{\partial z}\right)dxdydzd\tau \qquad (a)$$

根据傅里叶定律

$$q_x = -\lambda\frac{\partial t}{\partial x}, \quad q_y = -\lambda\frac{\partial t}{\partial y}, \quad q_z = -\lambda\frac{\partial t}{\partial z}$$

代入（a）中得到

$$\text{I} = \left[\frac{\partial}{\partial x}\left(\lambda\frac{\partial t}{\partial x}\right) + \frac{\partial}{\partial y}\left(\lambda\frac{\partial t}{\partial y}\right) + \frac{\partial}{\partial z}\left(\lambda\frac{\partial t}{\partial z}\right)\right]dxdydzd\tau \qquad (b)$$

在 $d\tau$ 时间内，微元体中内热源的发热量为

$$\text{II} = q_V dx dy dz d\tau \tag{c}$$

在 $d\tau$ 时间内，微元体的内能增量为

$$\text{III} = \rho c \frac{\partial t}{\partial \tau} dx dy dz d\tau \tag{d}$$

对于固体和不可压缩流体，定压比热 c_p 等于定容比热 c_V，即 $c_p = c_V = c$。将式（b）、（c）和（d）代入式（10-11）中，消去等于两侧的 $dx dy dz d\tau$，得

$$\rho c \frac{\partial t}{\partial \tau} = \frac{\partial}{\partial x}\left(\lambda \frac{\partial t}{\partial x}\right) + \frac{\partial}{\partial y}\left(\lambda \frac{\partial t}{\partial y}\right) + \frac{\partial}{\partial z}\left(\lambda \frac{\partial t}{\partial z}\right) + q_V \tag{10-12}$$

式（10-12）称为导热微分方程式，它代表了物体的温度随时间和空间的变化关系。

当物性参数 λ、ρ 和 c 均为常数时，式（10-12）可简化为

$$\frac{\partial t}{\partial \tau} = \frac{\lambda}{\rho c}\left(\frac{\partial^2 t}{\partial x^2} + \frac{\partial^2 t}{\partial y^2} + \frac{\partial^2 t}{\partial z^2}\right) + \frac{q_V}{\rho c} \tag{10-13}$$

或

$$\frac{\partial t}{\partial \tau} = a \nabla^2 t + \frac{q_V}{\rho c}$$

式中 $\nabla^2 t$——温度 t 的拉普拉斯运算符，$\nabla^2 t = \frac{\partial^2 t}{\partial x^2} + \frac{\partial^2 t}{\partial y^2} + \frac{\partial^2 t}{\partial z^2}$；

a——导温系数或热扩散系数，$a = \frac{\lambda}{\rho c}$，$m^2/s$，表征物体被加热和冷却时，物体内各部分温度趋向一致的能力。

当物性参数为常数且无内热源时，式（10-13）可简化为

$$\frac{\partial t}{\partial \tau} = a \nabla^2 t \tag{10-14}$$

对于稳态温度场，$\frac{\partial t}{\partial \tau} = 0$，式（10-13）可简化为

$$a \nabla^2 t + \frac{q_V}{\rho c} = 0 \tag{10-15}$$

对于无内热源的稳态温度场，式（10-15）可进一步简化为

$$\nabla^2 t = \frac{\partial^2 t}{\partial x^2} + \frac{\partial^2 t}{\partial y^2} + \frac{\partial^2 t}{\partial z^2} = 0 \tag{10-16}$$

此时，微元体的热平衡式中 II 和 III 均为零，所以 I 也为零，说明导入微元体的热量等于导出微元体的热量。

当所研究的对象为轴对称物体时（圆柱、圆筒和圆球）时，采用柱坐标系（r、φ、z）或球坐标系（r、θ、φ）更方便，如图 10-6 所示。此时，通过坐标变换，可将式（10-12）转为柱坐标系或球坐标系，详细推导可参考其他文献。

对于柱坐标系式（10-12）可改写为

$$\rho c \frac{\partial t}{\partial \tau} = \frac{1}{r}\frac{\partial}{\partial r}\left(\lambda r \frac{\partial t}{\partial r}\right) + \frac{1}{r^2}\frac{\partial}{\partial \varphi}\left(\lambda \frac{\partial t}{\partial \varphi}\right) + \frac{\partial}{\partial z}\left(\lambda \frac{\partial t}{\partial z}\right) + q_V \tag{10-17}$$

当 λ 为常数时，上式可简化为

$$\frac{\partial t}{\partial \tau} = a\left(\frac{\partial^2 t}{\partial r^2} + \frac{1}{r}\frac{\partial t}{\partial r} + \frac{1}{r^2}\frac{\partial^2 t}{\partial \varphi^2} + \frac{\partial^2 t}{\partial z^2}\right) + \frac{q_V}{\rho c} \tag{10-17a}$$

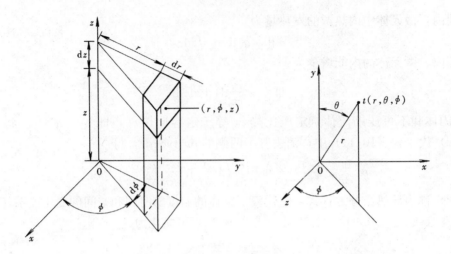

图 10-6 圆柱和球坐标系

对于球坐标系式（10-12）可改写为

$$\rho c \frac{\partial t}{\partial \tau} = \frac{1}{r^2}\frac{\partial}{\partial r}\left(\lambda r^2 \frac{\partial t}{\partial r}\right) + \frac{1}{r^2\sin\theta}\frac{\partial}{\partial \theta}\left(\lambda\sin\theta \frac{\partial t}{\partial \theta}\right) + \frac{1}{r^2\sin^2\theta}\frac{\partial}{\partial \varphi}\left(\lambda \frac{\partial t}{\partial \varphi}\right) + q_v \quad (10\text{-}18)$$

当 λ 为常数时，上式可简化为

$$\frac{\partial t}{\partial \tau} = a\left[\frac{1}{r}\frac{\partial^2 (rt)}{\partial r^2} + \frac{1}{r^2\sin\theta}\frac{\partial}{\partial \theta}\left(\sin\theta \frac{\partial t}{\partial \theta}\right) + \frac{1}{r^2\sin^2\theta}\frac{\partial^2 t}{\partial \varphi^2}\right] + \frac{q_v}{\rho c} \quad (10\text{-}18\text{a})$$

第五节　导热过程的单值性条件

导热微分方程式是描述物体温度场的通用表达式，在建立过程中没有涉及某一特定导热过程的具体条件，因此，它适用于众多不同的导热过程，即它有无穷多个解。为了区分不同的导热过程，以便在求解中获得具体导热过程的唯一解，我们还要给出每个导热过程的具体特点，这些补充说明条件总称为导热过程的单值性条件。

单值性条件一般有以下四项：

1. 几何条件

说明参与导热过程的物体的几何形状和尺寸大小。例如，物体是平壁或圆筒壁，平壁的厚度或圆筒壁的直径等。

2. 物理条件

说明参与导热过程物体的物理性质，例如，给出参与导热过程物体的热物性参数 λ、ρ、c 等的数值及特点，是常物性（物性参数为常数）还是变物性（物性参数随温度变化）；物体是否具有内热源及内热源的分布规律等。

3. 时间条件

说明在时间上导热过程进行的特点。由于稳态导热过程温度场不随时间变化，所以它没有单值性的时间条件。对于非稳态导热，应给出过程开始时物体内的温度分布规律。一般表示如下

$$t\mid_{\tau=0} = f(x, y, z) \quad (10\text{-}19)$$

又称为初始条件。若过程开始时刻，物体内各部分具有同样的温度，那么初始条件可简化为

$$t\mid_{\tau=0}=t_0=常数$$

4. 边界条件

反映导热过程与周围环境之间相互作用的条件称为边界条件，说明在物体边界上导热过程进行的特点。边界条件一般有如下三类：

(1) 第一类边界条件。

给出物体边界面上任意时刻的温度分布规律

$$t_w=f(x,y,z,\tau) \tag{10-20}$$

如果整个导热过程中物体边界面上温度为常数，上式可简化为

$$t_w=常数$$

(2) 第二类边界条件。

给出物体边界面上的热流密度分布及变化规律

$$q_w=f(x,y,z,\tau) \tag{10-21}$$

根据傅里叶定律表达式可得

$$-\left.\frac{\partial t}{\partial n}\right|_w=\frac{q_w}{\lambda} \tag{10-22}$$

所以第二类边界条件相当于已知任意时刻物体边界面法向的温度变化率的值，但不代表已知物体的温度分布，因为物体内各处的温度梯度和边界面的温度值还是未知的。

(3) 第三类边界条件。

给出与物体表面进行对流换热的流体温度 t_f 和对流换热系数 α。

根据牛顿冷却定律表达式，第三类边界条件可表示为

$$-\lambda\left.\frac{\partial t}{\partial n}\right|_w=\alpha(t_w-t_f) \tag{10-23}$$

对于稳态导热过程，t_f 和 α 为常数；对于非稳态导热过程，还要给出 t_f、α 与时间的函数关系。

从第三类边界条件的表达式可以看出，在一定的情况下，第三类边界条件可以转化为第一类边界条件和第二类边界条件：当 α 非常大时，可转化为第一类边界条件；当 α 非常小时，可转化为第二类边界条件。

总之，对任一个具体导热过程完整的数学描述，应包括导热微分方程式和单值性条件两个方面，缺一不可。这就要求在进行导热问题研究时，能根据导热过程的具体特点，建立合理的数学模型。

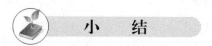

小　结

本章主要内容介绍了温度场、等温面（线）、温度梯度和热流密度等几个导热的基本概念，进而提出了导热基本规律——傅里叶定律。在此基础上，导出了反映物体内温度场的数学描述表达式——导热微分方程式。

学习本章重点要理解温度梯度和热流密度的概念；了解影响物体导热系数特别是建筑隔热保温材料导热系数的主要因素；掌握导热基本规律——傅里叶定律；理解导热问题的数学

描述。

习 题

10-1 何谓温度场、等温面、等温线和温度梯度？

10-2 物体内等温线为何不能相交？

10-3 推出导热微分方程式的前提条件是什么？

10-4 写出导热傅里叶定律表达式的一般形式，说明其适用条件及式中各符号的物理意义。

10-5 已知物体的热物性参数是 λ、ρ 和 c，无内热源，试推导圆柱坐标系的导热微分方程式。

10-6 已知物体的热物性参数是 λ、ρ 和 c，无内热源，试推导球坐标系的导热微分方程式。

10-7 从宇宙飞船伸出一根细长散热棒，以辐射换热将热量散发到外部空间去，已知棒的发射率（黑度）为 ε，导热系数为 λ，棒的长度为 l，横截面面积为 f，截面周长为 U，棒根部温度为 T_0，外部空间是绝对零度的黑体，试写出棒温度分布的导热微分方程式和边界条件。

第十一章 稳态导热

稳态导热是指温度场不随时间变化的导热过程，即 $\dfrac{\partial t}{\partial \tau}=0$。

工程上的许多实际导热现象，都可以归结为温度仅沿一个方向变化，且与时间无关的一维稳态导热过程。例如，通过房屋墙壁和长热力管道管壁的导热等等。本章将分别讨论常见的平壁、圆筒壁及肋壁的一维稳态导热，并简单介绍接触热阻的概念。

第一节 平壁的稳态导热

一、单层平壁的稳态导热

假设单层平壁的表面面积为 F，厚度为 δ（见图 11-1），材料的导热系数 λ 为常数，无内热源，平壁两侧表面分别保持均匀恒定的温度 t_{w1}，t_{w2}，且 $t_{w1} > t_{w2}$。若平壁的高度与宽度远大于其厚度，可认为温度沿高度和宽度两个方向变化很小，只沿厚度方向发生变化，即一维稳态导热。

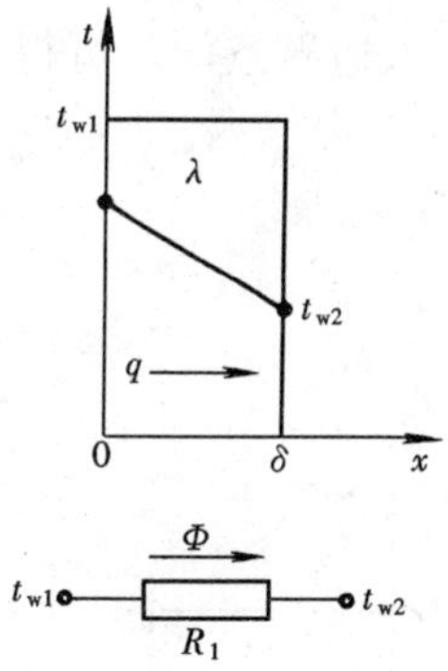

单层平壁的稳态导热微分方程式可写为

$$\frac{\mathrm{d}^2 t}{\mathrm{d} x^2}=0 \quad (11\text{-}1)$$

边界条件为 $x=0$，$t=t_{w1}$

$$x=\delta,\ t=t_{w2}$$

图 11-1 单层平壁的导热

式（11-1）和边界条件构成了单层平壁稳态导热的完整数学描述。式（11-1）比较简单，可采用直接积分法求得通解

$$t = C_1 x + C_2$$

代入边界条件，可以确定

$$C_2 = t_{w1}$$

$$C_1 = -\frac{t_{w1} - t_{w2}}{\delta}$$

经整理后，可以得到单层平壁中的温度分布为

$$t = t_{w1} - \frac{t_{w1} - t_{w2}}{\delta} x \quad (11\text{-}2)$$

可见，当导热系数 λ 为常数时，平壁内温度呈线性分布，温度分布曲线的斜率为

$$\frac{\mathrm{d} t}{\mathrm{d} x} = -\frac{t_{w1} - t_{w2}}{\delta}$$

根据傅里叶定律可求解通过平壁的热流密度

$$q = -\lambda \frac{\mathrm{d} t}{\mathrm{d} x} = \lambda \frac{t_{w1} - t_{w2}}{\delta} \quad (11\text{-}3)$$

可见，通过平壁的热流密度为常数，与坐标 x 无关。

通过整个平壁的热流量为

$$\Phi = qF = \lambda F \frac{t_{w1} - t_{w2}}{\delta} \tag{11-4}$$

若平壁材料的导热系数是温度的函数，那么，通过平壁的温度分布和热流密度应求解下列导热微分方程式

$$\frac{d}{dx}\left(\lambda \frac{dt}{dx}\right) = 0 \tag{11-5}$$

在实际工程中，当温度变化范围不大时，可近似地认为材料的导热系数随温度线性变化，即 $\lambda = \lambda_0 (1 + bt)$。将上式代入式（11-5）中，积分后得

$$\lambda_0 (1 + bt) \frac{dt}{dx} = C_1 \tag{11-6}$$

再进行积分，可得

$$\lambda_0 \left(t + \frac{1}{2} bt^2\right) = C_1 x + C_2 \tag{11-7}$$

代入边界条件，可得

$$C_2 = \lambda_0 \left(t_{w1} + \frac{1}{2} bt_{w2}^2\right)$$

$$C_1 = -\frac{t_{w1} - t_{w2}}{\delta} \lambda_0 \left[1 + \frac{b}{2}(t_{w1} + t_{w2})\right]$$

将 C_1 和 C_2 代入式（11-7）中并消去等号两侧的 λ_0，得到温度分布

$$\left(t + \frac{1}{2} bt^2\right) = \left(t_{w1} + \frac{1}{2} bt_{w2}^2\right) - \frac{t_{w1} - t_{w2}}{\delta}\left[1 + \frac{b}{2}(t_{w1} + t_{w2})\right]x$$

由上式可知，当平壁材料的导热系数随温度线性变化时，平壁温度分布为二次曲线，如图 11-2 所示。

根据傅里叶定律可求解通过平壁的热流密度

$$q = -\lambda \frac{dt}{dx} = -C_1 = \frac{t_{w1} - t_{w2}}{\delta} \lambda_0 \left[1 + \frac{b}{2}(t_{w1} + t_{w2})\right]$$

$$= \frac{t_{w1} - t_{w2}}{\delta} \lambda_0 (1 + bt_m)$$

$$= \lambda_m \frac{t_{w1} - t_{w2}}{\delta}$$

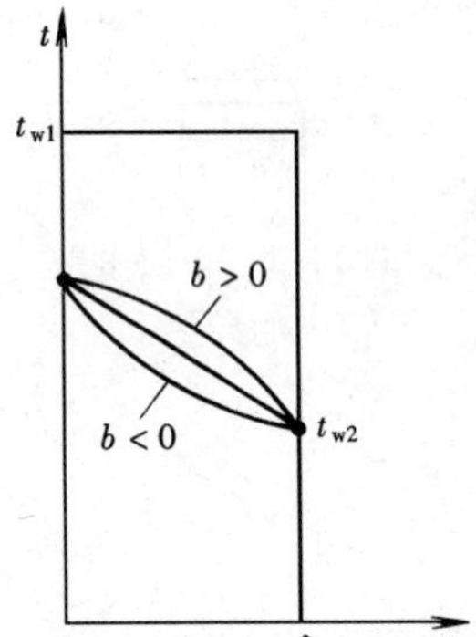

图 11-2 导热系数随时间变化时平壁内的温度分布

式中：$t_m = \frac{t_{w1} + t_{w2}}{2}$ 为平壁的算术平均温度，该温度下的导热系数为 $\lambda_m = \lambda_0 (1 + bt_m)$。

二、多层平壁的稳态导热

在工程计算中，常遇到的多是多层平壁，即由几种不同材料组成的平壁。例如，房屋的墙壁，一般以砌块为主体，内有白灰层，外抹水泥砂浆，有的楼房还有一层外墙瓷砖修饰层；锅炉炉墙，内为耐火砖层，中为隔热材料层，外为钢板。当这种多层平壁的两表面分别维持均匀恒定的温度时，其导热也可看作一维稳态导热处理。

例如，假设一个由三层不同材料组成的无限大平壁，如图 11-3 所示。各层厚度分别为 δ_1，δ_2 和 δ_3，导热系数分别为 λ_1，λ_2 和 λ_3，且均为常数。各层之间接触紧密，因此，相互接触的表面具有相同的温度，分别为 t_{w2}，t_{w3}。平壁两侧外表面分别保持均匀恒定的温度 t_{w1}，t_{w4}。因为是稳态导热，通过各层的热流量相同，对于三层平壁的每一层根据单层平壁可写出

$$\Phi = \frac{t_{w1} - t_{w2}}{\dfrac{\delta_1}{F\lambda_1}} = \frac{t_{w1} - t_{w2}}{R_{\lambda 1}}$$

$$\Phi = \frac{t_{w2} - t_{w3}}{\dfrac{\delta_2}{F\lambda_2}} = \frac{t_{w2} - t_{w3}}{R_{\lambda 2}}$$

$$\Phi = \frac{t_{w3} - t_{w4}}{\dfrac{\delta_3}{F\lambda_3}} = \frac{t_{w3} - t_{w4}}{R_{\lambda 3}}$$

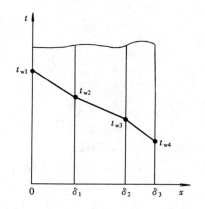

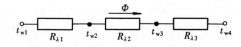

图 11-3　三层平壁的导热

将上三式移项、相加并整理，可得

$$\Phi = \frac{t_{w1} - t_{w4}}{R_{\lambda 1} + R_{\lambda 2} + R_{\lambda 3}} = \frac{t_{w1} - t_{w4}}{\sum\limits_{i=1}^{3} R_{\lambda i}} \quad (11\text{-}8)$$

式中：$\sum\limits_{i=1}^{3} R_{\lambda i} = R_{\lambda 1} + R_{\lambda 2} + R_{\lambda 3}$ 是三层平壁的总导热热阻。

以此类推，对于 n 层平壁导热，热流量的计算公式应为

$$\Phi = \frac{t_{w1} - t_{w(n+1)}}{\sum\limits_{i=1}^{n} R_{\lambda i}} \quad (11\text{-}9)$$

式中：$t_{w1} - t_{w(n+1)}$ 为多层平壁两侧内外壁面间的温差，$\sum\limits_{i=1}^{n} R_{\lambda i}$ 为总导热热阻，是各层导热热阻的和。

因为每一层中温度都是以直线规律分布，所以在多层平壁中，温度分布将是一条折线。层与层间接触面的温度可以通过式（11-9）求得。对于 n 层多层平壁，第 j 层和第 $j+1$ 层间接触面的温度 $t_{w(j+1)}$ 为

$$t_{w(j+1)} = t_{w1} - q\,(R_{\lambda 1} + R_{\lambda 2} + \cdots + R_{\lambda j}) = t_{w1} - q\left(\sum\limits_{i=1}^{j} R_{\lambda i}\right) \quad (11\text{-}10)$$

【**例 11-1**】　有一锅炉炉墙由三层组成，内层是厚度 $\delta_1 = 120\text{mm}$ 的耐火黏土砖，导热系数 $\lambda_1 = 0.8\text{W/(m·℃)}$，外层是厚度 $\delta_3 = 250\text{mm}$ 的红砖层，$\lambda_3 = 0.6\text{W/(m·℃)}$，两层中间填入硅藻土填料层，厚度 $\delta_2 = 50\text{mm}$，$\lambda_2 = 0.12\text{W/(m·℃)}$。已知炉墙内、外两侧表面温度 $t_{w1} = 500\text{℃}$ 和 $t_{w4} = 50\text{℃}$，求通过炉墙的热流量及红砖层的最高温度。

解　求热流量。

计算各层单位面积的导热热阻

$$R_{\lambda 1} = \frac{\delta_1}{\lambda_1} = \frac{0.12}{0.8} = 0.15\,(\text{m}^2 \cdot \text{℃/W})$$

$$R_{\lambda 2}=\frac{\delta_2}{\lambda_2}=\frac{0.05}{0.12}=0.42(\text{m}^2\cdot\text{°C/W})$$

$$R_{\lambda 3}=\frac{\delta_3}{\lambda_3}=\frac{0.25}{0.6}=0.42(\text{m}^2\cdot\text{°C/W})$$

根据式

$$q=\frac{t_{w1}-t_{w4}}{\sum_{i=1}^{3}R_{\lambda i}}=\frac{500-50}{0.15+0.42+0.42}=454.54(\text{W/m}^2)$$

求红砖层的最高温度：

$$t_{w3}=t_{w1}-q(R_{\lambda 1}+R_{\lambda 2})=500-454.54(0.15+0.42)=240.9(\text{°C})$$

第二节 圆筒壁的稳态导热

圆形管道在日常生活和生产中的应用非常广泛，如锅炉中的水冷壁、省煤器和供暖管道等。下面就这类管道稳态导热过程中的壁内温度分布及导热热流量进行分析。

一、单层圆筒壁的稳态导热

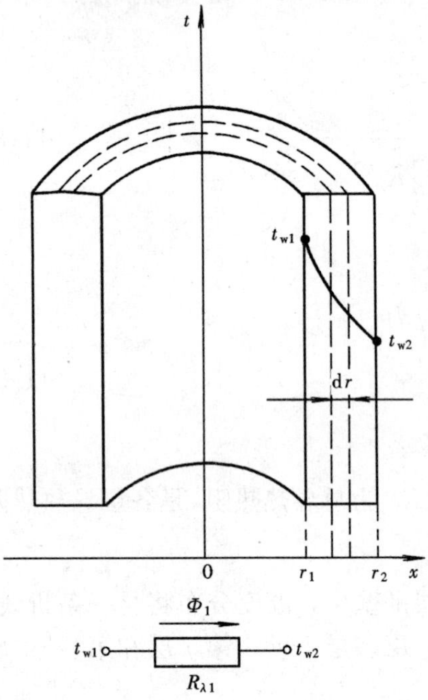

如图 11-4 所示，已知单层圆筒壁的内、外半径分别为 r_1、r_2，长度为 l，导热系数 λ 为常数，无内热源（$q_V=0$），内、外壁面维持均匀恒定的温度 t_{w1}、t_{w2}，且 $t_{w1}>t_{w2}$。当圆筒壁的外半径小于长度的 $\frac{1}{10}$ 时，沿轴向的温度变化可忽略不计，如果采用圆柱坐标系，则圆筒壁的导热可看作只沿径向变化的一维稳态导热，导热微分方程式为

$$\frac{\text{d}}{\text{d}r}\left(r\frac{\text{d}t}{\text{d}r}\right)=0 \tag{11-11}$$

边界条件为
$$r=r_1,\ t=t_{w1}$$
$$r=r_2,\ t=t_{w2}$$

对式(11-11)进行两次积分，可得导热微分方程式的通解

$$t=C_1\ln r+C_2$$

代入边界条件，可得

$$C_1=-\frac{t_{w1}-t_{w2}}{\ln\frac{r_2}{r_1}}$$

图 11-4 单层圆筒壁的导热

$$C_2=t_{w1}+\frac{t_{w1}-t_{w2}}{\ln\frac{r_2}{r_1}}\ln r_1$$

将 C_1、C_2 代入通解，可得圆筒壁内的温度分布为

$$t=t_{w1}-(t_{w1}-t_{w2})\frac{\ln(r/r_1)}{\ln(r_2/r_1)}$$

可见，壁内的温度分布为对数曲线。

根据傅里叶定律，圆筒壁沿 r 方向的热流密度为

$$q = -\lambda \frac{\mathrm{d}t}{\mathrm{d}r} = \lambda \frac{t_{w1} - t_{w2}}{\ln(r_2/r_1)} \frac{1}{r}$$

由上式可见，径向热流密度不为常数，而是半径 r 的函数，随着 r 的增加，热流密度逐渐减小。但是，对于稳态导热，通过整个圆筒壁的热流量是不变的。

$$\Phi = 2\pi r l q = \frac{t_{w1} - t_{w2}}{\frac{1}{2\pi\lambda l} \ln \frac{r_2}{r_1}} = \frac{t_{w1} - t_{w2}}{\frac{1}{2\pi\lambda l} \ln \frac{d_2}{d_1}} = \frac{t_{w1} - t_{w2}}{R_\lambda} \tag{11-12}$$

式中：R_λ 为整个圆筒壁的导热热阻，$R_\lambda = \frac{1}{2\pi\lambda l} \ln \frac{d_2}{d_1}$，单位 K/W。

单位长度圆筒壁的热流量为

$$\Phi_l = \frac{\Phi}{l} = \frac{t_{w1} - t_{w2}}{\frac{1}{2\pi\lambda} \ln \frac{r_2}{r_1}} = \frac{t_{w1} - t_{w2}}{\frac{1}{2\pi\lambda} \ln \frac{d_2}{d_1}} = \frac{t_{w1} - t_{w2}}{R_{\lambda l}} \tag{11-13}$$

式中：$R_{\lambda l} = \frac{1}{2\pi\lambda} \ln \frac{d_2}{d_1}$，是单位长度圆筒壁的导热热阻，单位 m·K/W。

二、多层圆筒壁的稳态导热

单层圆筒壁的稳态导热分析之后，很容易求解多层圆筒壁的导热问题。

设有一个由不同材料组成的三层圆筒壁，如图 11-5 所示。假定层与层之间接触良好，各层之间相接触的两表面具有相同的温度。已知各层管壁的半径分别为 r_1，r_2，r_3 和 r_4，各层材料的导热系数分别为 λ_1、λ_2 和 λ_3，圆筒壁内、外表面的温度分别用 t_{w1} 和 t_{w4}，$t_{w1} > t_{w4}$，且稳定不变。层与层之间接触面的未知温度分别用 t_{w2} 和 t_{w3} 表示。则单位长度圆筒壁的导热热流量可写为

$$\Phi_l = \frac{t_{w1} - t_{w4}}{R_{\lambda l 1} + R_{\lambda l 2} + R_{\lambda l 3}}$$
$$= \frac{t_{w1} - t_{w4}}{\frac{1}{2\pi\lambda_1} \ln \frac{d_2}{d_1} + \frac{1}{2\pi\lambda_2} \ln \frac{d_3}{d_2} + \frac{1}{2\pi\lambda_3} \ln \frac{d_4}{d_3}}$$

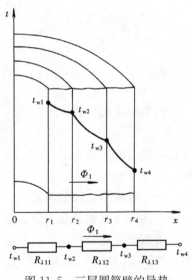

图 11-5　三层圆筒壁的导热

以此类推，对于 n 层不同材料组成的多层圆筒壁的稳态导热，单位管长的热流量可表示为

$$\Phi_l = \frac{t_{w1} - t_{w(n+1)}}{\sum_{i=1}^{n} R_{\lambda l i}} = \frac{t_{w1} - t_{w(n+1)}}{\sum_{i=1}^{n} \frac{1}{2\pi\lambda_i} \ln \frac{d_{i+1}}{d_i}} \tag{11-14}$$

【例 11-2】 某一蒸汽管道的内外直径分别为 160mm 和 170mm，管的外表面包着两层热绝缘层。第一层厚度为 $\delta_2 = 30$mm，第二层厚度为 $\delta_3 = 50$mm，管壁和两层热绝缘材料的导热系数分别为 $\lambda_1 = 58.3$ W/(m·K)，$\lambda_2 = 0.175$ W/(m·K)，$\lambda_3 = 0.094$ W/(m·K)，蒸汽管的内表面温度 $t_{w1} = 250$℃，第二层绝热材料的外表面温度为 $t_{w4} = 50$℃，求每米蒸汽管道的热损失和各层材料之间的接触面温度。

解 由题意可知 $d_1=0.16\text{m}$，$d_2=0.17\text{m}$，$\delta_2=0.03\text{m}$，$\delta_3=0.05\text{m}$，可求得

$$\delta_1 = \frac{1}{2}(d_2-d_1) = \frac{1}{2}(0.17-0.16) = 0.005(\text{m})$$

$$d_3 = d_2 + 2\delta_2 = 0.17 + 2\times 0.03 = 0.23(\text{m})$$

$$d_4 = d_3 + 2\delta_3 = 0.23 + 2\times 0.05 = 0.33(\text{m})$$

应用式（11-14），可得

$$\Phi_l = \frac{2\pi(t_{w1}-t_{w4})}{\frac{1}{\lambda_1}\ln\frac{d_2}{d_1}+\frac{1}{\lambda_2}\ln\frac{d_3}{d_2}+\frac{1}{\lambda_3}\ln\frac{d_4}{d_3}}$$

$$= \frac{2\times 3.14\times (250-50)}{\frac{1}{58.3}\ln\frac{0.17}{0.16}+\frac{1}{0.175}\ln\frac{0.23}{0.17}+\frac{1}{0.094}\ln\frac{0.33}{0.23}}$$

$$= 225.53(\text{W/m})$$

层与层间接触面的温度

$$t_{w2} = t_{w1} - \frac{\Phi_l}{2\pi\lambda_1}\ln\frac{d_2}{d_1} = 250 - \frac{225.53}{2\times 3.14\times 58.3}\ln\frac{0.17}{0.16} = 249.96(℃)$$

$$t_{w4} = t_{w3} + \frac{\Phi_l}{2\pi\lambda_3}\ln\frac{d_4}{d_3} = 50 + \frac{225.53}{2\times 3.14\times 0.094}\ln\frac{0.33}{0.23} = 187.92(℃)$$

第三节 肋片的稳态导热

由牛顿冷却公式

$$\Phi = \alpha F(t_w - t_f)$$

可知，增大换热面积 F 可有效地强化换热。在换热表面加装肋片是增加换热面积的主要措施，在生产和生活中得到广泛应用，如散热器、肋片式传热管和家用空调的冷凝器等。

一、等截面直肋的导热

下面以等截面直肋为例，求解肋片的稳态导热。

等截面直肋是指从平直基面上伸出而本身又具有不变截面的肋，最典型的一种是矩形直肋，如图 11-6（a）所示。

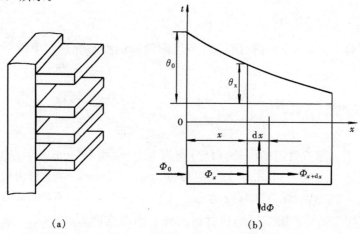

图 11-6 矩形肋的稳态导热

设肋片的高度为 H，宽为 L，厚度为 δ，肋片的横截面积为 A，横截面的周长 U。为分析方便，假设：

(1) 肋片材料均匀，导热系数 λ 为常数。
(2) 肋片根部与肋基接触紧密。
(3) 肋片表面各处与流体之间的表面换热系数 α 都相同。
(4) 肋片的导热热阻 δ/λ 与肋片表面的对流换热热阻 $1/\alpha$ 相比很小，可以忽略。在这种情况下，肋片温度只沿高度方向发生变化，导热过程可近似地认为是一维的。
(5) 忽略肋片端面的散热量，认为肋端面是绝热的。

热量从肋基导入肋片，然后从肋根导向肋端，沿途不断有热量从肋的侧面以对流换热方式散给周围的流体。这种情况可作为有负内热源的一维稳态导热问题处理，导热微分方程式为

$$\frac{d^2 t}{d x^2} - \frac{\Phi}{\lambda} = 0 \tag{11-15}$$

边界条件为
$$x=0, \quad t=t_0$$
$$x=H, \quad \frac{dt}{dx}=0$$

内热源强度为单位容积的发热量。对于如图 11-6（b）所示的微元段

$$\Phi = \frac{\alpha (t-t_f) U dx}{A dx}$$

代入式（11-15）中，可得

$$\frac{d^2 t}{d x^2} - \frac{\alpha U}{A \lambda}(t-t_f) = 0 \tag{11-16a}$$

或写作

$$\frac{d^2 \theta}{d x^2} - m^2 \theta = 0 \tag{11-16b}$$

式中：$m = \sqrt{\frac{\alpha U}{A \lambda}}$，单位 m^{-1}。$\theta = t - t_f$，称为过余温度，则肋基的过余温度为 $\theta_H = t_H - t_f$，肋根的过余温度为 $\theta_0 = t_0 - t_f$，于是边界条件可改为

$$x=0, \quad \theta=\theta_0$$
$$x=H, \quad \frac{d\theta}{dx}=0$$

对式（11-16b）进行积分，可得其通解

$$\theta = C_1 e^{mx} + C_2 e^{-mx} \tag{11-17}$$

代入边界条件，可求得

$$C_1 = \theta_0 \frac{e^{-mH}}{e^{mH} + e^{-mH}}$$

$$C_2 = \theta_0 \frac{e^{mH}}{e^{mH} + e^{-mH}}$$

代入通解中，得到等截面直肋内温度分布的表达式

$$\theta = \theta_0 \frac{e^{m(H-x)} + e^{-m(H-x)}}{e^{mH} + e^{-mH}} \tag{11-18a}$$

根据双曲余弦函数的定义式

$$\mathrm{ch}x = \frac{e^x + e^{-x}}{2}$$

式（11-8a）可写为

$$\theta = \theta_0 \frac{\mathrm{ch}[m(H-x)]}{\mathrm{ch}(mH)} \tag{11-18b}$$

可见，肋片内的温度分布从肋根开始沿高度呈双曲线余弦函数的规律变化。

由式（11-8b）可得肋端的过余温度为

$$\theta_l = \theta_0 \frac{1}{\mathrm{ch}(mH)}$$

在稳态情况下，肋片向周围流体的散热量应等于从肋根导入肋片的热量。因此，肋片的散热量为

$$\Phi = -A\lambda \frac{\mathrm{d}\theta}{\mathrm{d}x}\Big|_{x=0} = \theta_0 \frac{m\,\mathrm{sh}[m(H-x)]}{\mathrm{ch}(mH)}\Big|_{x=0}$$

$$= A\lambda m\theta_0 \frac{\mathrm{sh}(mH)}{\mathrm{ch}(mH)} = A\lambda m\theta_0 \mathrm{th}(mH)$$

$$= \sqrt{\alpha\lambda UA}\,\theta_0 \mathrm{th}(mH) \tag{11-19}$$

从式中不难看出，随着 mH 的增大，肋片的散热量也随之增加。

需要指出，上述分析虽是针对矩形直肋进行的，但结果也适用于其他形状的等截面直肋。此外，在推导过程中，我们忽略了肋端散热，认为其肋端绝热，这对于一般工程计算，特别是薄而高的肋片，可以得到足够精确的结果。对于必须考虑肋端散热的情况，可采用一种简便而准确的修正方法，即在式（11-19）中，以假想肋高 $\left(H + \frac{\delta}{2}\right)$ 替代实际肋高 H，这相当于把肋的端面面积展开到侧面，而把端面认为是绝热的。

二、肋片效率

加装肋片的目的是为了扩大散热面积，增大散热量。但随着肋片高度的增加，肋片的平均过余温度会逐渐降低，即肋片单位质量的散热量会逐渐减小。这就提出了一个如何评价固体壁加装肋片后的效果问题。肋片效率就是衡量肋片散热有效程度的指标，它定义为在肋片表面平均温度 t_m 下，肋片的实际散热量 Φ 与假定整个肋片表面都处在肋基温度 t_0 时的理想散热量 Φ_0 的比值，用符号 η_t 表示，即

$$\eta_t = \frac{\Phi}{\Phi_0} = \frac{\alpha(t_m - t_f)UH}{\alpha(t_0 - t_f)UH} = \frac{\theta_m}{\theta_0} \tag{11-20}$$

式中：t_m、θ_m 分别为肋面的平均温度和平均过余温度；t_0、θ_0 分别为肋基温度与肋基过余温度。由于 $\theta_m < \theta_0$，所以 η_t 小于1。当 $t_m = t_0$ 时，$\eta_t = 1$，这相当于肋片材料的导热系数为无穷大时的理想情况。所以一切影响 t_m 数值的因素都会影响肋片效率 η_t，它们包括肋片材料的导热系数，肋片表面与周围介质之间的对流换热系数，肋片的几何形状和尺寸等。

因为假设肋表面各处 α 都相等，所以等截面直肋肋片表面的平均温度 θ_m 可由下式求得

$$\theta_m = \frac{1}{H}\int_0^H \theta\,\mathrm{d}x = \frac{1}{H}\int_0^H \theta_0 \frac{\mathrm{ch}[m(H-x)]}{\mathrm{ch}(mH)}\,\mathrm{d}x$$

$$= \frac{\theta_0}{mH}\text{th}(mH)$$

代入式（11-20）中，可得

$$\eta_t = \frac{\text{th}(mH)}{mH} \qquad (11\text{-}21)$$

如图 11-7 给出了函数 $\frac{1}{\text{ch}(mH)}$ 和 th(mH) 的值（其具体数值也可根据附录 15 查取）。图中 th(mH) 的曲线表明，th(mH) 的数值随 mH 的增加而趋于一定值。th(mH) 数值的变化说明，当 m 的数值一定时，随着肋片高度 H 的增加，起先

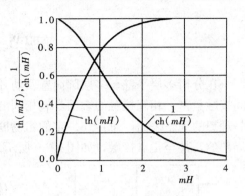

图 11-7　双曲函数随 mH 的变化曲线

肋片的散热量迅速地增大，但逐渐地增量越来越小，最后趋于一渐进值。这说明肋片高度增加到一定程度后，如果再继续增加肋片高度，散热量增加很少，却会导致肋片效率降低。相反，当 mH 数值较小时，肋片具有较高的肋片效率，所以在肋片高度一定的条件下，具有较小的 m 值是有利的。因为 $m = \sqrt{\frac{\alpha U}{\lambda A}}$，所以 m 与 $\sqrt{\lambda A}$ 成反比，肋片应尽可能选用导热系数较大的材料。另外，当 λ 和 α 都给定的条件下，m 的数值随 $\frac{U}{A}$ 的降低而减小，而 $\frac{U}{A}$ 取决于肋片的形状和尺寸，所以在某些情况下，必须采用变截面的肋片，其优势在于既提高了肋片效率，又减轻了肋片的重量。一般认为，$\eta_t > 80\%$ 的肋片是经济适用的。

其他形式的肋片都有相应的肋片效率，但计算公式复杂。为了应用方便，将 η_t 与 mH 的关系绘制成曲线。如图 11-8 分别地给出矩形直肋和三角肋曲线图，图中横坐标 mH 已经变换为

$$mH = \sqrt{\frac{\alpha U}{\lambda A}}H = \sqrt{\frac{2\alpha}{\lambda \delta}}H = \sqrt{\frac{2\alpha}{\lambda f}}H^{\frac{3}{2}}$$

上式中的 f 是肋片的纵剖面积，$f = \delta \cdot H$。对于其他形式的肋片，它们的效率曲线及评价肋片性能的方法，读者可参考其他文献。

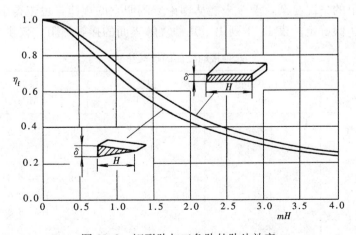

图 11-8　矩形肋与三角肋的肋片效率

第四节 接触热阻

在分析多层平壁、多层圆筒壁及肋片的导热时,我们都假设层与层之间、肋根与肋基之间接触紧密,相互接触的表面具有相同的温度。实际上,不论固体表面多么光滑,都不可能是理想的平整表面,总存在一定的粗糙度,所以两个固体表面之间不可能完全接触,只能是局部的,甚至是点接触,如图 11-9 所示。

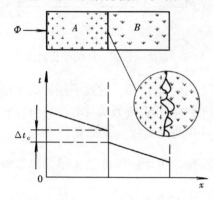

图 11-9 接触热阻

当未接触的空隙中充满空气或其他气体时,由于气体的导热系数远小于固体,将对两个固体间的导热产生热阻 R_c,称为接触热阻。由于接触热阻的存在,使两个接触表面之间出现温差 Δt_c。根据热阻的定义,有

$$R_c = \frac{\Delta t_c}{\Phi}$$

式中:Φ 是热流量,Δt_c 是界面上的温差。热流量不变的条件下,接触热阻 R_c 较大,必然在界面上产生较大温差。温差不变时,热流量会随接触热阻的增加而下降。对于热流密度高于 $10^6\,\mathrm{W/m^2}$ 的情形,接触热阻的影响不容忽视。

影响接触热阻的因素很多,主要有物体表面的粗糙度,粗糙度越高,接触热阻越大;物体表面的硬度,两个比较坚硬的表面接触面积较小,接触热阻较大,反之,接触热阻较小;物体表面间的压力增大,使物体之间的接触面积加大,中间空隙变小,接触热阻减小。

在工程中,为了减小接触热阻,除了尽可能抛光接触表面、加大接触压力外,有时还可在接触表面之间加一层导热系数大、硬度小的纯铜箔或银箔,或在接触面上涂一层导热油(是一种二苯和二苯氧化物的混合物,导热系数较大),在一定压力下将接触空隙中的气体排挤掉,减小导热热阻。

由于接触热阻的情况复杂,至今未能从理论上阐明它的规律,也未得出完全可靠的计算公式,只能通过实验确定。表 11-1 列出了几种接触表面的接触热阻,仅供参考。

表 11-1 几种接触表面的接触热阻

接触表面状况	表面粗糙度 (μm)	温度 (℃)	压力 (MPa)	接触热阻 ($m^2 \cdot K/W$)
铝/铝:抛光,空气	2.54	150	1.2~2.5	0.88×10^{-4}
铝/铝:铣平,空气	0.25	150	1.2~2.5	0.18×10^{-4}
铝/铝:抛光,真空 夹 0.025mm 黄铜片	2.54	150	1.2~2.0	1.23×10^{-4}
铜/铜:抛光,空气	1.27	20	1.2~2.0	0.07×10^{-4}
铜/铜:铣平,空气	3.81	20	1.0~5.0	0.18×10^{-4}
铜/铜:抛光,真空	0.25	30	0.7~7.0	0.88×10^{-4}

第五节 二维稳态导热问题

房屋墙角的传热量，热网地下埋设管道的热损失和短肋片的导热等问题都是二维稳态导热问题。

对于无内热源，常物性介质中的二维稳态导热过程，描述它的导热微分方程式为

$$\frac{\partial^2 t}{\partial x^2}+\frac{\partial^2 t}{\partial y^2}=0$$

对于简单几何形状物体，在给定边界条件下，上述导热微分方程式可以得到分析解，有关求解方法和求解结果可参考其他文献。对于比较复杂的几何形状物体和相应边界条件，有效的求解方法是数值计算，我们将在第十三章中介绍。

为了方便工程设计计算，对于有些二维稳态导热问题，可以采用一种简便的计算公式，在公式中将有关物体几何形状和尺寸的因素归纳在一起，称为形状因子。于是，对于导热系数为常数的情况，导热的热流量可按下式计算，即

$$\Phi = s\lambda(t_1-t_2) \tag{11-22}$$

式中：t_1 和 t_2 分别为导热物体两个边界的温度；s 是形状因子，单位 m。

为了说明形状因子的概念，以一维稳态导热过程为例，对比式（11-22）与式（11-12）可知，一维圆筒壁稳态导热过程的形状因子为

$$s=\frac{2\pi l}{\ln\dfrac{d_2}{d_1}}$$

对于一维无限大平壁，形状因子为

$$s=\frac{F}{\delta}$$

分析上述两式可以看出，运用式（11-22）计算两个恒定温度边界的物体导热热流量，不同形状和尺寸物体的差异就在于形状因子。

表 11-2 列出了几种工程上常见几何条件的形状因子计算公式。

表 11-2　　几种导热过程的形状因子

导热过程	示意图	形状因子	使用条件
等温表面半无限大物体中的水平埋管	T_2, H, T_1, $2r$, l	$s=\dfrac{2\pi l}{\operatorname{ch}^{-1}\left(\dfrac{H}{r}\right)}$	$l \geqslant r$, $H \leqslant 3r$
		$s=\dfrac{2\pi l}{\ln\left(\dfrac{2H}{r}\right)}$	$l \geqslant r$, $H > 3r$
		$s=\dfrac{2\pi l}{\ln\left(\dfrac{l}{r}\right)\left[1-\dfrac{\ln\left(\dfrac{l}{2H}\right)}{\ln\left(\dfrac{l}{r}\right)}\right]}$	$l \geqslant H$, $H \geqslant r$

续表

导热过程	示意图	形状因子	使用条件
等温表面半无限大物体中的圆球		$s=\dfrac{4\pi r}{1-\dfrac{r}{2H}}$	$H>r$
等温表面半无限大物体中的等间距等管径的排管		$s=\dfrac{2\pi l}{\ln\left(\dfrac{b}{\pi r}\operatorname{sh}\dfrac{2\pi H}{b}\right)}$	$H>2r$,$l\gg b$ 对于每一根管子
无限大物体中的两不等温圆管之间的导热		$s=\dfrac{2\pi l}{\operatorname{ch}^{-1}\dfrac{\delta^2-r_1^2-r_2^2}{2r_1r_2}}$	$l\gg r_1$,r_2 $l\gg\delta$
圆管外包方形隔热层		$s=\dfrac{2\pi l}{\ln\left(1.08\dfrac{b}{2r}\right)}$	$l\gg r$ $b>2r$
通过两垂直平壁相交构成的棱柱的导热		$s=0.54L$	内部尺寸都大于 $\dfrac{1}{5}\delta$
通过三台互相垂直的平壁相交构成的顶角的导热		$s=0.15\delta$	内部尺寸都大于 $\dfrac{1}{5}\delta$

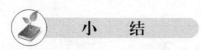

小　结

本章主要讲述应用直接积分法求解无限大平壁、圆筒壁的一维稳态导热过程和肋片导热过程的温度场。应用热阻和形状因子的概念给工程计算带来方便。

学习本章重点掌握一维稳态无内热源导热问题温度场和导热量计算；了解变导热系数问题的工程处理方法；能应用公式或图线计算肋片导热；了解接触热阻；理解热阻和形状因子的意义。

第十一章 稳态导热

习　题

11-1　为什么多层平壁中温度分布曲线不是一条连续的直线而是一条折线？

11-2　试说明在什么条件下平板和圆筒壁的导热可以按一维导热处理。

11-3　为什么有些物体要加装肋片？加装肋片一定会使传热量增加吗？

11-4　试说明影响肋片效率的主要因素。

11-5　什么是接触热阻？接触热阻的主要影响因素有哪些？

11-6　某房间砖墙高 3m，宽 4m，厚 0.25m，墙内、外表面温度分别为 15℃ 和 −5℃，已知砖的导热系数 $\lambda = 0.7W/(m \cdot ℃)$，试求通过砖墙的散热量。

11-7　某教室的墙壁是由一层厚度为 240mm 的砖和一层厚度为 20mm 的灰泥构成。现在拟安装空调设备，并在内表面加贴一层硬泡沫塑料，使导入室内的热量比原来减少 80%。已知砖的导热系数 $\lambda = 0.7W/(m \cdot ℃)$，灰泥的 $\lambda = 0.58W/(m \cdot ℃)$，硬泡沫塑料的 $\lambda = 0.06W/(m \cdot ℃)$，试求加贴硬泡沫塑料层的厚度。

11-8　炉墙由一层耐火砖和一层红砖构成，厚度都为 250mm，导热系数分别为 $0.6W/(m \cdot K)$，$0.4W/(m \cdot K)$，炉墙内、外壁面温度分别维持 700℃ 和 80℃ 不变。(1) 求通过炉墙的热流密度；(2) 如果用导热系数 $0.076W/(m \cdot K)$ 的珍珠岩混凝土保温层代替红砖层，并保持通过炉墙的热流密度及其他条件不变，试确定该保温层的厚度。

11-9　已测得三层平壁的壁面温度 t_{w1}、t_{w2}、t_{w3} 和 t_{w4} 依次为 600、480、200℃ 和 60℃，在稳态情况下，问各层导热热阻在总热阻中所占的比例各为多少？

11-10　有一 3 层平壁，各层材料导热系数分别为常数。已测得壁面温度 $t_{w1} = 600℃$，$t_{w2} = 500℃$，$t_{w3} = 250℃$ 和 $t_{w4} = 50℃$，试比较各层导热热阻的大小并绘出壁内温度分布示意图。

11-11　某蒸汽管道的内、外直径分别为 150mm 和 160mm，管壁材料的导热系数为 $45W/(m \cdot K)$。管道外包两层保温材料：第一层厚度为 40mm，导热系数为 $0.1W/(m \cdot K)$；第二层厚度为 50mm，导热系数为 $0.16W/(m \cdot K)$。蒸汽管道内壁面温度为 400℃，保温层外壁面温度为 50℃。试求：(1) 各层导热热阻；(2) 每米长蒸汽管道的散热损失；(3) 各层间的接触面温度。

11-12　一肋片厚度为 3mm，长度为 16mm，试计算等截面直肋的肋片效率。(1) 铝材肋片，其导热系数为 $140W/(m \cdot ℃)$，对流换热系数 $\alpha = 80W/(m^2 \cdot ℃)$；(2) 钢材肋片，其导热系数为 $40W/(m \cdot ℃)$，对流换热系数 $\alpha = 125W/(m^2 \cdot ℃)$。

第十二章 非稳态导热

非稳态导热是指温度场随时间变化的导热过程，在自然界和工程上很多导热过程都是非稳态的。绝大多数的非稳态导热过程都是由边界条件的变化引起，例如，室外空气温度和太阳辐射的周期性变化所引起房屋围护结构（墙壁、屋顶等）或桥梁等巨大结构物的温度场随时间变化的导热过程；热加工、热处理工艺中工件在加热或冷却时的温度变化和导热过程；火力发电厂中锅炉、汽轮机等设备在启动、停机或改变工况时引起的零部件内部的温度变化与导热过程等。

按照过程进行的特点，非稳态导热可以分为周期性和瞬态两大类。周期性非稳态导热是指物体内各点的温度随时间而变化，但遵循一定规律，即随时间作周期性变化。温度的周期性变化使物体传递热流量也呈周期性变化。瞬态导热是指物体内各点的温度随时间不断升高（加热过程）或降低（冷却过程），在经历相当长时间后，物体的温度逐渐趋于周围介质的温度，最终达到热平衡。本章着重介绍周期性非稳态导热。

第一节 非稳态导热的概念

周期性非稳态导热是在供热和空调工程中经常遇到的一种情况。例如，夏季室外空气温度 t_f 一天以 24 小时为周期进行变化，引起室外墙面温度 $t\big|_{x=0}$ 也以 24 小时为周期进行变化，但它比室外空气温度的变化应滞后一个相位，如图 12-1（a）所示。此时空调房间室内温度维持稳定，但由于受室外温度周期性变化的影响，墙内各处的温度也发生周期性变化，如图 12-1（b）所示，图中两条虚线分别表示墙内各处温度变化的最高值与最低值，斜线表示墙内各处温度周期性波动的平均值。如果将某一时刻 τ_x 墙内各处的温度连接起来，可以得到 τ_x 时刻墙内的温度分布。上述分析说明，在周期性非稳态导热过程中，一方面物体内各处的温度按一定的振幅随时间周期地波动；另一方面，同一时刻物体内的温度分布也发生周期性波动，这就是周期性非稳态导热现象的特点。

瞬态导热也是供热和空调工程中常遇到的情况。瞬态导热是指物体内的温度随时间变化，最后等于周围介质温度的非稳态导热过程。

设有一温度均匀的物体，投入到具有恒定温度 t_f 的高温介质里，则物体与介质之间就会立即发生换热，物体表面层最先受热，然后逐渐传播到物体内部，物体内部也逐渐受热，故表面温度 t_w 和中心温度 t_0 将随时间 τ 而先后发生不同的变化，经历相当长时间之后趋于一致，并且等于周围介质的温度。如图 12-2（a）所示。

在各点温度随时间而变化的非稳态期间，单位时间内物体所吸收的热量 Φ 不是常数，而是时间 τ 的函数，如图 12-2（b）所示。由介质流入物体的热流量随物体被加热后本身温度的升高而逐渐减小，最后温度趋于一致。

图 12-2（b）所示曲线下的面积即代表物体在非稳态导热期间所吸收的总热量，这部分

第十二章 非稳态导热

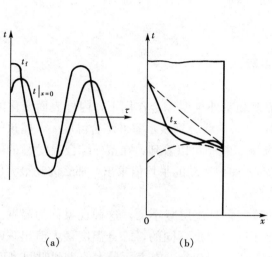

图 12-1 周期性导热的基本概念

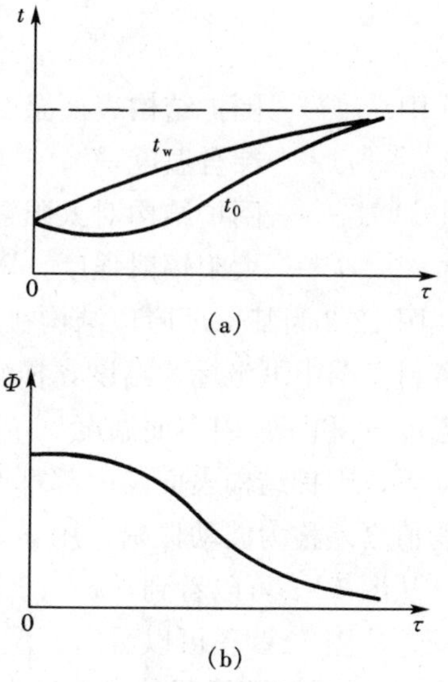

图 12-2 瞬态导热基本概念

热量积聚在物体内部。

综上所述，物体加热或冷却过程中温度分布的变化可以划分为三个阶段。第一阶段称为不规则情况阶段，是过程开始的一段时间，它的特点是温度变化从边界面，一层一层地逐渐深入到物体内部，此时物体内各处温度随时间的变化率是不一样的，温度分布受初始温度分布的影响很大。第二阶段称为正常情况阶段，随着时间的推移，初始温度分布的影响逐渐消失，进入第二阶段，此时物体内各处温度随时间的变化率具有一定规律。第三阶段就是建立物体加热和冷却的新稳态阶段，在理论上需要经过无限长的时间才能达到，事实上经过一段长时间后，物体各处的温度就可近似地认为已达到新的稳定状态。

在暖通和空调专业的热工计算中，这两类非稳态导热问题都会遇到，而热工计算的目的，归根到底就是要找出温度分布和热流通量随时间和空间的变化规律。

第二节 周期性变化边界条件下非稳态导热

一、周期性非稳态导热现象

在供热通风工程中，经常会遇到周期性变化的导热现象，例如建筑围护结构就处在室外空气温度周期变化及太阳辐射周期变化的影响下。气温日变化周期是 24h，一般室外空气温度在 14～15 时为最高，清晨 4～5 时为最低；太阳辐射则在白天 12h 内变化较大。围护结构外表面上出现太阳辐射最大值的时间还与它的朝向有关，如东外墙一般上午 8 时左右具有最大的太阳辐射热，水平屋顶中午 12 时为最大，而西外墙则在下午 4 时左右为最大。工程上把室外空气与太阳辐射两者对围护结构的共同作用，用一个假想的温度 t_e 来衡量，这个温度 t_e 称为综合温度。

由空气对流和太阳辐射二者对围护结构的总换热量为

$$Q = \alpha(t_f - t_w)F + \rho JF$$
$$= \alpha(t_e - t_w)F$$

$$t_e = t_f + \frac{\rho J}{\alpha}$$

上式中 t_w——围护结构表面温度，℃；
t_e——综合温度，℃；
ρ——围护结构对太阳辐射的吸收系数；
J——太阳辐射强度，W/m²。

图 12-3 为某工厂屋顶结构在夏季太阳辐射和室外气温综合作用下，内外表面变化的实测资料。图中纵坐标为温度，横坐标为时间，三条曲线分别表示室外综合温度 t_e、屋顶外表面温度 t_{w1} 和屋顶内表面温度 t_{w2} 的变化。从实测资料中可以看到，在室外综合温度 t_e 的周期波动下，围护结构表面及内部都产生周期波动，如把波动的平均值求出，那么波动最大值与平均值之差称为波动振幅，用 A 表示，即 $A = t_{max} - t_m$。

从图 12-3 可以看到，t_e、t_{w1}、t_{w2} 温度的波振幅是逐层减小的，这种现象称为温度波的衰减。从图 12-3 还可以看出，温度最大值出现的时间是不同的，综合温度最大值出现时间为中午 12 时，而屋顶外表面最大值出现时间为 12 时 30 分，内表面最大值出现时间将近 16 时，这种最大值出现时间逐层推迟的现象称为时间延迟。温度波的衰减和延迟现象在我们日常生活中也是经常可以遇到的。例如，夏季晚上人们喜欢在室外乘凉，这是因为晚上室外气温已下降，而对室内影响还需经历一段延迟时间，尤其西晒房间西墙内表面温度最大值约在 22 时左右出现。

任何连续的周期性波动曲线都可以用多项余弦函数叠加组成，即用傅里叶级数表示。实测资料说明，综合温度的周期性波动规律可视为一简单的简谐波曲线。如把实测的综合温度波曲线和简谐波曲线相比较，参看图 12-4，就可以看出它们是很接近的，所以工程中用简谐波来进行分析计算，以下的分析都是以简谐波为基础进行的。

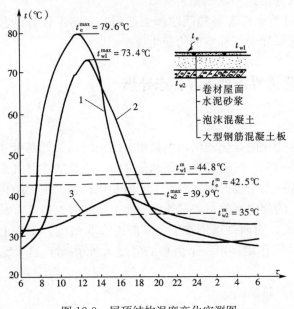

图 12-3 屋顶结构温度变化实测图
1—综合温度；2—屋顶外表面温度；3—屋顶内表面温度

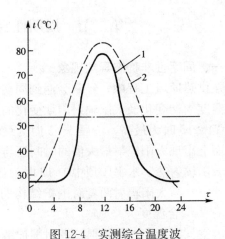

图 12-4 实测综合温度波与简谐波的比较
1—实测综合温度波；2—简谐波

二、半无限大物体周期性变化边界条件下的温度波

对于均质的半无限大物体周期性变化边界条件下的温度场，仍可用导热微分方程式表述

$$\frac{\partial t}{\partial \tau} = a \frac{\partial^2 t}{\partial x^2} \tag{12-1}$$

周期性变化边界条件有以下两个特点：一是周期性变化边界条件使物体内各处的温度也发生周期性变化，不存在初始条件；二是边界条件可认为是一个简谐波。于是，半无限大物体表面温度的变化可写成余弦函数形式

$$\theta(0, \tau) = \theta_w = A_w \cos \frac{2\pi}{T} \tau \tag{12-2}$$

式中：θ_w 表示半无限大物体表面，即 $x=0$ 处，任何时刻的过余温度，以周期变化的平均温度 t_m 为基准，$\theta = t - t_m$；A_w 是物体表面温度波的振幅；T 是温度波的周期。

用过余温度 $\theta = t - t_m$ 代替 t，导热微分方程式可改写为

$$\frac{\partial \theta}{\partial \tau} = a \frac{\partial^2 \theta}{\partial x^2} \tag{12-3}$$

对式（12-2）和式（12-3）采用分离变量法求解，可得

$$\theta(x, \tau) = A_w e^{-\sqrt{\frac{\pi}{aT}} \cdot x} \cos \left[\frac{2\pi}{T} \tau - x \sqrt{\frac{\pi}{aT}} \right] \tag{12-4}$$

式（12-4）描述了周期性变化边界条件下的温度场，它具有以下几个特点：

（1）温度波的衰减。半无限大物体内任意平面 x 处，温度随时间变化的规律与表面 $x=0$ 处相似，都是周期相同的余弦函数规律，但从式（12-4）可知，任意平面 x 处温度简谐波的振幅不再是 A_w，而是

$$A_x = A_w e^{-\sqrt{\frac{\pi}{aT}} \cdot x} \tag{12-5}$$

从式（12-5）不难看出，随着 x 的增大，振幅是衰减的，见图 12-5，这反映了物体材料对温度波的阻尼作用。振幅衰减的程度可用衰减度表述

$$\nu = \frac{A_w}{A_x} = e^{\sqrt{\frac{\pi}{aT}} \cdot x} \tag{12-6}$$

影响温度波衰减的主要因素是物体的导温系数 a、波动周期 T 和厚度 x。导温系数越大，温度波传递的越深入，波的衰减就越缓慢；波动的周期越短，振幅衰减越快，所以日变化温度波比年变化温度波衰减快得多。

（2）温度波的延迟。从式（12-4）还可以看出，任意厚度 x 处温度达到最大值的时间比表面温度达到最大值的时间落后一个相位角 φ，如延迟时间用 ξ 表示，则

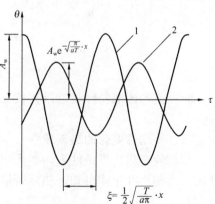

图 12-5 半无限大物体内的温度波
1—表面温度波；2—x 处温度波

$$\xi = \frac{相位角}{角速度} = \frac{x\sqrt{\frac{\pi}{aT}}}{\frac{2\pi}{T}} = \frac{1}{2} x \sqrt{\frac{T}{a\pi}} \tag{12-7}$$

(3) 向无限大物体传播的温度波特性。从上述内容可知，半无限大物体表面和不同厚度 x 处的温度随时间 τ 的变化都是按一定周期的简谐波进行。如果把同一时刻半无限大物体中不同地点的温度绘制在 $\theta\text{-}x$ 坐标中，也是一个周期性变化的温度波。这个波的振幅是逐渐衰减的，图 12-6 给出了振幅衰减的情况，同时给出了 τ_1、τ_2 两个不同时刻半无限大物体的温度波。两个温度波显示，随着时间的推移，温度波向物体深度方向传播的情况。半无限大物体中温度波的波长 x_0 就是同一时刻温度分布曲线上相角相同的两相邻平面间的距离。相角相同的两相邻平面间的相角差为 2π，见图 12-6，由式（12-4）可得

$$x_0\sqrt{\frac{\pi}{aT}}=2\pi$$

所以

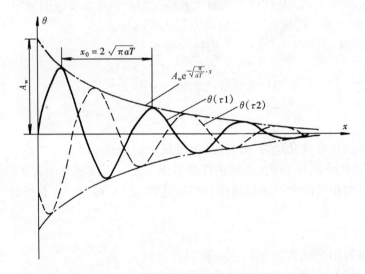

图 12-6　半无限大物体温度波

$$x_0=2\sqrt{\pi aT} \tag{12-8}$$

温度波的传播特性就是以波长 x_0 和振幅不断衰减的温度波向半无限大物体深度方向的传播。

三、周期性变化的热流波

周期性变化边界条件下，半无限大物体表面的热流通量必然也是周期性地从表面导入和导出。由傅里叶定律可知，热流通量

$$q_{w,\tau}=-\lambda\left.\frac{\partial\theta}{\partial x}\right|_{w,\tau} \tag{12-9}$$

对式（12-4）求导，令 $x=0$，可得

$$\left.\frac{\partial\theta}{\partial x}\right|_{w,\tau}=-A_w\sqrt{\frac{\pi}{aT}}\left(\cos\frac{2\pi}{T}\tau-\sin\frac{2\pi}{T}\tau\right) \tag{12-10}$$

将式（12-10）代入式（12-9），可得

$$q_{w,\tau}=\lambda A_w\sqrt{\frac{\pi}{aT}}\frac{1}{\cos\frac{\pi}{4}}\left(\cos\frac{2\pi}{T}\tau\cos\frac{\pi}{4}-\sin\frac{2\pi}{T}\tau\sin\frac{\pi}{4}\right)$$

即

$$q_{w,\tau} = \lambda A_w \sqrt{\frac{2\pi}{aT}} \cos\left(\frac{2\pi}{T}\tau + \frac{\pi}{4}\right) \tag{12-11}$$

从上式中可清楚知道，物体表面的热流通量 $q_{w,\tau}$ 也按简谐波规律变化，只是表面热流通量比其温度波提前 $\frac{\pi}{4}$ 相位，相当于提前 $\frac{1}{8}$ 周期，如图 12-6 所示。表面热流通量的振幅 A_q 可以写为

$$A_q = \lambda A_w \sqrt{\frac{2\pi}{aT}} = A_w \sqrt{\frac{2\pi\rho c\lambda}{T}} \tag{12-12}$$

令 $s = \dfrac{A_q}{A_w}$，可得

$$s = \sqrt{\frac{2\pi\rho c\lambda}{T}} \tag{12-13}$$

s 称为材料的蓄热系数，它表示当物体表面温度波振幅为 1℃时，导入物体的最大热流通量。s 的数值与材料的热物性及波动周期有关。在一般手册中，给出各种不同材料的蓄热系数 s 时，其右下角的角码表示周期。如 s_{24} 就是周期为 24 小时材料的蓄热系数。蓄热系数越小，表示材料吸取热量的能力越小。

四、维护结构的热稳定性和热惰性指标

前边讨论了周期性变化边界条件下半无限大物体中的温度波，实际上房屋围护结构并不是半无限大物体，只有当围护结构由单层均质材料组成，并且温度波的振幅在其厚度范围内衰减至很小时，才可当作半无限大物体处理。

围护结构对温度波波幅的衰减能力称为热稳定性。如果温度波波幅在围护结构内衰减的较快，该围护结构的热稳定性好。从前面分析可知，当热流波波幅一定时，材料的蓄热系数 s 越大，则温度波波幅就越小，并且温度波波幅还随着深度 x 的增加而减小，如果将式 (12-5) 用 s 表则，则

$$A_x = A_w e^{-\sqrt{\frac{\pi}{aT}} \cdot x} = A_w e^{-\frac{s}{\sqrt{2}} \cdot \frac{x}{\lambda}} = A_w e^{-\frac{Rs}{\sqrt{2}}} \tag{12-14}$$

式中　A_x——深度 x 处温度波波幅，℃；

　　　A_w——表面温度波波幅，℃；

　　　R——厚度为 x 时材料层的导热热阻，$R = \dfrac{x}{\lambda}$，m²·℃/W；

　　　s——材料的蓄热系数，W/(m²·℃)。

从式 (12-14) 可见，温度波波幅的衰减与 Rs 的乘积有关，令 $D = Rs$，称为热惰性指标。多层围护结构的热惰性指标等于各材料层的热惰性指标之和，即

$$D = \sum_{i=1}^{n} R_i \cdot s_i \tag{12-15}$$

D 的大小可以判断围护结构热稳定性的好坏，对一般的砖墙蓄热系数 s 较大，D 也较大，温度波衰减也较快。但对轻质材料构成的围护结构，蓄热系数 s 较小，温度波衰减也较慢。对空调房间，为了保证室外空气温度和太阳辐射周期性波动时对室内温度影响较小，对围护结构的热惰性指标有一定的要求，并且空调精度越高，围护结构的热惰性指标就越大。

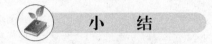

小 结

本章主要介绍了温度场随时间变化的非稳态导热过程。非稳态导热可以分成有规律的周期性非稳态导热和瞬态导热两大类。瞬态导热过程必定伴随着物体的加热或冷却过程。瞬态导热过程中，温度场的变化可以分为三个阶段：不规则情况阶段，正常情况阶段和新的稳态阶段。周期性的导热过程中，温度和热流量都是周期性变化，即温度波和热流波。

学习本章重点要理解非稳态导热过程的特点，了解半无限大物体周期性导热过程的特点、蓄热系数的意义。

12-1 何谓非稳态导热？举例说明。

12-2 何谓正常情况阶段，这一阶段的特点是什么？

12-3 影响非稳态导热的因素是什么？请解释。

12-4 试举例说明温度波的衰减和延迟性质。

12-5 冬天，太阳照在冰冻的河面上时，太阳对地面的辐射热流量为 630W/m^2，河面冰层对太阳光的吸收率为 0.5，冰层很厚但初始温度仍均匀为 $-15℃$，试问太阳照射多久后冰层表面才开始融化？

12-6 周期性波动时，从表面到物体内温度振幅为表面温度振幅的 $\frac{1}{100}$ 处，这个深度叫显波层。试计算在日波作用下砖墙和木墙的显波层厚度。已知砖墙 $a=0.654\times10^{-6}\text{m}^2/\text{s}$，木墙 $a=0.107\times10^{-6}\text{m}^2/\text{s}$。

12-7 某地，某个季节，一天内地表面最高温度为 $6℃$，最低温度 $-4℃$。已知土壤的 $\lambda=1.28\text{W}/(\text{m}\cdot℃)$，$a=0.12\times10^{-6}\text{m}^2/\text{s}$，试问地表下 0.1m 和 0.5m 处，最低温度为多少？达到最低温度的时间滞后多少？

12-8 已知地表面 24h 的变化范围是 $5\sim25℃$，已知土壤导温系数 $a=0.6\times10^{-6}\text{m}^2/\text{s}$，试画出地面及深 0.5m 处的温度变化曲线（时间间隔取 2h）。

第十三章 导热问题的数值解

第一节 导热方程的离散

前面两章讨论了稳态导热和非稳态导热问题的分析解法（包括直接积分法和分离变量法）。分析解法的优势在于求解过程的数学分析比较严谨，物理概念和逻辑推理比较清晰，能以函数的形式表示结果，能清楚地显示各种因素对温度分布的影响，但是，只对少数几何形状和边界条件都比较简单的导热问题才能精确地分析求解。对于工程上绝大多数稍复杂些的导热问题，应用分析解法，几乎是不可能的。

为了解决这样的问题，近些年来，随着计算机的迅速发展、推广和普及以及计算机计算方法的进步，从 20 世纪 70 年代起开始形成传热学的一个新兴的分支—数值传热学。数值解法的优势在于，它能解决其他方法所不能求解的大量实际传热问题、伴随计算机容量、运算速度的迅速提高，数值解法的应用范围、解题速度和精确度都有很大的进展，成为求解复杂传热问题的有效手段。

数值解法的基本思想就是导热方程的离散，即用导热问题所涉及的空间和时间区域内有限个离散点（称为节点）的温度近似值，来代替物体内实际连续的温度分布，将连续温度分布函数的求解问题转化为各节点温度值的求解问题，将导热微分方程的求解问题转化为节点温度代数方程的求解问题。因此，求解域的离散化、节点温度代数方程组的建立与求解是数值解法的主要内容。

数值解法求解导热问题包括以下几个步骤：

（1）对实际导热问题的几何、物理性质进行分析，建立符合实际的物理模型。

（2）根据物理模型建立完整的数学描述，即确定导热微分方程和单值性条件。

（3）求解域的离散化。将导热问题所涉及的空间和时间区域按要求划分成有限个子区域，将子区域的顶点作为确定其温度值的空间点或时间点（即节点），每个节点代表以它为中心的子区域，节点温度就代表子区域的温度。

（4）建立节点温度代数方程组。

（5）求解节点温度代数方程组，得到所有节点的温度值。

（6）分析计算结果。如果计算结果不满足实际情况，则检查上述计算步骤，修正不合理之处，重复进行计算，直到结果满意为止。

目前，求解导热问题常用的数值解法主要有有限差分法、有限元法及边界元法。就方法的成熟性和应用的广泛性而言，有限差分法占有优势，所以本书主要介绍有限差分法的基本原理。

有限差分法的基本原理是用有限差分近似微分，用有限差商近似微商（导数），例如 $\Delta x \approx \mathrm{d}x$，$\dfrac{\Delta t}{\Delta x} \approx \dfrac{\mathrm{d}t}{\mathrm{d}x}$，将导热偏微分方程转化为节点温度的差分方程。

第二节 稳态导热问题的数值计算

一、求解域的离散化

1. 子区域的划分

根据导热物体的几何形状选择坐标系,利用一组与坐标轴平行的网格线将物体划分成若干个子区域。例如,在直角坐标系中,这些子区域就是一些矩形的网格,如图 13-1 所示。网格的宽度 Δx、Δy 称为步长。步长大小(即网格疏密)的选择根据问题的需要而定,虽然步长越小,网格越密,节点越多,节点温度分布越接近于连续的温度分布,但也并非网格越密越好,过多的节点会带来对工程问题不必要的计算工作量。网格的划分可以采用均匀网格,也可以根据问题特点采用非均匀网格,例如在温度变化较大处采用密集网格,在温度变化较小处采用疏松网格。

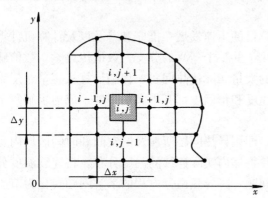

图 13-1 求解域的离散示意图

对于非稳态导热问题,还要对时间域进行离散。时间步长和空间步长的选择要满足解的稳定性条件,具体内容将在非稳态导热的数值解法中介绍。

2. 节点的选择

可以选择网格线交点和网格线与物体边界线的交点作为节点。每个节点代表以它为中心的子区域(或称为控制容积),如图 13-1 中节点 (i,j) 就代表涂阴影的子区域,节点的温度就是子区域的温度。物体内部有物性突变时,例如不同材料组成的多层平壁的交接面处,节点位置的选择应保证子区域内只含有同一种材料,没有物性的突变。节点的位置确定之后,应标明所有节点的编号,如 $(i-1,j)$、(i,j)、$(i+1,j)$ 等。

二、节点温度差分方程的建立

建立节点温度差分方程的方法有两种:泰勒级数展开法与子区域热平衡法,本书只介绍子区域热平衡法。

子区域热平衡法的基本原理是:根据节点所代表的子区域在导热过程中的能量守恒来建立节点温度差分方程。

1. 内部节点温度差分方程

如图 13-2 所示,内部节点 (i,j) 所代表的子区域在导热过程中的热平衡可表述为:从周围相邻控制容积导入的热流量之和等于零,即

$$\Phi_w + \Phi_e + \Phi_s + \Phi_n = 0$$

因为每个节点的温度就是它所代表的子区域的温度,根据导热傅里叶定律,对于垂直于纸面方向单位宽度而言,上式可表示为

$$\lambda \Delta y \frac{t_{i-1,j} - t_{i,j}}{\Delta x} + \lambda \Delta y \frac{t_{i+1,j} - t_{i,j}}{\Delta x} + \lambda \Delta x \frac{t_{i,j-1} - t_{i,j}}{\Delta y} + \lambda \Delta x \frac{t_{i,j+1} - t_{i,j}}{\Delta y} = 0$$

如果选择步长 $\Delta x = \Delta y$,则上式可整理为

$$t_{i-1,j}+t_{i+1,j}+t_{i,j-1}+t_{i,j+1}-4t_{i,j}=0 \tag{13-1}$$

由上式可见，在这种情况下，物体内每一个节点的温度都等于它周围相邻 4 个节点温度的算术平均值。式（13-1）为二维稳态导热均匀步长情况下的节点温度差分方程。

2. 边界节点温度差分方程

如果是第一类边界条件，边界节点温度已知；若是第二、三类边界条件，根据边界节点所代表的子区域的热平衡，同样可以建立边界节点温度的差分方程。

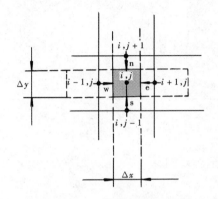

图 13-2　热平衡法示意图

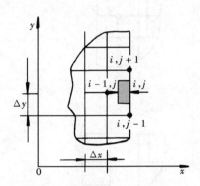

图 13-3　边界节点方程的建立

图 13-3 所示的具有第三类边界条件的边界节点 (i,j)，代表图中阴影所示的控制面积。根据其热平衡，从四周向它传递的热量之和等于 0，由导热傅里叶定律和牛顿冷却公式，可表示为

$$\lambda\Delta y\frac{t_{i-1,j}-t_{i,j}}{\Delta x}+\alpha\Delta y(t_f-t_{i,j})+\lambda\frac{\Delta x}{2}\frac{t_{i,j-1}-t_{i,j}}{\Delta y}+\lambda\frac{\Delta x}{2}\frac{t_{i,j+1}-t_{i,j}}{\Delta y}=0$$

选择步长 $\Delta x=\Delta y$，则上式可整理为

$$t_{i-1,j}-t_{i,j}+\frac{\alpha\Delta y}{\lambda}(t_f-t_{i,j})+\frac{1}{2}(t_{i,j-1}-t_{i,j})+\frac{1}{2}(t_{i,j+1}-t_{i,j})=0$$

令 $Bi_\Delta=\dfrac{\alpha\Delta x}{\lambda}$，称为网格毕渥数。于是上式可整理成

$$2t_{i-1,j}+t_{i,j-1}+t_{i,j+1}-(2Bi_\Delta+4)t_{i,j}+2Bi_\Delta t_f=0 \tag{13-2}$$

此式即具有第三类边界条件的边界节点温度的差分方程式。

表 13-1 中列举了常物性、无内热源的二维稳态导热的几种边界节点温度的差分方程。

表 13-1　　　　　　　　一些情况下的边界节点温度的差分方程式

序号	节点特征	节点方程
1	内部节点	$t_{i-1,j}+t_{i+1,j}+t_{i,j-1}+t_{i,j+1}-4t_{i,j}=0$

续表

序号	节点特征	节点方程
2	对流边界节点	$2(t_{i-1,j}+t_{i,j+1}+t_{i,j-1})-\left(4+2\dfrac{\alpha\Delta x}{\lambda}\right)t_{i,j}+2\dfrac{\alpha\Delta x}{\lambda}t_{\mathrm{f}}=0$
3	对流边界外部拐角节点	$(t_{i-1,j}+t_{i,j-1})-\left(2+2\dfrac{\alpha\Delta x}{\lambda}\right)t_{i,j}+2\dfrac{\alpha\Delta x}{\lambda}t_{\mathrm{f}}=0$
4	对流边界内部拐角节点	$(t_{i,j-1}+t_{i+1,j})+2(t_{i-1,j}+t_{i,j+1})-\left(6+2\dfrac{\alpha\Delta x}{\lambda}\right)t_{i,j}+2\dfrac{\alpha\Delta x}{\lambda}t_{\mathrm{f}}=0$
5	绝热边界节点	$2t_{i-1,j}+t_{i,j-1}+t_{i,j+1}-4t_{i,j}=0$

三、节点温度差分方程组的求解方法

运用有限差分方法可以建立导热物体所有内部节点和边界节点温度的差分方程。这些节点温度的差分方程都是线性代数方程。有 n 个未知的节点温度，就可以建立 n 个节点温度差

分方程，构成一个线性代数方程组。求解该方程组，就可以求得节点温度的数值。

有关线性代数方程组的求解方法（如消元法、矩阵求逆法、迭代法等）在线性代数、计算方法等教科书中已有详细论述，不属于本书的基本内容，这里仅简单介绍在导热的数值计算中常用的迭代法。

1. 简单迭代法

设节点温度差分方程的形式为

$$\begin{cases} a_{11}t_1+a_{12}t_2+\cdots+a_{1n}t_n=b_1 \\ a_{21}t_1+a_{22}t_2+\cdots+a_{2n}t_n=b_2 \\ a_{n1}t_1+a_{n2}t_2+\cdots+a_{nn}t_n=b_n \end{cases}$$

其中 a_{ij}、b_i 为常数，且 $a_{ij} \neq 0$。

将该方程组改写为 t_1, t_2, $\cdots$, t_n 的显函数的形式：

$$\begin{cases} t_1=\dfrac{1}{a_{11}}(b_1-a_{12}t_2-\cdots-a_{1n}t_n) \\ t_2=\dfrac{1}{a_{22}}(b_2-a_{21}t_2-\cdots-a_{2n}t_n) \\ t_n=\dfrac{1}{a_{nn}}(b_n-a_{n1}t_1-\cdots-a_{n(n-1)}t_{(n-1)}) \end{cases}$$

先合理地假设一组节点温度的初始值 t_1^0, t_2^0, $\cdots$, t_n^0，代入上述方程组，求得一组节点温度值 t_1^1, t_2^1, $\cdots$, t_n^1，再将 t_1^1, t_2^1, $\cdots$, t_n^1 代入上述方程组，又求得一组新的节点温度值 t_1^2, t_2^2, $\cdots$, t_n^2。以此类推，每次都将新求得的节点温度值代回方程组，求得一组更新的节点温度值。其中节点温度的上角标表示迭代次数，例如，经 k 次迭代得到的节点 i 的温度表示为 t_i^k。将这种迭代运算反复进行，直至前后相邻两组对应节点温度值间的最大偏差小于预先规定的允许偏差 ε 为止，即

$$\max|t_i^k-t_i^{k-1}|<\varepsilon \text{ 或 } \max\left|\dfrac{t_i^k-t_i^{k-1}}{t_i^k}\right|<\varepsilon$$

这时认为迭代运算已经收敛。

2. 高斯—塞德尔迭代法

高斯—塞德尔迭代法是在简单迭代法的基础上加以改进的迭代运算方法。它与简单迭代法的主要区别是，在迭代运算过程中总使用最新算出的数据。例如，在假设一组节点温度的初始值 t_1^0, t_2^0, $\cdots$, t_n^0 后代入方程组进行第一次迭代运算时，由第一个方程求出了节点温度 t_1^1，于是在用第二个方程计算节点温度 t_2^1 时，直接将 t_1^1（而不是 t_1^0）代入方程；在用第三个方程计算节点温度 t_3^1 时，直接利用 t_1^1、t_2^1。依此类推，如下式

$$\begin{cases} t_1^1=\dfrac{1}{a_{11}}(b_1-a_{12}t_2^0-\cdots-a_{1n}t_n^0) \\ t_2^1=\dfrac{1}{a_{22}}(b_2-a_{21}t_1^1-\cdots-a_{2n}t_n^0) \\ t_n^1=\dfrac{1}{a_{nn}}(b_n-a_{n1}t_1^1-\cdots-a_{n(n-1)}t_{n-i}^1) \end{cases}$$

高斯—塞德尔迭代法比简单迭代法收敛速度快。

第三节 非稳态导热问题的数值计算

非稳态导热问题的数值计算与稳态导热的区别如下：

（1）非稳态导热问题的控制方程比稳态导热多了非稳态项，因此单值性条件中增加了初始条件。

（2）除了与稳态导热问题一样需要对空间域进行离散外，还需要对时间域进行离散。

（3）在利用热平衡法导出节点温度方程时需要考虑子区域的热力学能随时间的变化。

（4）由于时间和空间同时离散会带来节点温度方程求解的稳定性问题，有些情况下空间步长和时间步长不能任意选择。

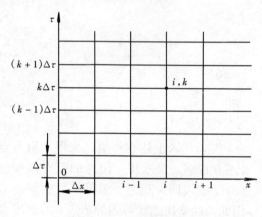

图 13-4 一维非稳态导热
空间域和时间域的离散

一、求解域的离散

如图 13-4 所示，横坐标表示空间，纵坐标表示时间。将空间域（$0\sim\delta$）划分为 n 小段，步长为 Δx，得到 $0, 1, 2, \cdots, i, \cdots, n$ 共 $n+1$ 个空间节点；将时间域（$0\sim\tau$）划分为 m 个时间间隔，步长为 $\Delta\tau$，得到 $0, 1, 2, \cdots, k, \cdots, m$ 共 $m+1$ 个时间节点。分格线的交点 (i, k) 代表空间—时间域中的位置，t_i^k 表示空间节点 i 在 $k\Delta\tau$ 时刻（简称 k 时刻）的节点温度。

空间和时间步长的大小要看问题的具体情况而定，有时不能任意选择，需要考虑节点温度方程求解的稳定性问题。这种情况将在下面进行讨论。

二、节点温度差分方程的建立

与稳态导热一样，运用热平衡法可以建立非稳态导热物体内部节点和边界节点温度的差分方程。

如图 13-5 所示，对于常物性、无内热源的无限大平壁的一维非稳态导热问题，内部节点 i 所代表的区域（图中阴影部分）的热平衡可表述为：在 k 时刻，单位时间内从相邻区域 $i-1$ 与 $i+1$ 分别导入的热流量 Φ_λ' 与 Φ_λ'' 之和等于该控制容器热力学能的增加 dU，即

$$\Phi_\lambda' + \Phi_\lambda'' = dU \tag{a}$$

如果节点 i 的温度对时间的变化率采用向前差分，则热平衡方程式（a）可写成

$$F\lambda \frac{t_{i-1}^k - t_i^k}{\Delta x} + F\lambda \frac{t_{i+1}^k - t_i^k}{\Delta x} = F\Delta x \rho c \frac{t_i^{k+1} - t_i^k}{\Delta \tau} \tag{b}$$

上式可整理成

$$\frac{t_i^{k+1} - t_i^k}{\Delta \tau} = a \frac{t_{i-1}^k + t_{i+1}^k - 2t_i^k}{(\Delta x)^2} \tag{c}$$

移项后变为

$$t_i^{k+1} - t_i^k = \frac{a\Delta\tau}{(\Delta x)^2}(t_{i-1}^k + t_{i+1}^k - 2t_i^k) \quad \text{(d)}$$

令 $Fo_\Delta = \frac{a\Delta\tau}{\Delta x^2}$，称为网格傅里叶数。上式可整理成以下显函数的形式

$$t_i^{k+1} = Fo_\Delta(t_{i-1}^k + t_{i+1}^k) + (1 - 2Fo_\Delta)t_i^k \quad (13\text{-}3)$$

该式称为一维非稳态导热内部节点温度方程的显式差分格式。由此公式可以得出两点结论：

（1）任意一个内部节点在某一时刻的节点温度，可以由该节点及其相邻节点在前一时刻的节点温度通过上式直接求出，不必联立求解方程组，这是显式差分格式的优点。这样就可以从初始温度出发依次求出 $\Delta\tau, 2\Delta\tau, \cdots, k\Delta\tau, \cdots$ 等各时刻的节点温度。

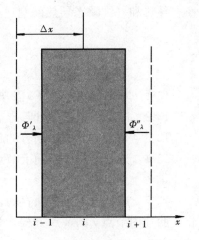

图 13-5 一维非稳态导热内部节点温度差分方程的建立

（2）式（13-3）中 t_i^k 前面的系数不能为负数，必须

$$1 - 2Fo_\Delta \geqslant 0$$

即

$$Fo_\Delta \leqslant \frac{1}{2} \quad (13\text{-}4)$$

上式称为一维非稳态导热物体内部节点温度方程显式差分格式的稳定性条件。其物理意义可以这样理解：任何一个内部节点在 $k+1$ 时刻的节点温度都取决于由该节点及其周围相邻节点在 k 时刻的温度。当周围相邻节点在 k 时刻的温度确定时，该节点在 k 时刻的温度愈高，则它在 $k+1$ 时刻的温度也就愈高，因此式中 t_i^k 前面的系数不能为负数，即必须满足式（13-4）表示的稳定性条件。

稳定性条件说明，一旦空间步长 Δx 或时间步长 $\Delta\tau$ 的数值确定之后，另一个步长的数值就不能任意选择，必须满足稳定性条件。

对于常物性、无内热源的二维非稳态导热问题，若取 $\Delta x = \Delta y$，运用热平衡方法同样可以推导出内部节点温度的显式差分方程格式

$$t_{i,j}^{k+1} = Fo_\Delta(t_{i-1,j}^k + t_{i+1,j}^k + t_{i,j-1}^k + t_{i,j+1}^k) + (1 - 4Fo_\Delta)t_{i,j}^k \quad (13\text{-}5)$$

稳定性条件为

$$1 - 4Fo_\Delta \geqslant 0 \quad \text{即} \quad Fo_\Delta \leqslant \frac{1}{4} \quad (13\text{-}6)$$

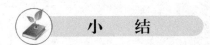

小　结

本章概述了常用数值解法有限差分法的基本原理，介绍了利用热平衡法建立节点方程式，并以二维稳态导热和一维无限大平壁导热为例讲解了有限差分法数值解方法。

通过本章的学习应掌握有限差分方法的基本原理和求解导热问题的基本步骤。能对二维

稳态导热和一维瞬态导热问题建立有限差分方程，并能运用迭代法求解。

习 题

13-1 写出傅里叶数 Fo 及毕渥数 Bi 的表达式，并说明它们的物理意义。

13-2 简要说明数值计算导热问题的有限差分法的基本思想与步骤。

13-3 是否差分网格划分的越密越好？为什么？

13-4 试证绝热边界面上节点 (i,j) 的节点方程式为
$$t_{i,j+1}+t_{i,j-1}+2t_{i-1,j}-4t_{i,j}=0$$

13-5 试证一维等截面直肋，当壁面和周围介质对流换热系数 α_i 随肋片高度 x 方向变化，肋片内节点 i 的节点方程式为
$$(t_{i-1}+t_{i+1})+\left(\frac{\alpha_i U\Delta x^2}{\lambda f}+2\right)t_i-\frac{\alpha_i U\Delta x^2}{\lambda f}t_f=0$$

13-6 一砖墙厚200mm，内、外表面的对流换热系数分别为 6.0 和 25W/(m²·℃)，外面环境温度 $t_f=5+10\sin(0.2618\tau)$，τ 的单位是小时，内部空气温度恒定为22℃。已知墙的导温系数 $a=3.17\times10^{-3}$ m²/h，试确定 $x=30$mm，$x=100$mm 和 $x=200$mm 处前6个小时中每隔1小时的温度变化。

第十四章 对流换热基础

第一节 概 论

对流换热是流体和固体壁面之间所发生的热量传递过程。对流换热过程不是单一的传热方式，在换热过程中存在导热和热对流两种传热方式的共同作用。因为流体物性和流体流动直接影响着对流换热，这种换热过程比导热更为复杂。例如：烧开水时火焰与水壶底部以及水与壶底的换热；空气冷却器在处理空气的降温除湿过程中的换热等。所以，如何求解对流换热系数以及采用怎样的解决方法将是本章介绍的重点。

对流换热过程中，按流体是否有相态变化可将对流换热分为单相对流换热和相变对流换热。单相对流换热将在本章及第十五章讨论，相变对流换热即凝结和沸腾换热将在第十六章讨论。

一、对流换热过程的特点

对流换热过程既包括流体分子之间的导热作用，同时也包括流体流动所产生的对流作用。

对流换热在工程中应用比较广泛。在建筑的围护结构设计中要考虑对流换热对围护结构内外的影响，在供暖工程中有锅炉换热、散热器散热以及工业用的冷却加热设备换热等，都存在着对流换热过程。

对流换热热量都可以用牛顿冷却公式表示

$$Q = \alpha \Delta t F \tag{14-1}$$

在公式中，温差 Δt 和对流换热面积 F 以及对流换热系数 α 影响着对流换热量的大小。温差和对流换热面积比较容易确定，而对流换热系数受换热过程中流体流动的起因、相态变化、流体物性、换热的几何条件、流动状态等诸多因素的影响难以确定，下面就这些影响因素作一初步叙述。

二、影响对流换热系数的因素

1. 流体流动的起因

流体流动的原因不外有两种，一种是由流体内部冷、热各部分密度不同所产生的流动，这种流动称为自然对流，如冬季室内的散热器散热过程。另一种是受外力影响，如风机、水泵等作用下产生的流动，称为受迫对流（或称强迫对流）。受迫对流是在外力的作用下进行的，因此，对于同种流体它的流速要比自然对流的流速大，因而换热系数也高。例如空气自然对流换热系数约 $5 \sim 25 \mathrm{W/(m^2 \cdot \text{℃})}$，而在受迫对流情况下，换热系数可达到 $10 \sim 100 \mathrm{W/(m^2 \cdot \text{℃})}$。因此对流换热问题有自然对流和受迫对流之分。无论哪种换热过程，流体在壁面上流动的速度有大有小，因此还要注意它的流动状态问题。

2. 流体流动的状态

流体的流动状态有两种。一是层流，这种流动的流速较小，流体各部分均沿流道壁面作平行流动，各层流体之间互不掺混。这种状态的换热主要取决于层流边界底部的导热。另一种是紊流,这种流动的速度较大,流体各部分的运动呈现出不规则的混乱状态。紊流时由于流体微团的相互掺混作用,对流换热系数增强。因此,要增强换热,可以用增加流体流速改变液体流态的方法来实现。

3. 流体的物理性质

流体和固体表面之间的换热强弱也受它们之间的导热热阻影响,由第十章可知,导热系数越大,导热热阻越小,换热也就越强。例如物体在水中要比同样温度的空气中冷却快,这是因为水的导热系数要比空气的高 20 余倍,故水的换热系数要比空气高很多。另外,流体的比热 c_p 和密度 ρ 也直接影响着换热强度,因为比热与密度的乘积是单位体积所能携带的热量,故比热与密度较大的流体传递热量的能力也就越大。再者,流体的黏度 μ 也影响着流态和流动边界层的厚度,体积膨胀系数 β 同样影响着自然对流换热时的浮升力大小和边界层内的速度分布,所有这些物理性质都直接或间接影响着对流换热系数的大小。

4. 流体的相变

对流换热无相变时流体仅改变显热,流体和固体壁面之间有较大温差;而对流换热有相变时,流体吸收或放出汽化潜热,对于同种流体,潜热换热要比显热换热剧烈得多,因此,有相变时的对流换热系数比无相变时的大。另外,沸腾时液体中气泡的产生和运动增加了液体内部的扰动,从而强化了对流换热。

5. 换热表面的形状、大小、相对位置

流体换热面的几何形状、相对位置不同,流体在换热面上的流动情况也不同,从而对流换热系数也不同。另外,流体与壁面之间的接触面大小、流体与壁面的接触角度等也都影响流体换热面的流动状况,从而影响对流换热系数。图 14-1 表示出几种对流换热表面几何因素的影响。

图 14-1 对流换热表面几何因素的影响

综上所述,可以将影响对流换热系数的众多因素表示为如下函数形式,即

$$\alpha = f(w, l, \rho, \mu, \lambda, \beta, \varphi, c_p, t_w, t_f \cdots) \tag{14-2}$$

式中 φ——壁面的几何形状因素,包括形状和相对位置等;

l——换热表面的几何尺寸,m;

t_w——换热表面温度,℃;

t_f——流体温度,℃;

w——流体速度,m/s。

求解对流换热系数有理论分析法和相似理论指导的实验研究法两种。实验法是通过实验求得各准则间的函数关系,再将函数关系推广到与实验相似的现象中去,目前该方法仍是研究对流换热的主要方法,由此得到的实验关联式在传热计算中得到普遍应用。

第二节 边 界 层

一、流动边界层

流体流动影响对流换热,当黏性流体流过固体壁面时,固体壁面附近的流体流动变化较大,由于壁面摩擦阻力的阻滞作用,靠近固体壁面的流体速度下降,形成一个速度有明显变化的流体薄层,称为流动边界层(或称速度边界层)。在边界层内,距离壁面越近,流速越小,在贴近壁面处流速为零,而远离壁面处的速度则不受此影响,继续保持主流速度 w_∞。通常把速度达到主流速度的 99% 处的离壁面距离定义为流动边界层的厚度,记为 δ。图14-2 所示为流动边界层的速度变化。边界层的厚度与换热壁面的尺寸相比很小,但对流体的流动影响很大。例如20℃的空气和水分别以 2.5m/s 和 0.5m/s 流速流过壁面时流动边界层厚度沿程变化是不同的,如图 14-3 所示。在图中可知,流动边界层厚度 δ 远小于离壁面前端的距离 x。在距离平板前缘距离 200mm 处贴近壁面处的速度分别为 61.5m/s(空气流速度为 $w_\infty=0.5$ m/s)和 2644m/s(水流速度为 $w_\infty=2.5$m/s)。根据牛顿黏性定律,流体的黏滞应力与垂直运动方向的速度梯度成正比。即

$$\tau = \mu \frac{\partial w}{\partial y} \tag{14-3}$$

式中 τ——黏滞应力,N/m^2;
    μ——动力黏度,$N \cdot s/m^2$。

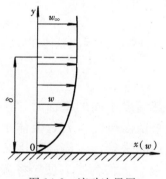 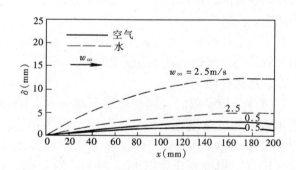

图 14-2   流动边界层   图 14-3   流动边界层沿平壁的变化

在边界层以外的区域,流体的速度变化率接近零,黏滞应力可忽略不计,而把流体作为无黏性的理想流体,这个区域称为主流区。由此可以看出,整个流场可以划分为边界层区和主流区两个区域。边界层区的流体运动需要用黏性流体运动微分方程描述,主流区内用伯努里方程来描述流体运动是适合的。

流动边界层的形成和发展过程可以用速度均匀的流体外掠平板时反映出来。如图 14-4 所示,当流体与平壁前端 $x=0$ 处接触时,流动边界层 $\delta=0$。随着流体进入平壁后,由于黏性的切应力的作用,在壁面上形成层流边界层的厚度 δ 随着距平壁前端的距离 x 的增加而增加。随着流体的流动,到达某一距离后壁面上的黏滞阻力对边界层外边缘处流体的影响开始减弱,相反惯性力的影响相对加强,这使得层流边界层从其边缘开始,逐渐变得不稳定起

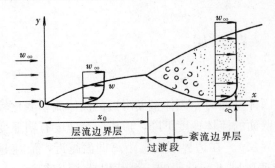

图 14-4 流体外掠平壁时流动边界层的形成和发展

来,即层流边界层开始向紊流层过渡。开始形成紊流区,除靠近壁面处有一薄层层流底层外,主要是紊流核心,紊流区成为边界层的主体,这种边界层称为紊流边界层。由层流向紊流过渡的开始处距离平壁前端的距离 x_c 称为临界距离,它由临界雷诺数 Re_c 确定, $Re_c = \dfrac{w_\infty x_c}{\nu}$。对于外掠平板的流动,一般 Re_c 在 $3\times10^5 \sim 3\times10^6$ 的范围内,一般情况下可取 $Re_c = 5\times10^5$。由图 14-4 中可以看出,层流边界层和紊流边界层的速度分布不同。层流边界层中的速度分布为抛物线型。在紊流边界层中,层流底层的速度变化率较大,速度分布近似线性规律。在紊流核心区由于流体微团的紊乱运动而使动量传递强化,速度分布曲线趋于平缓。

流动边界层具有以下特征:

(1) 边界层厚度 δ 沿流体流动方向逐渐增厚且与壁面特性尺寸 l 相比是极小值。

(2) 边界层内存在较大的速度梯度。

(3) 边界层内的流态分层流和紊流,紊流边界层紧靠壁面处仍有薄层流体保持层流,称为层流底层。

(4) 只有在边界层内才显示流体黏性的影响。当 Re 很大时,在紊流边界层紊流核心区惯性力将远远超过黏滞阻力的影响,此时可以忽略黏滞阻力;在 $Re \ll 1$ 时黏滞切应力将远远大于惯性力的影响,此时可以忽略惯性力;当 Re 处于以上两种情况之间时,惯性力和黏滞力相当。

有了以上分析的基础,将不难理解其他流动情况下的流动边界层。例如流体在管内受迫流动和管外受迫流动,流体沿竖壁的自然对流等。

二、热边界层

当流体外掠平壁时,同流动边界层一样,流体流过与其温度不同的壁面时,在壁面附近形成一温度急剧变化的流体薄层,称为热边界层。如果壁面温度为 t_w,流体主流区温度为 t_∞,在 $y=0$ 处,流体温度等于壁面温度,随着流动的进行,流体温度逐渐接近主流区温度,温度变化如图 14-5 所示。对于热边界层的厚度,人们为了方便,将流体过余温度 $(t-t_w)$ 等于主流过余温度 $(t_\infty - t_w)$ 的 99% 处作为热边界层的外缘,该处到壁面距离称为热边界层厚度,以 δ_t 表示。在热边界层以外可视为温度梯度为零的等温流动区。

与流动边界层类似,在流体外掠平壁时热边界层的形成和发展也存在着层流边界层和紊流边界层,如图 14-6 所示。在层流边界层中,沿着 y 方向的热量传递靠导热,但这是对流条件下的导热,邻层流体间有相对滑动,所以层流边界层中的温度分布不是直线形的,而是抛物线形。而在紊流边界层中,在层流底层 y 方向上的热量传递是靠导热方式,由于层流底层厚度非常薄,其温度分布近似为一直线。在边界层紊流核心区,沿 y 方向的热量传递主要依靠微团的不规则引起的混合作用。所以,对于导热系数不是很大的流体,紊流核心区的温度变化较平缓。

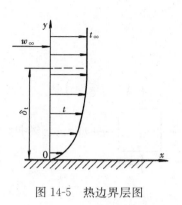

图 14-5 热边界层图

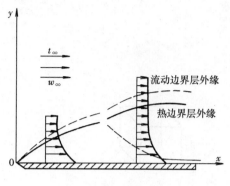

图 14-6 流体外掠平壁时热边界层的形成和发展

三、流动边界层与热边界层关系

流动边界层和热边界层的形成和发展虽然有相似之处，但却不能混淆。流动边界层厚度 δ 是由流体中垂直于壁面方向上的速度分布确定的，而热边界层是由流体中垂直于壁面方向上的温度分布确定的。当壁面温度等于流体主流区温度时，流体沿壁面流动时只存在流动边界层，而不存在热边界层。流动边界层与热边界层之间既有区别又有联系。两种边界层厚度的相对大小 δ_t/δ 取决于流态和流体物性。在同样流态下，取决于综合物性参数普朗特准则 $Pr=\nu/a$。当流动边界层和热边界层同时形成和发展时，对于 $Pr\approx 1$ 的流体，有 $\delta\approx\delta_t$；对于 $Pr<1$ 的流体，有 $\delta_t>\delta$；对于 $Pr>1$ 的流体，有 $\delta_t<\delta$。流动边界层与热边界层关系可以表示为 $\delta_t/\delta=Pr^{-1/3}$。

第三节 边界层换热方程组

要想求得对流换热量，必须在边界层概念的基础上构造出对流换热微分方程组。为了方便起见，我们将流体视为不可压缩、常物性、无内热源且服从牛顿黏性定律的二维稳态对流换热模型，以此建立微分方程组。在二维流动的流体内，任取一边长分别为 $\mathrm{d}x$、$\mathrm{d}y$、$\mathrm{d}z$ 的微元体作为研究对象（控制体），如图 14-7 所示。

一、连续性方程

取 $\mathrm{d}z=1$，在微元体 x 方向流入微元体的质量流量为 $\rho w_x \mathrm{d}y$，从 x 方向流出微元体的质量流量为 $\rho\left(w_x+\dfrac{\partial w_x}{\partial x}\mathrm{d}x\right)\mathrm{d}y$。同理，从 y 方向进入微元体的质量流量为 $\rho w_y \mathrm{d}x$，从 y 方向流出微元体的质量流量为 $\rho\left(w_y+\dfrac{\partial w_y}{\partial y}\mathrm{d}y\right)\mathrm{d}x$。由于流体的密度不变，根据质量守恒定律，流入微元体的质量流量与流出微元体的质量流量差值总和为零，即

$$\left[\rho w_x \mathrm{d}y-\rho\left(w_x+\frac{\partial w_x}{\partial x}\mathrm{d}x\right)\mathrm{d}y\right]-\left[\rho w_y \mathrm{d}x-\rho\left(w_y+\frac{\partial w_y}{\partial y}\mathrm{d}y\right)\mathrm{d}x\right]=0$$

整理得

$$\frac{\partial w_x}{\partial x}+\frac{\partial w_y}{\partial y}=0 \tag{14-4}$$

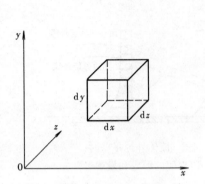

图 14-7 微元体对流换热分析图

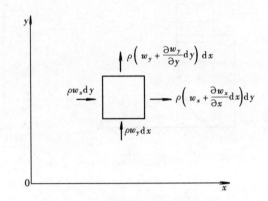

图 14-8 微元体质量平衡分析

上式即为二维、常物性、不可压缩流体的连续性微分方程。

二、动量微分方程

对于图 14-7 所示的微元体，根据动量定理可知，作用在微元体上所有外力的总和，等于流体通过微元体后动量流量的变化。动量流量等于质量流量与速度的乘积（见图 14-8）。

1. 微元体的动量变化

根据连续性微分方程的推导我们知道，在 x 方向上的动量变化包括：进出微元体侧表面（$\mathrm{d}y\mathrm{d}z$）的流体动量变化和进出微元体面（$\mathrm{d}x\mathrm{d}z$）的流体动量变化。见图 14-9，从微元体 x 方向（$\mathrm{d}y\mathrm{d}z$ 面）进入微元体的质量流量为 $\rho w_x \mathrm{d}y\mathrm{d}z$，从微元体 x 方向（$\mathrm{d}y\mathrm{d}z$ 面）进入微元体的动量为 $\rho w_x^2 \mathrm{d}y\mathrm{d}z$。同理，从微元体 x 方向（$\mathrm{d}y\mathrm{d}z$ 面）流出的动量为 $\rho\left(w_x+\frac{\partial w_x}{\partial x}\mathrm{d}x\right)^2 \mathrm{d}y\mathrm{d}z$。此时 x 方向（$\mathrm{d}y\mathrm{d}z$ 面）的动量变化为

$$\rho\left(w_x+\frac{\partial w_x}{\partial x}\mathrm{d}x\right)^2 \mathrm{d}y\mathrm{d}z - \rho w_x^2 \mathrm{d}y\mathrm{d}z \tag{a}$$

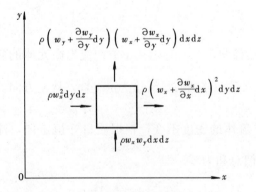

图 14-9 微元体流体动量变化分析

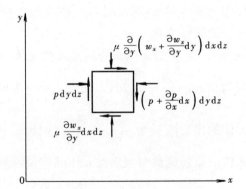

图 14-10 微元体所受表面力的分析

同理，可以推导出进、出微元面（$\mathrm{d}x\mathrm{d}z$）的流体引起 y 方向的动量变化为

$$\rho\left(w_y+\frac{\partial w_y}{\partial y}\mathrm{d}y\right)\left(w_x+\frac{\partial w_x}{\partial y}\mathrm{d}y\right)\mathrm{d}x\mathrm{d}z-\rho w_x w_y \mathrm{d}x\mathrm{d}z \tag{b}$$

由此，我们得到微元体上总的动量变化为上述（a）（b）式之和，整理为

$$\rho\left(w_x+\frac{\partial w_y}{\partial x}\mathrm{d}x\right)^2 \mathrm{d}y\mathrm{d}z-\rho w_x^2 \mathrm{d}y\mathrm{d}z+\rho\left(w_y+\frac{\partial w_y}{\partial y}\mathrm{d}y\right)\left(w_x+\frac{\partial w_x}{\partial y}\mathrm{d}y\right)\mathrm{d}x\mathrm{d}z-\rho w_x w_y \mathrm{d}x\mathrm{d}z \tag{c}$$

2. 微元体所受的外力

作用在微元体上的外力有体积力（如重力、浮力等）和表面力（压力、黏性切应力等），见图 14-10（图中所标的是 x 方向的力，y 方向未标）所示。作用在微元体上的体积力是指作用在流体的所有质点上并由外部力场所产生的力。在 x 方向上的体积力为

$$F_x \mathrm{d}x\mathrm{d}y\mathrm{d}z \tag{d}$$

作用在微元体上的表面力有压力和黏滞切应力。在 x 方向上的表面压力（见图 14-10）为

$$p\mathrm{d}y\mathrm{d}z-\left(p+\frac{\partial p}{\partial x}\mathrm{d}x\right)\mathrm{d}y\mathrm{d}z \tag{e}$$

作用在 x 方向微元体上黏滞切应力（见图 14-10）为

$$\mu\frac{\partial}{\partial y}\left(w_x+\frac{\partial w_x}{\partial y}\mathrm{d}y\right)\mathrm{d}x\mathrm{d}z-\mu\frac{\partial w_x}{\partial y}\mathrm{d}x\mathrm{d}z \tag{f}$$

作用在微元体 x 方向的外力为

$$F_x \mathrm{d}x\mathrm{d}y\mathrm{d}z+p\mathrm{d}y\mathrm{d}z-\left(p+\frac{\partial p}{\partial x}\mathrm{d}x\right)\mathrm{d}y\mathrm{d}z+\mu\frac{\partial}{\partial y}\left(w_x+\frac{\partial w_x}{\partial y}\mathrm{d}y\right)\mathrm{d}x\mathrm{d}z-\mu\frac{\partial w_x}{\partial y}\mathrm{d}x\mathrm{d}z$$

$$=F_x \mathrm{d}x\mathrm{d}y\mathrm{d}z-\frac{\partial p}{\partial x}\mathrm{d}x\mathrm{d}y\mathrm{d}z+\mu\frac{\partial^2 w_x}{\partial y^2}\mathrm{d}x\mathrm{d}y\mathrm{d}z$$

$$=\left(F_x-\frac{\partial p}{\partial x}+\mu\frac{\partial^2 w_x}{\partial y^2}\right)\mathrm{d}x\mathrm{d}y\mathrm{d}z \tag{g}$$

于是，由以上式（c）和式（g）相等，略去高阶微分量并利用连续性方程则有

$$\rho\left(w_x\frac{\partial w_x}{\partial x}+w_y\frac{\partial w_x}{\partial y}\right)=F_x-\frac{\partial p}{\partial x}+\mu\frac{\partial^2 w_x}{\partial y^2} \tag{14-5}$$

式（14-5）即为动量微分方程，公式中的等式左边两项分别表示流体沿 x 方向和 y 方向流过微元体后造成 x 方向上动量流量的增量；等式右边第一项为微元体受到的体积力，如重力、浮力等，第二项为微元体受到的 x 方向压力差，第三项表示 x 方向作用于微元体上的黏滞力。

上式适用于不可压缩、黏性流体的二维稳态对流换热，如果是非稳态对流换热，在式（14-5）的等式左边应增加一项微元流体沿 x 方向动量变化量（单位时间内动量的变化）。如果流体是强迫对流时重力场不起作用，体积力可以略去。此时动量微分方程为

$$\rho\left(w_x\frac{\partial w_x}{\partial x}+w_y\frac{\partial w_x}{\partial y}\right)=-\frac{\partial p}{\partial x}+\mu\frac{\partial^2 w_x}{\partial y^2} \tag{14-5a}$$

流体在受迫对流且纵掠平壁时，压力沿 x 方向不变，$\frac{\partial p}{\partial x}=0$。此时动量微分方程为

$$\rho\left(w_x\frac{\partial w_x}{\partial x}+w_y\frac{\partial w_x}{\partial y}\right)=\mu\frac{\partial^2 w_x}{\partial y^2} \tag{14-5b}$$

对于 y 方向上的动量变化，可以用相同的方法推导出与式（14-5）类似的动量微分方程。由于边界层厚度 δ 远小于距离平壁前缘距离 x，在理论上可以证明，y 方向流速远远小于 x 方向的速度，与式（14-5）相比，y 方向上动量微分方程的对应各项都可略去，所以，y 方向上动量微分方程可以不考虑。有关此方面讨论见相关参考文献。

三、能量微分方程

根据热力学第一定律、对图 14-11 所示的微元体进行能量守恒分析，可以建立起描述流体温度分布的能量微分方程。在边界层内取微元体 $dxdydz$，如果流动的流体流入和流出微元体的能量是以对流和传导两种方式进行且为稳态流动，则微元体能量平衡方程式为：$\sum$ 以对流和传导两种方式流入微元体能量 $-\sum$ 以对流和传导两种方式流出微元体能量 $=0$。

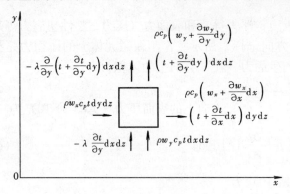

图 14-11　微元体能量微分方程的分析

1. 以对流方式进入、流出微元体能量

设流体的温度为 t，从微元体 $dydz$ 面流入的流体质量流量为 $\rho w_x dydz$，则这部分流体质量带入的能量为

$$\rho w_x c_p t \, dydz \tag{a}$$

从微元体 $dydz$ 面流出的流体质量流量为 $\rho\left(w_x+\frac{\partial w_x}{\partial x}dx\right)dydz$，此时温度变化为 $\left(t+\frac{\partial t}{\partial x}dx\right)$，在该面上带出的能量为

$$\rho c_p\left(t+\frac{\partial t}{\partial x}dx\right)\left(w_x+\frac{\partial w_x}{\partial x}dx\right)dydz \tag{b}$$

从微元体 $dxdz$ 面上流入质量流量为 $\rho w_y dxdz$，流体的温度为 t，此时带入微元体的能量为

$$\rho w_y c_p t \, dxdz \tag{c}$$

从微元体 $dxdz$ 面上流出的流体质量流量为 $\rho\left(w_y+\frac{\partial w_y}{\partial y}dy\right)dxdz$，流体温度为 $\left(t+\frac{\partial t}{\partial y}dy\right)$，此时带出微元体的热流量为

$$\rho c_p\left(t+\frac{\partial t}{\partial y}dy\right)\left(w_y+\frac{\partial w_y}{\partial y}dy\right)dxdz \tag{d}$$

2. 以导热方式导入、导出微元体能量

从微元体 $dxdz$ 面上传入的热流量为

$$-\lambda\frac{\partial t}{\partial y}dxdz \tag{e}$$

从微元体 $dxdz$ 面上传出的热流量为

$$-\lambda \frac{\partial}{\partial y}\left(t+\frac{\partial t}{\partial y}\mathrm{d}y\right)\mathrm{d}x\mathrm{d}z \tag{f}$$

由于热边界层厚度 δ_t 远小于微元体离平板前缘的距离 x，流体温度 t 沿 x 方向的变化率远远小于沿 y 方向的变化率。故从微元体 $\mathrm{d}y\mathrm{d}z$ 面导入、导出的热量可以忽略。

由能量平衡方程式可知 $\Sigma(b)+(d)+(f)-\Sigma(a)+(c)+(e)=0$
带入各方程式有

$$\rho c_p\left(t+\frac{\partial t}{\partial x}\mathrm{d}x\right)\left(w_x+\frac{\partial w_x}{\partial x}\mathrm{d}x\right)\mathrm{d}y\mathrm{d}z+\rho c_p\left(t+\frac{\partial t}{\partial y}\mathrm{d}y\right)\left(w_y+\frac{\partial w_y}{\partial y}\mathrm{d}y\right)\mathrm{d}x\mathrm{d}z-$$
$$\lambda \frac{\partial}{\partial y}\left(t+\frac{\partial t}{\partial y}\mathrm{d}y\right)\mathrm{d}x\mathrm{d}z-\rho w_x c_p t\mathrm{d}y\mathrm{d}z-\rho w_y c_p t\mathrm{d}x\mathrm{d}z+\lambda\frac{\partial t}{\partial y}\mathrm{d}x\mathrm{d}z=0$$

整理并略去高阶微分量，利用连续性方程可得

$$-\rho c_p\left(w_x\frac{\partial t}{\partial x}+w_y\frac{\partial t}{\partial y}\right)\mathrm{d}x\mathrm{d}y\mathrm{d}z+\lambda\frac{\partial^2 t}{\partial y^2}\mathrm{d}x\mathrm{d}y\mathrm{d}z=0$$

利用导温系数定义 $a=\dfrac{\lambda}{\rho c_p}$ 代入上式得

$$w_x\frac{\partial t}{\partial x}+w_y\frac{\partial t}{\partial y}=a\frac{\partial^2 t}{\partial y^2} \tag{14-6}$$

式（14-6）即为不可压缩、二维稳态流体的能量微分方程。等式左边表示对流项，等式右边为导热项。此式也说明对流换热不仅依靠流体的宏观位移传递热量，而且还依靠分子导热传递热量。

四、对流换热微分方程

由牛顿冷却公式

$$q_x=\alpha_x (t_w-t_\infty)_x \tag{a}$$

式中　　q_x——x 处的对流换热热流量，W/m^2；

α_x——x 处的对流换热系数，$W/(m^2 \cdot ℃)$；

$(t_w-t_\infty)_x$——x 处的对流换热温差，$℃$。t_∞ 为流体温度。对于管内或槽内对流换热时，常取流动截面上流体的平均温度，而纵掠平壁等则取流体主流区温度 t_∞。

在流体沿壁面流动时，靠近壁面处层流速度为零，此时以导热为主进行热量传递。由傅里叶定律可知

$$q_x=-\lambda\left(\frac{\partial t_x}{\partial y}\right)_{y=0} \tag{b}$$

式中　$\left(\dfrac{\partial t_x}{\partial y}\right)_{y=0}$——$x$ 处壁面上流体的温度变化率，$℃/m$；

λ——流体的导热系数，$W/(m \cdot ℃)$。

由式（a）和式（b）相等得

$$\alpha_x=-\frac{\lambda}{t_w-t_\infty}\left(\frac{\partial t_x}{\partial y}\right)_{y=0} \tag{14-7}$$

上式即为对流换热微分方程。

五、边界层换热方程组

由上述式（14-4）、式（14-5b）、式（14-6）、式（14-7）组成边界层换热微分方程组，即

$$\frac{\partial w_x}{\partial x} + \frac{\partial w_y}{\partial y} = 0 \tag{a}$$

$$\rho\left(w_x \frac{\partial w_x}{\partial x} + w_y \frac{\partial w_x}{\partial y}\right) = \mu \frac{\partial^2 w_x}{\partial y^2} \tag{b}$$

$$w_x \frac{\partial t}{\partial x} + w_y \frac{\partial t}{\partial y} = a \frac{\partial^2 t}{\partial y^2} \tag{c}$$

$$\alpha_x = -\frac{\lambda}{(t_w - t_\infty)}\left(\frac{\partial t_x}{\partial y}\right)_{y=0} \tag{d}$$

将上述方程组配上相应的定解条件

$y=0$ 处　　$w_x = w_y = 0$　　$t = t_w$

$y=\delta$ 处　　$w_x = w_\infty$　　$t = t_\infty$

这些方程为常物性流体外掠平板时层流换热的方程组。由于物性为常数，即物性场与温度场无关，因此可先联立式（a）、式（b）两式，求得速度场 w_x、w_y，进而根据下式求得边界层的厚度 δ 局部摩擦系数 C_{fx}。

$$\frac{\delta}{x} = 5.0 Re^{-1/2} \tag{14-8}$$

$$\frac{C_{fx}}{2} = 0.332 Re_x^{-1/2} \tag{14-9}$$

再利用式（c）求得温度场，进而利用式（d）求得平板表面局部换热系数 α_x 及局部努谢尔特数 Nu_x。

$$\alpha_x = 0.332 \frac{\lambda}{x} Re_x^{1/2} Pr^{1/3} \tag{14-10}$$

$$Nu_x = 0.332 Re_x^{1/2} Pr^{1/3} \tag{14-11}$$

式中　　$Nu_x = \frac{\alpha_x x}{\lambda}$——努谢尔特（Nusselt）准则，反映对流换热过程的强度；

$Pr = \frac{\nu}{\alpha} = \frac{\mu c_p}{\lambda}$——普朗特（Prandtl）准则，反映流体物性对换热的影响。

对于长度为 L 的常壁温平板，积分式（14-10）可得到平均换热系数

$$\alpha = \frac{1}{L}\int_0^l \alpha_x \mathrm{d}x = 2\alpha_x$$

所以

$$\alpha = 0.664 \frac{\lambda}{L} Re^{1/2} Pr^{1/3} \tag{14-12}$$

$$Nu = 0.664 Re^{1/2} Pr^{1/3} \tag{14-13}$$

式中　　$Re = \frac{w_\infty L}{\nu}$　　$Nu = \frac{\alpha L}{\lambda}$

各准则中的物性均取边界层的平均温度 $t_m = (t_\infty + t_w)/2$ 为定性温度。

【例 14-1】 在大气压下，30℃的空气以 10m/s 速度纵向流过壁温为 60℃的平板，求离平板前端 300mm 处的 δ、δ_t、α_x、α 及 C_{fx}、C_f。

解 边界层的平均温度为 $t_m = \frac{t_\infty + t_w}{2} = \frac{t_f + t_w}{2} = \frac{30+60}{2} = 45$（℃），查附录 6 干空气的物性参数为 $\lambda = 0.0275\text{W}/(\text{m}\cdot\text{℃})$；$\nu = 17.46 \times 10^{-6} \text{m}^2/\text{s}$；$Pr = 0.699$。

(1) 求 δ、δ_t。由 $Re = \dfrac{w_\infty x_c}{\nu} = \dfrac{10 \times 0.3}{17.46 \times 10^{-6}} = 1.718 \times 10^5$

所以 $\delta = 5.0 Re^{-1/2} x = 5.0 \times (1.718 \times 10^5)^{-1/2} 0.3 = 3.6$ (mm)

$$\delta_t \approx \delta Pr^{-1/3} = 3.6 \times 0.699^{-1/3} = 4 \text{ (mm)}$$

(2) 求 C_{fx}、C_f。由 $C_{fx} = 0.664 Re^{-1/2} = 0.664 \times (1.718 \times 10^5)^{-1/2} = 0.0016$

全板平均 $C_f = \dfrac{1}{L} \displaystyle\int_0^L C_{fx} dx = 2 C_{fx=L} = 0.003$

(3) 求 α_x、α。由 $\alpha_x = 0.332 \dfrac{\lambda}{x} Re^{1/2} Pr^{1/3}$

$$= 0.332 \dfrac{0.0275}{0.3} (1.718 \times 10^5)^{1/2} 0.699^{1/3}$$

$$= 11.2 \text{ [W/(m·℃)]}$$

全板平均换热系数 $\alpha = 2\alpha_x = 2 \times 11.2 = 22.4$ [W/(m·℃)]

第四节 相 似 理 论

由于对流换热过程是十分复杂的,要单纯依靠数学的方法来求得换热系数是非常困难的,因此,借助实验方法来研究对流换热问题,仍然是传热研究的主要和可靠手段。实验法的优点是结论可靠,缺点是局限性较大。特别是对流换热这样存在着很多影响因素的复杂物理现象,要想通过实验获得众多变量间的函数关系,实验次数将会是十分庞大,以致实际上几乎不可能实现。因此,如何减少多变量问题的实验次数,并且使实验结果具有普遍意义,是应用实验方法寻找现象的规律,使实验结果得以推广应用的关键问题。相似

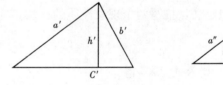

图 14-12 相似三角形

理论为解决上述问题提供了理论依据。依靠相似理论的指导,可以对各种局部换热关系式进行综合处理,使复杂的换热过程有可能利用某一综合方式表达出它的内在规律性。

一、相似的概念

相似的概念最早出现在几何学中。几何学里相似形的各对应角彼此相等,各对应边互成比例。以三角形为例(见图 14-12),则有

$$\dfrac{a'}{a''} = \dfrac{b'}{b''} = \dfrac{c'}{c''} = \dfrac{h'}{h''} = C \tag{14-14}$$

式中 a'、b'、c'、h' 和 a''、b''、c''、h'' 分别代表两个相似三角形的各边及高的长度,C 是比例常数,或称相似倍数。

关于几何相似的理论及其实际应用,几何学中已有详细论述。这里所要阐述的则是如何将几何相似推广到两种流体运动之间的运动相似,推广到温度和热流之间的热相似等。由于物理现象较几何现象复杂得多,相似条件也就不会像几何相似那么简单。因此,首先要知道所研究的现象之间的相似条件,然后才能运用相似的概念。

物理现象之间的相似条件是:

(1) 相似的物理现象必须是同类现象,这些现象不仅要性质相同,而且能用同样形式和同样内容的数学方程式来描述。

(2) 物理现象相似的必要条件是几何相似,也就是说,只有在几何形状相似的体系中才会有相似现象。

(3) 描述现象性质的一切物理量均相似,这意味着每个同名物理量在相对应的地点和对应的时刻必须互成比例。

综上所述,如果两个现象是同类现象,而且描写两个现象的一切物理量在各对应点和对应瞬间成比例,则这两个现象相似。例如,两个稳定的温度场所在的各空间几何相似,且对应点的温度成比例,则这两个温度场相似。又如,两辆汽车在两条几何相似的公路上行驶。如果在行进过程中,两辆汽车的速度始终保持一定的比值,则两辆汽车行进相似。

二、相似准则

设有两个换热条件相似的同类现象,根据傅里叶定律和牛顿冷却公式,描写这类现象的换热方程式应为

$$q = \alpha \cdot \Delta t = -\lambda \frac{dt}{dn}$$

如果把这个方程应用到两个相似的体系中,则有

$$\alpha_1 \cdot \Delta t_1 = -\lambda_1 \frac{dt_1}{dn_1} \tag{a}$$

$$\alpha_2 \cdot \Delta t_2 = -\lambda_2 \frac{dt_2}{dn_2} \tag{b}$$

根据相似定义,描写两个现象性质的一切量应互成比例,即

$$\frac{\alpha_1}{\alpha_2} = C_\alpha;\ \frac{t_1}{t_2} = C_t;\ \frac{\lambda_1}{\lambda_2} = C_\lambda;\ \frac{n_1}{n_2} = C_l \tag{c}$$

将式(c)代入式(a)得

$$C_\alpha \cdot \alpha_2 \cdot \Delta t_2 = -\frac{C_\lambda}{C_l} \lambda_2 \frac{dt_2}{dn_2} \tag{d}$$

比较式(b)和式(d)可知,相似倍数之间必须满足下列关系

$$C_\alpha = \frac{C_\lambda}{C_l} \text{ 或 } \frac{C_\alpha C_l}{C_\lambda} = 1 \tag{14-15}$$

上式就是相似倍数的限制条件,由此可得

$$\frac{\alpha_1 l_1}{\lambda_1} = \frac{\alpha_2 l_2}{\lambda_2} = \frac{\alpha l}{\lambda} = \text{定值} \tag{14-16}$$

由式(14-16)可知,两个换热现象相似的必要条件是具有相同的 $\alpha l/\lambda$ 数(努谢尔特准则)。定数 $\alpha l/\lambda$ 就是所谓的相似准则,它是一个无因次量。以上导出准则的方法称为相似分析。

对于任何物理现象,只要知道描写现象的方程式,都可以求出相似准则。这些准则反映了物理量之间的内在联系,而且具有一定的物理意义。

相似准则常以一些学者的名字来命名,如 $\alpha l/\lambda$ 称为努谢尔特准则,以 Nu 表示。

传热学中常用的相似准则还有:

$Re = \frac{wl}{\nu}$,雷诺(Reynolds)准则,表明流体惯性力与黏滞力相对大小的,用符号 Re

表示。

$Gr = \dfrac{\beta g l^3 \Delta t}{\nu^2}$,格拉晓夫准则,表明流体自由运动的浮升力与黏滞阻力的相对大小,用符号 Gr 表示,该值的大小说明流体自由运动的强烈程度。式中:l 为定型尺寸;g 为重力加速度;ν 为运动黏性系数;Δt 为壁面与远离壁面的流体之间的温差;β 为流体的体积膨胀系数。

通过相似分析的方法还可以得出,两流体的运动现象相似,其雷诺准则 Re 必定相等;两热量传递现象相似时,贝克利准则 $Pe = \dfrac{\nu}{a} \dfrac{wl}{\nu} = Pr \cdot Re$ 必定相等。

三、相似定理

用实验研究法研究物理现象必然会遇到这样的问题:通过实验需要测量哪些物理量?应如何整理通过实验测得的大量实验数据?实验结果能推广应用到怎样的范围中去?这些是布置实验所必须明确的。相似定理则回答了上述问题。

第一定理:凡是彼此相似的现象,必定具有相同的相似准则。或者表述为:如果几个物理现象相似,那么描述这些现象的同名相似准则必定相等。相似第一定理直接回答了实验时应当测量哪些量的问题。在相似准则中所含有的物理量,是对该物理现象起主要影响的量,所以在进行研究时应当测量描写该现象的相似准则中含有的所有物理量。

第二定理:若现象相似,则描述物理现象的任何方程式均可以表示为各相似准则之间的函数关系式。相似准则第二定理说明了如何整理实验数据,以便得出对整个同类型现象都适用的关系式。一个复杂的现象中包括几个简单的现象,如对流换热中包含有换热和流动等简单现象。首先根据各个简单现象确立各自的相似准则,然后再将这些相似准则组成准则方程式,如 $f(K_1, K_2, \cdots) = 0$。每一个准则反映了简单现象中各物理量之间的关系,而准则方程式又反映了复杂现象中各简单现象之间的关系。

第三定理:凡是单值性条件成比例,定型准则相等的现象必定彼此相似。单值性条件就是指几何、物理、边界、时间等条件,定型准则就是指由单值性条件给出的物理量所组成的准则。定型准则中所包含的量都是已知的。含未知量的准则称为非定型准则。相似第三定理确定了实验所用的模型和介质在什么条件下与我们所研究的现象相似的问题,即复杂现象相似的必要而充分条件是单值性条件相似,定型准则相等。根据这一定理所规定的条件就可以把实验结果推广到所研究的现象中去。

相似三定理的提出为"模化实验"提供了重要的理论依据。只要保证所建立的模型中实现的物理现象与原型中实现的物理现象相似,这样通过模化实验所获得的结果就可以推广应用到原型中去。这样对设计、制造新设备,改造原有设备都具有重要意义。在缩小尺寸的模型中借助相似理论研究原型中的现象,可节约大量人力、物力和研究的时间,是科学研究的重要手段之一。

四、定性温度和定型尺寸

定性温度是确定准则中物性参数数值的温度。因为流体的物性参数的数值是随着流体温度改变而改变的,所以选取不同的定性温度会有不同的物性参数数值,定性温度如何选取,是非常重要的问题。定性温度一般选取对换热影响较大,在技术计算中已知,并易于计算和实测的温度。有些时候在简化的工程计算中选取流体温度和壁面温度的平均温度 $t_m = \dfrac{1}{2}(t_w$

$+t_f$)、壁面温度 t_w 或流体平均温度 t_f 作为定性温度。

流体的温度，在流道截面上及沿流道长度上都不是均一的。流道截面上的平均温度，可在流道的测温截面处，使流体充分的机械混合，用温度计测得。而沿流道长度方向上的平均温度近似取流道进、出口截面上的温度 t' 和 t'' 的算术平均值 $t_f = \frac{1}{2}(t'+t'')$，不过这种温度平均法只适用于沿流道全长温度变动不大的情况。当温度变动大时，应采用下式求流体平均温度

$$t_f = t_w \pm \Delta t_m \tag{14-17}$$

式中：Δt_m 为沿流道长度方向 t_f 和 t_w 的对数平均温差。±表示当流体被加热时取"−"，流体被冷却时取"+"。

定型尺寸是指被代入相似准则中的固体壁面的特征尺寸。如努谢尔特准则 $Nu=\alpha l/\lambda$，$Re=wl/\nu$，$Gr=\beta g\Delta t l^3/\nu^2$ 等中的 l 均为定型尺寸。定型尺寸的取法直接影响到相似准则的数值。实际上，不同定型尺寸的相似准则含有不同的物理意义，在对流换热过程中，通常选取对流动状况产生主要影响的固体表面尺寸作为定型尺寸。对于流体在圆管中流动放热，定型尺寸选取圆管直径 d，而在非圆管道内则取当量直径 d_e 为

$$d_e = \frac{4F}{U}$$

式中　F——非圆管道断面积，m^2；

　　　U——断面周长，即湿周长，m。

当流体横向流过单管时，取管道的外径作为定型尺寸；当流体纵向流过平壁时，取沿流动方向的壁面长度作为定型尺寸。如同定性温度一样，在给定准则方程式时，也必须说明定型尺寸的取法。

五、相似理论在对流换热中的应用

应用相似理论研究对流换热时，根据相似第一定律，首先确定有关对流换热过程的相似准则，实验中所测定的数据就是这些准则中所包含的物理量。然后根据相似第二定理把这些准则整理成准则方程式。在稳定条件下，对流换热准则方程式有如下形式

$$Nu = f(Re, Gr, Pr)$$

方程式的具体形式由实验确定。就对流换热而言，一般都将准则方程式整理成幂函数的形式，如

$$Nu = CRe^n \tag{a}$$

$$Nu = CRe^n Pr^m \tag{b}$$

$$Nu = C(Re \cdot Pr)^n \tag{c}$$

式中　C、n、m——由实验确定的常数。

这种实用关联式的形式最大的优点是幂函数在十进位的坐标图上是一条曲线，而在纵、横坐标都是对数的双对数坐标图上会得到一条直线。以式（a）为例，它在 $\lg Nu$ 和 $\lg Re$ 的坐标图上呈直线，如图 14-13 所示，即

$$\lg Nu = \lg C + n\lg Re \tag{14-18}$$

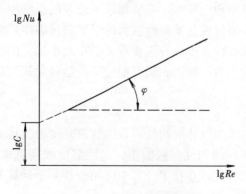

图 14-13　$Nu=CRe^n$ 双对数图示

n 的数值是双对数图上直线的斜率,也是直线与横坐标夹角 φ 的正切。$\lg C$ 则是当 $\lg Re=0$ 时直线在纵坐标上的截距。

$$n=\tan\varphi \tag{14-19}$$

$$C=\frac{Nu}{Re^n} \tag{14-20}$$

式 (14-20) 中的 Nu 及 Re 值是关联线上的任一点的坐标,而不是实验点的数据。大量实验数据点的情况下,采用最小二乘法确定关联式中各常数值是可靠的方法。图 14-14 是标绘在以 $\lg(Nu/Pr^{0.4})$ 为纵坐标,以 $\lg Re$ 为横坐标的管内紊流换热实验数据点及所得到的准则关联式的代表线。

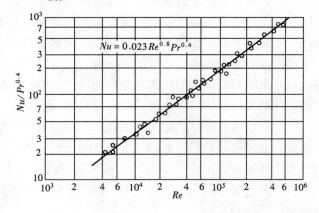

图 14-14 管内紊流换热实验点和准则关联式

【例 14-2】 空气在长光滑圆管内稳态受迫流动换热,其工作条件是壁温为 100℃,被加热的空气温度为 90℃,空气的流速为 30m/s。若采用管径缩小为原管径 1/2 的细管进行实验,这一换热现象在细管中亦对空气加热,空气的温度 50℃,壁面温度 80℃,试问细管中流速应多大才能保证与原管中的换热现象相似。

解 细管中的各量都用"′"标明。根据题意可知

$$t_w=100℃ \quad t_f=90℃ \quad w=30\text{m/s}$$
$$t_w'=80℃ \quad t_f'=50℃ \quad w'=?$$

在细管中和在原管中的换热现象是属同类的,并且都为稳态过程,故时间相似条件失效。其他几何条件、边界条件及物理条件都分别成同一比例,故单值性条件相似得到满足。所以只要已定准则 Re、Pr 分别彼此相等即可实现细管与原管中换热现象的相似。因为空气的 Pr 数可为常数,故只要 $Re=Re'$,即

$$\frac{wd}{\nu}=\frac{w'd'}{\nu'}$$

从中可以推导出

$$\left(w'=w\frac{\nu'}{\nu}\cdot\frac{d}{d'}\right)$$

按空气温度为定性温度查空气参数附录 6 得

$$t_f=90℃,\ \nu=21.09\times10^{-6}\text{m}^2/\text{s}$$
$$t_f'=50℃,\ \nu'=17.95\times10^{-6}\text{m}^2/\text{s}$$

将已知值代入上式得

$$w'=w\frac{\nu'}{\nu}\cdot\frac{d}{d'}=30\times\frac{21.09\times10^{-6}}{17.95\times10^{-6}}\times2=70.5\ (\text{m/s})$$

即要求细管中的空气流速为 70.5 m/s,就能保证与原管中的换热现象相似。

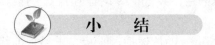 小 结

本章讲授了边界层的概念及层流边界层的微分方程组及其解;边界层对流换热微分方程

组的推导和单值性条件；影响对流换热的因素；以及相似理论基础实验关联式的应用等内容。

学习本章的基本要求是：

(1) 理解对流换热机理及其影响因素。

(2) 掌握牛顿冷却公式的应用及理解换热微分方程组的导出方法。

(3) 掌握边界层概念；要充分理解相似理论的基本原理及其对对流换热实验研究的指导作用；掌握几个常用相似准则及它们间的函数关系。

围绕这些基本要求，本章的要点有：

(1) 影响对流换热的因素包括有流体的流态，流体运动的起因，流体的种类和物性，流体的固体壁面的形状、尺寸及相对位置。

(2) 流动边界层和热边界层的概念，以及它们的相互关系。

(3) 通过物理现象相似的三个条件的分析，提出了相似定理一，彼此相似的现象，同名相似准则必定相等；相似定理二，描写现象的微分方程组有准则函数关系的解；相似定理三：凡同类现象，单值性条件相似，同名已定准则值相等，现象必定相似，这些理论为实验求解奠定了基础。

习 题

14-1 什么是流动边界层？什么是热边界层？为什么它们的厚度之比与普朗特准则有关？

14-2 影响对流换热的主要因素有哪些？它们是如何影响对流换热的？举例说明之。

14-3 流体外掠平板，在温度条件不变的情况下，主流速度增加时，它的局部和平均换热系数都增加，为什么？试从换热原理进行解释。

14-4 在相同温度，相同速度条件下，不同 Pr 值的流体外掠平板时温度和速度边界层的厚度、温度梯度及平均换热系数等是否相同，为什么？

14-5 流体流过平板，流态从层流向紊流转变的临界雷诺数为 $Re=5\times10^5$，试计算 35℃ 的空气和水达到临界雷诺数时所需要的平板长度（取 $w_\infty=1\mathrm{m/s}$）。

14-6 对于油的 Pr 数很大，液态金属 Pr 数很小。外掠等温平板的层流边界层流动，试画出两种流动边界层中速度分布与温度分布的大致图像（要能显示出 δ 与 δ_t 的相对大小）。

14-7 相似原理的内容是什么？对实验有何指导意义？

14-8 定型尺寸和定性温度的概念是怎样定义的？在计算中如何选取？

14-9 在相同温度，相同速度条件下，不同 Pr 值的流体外掠平板时温度和速度边界层的厚度、速度和温度梯度及平均换热系数等有何差异？

14-10 试说明对流换热系数 α，取决于边界层内的温度梯度 $(\partial t/\partial y)_{y=0}$。

14-11 20℃ 的空气，在常压下以 10m/s 的流速流过平板，求离板前缘 200mm 处的流动边界层的厚度。

14-12 20℃ 的水，以 1.5m/s 的流速掠过平板，求离板前缘 150mm 处的边界层厚度。

14-13 平板表面温度 $t_w=100℃$，水温 $t_f=60℃$，水的流速 $w_\infty=2\mathrm{m/s}$，求板长为 1m

时的平均换热系数（已知 $Re=5\times10^5$）。

14-14 已知某对流换热过程的热边界层温度场可表达为 $t=a-by+cy^2$，壁温为 t_w，主流温度为 t_f，试求它的换热系数。

14-15 压力 1.013bar，20℃的空气以速度 10m/s 掠过平板。板长 80cm，板面温度 $t_w=30℃$，求板宽为 1m 时的平均换热系数及换热量（已知 $Re=5\times10^5$）。

14-16 两根管子，管 1 内径 16mm，管 2 内径 30mm，当同一种流体流过时，管 1 内流量是管 2 的两倍。已知两管温度场完全相同，问管内流态是否相似？若不相似，在流量上采取什么措施才能相似？

14-17 温度为 80℃的空气外掠 $t_w=30℃$ 的平板，已知 $\alpha_x=4.4x^{-1/2}$，试求该平板长为 0.3m，宽 0.5m 时的换热量（假设不计宽度影响）。

14-18 试计算下列情况下的当量直径：（1）边长为 a 及 b 的矩形水渠；（2）在一个内径为 D 的圆形筒体内布置了 n 根外径为 d 的圆管，流体在圆管外筒体内作纵向流动。

14-19 通过实验已测出空气在长圆管内稳态受迫流动换热的各项数据，如表 14-1 所示，试计算各试验点 Re 数及 Nu 数。实验点 1，2，3，4 的现象是否相似？并将实验点标绘在 $\lg Nu$ 及 $\lg Re$ 图上并确定 $Nu=CRe^n$ 中的 C 及 n 值。

表 14-1 长管内空气换热实验数据表

实验点	定性温度 t_f（℃）	流速 w（m/s）	换热系数 α [W/（m²·℃）]	管内径 d（mm）
1	20	3.01	15	50
2	30	8.00	31.8	50
3	40	17.00	57.5	50
4	50	35.90	106	50

现有另一根长圆管，$d=80$mm，管内空气速度 28.8m/s，$t_f=100℃$，试确定管内换热现象与上述表中哪个现象是相似的？并根据相似定理采用上表实验结果确定此管内的对流换热系数。

14-20 空气横向流动中的换热，曾经用直径为 $d=12$mm 的圆管进行过实验。将实验研究的结果列于表 14-2，试根据这些数据确定 $\alpha=f(w)$ 和 $Nu=f(Re_f)$ 的关系。

表 14-2 圆管内空气换热实验数据表

流速（m/s）	6.8	8.45	10.1	11.9	14.2	19.1	24.8	25.8
换热系数 [W/（m²·℃）]	83.9	94.9	106.8	119.3	131.4	158.2	180.3	188.4
$Re_f\times10^{-3}$	5.45	6.87	8.04	9.55	11.6	15.1	20.2	20.4
Nu_f	39.9	45.1	50.6	56.4	62.5	74.5	86.1	87.9

14-21 流体流过平板，流态从层流到紊流转变的临界雷诺数为 $Re_c=5\times10^5$，试计算 25℃的空气和水达到临界雷诺数时所需的平板长度（取 $w_\infty=1$m/s）。

14-22 平板长 0.3m，以 0.9m/s 速度在 25℃的水中纵向运动，求平板上边界层的最大厚度，并绘出平板的 w_x 分布曲线。

14-23 有一台缩小成实物 1/8 的模型，用 20℃的空气来模拟实物中平均温度为 200℃ 空气的加热过程。实物中的空气平均流速为 6.03m/s，问模型中的流速应为多少？若模型中的平均换热系数为 195W/(m^2·℃),求实物中相应的值。在这一实验中模型与实物中流体的 Pr 数并不严格相等,你认为这样的模化试验有无实用价值?

14-24 空气在一个大气压和 20℃下,以 0.35m/s 的速度纵掠平板。平板几何尺寸为 60×60cm,板面温度为 $t_w=100$℃,试计算平板的对流换热量。如果将空气更换为水,其他条件相同,其对流换热量又为多少?

14-25 空气在两根圆管内稳态受迫流动换热,已知管 1 直径 $d_1=200$mm,长度 $l_1=10$m,壁温 $t_{w1}=120$℃,空气温度为 $t_{f1}=60$℃,空气流速为 $w_1=30$m/s;管 2 的直径 $d_2=100$mm,长度 $l_2=5$m,壁温 $t_{w2}=80$℃,空气温度为 $t_{f2}=40$℃,空气流速为 $w_2=53.8$m/s,试判断这两个对流换热过程的流态和换热是否相似?

第十五章 单相流体的对流换热

单相流体对流换热是指没有物态变化的流体换热。流体流动的状态不同，换热情况不同；换热面形状及驱使流体流动的动力不同，换热情况也不同。本章主要讨论管内、纵掠平壁、横掠单管和管束及有限空间、无限空间的自然对流等各类对流换热的准则关联式，以适应工程计算的需要。

第一节 自然对流换热

一、概述

冬季，北方地区的建筑物中常常要安装散热器，将室内空气加热取暖。那么为什么用较小的散热器能将较大的房间内的空气加热呢？这是因为散热器本身的温度很高，与它们接触的空气被加热。受热的空气，由于密度减小而上升，冷空气则流过来补充，接着又同样被加热上升。上部冷却了的空气由于密度增大而下降。就这样周而复始地使室内空气被加热。如上所述，流体由于冷、热各部分之间的密度不同所引起的流体运动称为自由运动。流体的自由运动完全取决于壁面与流体之间的换热强度。换热过程愈强烈，流体的自由运动就愈剧烈。由于换热过程中热交换量的大小不仅取决于换热表面积，而且也取决于换热表面与流体之间的温度差，所以，流体的自由运动要由换热表面积和温差来决定。温差影响流体的密度差和浮升力，而加热表面积的大小则影响过程区域范围。在自然对流换热中根据冷热流体运动相互间是否发生干扰，将自然对流分为有限空间自然对流换热和无限空间自然对流换热。

二、无限空间自由运动换热

无限空间自由运动换热是当流体自由运动所处的空间很大，因而冷热流体的运动相互之间不发生干扰时的换热过程。

我们首先研究在无限大空间时空气沿热的竖壁作自由运动的情况。

有一竖壁（见图15-1），空气沿其表面作自由运动。空气层的厚度从下向上逐渐增加，在壁的下部，空气以层流的形式向上流动，而壁的上部，空气呈紊流运动，两者之间出现一过渡状态。至于以哪一种状态为主，要由换热表面与空气之间的温差大小来决定。在温差比较小时，换热过程比较缓慢，层流运动占优势；在温差比较大时，换热过程比较剧烈，紊流运动占优势。沿竖壁的换热情况也不相同。在竖壁的下部，层流底层的厚度自下而上逐渐增加，对流换热热阻增加，局部换热系数将沿壁的高度逐渐减小。在层流到紊流的过渡区中，由于边界层中紊流成分不断加强，换热系数逐渐增大。在紊流区中，换热系数保持为定值，而与竖壁高度无关。

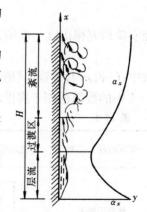

图 15-1 竖壁自然对流及局部换热系数 α_x 的沿程变化

层流边界层和紊流边界层的流体沿横管、球体以及其他一些椭圆形物体作自由运动时，运动状态与竖壁相同，也具有三种状态。图 15-2 所示为直径不同的两根热横管周围空气作自由运动的情况。对于小直径管，由于高度较小，空气流直到热表面以上的一定高度仍保持层流状态[见图 15-2(a)]，当气流再升高时才变为紊流。对于管径很大的管，热空气流在管的上边缘处就开始变为紊流[见图 15-2(b)]。上面两种情况充分说明，在自由运动的发展过程中，物体的形状仅产生次要作用，起主要作用的则是热空气沿物体表面运动所经过的路程长短。

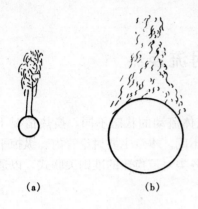

图 15-2 空气在横管周围的自由运动

对于水平放置的平板，随热表面的朝向和板面的宽度不同，由板面放热引起的气体自由运动也不同。图 15-3(b)所示的平板热面朝上，表面积很大，受热介质在板面上方出现局部上升和局部下降的情况。在受太阳照射范围较大的地面及其周围的大气中，常常会见到这种流动形式的气流。图 15-3 (a) 所示为尺寸较小，热表面朝上，水平放置的平板上方受热气流的流动情况。从图中可以看出，此时板上方只有一股气流上升，且集中在板中间。对于热表面朝下的平板，气流运动的情况如图 15-3 (c) 所示。此时只有在平板表面下面的一薄层流体在流动，再下面的流体则保持静止状态。

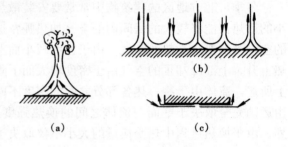

图 15-3 流体靠近热横板面时的自由运动

根据相似理论，在稳定状态下，对流换热准则方程式为

$$Nu = f(Re, Gr, Pr)$$

在自由运动的情况下，上式中的 Re 可不予考虑，于是准则方程式可表示为如下函数式

$$Nu = f(Gr, Pr)$$

经实验研究得出这一准则方程式的具体形式

$$Nu = C(Gr \cdot Pr)^n \tag{15-1}$$

式中：C 和 n 为常数，其值可按换热表面的形状及 $Gr \cdot Pr$ 的数值范围由表 15-1 中选取。表 15-1 中的数值适用于温度均匀壁面的流体自由运动换热，即为常壁温自然对流换热。

表 15-1　　　　　　　　　式 (15-1) 中 C 和 n 值

表面形状及位置	流动情况示意	流态	C	n	定型尺寸	$Gr \cdot Pr$ 适用范围
垂直平壁及垂直圆柱		层流	0.59	1/4	高度 h	$10^4 \sim 10^9$
		紊流	0.12	1/3		$10^9 \sim 10^{13}$

续表

表面形状及位置	流动情况示意	流态	C	n	定型尺寸	$Gr \cdot Pr$ 适用范围
水平圆柱		层流 紊流	0.53 0.13	1/4 1/3	圆柱外径 d	$10^4 \sim 10^9$ $10^9 \sim 10^{12}$
热面朝上或冷面朝下的水平壁		层流 紊流	0.54 0.15	1/4 1/3	矩形取两个边长的平均值；非规则平板取面积与周长的比值；圆盘取 $0.9d$	$2\times10^4 \sim 8\times10^6$ $8\times10^6 \sim 8\times10^{11}$
热面朝下或冷面朝上的水平壁		层流	0.58	1/5	同上	$10^5 \sim 10^{11}$

整理数据时采用的定型尺寸，对于管、线或球取其直径 d，对于竖板取高度 h，对于平置圆盘取 0.9 倍的圆盘直径，对于平置矩形取两边长的平均值，详见表 15-1。定性温度采用边界层的平均温度 $t_m = \frac{1}{2}(t_w + t_f)$，此处 t_w 为壁面温度，t_f 为远离壁面的流体温度。Gr 数中的 Δt 取 t_w 和 t_f 之差。

式 (15-1) 适用于任何液体和气体及任何形状和大小的物体。也可以用来计算横板的换热。

表 15-1 中对于垂直圆筒，只有当

$$\frac{d}{h} \geq \frac{35}{Gr_h^{1/4}} \tag{15-2}$$

时，才能按垂直平壁处理，误差小于 5%。

对于常热流密度下自然对流换热准则关联式。可以在式 (15-1) 的基础上，进行重新组合。

在 Gr 数中的壁温 t_w 是个未知量。为将已知量 q 纳入，而避免包含 t_w，采用 $Gr^* = GrNu = \frac{\beta g q l^4}{\lambda \nu^2}$ 准则代替 Gr 准则。

对于竖壁和竖圆管，可用下列准则关联式

层流 $\qquad Nu = 0.6(Gr^* \cdot Pr)^{1/5}$ (15-3)

适用范围 $\qquad 10^5 < Gr \cdot Pr < 10^{11}$

紊流 $\qquad Nu = 0.17(Gr^* \cdot Pr)^{1/4}$ (15-4)

适用范围 $\qquad 2\times 10^{13} < Gr \cdot Pr < 10^{16}$

上两式的定性尺寸为局部点的高度 x，定性温度同常壁温一样。但壁温 t_w 是未知量，通常做法先假定一个值，进行试算，然后再用求得的 α 值校核原假定值，直到满意为止。

不难看出，在紊流换热情况下，式 (15-1) 中的 $n = \frac{1}{3}$ 和式 (15-4) 中的 $n = \frac{1}{4}$，格拉晓夫准则 $Gr = (gl^3\beta\Delta t/\nu^2)$ 与努谢尔特准则 $Nu (=\alpha l/\lambda)$ 中的定性尺寸可以抵消，故自由

流动紊流换热与定型尺寸无关。利用这一特征,紊流自然对流换热实验可以采用较小的尺寸的壁面进行,只要求实验现象的 $Gr \cdot Pr$ 和 $Gr^* \cdot Pr$ 值处于紊流范围。

在暖通工程中常遇到倾斜壁的自由运动换热,例如倾斜安装的采暖辐射散热板就是一例。对于这种倾斜板的换热,可求出倾斜板在水平面上的投影长度,以此作为定型尺寸,分别算出垂直部分和水平部分的换热系数。将求得的这两个换热系数平方相加后再开方,即得倾斜壁的自由运动换热系数。

【例 15-1】 水平放置的蒸汽管道,保温层外径 $d_0 = 583$ mm,壁温 $t_w = 48℃$,周围空气温度 $t_f = 23℃$,试计算管外表面的换热系数及换热量。

解 首先确定定性温度

$$t_m = \frac{1}{2}(t_w + t_f) = \frac{1}{2} \times (48 + 23) = 35.5(℃)$$

根据 $t_m = 35.5℃$,由干空气热物理性质附录 6 表中查得空气的物性值为

$$\lambda = 0.0272 \text{W/(m} \cdot ℃); \nu = 16.53 \times 10^{-6} \text{m}^2/\text{s}; Pr = 0.7$$

$$\beta = \frac{1}{T} = \frac{1}{273 + 35.5} = 3.24 \times 10^{-3}$$

$$(GrPr) = \frac{gd_0^3 \beta \Delta t}{\nu^2} Pr = \frac{9.81 \times 3.24 \times 10^{-3} \times (48 - 23) \times 0.583^3}{(16.53 \times 10^{-6})^2} \times 0.7 = 4.03 \times 10^8$$

依此查表 15-1 得 $C = 0.53$、$n = 1/4$ 属于层流流动。于是依据上述数据代入准则方程式 (15-1) 有

$$Nu = C(Gr, Pr)^n = 0.53 \times (4.03 \times 10^8)^{1/4} = 75.1$$

于是对流换热系数为

$$\alpha = \frac{Nu \cdot \lambda}{d_0} = \frac{75.1 \times 0.0272}{0.583} = 3.5[\text{W/(m}^2 \cdot ℃)]$$

单位管道长度的对流散热量为

$$q_1 = \alpha \pi d_0 (t_w - t_f) = 3.5 \times 3.14 \times 0.583 \times (48 - 23) = 160.2(\text{W/m})$$

三、有限空间自然对流换热

有限空间自然对流换热是流体作自然对流所在的空间较小,冷热流体下沉或上浮运动受到空间因素的影响的换热。在有限空间里,冷、热表面距离较近,因此流体的冷却和受热现象也就靠得很近,甚至很难把它们划分开来,所以常把全部过程作为一个整体来研究。由于空间的局限性,使得冷热气流的上下运动互相干扰,致使换热情况极为复杂。此时,换热不仅仅与流体的物理性质和过程的强烈程度有关,而且还要受到换热空间的形状和大小的影响。

在图 15-4 所示的流体夹层中,流体的环流形式要由冷热表面构成的夹层厚度 δ 的大小来决定。如果 δ 足够大,那么受热上升和冷却下降的气流就彼此互不干扰,和无限空间中沿竖壁表面所发生的自由流动性质相同[见图 15-4(a)]。如果 δ 很小,则由于上升和下降气流之间的相互干扰,在夹层中产生多个环流[见图 15-4(b)]。这些环流的高度 h 要取决于夹层的宽度、流体的种类和过程的强烈程度。

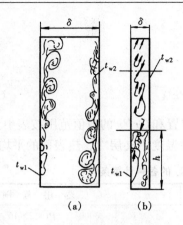
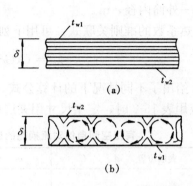

图 15-4　流体在竖直的密闭有限空间中的自然对流

图 15-5　流体在水平夹层中的自然对流
(a) 热表面在上；(b) 热表面在下

在水平夹层（见图 15-5）中，气流流动情况取决于冷、热表面的位置以及它们之间的距离大小。如果热表面在上，冷表面在下，则夹层中的流体不出现环流［见图 15-5（a）］；反之，如果冷表面在上，热表面在下，则夹层中的流体形成许多小环流［见图 15-5（b）］。

在横置的圆筒形夹层或球形夹层中，流体由于受热和冷却所形成的环流形式见图 15-6。由图中可以看出，环流除与夹层厚度有关以外，主要取决于热表面的相互位置。热表面在内时，夹层中热表面下缘的上方产生环流，下方流体保持静止［见图 15-6（a）、（b）］；热表面在外时，内管上缘以上的流体处于静止状态，而以下的流体处于环流状态［见图15-6（c）］。

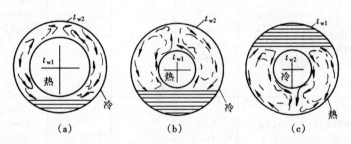

图 15-6　流体在横置圆筒形闭式环形密闭空间中的自然对流

上述情况表明，有限空间的自由运动换热是夹层冷表面和热表面放热的综合结果。工程上确定这一过程换热量的方法是把这种复杂的换热过程按着简单平壁和圆筒壁导热来处理，引入"当量导热系数"λ_e。于是，通过平壁夹层的热流量为

$$q = \frac{\lambda_e}{\delta}(t_{w1} - t_{w2}) \tag{15-5}$$

式中　t_{w1}——热表面温度，℃；
　　　t_{w2}——冷表面温度，℃；
　　　δ——夹层厚度，m。

通过环状夹层的热流量为

$$q = \frac{2\pi\lambda_e}{\ln\dfrac{d_2}{d_1}}(t_{w1} - t_{w2}) \tag{15-6}$$

式中　d_1——内筒外径，m；
　　　d_2——外筒内径，m。

当量导热系数的准则关联式，可用下列形式表示

$$\lambda_e = C(GrPr)^m \left(\frac{\delta}{h}\right)^n Pr^k \lambda \tag{15-7}$$

表 15-2 给出了不同情况下的计算公式。根据夹层位置和 $GrPr$ 的数值范围按表中公式计算 λ_e 值。应用表 15-2 时，定型尺寸用夹层厚度 δ，定性温度用夹层冷、热表面的平均温度。

表 15-2　　有限空间自然对流换热的当量导热系数 λ_e 的各种计算条件

流体种类	夹层位置	C	m	n	k	适用范围
气体	竖直夹层 （恒壁温）	0.197 0.073	1/4 1/3	1/9 1/9		$6000 < GrPr < 2\times10^5$ $2\times10^5 < GrPr < 1.1\times10^9$ $Pr = 0.5\sim 2$ $\delta/h = 0.09\sim 0.023$
气体	水平夹层 （热面在下） （恒壁温）	0.059 0.212 0.061	0.4 1/4 1/3			$1700 < GrPr < 7000$ $7000 < GrPr < 3.2\times10^5$ $GrPr > 3.2\times10^5$
液体	竖直夹层 （恒壁温或恒 热流密度）	0.42 0.046	1/4 1/3	0.3	0.012	$10^4 < GrPr < 10^9$ $Pr = 1\sim 2\times10^4$ $10^6 < GrPr < 10^9$ $Pr = 1\sim 20$ $h/\delta = 1\sim 40$
液体	水平夹层 （恒壁温） （热面在下）	0.012 0.375 0.13 0.057	0.6 0.2 0.3 1/3			$1700 < GrPr < 6000$ $Pr = 1\sim 5000$ $6000 < GrPr < 3.7\times 10$ $Pr = 1\sim 5000$ $3.7\times10^4 < GrPr < 10^9$ $Pr = 1\sim 20$ $GrPr > 10^8$ $Pr = 1\sim 20$
气体或液体	水平环形夹层 （恒壁温）	0.11 0.4	0.29 0.2			$6000 < GrPr < 10^6$ $Pr = 1\sim 5000$ $10^6 < GrPr < 10^8$ $Pr = 1\sim 5000$

对于竖夹层，如果 $\delta/h > 0.33$ 时，可按大空间计算。对于垂直夹层，当 Gr 值小于 2000 时，夹层中的空气几乎是不动的，故可按导热过程进行计算，即 $\lambda_e = \lambda$。对于水平夹层，如果热表面在上，冷表面在下时，也可按导热过程处理。另外，如果夹层倾斜放置（热面在下与水平面夹角为 θ），对于气体而言

$$\lambda_e = \left[1 + 1.446\left(1 - \frac{1708}{GrPr\cos\theta}\right)\right]\lambda \tag{15-8}$$

应用范围 $1708 < GrPr\cos\theta < 5900$ 时

$$\lambda_e = 0.229(GrPr\cos\theta)^{0.252}\lambda \tag{15-9}$$

应用范围 $5900 < GrPr\cos\theta < 9.23\times10^4$ 时

$$\lambda_e = 0.157(GrPr\cos\theta)^{0.285}\lambda \tag{15-10}$$

应用范围 $9.23\times10^4 < GrPr\cos\theta < 10^6$

【例 15-2】 温度分别为 100℃ 和 40℃、面积均为 $0.5 \times 0.5 \text{m}^2$ 的两竖壁,形成厚度 $\delta = 15\text{mm}$ 的竖直空气夹层。试计算通过空气夹层的自然对流换热量。

解 (1) 空气的物理参数

定性温度
$$t_m = \frac{1}{2}(t_{w1} + t_{w2}) = \frac{1}{2} \times (100 + 40) = 70(\text{℃})$$

由此查附录 6 得空气的物理参数为

$$\lambda = 0.0296 \text{W/(m·℃)}, \rho = 1.029 \text{kg/m}^3, \mu = 20.60 \times 10^{-6} \text{kg/(m·s)}$$

$$\beta = \frac{1}{T} = \frac{1}{273 + 70} = 2.915 \times 10^{-3}(\text{K}^{-1}), Pr = 0.694$$

$$\nu = \frac{\mu}{\rho} = \frac{20.60 \times 10^{-6}}{1.029} = 20.02 \times 10^{-6}(\text{m}^2/\text{s})$$

(2) 当量导热系数 λ_e

$$Gr = \frac{g\beta\Delta t\delta^3}{\nu^2} = \frac{9.81 \times 0.002915 \times (100-40) \times 0.015^3}{(20.02 \times 10^{-6})^2} = 1.45 \times 10^4$$

由表 15-2 可知,流动属于层流。则当量导热系数为

$$\lambda_e = C(GrPr)^m \left(\frac{\delta}{h}\right)^n Pr^k \lambda = 0.197 \times (1.45 \times 10^4 \times 0.694)^{1/4}(0.015/0.5)^{1/9}$$
$$\times 0.0296 = 0.0395[\text{W/(m·℃)}]$$

(3) 自然对流换热量

$$Q = \frac{\lambda_e}{\delta}F(t_{w1} - t_{w2}) = \frac{0.0935}{0.015} \times (0.5 \times 0.5) \times (100-40) = 39.5(\text{W})$$

【例 15-3】 某厂房内有一加热炉,其外形尺寸为长 $l_1 = 2\text{m}$,宽 $l_2 = 2\text{m}$,高 $h = 2\text{m}$。炉后壁沿墙安放,炉壁外表面与墙表面间的距离 $\delta = 10\text{cm}$,其他三面炉壁远距墙面。炉壁外表面温度为 $t_{w1} = 80℃$,厂房内空气温度为 $t_f = 20℃$,内墙表面温度为 $t_{w2} = 10℃$,试计算加热炉的自然对流换热量。

解 由于加热炉的前壁、两个侧壁远离墙面,炉顶远离屋顶,故可按无限空间自然对流换热计算。炉壁的定型尺寸为炉高 $l = 2\text{m}$,炉顶的定型尺寸 $l = (l_1 + l_2)/2 = 2\text{m}$。加热后壁面距墙很近,$\frac{\delta}{h} = \frac{0.1}{2} < 0.33$,故应按有限空间自然对流换热计算,定型尺寸为 $l = \delta = 0.1\text{m}$。

(1) 前壁与两侧壁的换热量计算

定性温度为
$$t_m = \frac{1}{2}(t_{w1} + t_f) = \frac{1}{2}(80 + 20) = 50(\text{℃})$$

由附录 6 查得空气的物性参数为

$$\lambda = 2.83 \times 10^{-2} \text{W/(m·℃)}, \beta = \frac{1}{T} = \frac{1}{273 + 50} = 3 \times 10^{-3}(\text{K}^{-1}), Pr = 0.698$$

$$\nu = 17.95 \times 10^{-6} \text{m}^2/\text{s}; Gr = \frac{g\beta\Delta t l^3}{\nu^2} = \frac{0.003 \times 9.81(80-20) \times 2^3}{17.95 \times 10^{-6}} = 4.4 \times 10^{10}$$

$$Gr \cdot Pr = 4.4 \times 10^{10} \times 0.698 = 3.1 \times 10^{10}$$

查表 15-1 得 $C = 0.12, n = \frac{1}{3}$

将以上数据代入式 (15-1) 得
$$Nu = C(Gr \cdot Pr)^n = 0.14(3.1 \times 10^{10})^{1/3} = 439.8$$

由 $Nu = \alpha l / \lambda$ 得
$$\alpha = \frac{Nu \cdot \lambda}{l} = \frac{439.8 \times 2.83 \times 10^{-2}}{2} = 6.22 [\text{W}/(\text{m}^2 \cdot \text{℃})]$$

按牛顿公式可求得前、侧壁换热量为
$$Q_1 = \alpha F(t_{w1} - t_f) = 5.33 \times [2 \times (2+2+2)](80-20) = 3816(\text{W})$$

(2) 炉顶换热量计算

炉顶物性参数同侧壁
$$Gr \cdot Pr = 4.4 \times 10^{10} \times 0.698 = 3.1 \times 10^{10}$$

查表 15-1 得 $C = 0.14$,$n = \frac{1}{3}$

将以上数据代入式 (15-1) 得
$$Nu = C(Gr \cdot Pr)^n = 0.14(3.1 \times 10^{10})^{1/3} = 439.8$$

由 $Nu = \alpha l / \lambda$ 得
$$\alpha = \frac{Nu \cdot \lambda}{l} = \frac{439.8 \times 2.83 \times 10^{-2}}{2} = 6.22 [\text{W}/(\text{m}^2 \cdot \text{℃})]$$

所以炉顶换热量为
$$Q_2 = \alpha F(t_{w1} - t_f) = 6.22 \times 2 \times 2(80-20) = 1493(\text{W})$$

(3) 后壁换热量计算。

定性温度
$$t_m = \frac{1}{2}(t_{w1} + t_{w2}) = \frac{1}{2}(80+10) = 45(\text{℃})$$

由附录 6 查得空气的物性参数为
$$\lambda = 2.83 \times 10^{-2} \text{W}/(\text{m} \cdot \text{℃}), \beta = \frac{1}{T} = \frac{1}{273+45} = 3.14 \times 10^{-3}(\text{K}^{-1})$$
$$Pr = 0.699, \nu = 17.46 \times 10^{-6} \text{m}^2/\text{s}$$
$$Gr = \frac{g\beta \Delta t \delta^3}{\nu^2} = \frac{0.003 \times 9.81(80-10) \times 0.1^3}{(17.46 \times 10^{-6})^2} = 6.8 \times 10^6$$

查表 15-2 得
$$\lambda_e = C(GrPr)^m \left(\frac{\delta}{h}\right)^n Pr^k \lambda = 0.073 \times (6.8 \times 10^6 \times 0.699)^{1/3}(0.1/2)^{1/9} \times 0.0283$$
$$= 0.25 [\text{W}/(\text{m} \cdot \text{℃})]$$

根据式 (15-5) 得
$$Q_3 = qF = \frac{\lambda_e}{\delta}(t_{w1} - t_{w2})F = \frac{0.25}{0.1}(80-10)(2 \times 2) = 700(\text{W})$$

(4) 加热炉总的放热量
$$Q = Q_1 + Q_2 + Q_3 = 3816 + 1493 + 700 = 6009(\text{W})$$

第二节 流体受迫运动时的换热

流体受迫运动是由外力（如水泵、通风机、压缩机等）作用而引起的运动。对于常见的圆管换热，根据流体受迫运动换热时所在位置不同，可将其分为管内流动换热和管外流动换热。

一、流体在管内受迫流动时的换热

流体在管内受迫流动时的换热在工程上应用极为广泛，例如冷却水在内燃机气缸的夹套和散热器中的对流换热，锅炉省煤器和蒸汽过热器的换热，管式热交换器的换热，热水管道的换热等等均属于这种换热过程。

（一）流体在管内流动的分析

1. 层流和紊流

前面已经讲过，流体在管内流动时可分为层流和紊流两种流态。流体运动速度较小时，呈现出层流状态，运动速度大时，呈现出紊流状态，两者分界的速度称为临界速度。对于不同流体和不同直径的管路，临界速度的数值也不同。但是，流体在管内流动时，从层流状态到紊流状态的转变完全取决于雷诺准则的数值。各种不

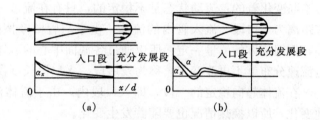

图 15-7 流体在管内流动时截面上流速分布度及局部换热系数 α_x 的变化
(a) 层流；(b) 紊流

同的流体在不同直径的管内流动时，只要雷诺准则数值相同，运动情况就相同。层流与紊流分界的雷诺准则数值称为临界雷诺准则或称临界雷诺数。实验表明，流体在管内流动时的临界雷诺数为 2300。$Re < 2300$ 时，为层流；$Re > 2300$ 时，出现了由层流状态到紊流状态的转变过程；当 $Re > 10^4$ 时，达到了旺盛的紊流状态。雷诺数 Re 介于 2300 与 10^4 之间时，为层流向紊流转变的过渡阶段，称为过渡状态。

根据临界雷诺准则可以确定各种不同流体在不同直径的管路内流动的临界速度，即

$$w_c = 2300 \frac{\nu}{d}$$

式中　ν——流体的运动黏度，m^2/s；

　　　d——管路直径，m。

在紊流状态下，除贴壁薄层具有层流性质外，截面核心部分由于分子团的剧烈混合，使核心部分的速度几乎一致。管道截面上的速度分布曲线具有正截抛物线形式，如图 15-7 (b) 所示。由图中可以看出，在靠近管壁处，曲线变化很大，但在截面中心部分，曲线变化很小，趋于平坦。在管截面轴心处仍可找到流速的最大值。

在实际计算中，通常只需要知道整个截面上流体的平均流速，而不必求出截面上每一点的流速。如果以 $\overline{w}$ 表示截面上流体的平均速度，以 V 表示每秒钟通过截面的流体体积，以 f 表示管道的截面积，则流体的平均流速可表示为 $\overline{w} = \int_f \frac{w}{f} df = \frac{V}{f}$。

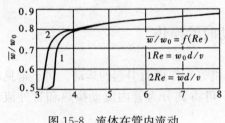

图 15-8 流体在管内流动
时的 $\frac{\overline{w}}{w_0}=f(Re)$ 曲线

由此可见，截面平均速度可将每秒钟通过截面的流体体积除以管的截面积而求得。在层流状态的整个范围内，管道截面上的平均流速 $\overline{w}$ 与同一截面上的最大流速 w_0 之比为一常数，即

$$\frac{\overline{w}}{w_0} = 0.5$$

在紊流状态下，这个比值是雷诺数的函数

$$\frac{\overline{w}}{w_0} = f(Re)$$

按这一关系经实验所得到的曲线如图 15-8 所示。

2. 入口处流动的不稳定性

上述层流和紊流的流速分布规律只对稳定流动才正确。流体在刚进入管内时的流速分布是不断变化着的，流动状态是不稳定的，只有在流过一段距离以后才能达到稳定，通常称这段距离为入口段。流入管内的流体，由于与管壁摩擦的结果，靠近管壁的流体速度逐渐减小，但因流体的流量一定，所以通过各截面中心的流体流速逐渐增加，直至流体流动达到稳定流速分布就不再改变了，称为发展段。入口段长度仅为 $10d\sim 45d$。

在流体趋向稳定的一段，即入口段内，由于流体流动状况在不断地变化，所以换热情况也要随着发生变化。

紊流状态下，在入口段中，层流边界层的厚度从零开始不断增加，直到进入发展段为止。边界层的厚度随 Re 的增加而减小。

3. 入口处温度场的不稳定性

流体温度沿截面的分布和速度的分布一样，在入口段也有一个逐渐稳定的过程。在管道入口处，边界层较薄，所以温度梯度也较大；离入口处较远，则边界层较厚，温度梯度也较小。对应于这种变化，在管道入口处的局部换热系数最大，以后沿管道长度逐渐减小，最后趋于某一极限值，然后保持不变。图 15-7 表明了管内局部换热系数 α_x 与平均换热系数 α 随管长 x 的变化情况，由图中可以看出，在层流情况下，局部换热系数 α_x 趋于不变值的距离大。在紊流情况下，当边界层变为紊流后，局部换热系数将回升，并迅速趋于不变值。

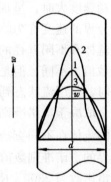

图 15-9 热流方向对速度场的影响
1—等温流体；2—冷却液体或加热气体；
3—加热液体或冷却气体

4. 温度场对速度分布的影响

当流体在管内流动过程中管壁被加热或管壁被冷却时，流动为非等温过程。这时，流体的温度不仅沿管道长度发生变化，而且沿截面也要改变。因而流体的物性也随之而变。

对于液体来说，主要是黏性随温度而变化；对于气体，除黏性外，密度和导热系数也随温度改变。图 15-9 所示为流体在管内作层流流动时被加热或被冷却时的速度分布曲线。曲线 1 为等温流动时的速度分布曲线。当液体被冷却时，管壁处的温度低于管中心，这时壁面附近的液体黏度高于管中心处的液体黏度，与曲线 1 相比，管壁附近的流速减小，管中心处的速度增大，速度分布见曲线 2。当液体被加热时，管壁处的温度高于中心，此时壁面附近的液体黏度降低，流速增大，而管中心液体的黏度增大，流速减小。图 15-9 中的曲线 3 表示了液体被加热时的速度分布情况。对于气体,由于其黏度随温度的升高而增大,所以换热对速度分布的影响与液体的情况相反。此外,在管内层流对流换热问题中,由于截面上各点温度不一致,在流体中形成了浮升力,并出现了自然对流,最后也影响了截面上的流速分布,如图 15-10 所示。由于自然对流的存在,对速度分布的影响将随管子的竖放或横放以及自由运动和受迫运动的方向相同或相反而不同。图 15-10 (b) 是管竖置,流体自由运动和受迫运动的方向相同,即流体自上而下沿途被冷却或流体自下而上沿途被加热时的速度分布情况。可以看出,靠近管壁的流体速度很大,而在管中央的流体速度变小。图 15-11 为管子横置时的情况,此时流体因自由运动而产生了截面环流。当流体受热时,靠近管壁的流体温度升高,重量减轻,于是便沿管壁上升,靠近中心的流体,由于温度低而下降〔见图 15-11 (a)〕;而当流体冷却时的情况则恰好相反〔见图 15-11 (b)〕。由于环流与纵向强制流的合成,使管中流体呈螺旋形运动向前推进,形成半径方向的热对流,影响了对流换热。

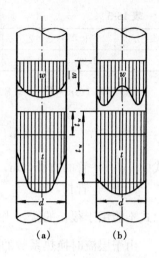

图 15-10 流体被冷却
时的速度分布
(a) 不考虑流体自由运动的影响;
(b) 考虑流体自由运动

当管内流体处于旺盛的紊流状态时,自然对流的影响可以忽略不计。但在层流时,自然对流的影响就显得很突出,不可忽略。

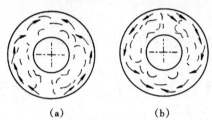

图 15-11 横管内流体自由运动
所引起的截面环流
(a) 流体受热时;(b) 流体冷却时

(二) 流体为层流状态换热

前面已经论述过,雷诺数小于 2300 时流体在管内处于层流运动状态,由于各部分之间换热靠导热方式,因此换热过程比较缓慢。在这种情况下,自然对流的产生会造成流体的扰动,因而显著增强了换热,这就使得在层流时,自然对流的影响不能忽略。

考虑到上述影响,流体在层流时放热的准则方程式具有下列形式:

(1) 当 $\frac{l}{d} > 50$,且 $(Gr \cdot Pr) > 8 \times 10^5$ 时

$$Nu_f = 0.15 Re_f^{0.33} Pr_f^{0.43} Gr_f^{0.1} \left(\frac{Pr_f}{Pr_w}\right)^{0.25} \tag{15-11}$$

利用上式可求出管道全程长度的平均换热系数。这个公式适用于液态以外的任何流体,并且也考虑了热流方向和自然对流的影响。

式 (15-11) 是以流体的温度 t_f 作为定性温度,以管的直径 d 作为定型尺寸。对非圆形截面的流道,定型尺寸可采用当量直径 d_e。

在管内作层流运动的流体为黏度较大的油类时,自然对流被抑制,流动呈严格的层流状态。对于这种情况,式 (15-11) 中的准则 $Gr = 1$,此时求得的换热系数为层流时的最低值。

(2) 当 $\frac{l}{d} < 50$ 时,管道的换热系数可按式 (15-11) 求出 α 值后再乘以修正系数 ε_f,ε_f 值可由表 15-3 查得。

表 15-3　　　　　　　　　　　层流时的 ε_f

l/d	1	2	5	10	15	20	30	40	50
ε_f	1.90	1.70	1.44	1.28	1.18	1.13	1.05	1.02	1

(3) 当 $(Gr \cdot Pr) < 8 \times 10^5$ 时，层流换热可以用式（15-12）计算

$$Nu_f = 1.86 Re_f^{\frac{1}{3}} Pr_f^{\frac{1}{3}} \left(\frac{d}{l}\right)^{\frac{1}{3}} \left(\frac{\mu_f}{\mu_w}\right)^{0.14} \tag{15-12}$$

式中　d——管的直径，m;

　　　l——管长，m。

上式不能用于很长的管，当管道太长时，$\dfrac{d}{l}$ 将趋近于零。

由于层流时换热系数的数值小，所以绝大多数的换热设备都不是按层流范围设计的，只有在少数应用黏性很大的流体的设备中才能见到层流流动。

（三）流体为过渡状态换热

流体在管内流动的雷诺数 Re 在 2300～10000 之间时，可认为是从层流到紊流的过渡状态。在这种状态下，流体的流动既不是层流，也不完全符合紊流的特征。由于流动中出现了旋涡，过渡状态的换热系数 α 将随雷诺数 Re 而增加。在温差大时，还有自然对流带来的复杂影响。在整个过渡状态中换热规律是复杂的，在选用计算公式时必须注意适用条件。下面介绍一种根据实验数据整理而得的计算式：

(1) 对于气体，当 $0.6 < Pr_f < 1.5$, $0.5 < \dfrac{T_f}{T_w} < 1.5$, $2300 < Re_f < 10^4$ 时，有

$$Nu_f = 0.0214(Re_f^{0.8} - 100) Pr_f^{0.4} \left[1 + \left(\frac{d}{l}\right)^{\frac{2}{3}}\right] \left(\frac{T_f}{T_w}\right)^{0.45} \tag{15-13}$$

(2) 对于液体，当 $1.5 < Pr_f < 500$, $0.05 < \dfrac{Pr_f}{Pr_w} < 20$, $2300 < Re_f < 10^4$ 时，有

$$Nu_f = 0.012(Re_f^{0.87} - 280) Pr_f^{0.4} \left[1 + \left(\frac{d}{l}\right)^{\frac{2}{3}}\right] \left(\frac{Pr_f}{Pr_w}\right)^{0.11} \tag{15-14}$$

（四）流体为紊流状态换热

当流体为紊流状态流动时，流体各部分之间的热量传递，主要是依靠流体本身各部分之间的扰动混合。当 $Re > 10^4$，流体达到旺盛的紊流状态时，这种扰动混合过程非常剧烈，使得紊流核心截面上的流体温度几乎一致。只有在层流边界层中才出现温度的显著变化。这种温度分布不会引起自然对流，所以流体的运动完全取决于受迫运动。

前面已经论述到，在不考虑自由运动时，考虑到定性温度的选择和消除热流方向的影响，可得到下列准则方程式

$$Nu_f = 0.021 Re_f^{0.8} \cdot Pr_f^{0.43} \left(\frac{Pr_f}{Pr_w}\right)^{0.25} \tag{15-15}$$

上式以流体的平均温度 t_f 作为定性温度，以管子的直径 d 或流道的当量直径 d_e 作为定型尺寸。式（15-15）适用于 $Re_f \geq 1 \times 10^4$，$Pr_f = 0.6 \sim 2500$ 的一切液体和弹性流体，也适

合于截面为任何形状（如圆形、矩形、三角形等）的流道。因为气体 $Pr=$ 常数，$\dfrac{Pr_f}{Pr_w}=1$，所以对气体来说，式（15-15）可以简化。

对于空气，$Pr=0.7$，于是式（15-15）可简化为

$$Nu_f = 0.018 Re_f^{0.8} \tag{15-16}$$

随流体与壁面之间温差变化，流体被加热或被冷却，在不同的适用条件下准则关联式也有较大差异，见表 15-4。当流体与壁面具有较大温差时，对于液体，主要为黏度；气体则为黏度、密度和导热系数等，这些物性参数将有明显改变，此时准则方程式用 $(\mu_f/\mu_w)^n$、$(T_f/T_w)^m$ 作为不均匀物性影响的修正项，对于流体与壁面具有中等温差时上述修正不予考虑。

通过前面讨论我们知道，在紊流状态换热过程中，在管道入口段，沿着管的长度换热是变化的。所以计算平均换热系数时应予以考虑。对于 $(l/d>50)$ 的长管，沿管长的换热变化可以忽略。短管 $(l/d<50)$ 时，应予修正，对求出的 α 乘以管长修正系数 ε_f，ε_f 值可由表 15-5 中查得。

表 15-4　　　　　　　　　　　　　流体的物性变化时相应公式

温差变化	流体的物性变化	实用准则方程式	适用范围
当流体与壁面具有中等以下温差时（对空气为 50℃，液体 20℃左右）	流体被加热时	$Nu_f=0.023 Re_f^{0.8} Pr_f^{0.4}$	$Re_f>10^4$ $Pr_f=0.7\sim160$ $\dfrac{l}{d}\geq10$
	流体被冷却时	$Nu_f=0.023 Re_f^{0.8} Pr_f^{0.3}$	
当流体与壁面具有较大温差时	液体被加热时	$Nu_f=0.027 Re_f^{0.8} \cdot Pr_f^{1/3}\left(\dfrac{\mu_l}{\mu_b}\right)^{0.11}$	$Re_f>10^4$ $Pr_f=0.7\sim16700$ $\dfrac{l}{d}>10$
	气体被加热时	$Nu_f=0.027 Re_f^{0.8} \cdot Pr_f^{1/3}\left(\dfrac{T_f}{T_w}\right)^{0.55}$	
	液体被冷却时	$Nu_f=0.027 Re_f^{0.8} \cdot Pr_f^{1/3}\left(\dfrac{\mu_l}{\mu_b}\right)^{0.25}$	
	气体被冷却时	$Nu_f=0.027 Re_f^{0.8} \cdot Pr_f^{1/3}$	

表 15-5　　　　　　　　　　　　　　蒸流时的 ε_f 值

Re \ l/d	1	2	5	10	15	20	30	40	50
1×10^4	1.65	1.5	1.34	1.23	1.17	1.13	1.07	1.03	1.0
2×10^4	1.51	1.40	1.27	1.18	1.13	1.10	1.05	1.02	1.0
5×10^4	1.34	1.27	1.18	1.13	1.10	1.08	1.04	1.02	1.0
1×10^5	1.28	1.22	1.15	1.10	1.08	1.06	1.03	1.02	1.0
1×10^6	1.14	1.11	1.08	1.05	1.04	1.03	1.02	1.01	1.0
<2000	1.90	1.70	1.44	1.28	1.18	1.13	1.05	1.02	1.0

当流体在弯管中流动时，由于离心力的作用，流体的流动将向弯管外侧挤压，并在截面上引起附加环流（见图 15-12）。曲率半径愈大，离心作用的影响就愈小。由于弯管中附加

环流的出现，使流体扰动加剧，结果使弯管的换热系数增大。流体在管内作层流运动时所形成的二次环流较弱，因此在工程中可以忽略不计。

弯管中的换热计算，可先按直管计算，求得换热系数后再乘以修正系数 ε_R。对于螺旋管（即蛇形盘管），ε_R 的数值可按下式求得：

对于气体

$$\varepsilon_R = 1 + 1.77 \frac{d}{R} \quad (15\text{-}17)$$

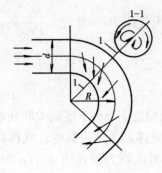

图 15-12 流体在弯管内的流动

对于液体

$$\varepsilon_R = 1 + 10.3 \left(\frac{d}{R}\right)^3 \quad (15\text{-}18)$$

式中 R——螺旋管半径，m；
d——管子直径，m。

应该指出，在弯管后面的直管部分，由于扰动作用还没有完全消失，所以换热系数要略大于一般直管的换热系数。

【例 15-4】 有一台管壳式换热器，计算水在管内流动时与管壁间的换热系数 α。已知管内径 $d=17$mm，长度 $l=1.5$m，进出口间水的平均温度 $t_f=100$℃，管壁温度 $t_w=125$℃，水在管内的流速 $w=0.9$m/s。

解 水在管内受迫运动时的换热计算，定性温度取流体的平均温度 $t_f=100$℃，由附录 7 查得水在 100℃时的物理参数如下：

$t_f = 100$℃ $\nu_f = 0.295 \times 10^{-6}$m²/s
               $\lambda = 68.3 \times 10^{-2}$W/(m·℃)
               $\mu_f = 282.5 \times 10^{-6}$N·s/m²
               $Pr_f = 1.75$

$t_w = 125$℃ $\mu_w = 227.6 \times 10^{-6}$N·s/m²

则 $Re_f = \dfrac{d \cdot w}{\nu_f} = \dfrac{0.017 \times 0.9}{0.295 \times 10^{-6}} = 51864.4 > 10^4$

因为 $Re > 10^4$，管内流动为旺盛的紊流，故可以用公式（15-15）计算 Nu 数。因题中未反映热流方向，可忽略 $\left(\dfrac{Pr_f}{Pr_w}\right)^{0.25}$ 项，于是

$$Nu = 0.021 Re^{0.8} Pr_f^{0.43} = 0.021 \times (51864.4)^{0.8} \times (1.75)^{0.43} = 158$$

计算换热系数 α

$$\alpha = \frac{Nu \lambda}{d} = \frac{158 \times 0.683}{0.017} = 6347 [\text{W}/(\text{m}^2 \cdot \text{℃})]$$

长度修正

$$\frac{l}{d} = \frac{1.5}{0.017} = 88 > 50 \text{ 为长管}$$

长度修正可忽略。

故

$$\alpha = 6347 \text{W}/(\text{m}^2 \cdot \text{℃})$$

二、流体在管外横向流动时的换热

在实际工程中常遇到流体横向流过管束时的换热过程，在空调机组中表面式换热器的加热或冷却过程，在锅炉的省煤器以及烟气横向冲刷锅炉对流管束的换热过程，蒸汽横向从管外流过壳管式换热器的管束等都属此类换热的实例。下面就单管换热及管束换热进行分析。

1. 流体横掠单管时的换热

横掠单管流动边界层的特征如图 15-13 所示。流体绕流圆管时，圆管的后侧出现旋涡流动。由图上可以看出，流体流过圆管面的前半周和后半周的情况完全不同。在圆管的前半周，流体以层流边界层的方式与圆管接触。圆管迎着流体流动方向的最前端，管切线与流体流动方向的夹角（称为冲击角）$\varphi=0°$处，流速为零，边界层的厚度为

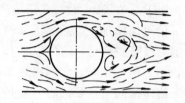

图 15-13　流体横掠
单管时的流动情况

零。沿管外壁面，随着 φ 角的增大，层流边界层逐渐增厚，在 φ 角约等于 82°处层流边界层达最大值，流体开始脱离管表面，此点就是绕流分离点。分离点的位置受边界层内流体流态改变的强烈影响。边界层的流态取决于 Re 数。一般对于圆管，$Re \leqslant 1.5 \times 10^5$，边界层保持层流，分离点发生在 80°~85°处；当 $Re > 1.5 \times 10^5$ 时，边界层在分离点前已经转变为紊流，分离点推迟到 140°；当 Re 太小时，如 $Re < 10$ 就不会出现分离。

由于这种特殊的流动情况，使得沿着圆管周围的换热情况大不一样。换热系数的最大值出现在管的正面，即 $\varphi=0°$ 处。顺着流体流动的方向，圆管面上的换热系数值迅速降低，而在 $\varphi=90°~100°$ 时达到最低。

在管的后侧，换热系数值又重新升高。图 15-14 所示当 $Re=10^4$ 时，局部换热系数与平均换热系数的比值 α_φ/α 随 φ 角的变化的实验曲线。流体流过圆管的前半周时，由于流体的导热系数比较低，所有温度降都发生在边界层内，而圆管前半周的层流边界层厚度是逐渐增加的，故换热系数 α 值就逐渐降低。在圆管的后半周层流边界层消失，涡流逐渐增强，故换热系数逐渐增大。此外圆管周围的换热情况还与 Re 有关。图 15-15 中所示为不同 Re 时 α_φ/α

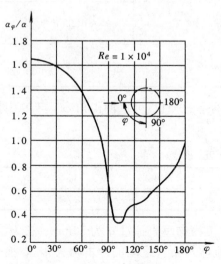

图 15-14　局部换热系数与平均
换热系数的比值 α_φ/α 随 φ 角的变化曲线

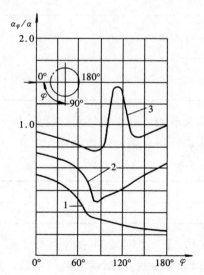

图 15-15　不同 Re 下 α_φ/α 随 φ 角
的变化曲线

随 φ 角的变化曲线。当 $Re \leqslant 5$ 时，圆管周围几乎全被层流边界层包围，管周围换热系数均较小，$\varphi=0°$ 时换热系数最大。随后由于层流边界层厚度增加而使换热系数下降（见图中曲线1）。当 $5<Re<2\times10^5$ 时，在层流边界层脱离管壁前，同样因边界层逐渐加厚而导致换热系数逐渐减小，分离点处 α_φ/α 为最小，随后因产生旋涡而 α_φ/α 有所回升（见图中曲线2）。当 $Re \geqslant 2\times10^5$ 时，在层流边界层流态改变之前，由于紊流的换热强度大于层流，所以 α_φ/α 值迅速增加。以后又因紊流边界层加厚和流体压力升高，而使 α_φ/α 减小，直至紊流边界层与横管脱离处，α_φ/α 又有所回升（见图中曲线3）。从图中15-15 中的三条曲线可以看出，当 φ 值一定时，相对换热系数 α_φ/α 值随 Re 值的增加而增大。

流体横向流过管面时，换热过程与整个流体的运动特性以及对管面的冲击角等因素密切相关。由于流动情况极其复杂，要想建立一个求解局部换热系数 α_φ 的综合性关系式，包括所有外界影响因素是困难的。工程中往往只要求计算整个管周的平均换热系数。下面介绍的一些准则方程式均为平均换热系数的计算式。

根据流体横掠单管外表面时的实验结果，可整理成下列综合式

$$Nu_f = CRe_f^n \cdot Pr_f^{0.37} \left(\frac{Pr_f}{Pr_w}\right)^{0.25} \tag{15-19}$$

此时圆管外径作为定型尺寸，而取流道最窄处的速度最大值作为 Re 数中的 w。$Pr>10$ 时，其幂次取 0.37。试验表明，热流方向的影响可通过 Pr_f/Pr_w 一项来消除。式（15-19）的具体形式列于表 15-6 中。

表 15-6　　　　　　　　　　流体横掠单管平均换热系数准则关联式

适用范围 $0.7<Pr<500$	准则关联式	对空气或烟气的简化
$Re=1\sim40$	$Nu_f=0.75Re_f^{0.4} \cdot Pr_f^{0.37}\left(\frac{Pr_f}{Pr_w}\right)^{0.25}$	$Nu=0.66Re^{0.4}$
$Re=40\sim10^3$	$Nu_f=0.51Re_f^{0.5} \cdot Pr_f^{0.37}\left(\frac{Pr_f}{Pr_w}\right)^{0.25}$	$Nu=0.45Re^{0.5}$
$Re=10^3\sim2\times10^5$	$Nu_f=0.26Re_f^{0.6} \cdot Pr_f^{0.37}\left(\frac{Pr_f}{Pr_w}\right)^{0.25}$	$Nu=0.23Re^{0.6}$
$Re=2\times10^5\sim10^6$	$Nu_f=0.076Re_f^{0.7} \cdot Pr_f^{0.37}\left(\frac{Pr_f}{Pr_w}\right)^{0.25}$	$Nu=0.067Re^{0.7}$

经实验证明，如果流体对圆管的冲击角 φ 不是 90° 时，可按冲击角 φ 等于 90° 计算 α 值，然后再乘以修正系数 ε_φ，该值列于表 15-7。

表 15-7　　　　　　　　　　冲击角修正系数

φ	90°~80°	70°	60°	45°	30°	15°
ε_φ	1.0	0.97	0.94	0.83	0.70	0.41

【例 15-5】　温度 25℃ 的空气以 7m/s 的速度横向垂直掠过 d 为 50mm、长为 1m、外壁温度为 155℃ 的圆管。试确定换热系数，如果流体与横管之间的冲击角为 45°，换热系数又为多少？

解　（1）空气（横向）外掠水平圆管的换热系数 α

定性温度 $t_m = \frac{1}{2}(155+25) = 90℃$，并据此温度由附录 6 查得空气的物性值

$$\lambda = 0.0313\text{W}/(\text{m} \cdot ℃), \nu = 22.1 \times 10^{-6} \text{m}^2/\text{s}, Pr = 0.69$$

$$Re = \frac{w \cdot d}{\nu} = \frac{7 \times 0.05}{22.1 \times 10^{-6}} = 15837$$

根据表 15-6 采用公式

$$Nu = 0.23Re^{0.6} = 0.23 \times 15837^{0.6} = 76$$

于是换热系数为

$$\alpha = \frac{\lambda}{d}Nu = \frac{0.0313}{0.05} \times 76 = 47.7[\text{W}/(\text{m}^2 \cdot ℃)]$$

(2) 空气与横管的冲击角 45°时的换热系数 α'

空气与横管的冲击角 45°时，由表 15-7 查得修正系数 $\varepsilon_\varphi = 0.83$，则此时的换热系数为

$$\alpha' = \alpha \times \varepsilon_\varphi = 47.7 \times 0.83 = 40[\text{W}/(\text{m}^2 \cdot ℃)]$$

如果空气受迫纵掠圆管时，只要管外径 d 远大于速度边界层厚度 δ，则可忽略圆管曲率对换热的影响，可近似采用纵掠平壁的实验关联式计算。

【例 15-6】 试求水横向流过单管外表面时的换热系数。已知管径 d 为 32mm，水温 20℃，管壁温度 40℃，水流速度 $w = 1\text{m/s}$。

解 当 $t_f = 20℃$ 时，从附录 7 中查水物性参数得

$$\lambda = 0.599\text{W}/(\text{m} \cdot ℃), \nu = 1.006 \times 10^{-6} \text{m}^2/\text{s}, Pr_f = 7.02$$

当 $t_w = 40℃$ 时，从附录 7 中查水物性参数

$$Pr_w = 4.31$$

而

$$Re = \frac{wd}{\nu} = \frac{1 \times 0.032}{1.006 \times 10^{-6}} = 3.2 \times 10^4$$

所以根据 Re 数值，由表 15-6 中得

$$Nu = 0.26Re^{0.6} \cdot Pr_f^{0.37}\left(\frac{Pr_f}{Pr_w}\right)^{0.25} = 0.26 \times (3.2 \times 10^4)^{0.6} \times 7.02^{0.37}\left(\frac{7.02}{4.31}\right)^{0.25}$$
$$= 305$$

换热系数为

$$\alpha = \frac{\lambda}{d}Nu = \frac{0.599}{0.032} \times 305 = 5710\text{W}/(\text{m}^2 \cdot ℃)$$

2. 流体横掠管束时的换热

在实际工程中常遇到的往往不是流体横向掠过单管，而是流过许多管子组成的管束。所以，要研究流体横掠管束时的换热就显得尤为重要。

流体在管束中的流动与横掠单管的流动不同。管束中并排着的管子将影响四周邻近管子的绕流运动，而这种影响的大小与管子外径、管子的排列方式、管间的距离、管排次序等因素有关。除此以外流体的流态和冲刷角度也影响着换热。

工程中常用的管束排列方式，一般可以分为顺排和叉排两种，如图 15-16 所示。流体流过顺排和叉排管束时，其流动状况大不一样。顺排时，除了第一排外，管子的前后都处在涡流区中，受不到流体的直接冲刷，叉排时，各排管子受到的冲刷比较接近。由图 15-16 中可以看出，叉排时流体在管间弯曲、交替扩张和收缩的通道中流动要比顺排时在管间直通道中

流动时的扰动剧烈得多。因此换热过程叉排也比顺排强烈。图 15-17 中表示出了顺排与叉排管束中的各管周围 α_φ/α 的变化情况。图中曲线标号 1、2、3-7 等表示管排次序。第三排以后各排的换热状况逐步趋于稳定。从图中可以看出，顺排管束的第一排管，其局部换热系数 α_φ 的变化与单管时的变化情况几乎一样。叉排也是如此，但变化来得更加突然。第二排及以后各排，曲线的形状发生了变化（见图 15-17 中曲线 2），顺排时最大的 α_φ 位置约在 50° 处，而不像第一排那样在 0° 处。这是因为前排管的阻挡，而使 $\varphi=0°$ 处没有受到直接冲刷的缘故。至于叉排的情况就不同了，因为叉排中，各排管正面都受到冲刷，所以 α_φ 的变化都与单管时近似，最大值出现在 $\varphi=0°$ 处，见图 15-17（b）。

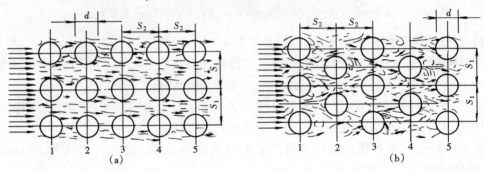

图 15-16　管束的排列方式及流体在管束间的流动
(a) 顺排；(b) 叉排

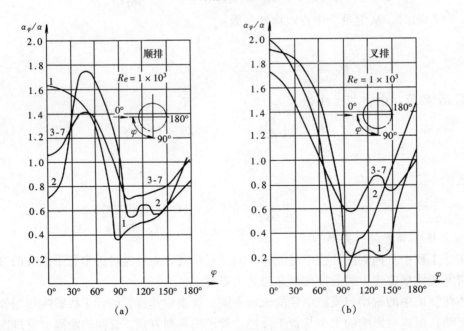

图 15-17　管束中各排换热情况
(a) 顺排；(b) 叉排

　　流体流过管束时，从第二排管起，以后各排管周围流体的流动状况还与 Re 有关。当 $Re<10^3$ 时，前排管后部出现的涡流不大，由于流体黏滞力的作用，这种涡流会很快消失，对下一排管的边界层影响不大，故管面边界层层流占优势，可作为层流看待。随着 Re 的增

加,管表面的紊流旋涡增强,当 $Re=5\times10^2\sim2\sim10^5$ 时,管的前部表面处于紊流旋涡影响下的层流边界层,后部表面则为紊流旋涡。当 $Re>2\times10^5$ 后,管表面紊流边界层占优势。

管束中管间的距离,行距用 S_1 表示,排距 S_2 用表示(见图 15-16),有时也可用管间相对距离 S_1/S_2 来表示。这些参数的大小对流体运动的性质和流过管面的状况将造成很大影响。实验证明,就平均对流换热系数来说,管束的排数大于或等于 10 时,排数才没有影响。根据实验的结果,后几排管子的换热系数可达第一排的 1.3~1.7 倍。

综上所述,流体受迫横掠管束的对流换热,除管径、流体的物性、管子的排列方式外,还有管子间距,顺流流动方向的管排数等都是影响管束换热的因素。横掠管束的关联式为

$$Nu = CRe^n Pr^m \left(\frac{Pr_\mathrm{f}}{Pr_\mathrm{w}}\right)^{0.25} \left(\frac{S_1}{S_2}\right)\varepsilon_z \tag{15-20}$$

上式中 ε_z 为排数影响修正系数。

由实验给出上式的具体形式如表 15-8 所示。

表 15-8　　　　　　　　流体横掠管束对流换热实验关联式

排列方式	使用范围 $0.7<Pr<500$		实验关联式	对空气或烟气的简化 $(Pr=0.7)$
顺排	$Re=10^3\sim2\times10^5$		$Nu_\mathrm{f}=0.27Re_\mathrm{f}^{0.63}\cdot Pr_\mathrm{f}^{0.36}\left(\frac{Pr_\mathrm{f}}{Pr_\mathrm{w}}\right)^{0.25}$	$Nu_\mathrm{f}=0.24Re_\mathrm{f}^{0.63}$
	$Re=2\times10^5\sim2\times10^6$		$Nu_\mathrm{f}=0.021Re_\mathrm{f}^{0.84}\cdot Pr_\mathrm{f}^{0.36}\left(\frac{Pr_\mathrm{f}}{Pr_\mathrm{w}}\right)^{0.25}$	$Nu_\mathrm{f}=0.018Re_\mathrm{f}^{0.84}$
叉排	$Re=10^3\sim2\times10^5$	$\frac{S_1}{S_2}\leqslant2$	$Nu_\mathrm{f}=0.35Re_\mathrm{f}^{0.6}\cdot Pr_\mathrm{f}^{0.36}\left(\frac{Pr_\mathrm{f}}{Pr_\mathrm{w}}\right)^{0.25}\left(\frac{S_1}{S_2}\right)^{0.2}$	$Nu_\mathrm{f}=0.31Re_\mathrm{f}^{0.6}\left(\frac{S_1}{S_2}\right)^{0.2}$
		$\frac{S_1}{S_2}\geqslant2$	$Nu_\mathrm{f}=0.4Re_\mathrm{f}^{0.6}\cdot Pr_\mathrm{f}^{0.36}\left(\frac{Pr_\mathrm{f}}{Pr_\mathrm{w}}\right)^{0.25}$	$Nu_\mathrm{f}=0.35Re_\mathrm{f}^{0.6}$
	$Re=2\times10^5\sim2\times10^6$		$Nu_\mathrm{f}=0.22Re_\mathrm{f}^{0.84}\cdot Pr_\mathrm{f}^{0.36}\left(\frac{Pr_\mathrm{f}}{Pr_\mathrm{w}}\right)^{0.25}$	$Nu_\mathrm{f}=0.019Re_\mathrm{f}^{0.84}$

需要说明的是在使用表 15-8 中的公式时,定型尺寸取圆管的外直径,流体的速度取流道最窄处的速度,定性温度取流体的平均温度。上表中的关联式的管排数均为大于 20 排,如果管排数小于 20,应该将上述关联式乘以一个修正系数 ε_z。对于修正 ε_z 系数的数值见表 15-9。

表 15-9　　　　　　　　　　　　ε_z 修 正 数 值

管排数	1	2	3	4	5	6	8	12	16	20
顺　排	0.69	0.8	0.86	0.9	0.93	0.95	0.96	0.98	0.99	1.0
叉　排	0.62	0.76	0.84	0.88	0.92	0.95	0.96	0.98	0.99	1.0

一般说来,在条件相同的情况下,叉排管束的对流换热系数较顺排管束大,但叉排管束的流动阻力比顺排大。就单位能耗所传递的热量而论,叉排不一定优于顺排。因此,在设计管束换热器时,需经具体计算后才能确定管束排列形式。

【例 15-7】　某空气加热器由 6 排(每排 18 根)管束组成,每根长 1m,外直径 $d=$ 25mm。管子排列方式为叉排,$S_1=50$,$S_2=38$。管壁温度为 100℃,空气进入管束时的温

度为20℃，出口温度为40℃。空气流经管束最窄断面处的流速为5.7m/s。试计算空气掠过该空气加热器的管束时对流换热系数和对流换热量。

解 （1）确定空气的平均温度及其物理性。

$$t_f = \frac{1}{2}(t_f' + t_f'') = \frac{1}{2}(20+40) = 30(℃)$$

据此温度，从附表6查得空气物性值

$$\lambda = 0.0267 \text{W/(m·℃)}, \nu = 16.0 \times 10^{-6} \text{m}^2/\text{s}$$

（2）计算 Re 数值。

$$Re_f = \frac{w_{\max} \cdot d}{\nu} = \frac{5.7 \times 0.025}{16 \times 10^{-6}} = 8906$$

又

$$\frac{S_1}{S_2} = \frac{50}{38} = 1.32 < 2$$

（3）根据雷诺数及 $\frac{S_1}{S_2}$ 的值，从表15-8中选取公式计算 α。

$$Nu_f = 0.31 Re_f^{0.6} \left(\frac{S_1}{S_2}\right)^{0.2} = 0.31 \times (8906)^{0.6} \times \left(\frac{50}{38}\right)^{0.2} = 76.7$$

$$\alpha = \frac{\lambda}{d} Nu_f = \frac{0.0267}{0.025} \times 76.7 = 82 [\text{W/(m}^2 \cdot ℃)]$$

（4）对流换热热量。

$$Q = \alpha \Delta t F = \alpha \Delta t N n \pi d l = 82 \times 70 \times 6 \times 18\pi \times 0.025 \times 1 = 48.7 (\text{kW})$$

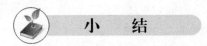

小　结

本章主要介绍了管内、管外受迫对流和有限空间、无限空间的自然对流换热的特点及其准则关联式。这些对流换热是典型的单相流体对流换热，是分析和计算有关传热问题和换热设备计算的基础。

本章重点是对流换热计算，但各种类型对流换热的机理、影响因素的分析和强化换热的基本途径也是很重要的，不可忽视。对每一类换热问题，都应掌握流体流动的特点和对应流动特点的换热特点，掌握流态的判别、准则关联式的选择方法以及关联式的使用条件和应用范围。

本章学习要求达到如下要求：

（1）能够熟练选用合适的公式正确计算下列情况下的对流换热：管内、管外受迫对流和有限空间、无限空间的自然对流换热等。

（2）理解各种对流换热机理，了解各种修正系数的必要性和计算方法。

（3）能从对流换热计算式分析强化或削弱对流换热的途径。

15-1　管内紊流强迫对流换热时，流速增加一倍，其他条件不变，对流换热系数 α 如何变化？管径缩小一半，流速等其他条件不变，α 如何变化？管径缩小一半，容积流量等其他

条件不变，α 如何变化？

15-2　管内强迫对流换热考虑温度修正系数时，为什么液体用黏度来修正，而气体用温度来修正？

15-3　表面粗糙对管内受迫对流换热的影响什么情况下有？什么情况下没有？并说明原因。

15-4　为了增强管内强迫对流换热和横掠单管对流换热，可采用哪些技术措施？试说明理由？

15-5　如果管径、流速和传热温差对应相同，试判断下列各问题中的两种换热情况哪一种的换热系数高，并解释其原因：(1) 空气在竖管内自上往下流动被加热和空气自下往上流动被加热；(2) 油在竖管内自上往下流动被加热和油自下往上流动被加热；(3) 水在水平直管内受迫流动被加热和在弯管内受迫流动被加热。

15-6　有限空间和无限空间对流换热各有什么特点？

15-7　选择和使用准则关联式时，应注意哪些问题？

15-8　热流方向、管道弯曲率、管子长度对管内对流换热有何影响？

15-9　夏季与冬季天花板内表面的换热系数是否相同？为什么？

15-10　为什么室内散热器通常都放置在靠外墙的窗子处？

15-11　已知管径 $d=30$mm，水的平均温度 $t=37.1$℃，管壁温度 $t_w=64.5$℃。试求水在横管外自由流动时的换热系数。

15-12　已知夹层厚 $\delta=25$mm，高 500mm，$t_{w1}=-15$℃，$t_{w2}=15$℃，试求垂直空气夹层单位面积当量导热系数。

15-13　已知 60 型散热器高度 $h=600$mm，表面温度 $t_w=86$℃，室内空气温度 $t_f=18$℃。试求 60 型散热器表面自由流动的换热系数。

15-14　一垂直热水管直径 $d=50$mm，高 $h=0.5$m，表面温度 $t_w=90$℃，空气温度 $t_f=20$℃，试求管外壁空气自由流动换热系数及散热量。

15-15　有一根水平放置的低压水蒸气管道，热绝缘层外径 $d=583$mm，外壁温度 $t_w=48$℃，周围空气温度 $t_f=23$℃，试计算每米水蒸气管道上自然对流的散热量。

15-16　有一管子管长 $l=1.5$m，内径 $d=3$mm，水流速度为 $w=0.3$m/s，水的平均温度为 60℃，管子内壁温度 20℃。试求水在横管内流动时的平均换热系数。

15-17　已知管外径 $d=12$mm，管外空气最大流速为 15m/s，空气温度为 29℃，管壁温度 12℃。试求空气横向掠过单管时的换热系数。

15-18　试求空气横掠顺排管束的换热系数。已知管束为 6 排，空气通过最窄截面处的平均流速为 15m/s，空气平均温度为 19℃，管径 $d=19$mm。

15-19　试求横向掠过叉排管束的换热系数。已知管束为 5 排，水通过最窄截面处的平均流速为 5m/s，水的平均温度 20℃，管壁温度 25.2℃，管径 $d=19$mm。

15-20　空气加热器由 9 排管组成，管子外径 $d=25$mm，最窄截面处空气流速为 5m/s，空气平均温度 55℃，试求叉排和顺排时平均换热系数。

15-21　已知管内直径 $d=32$mm，管长 70m，水的平均流速为 0.8m/s，水进入和离开预热器的温度分别为 150℃和 230℃。试求给水预热器管内的平均换热系数。

15-22　两根表面温度相同、水平放置的管子在空气中自然对流冷却，已知一根管的外径为另一根管的10倍,两管的$(Gr \cdot Pr)$数值均在$10^4 \sim 10^9$范围内,求两根管子的对流换热系数之比和对流热损失之比。

15-23 一顺排管束,管子外径$d_0=0.02\text{m}$,$S_1=0.03\text{m}$,$S_2=0.04\text{m}$。热空气横掠管束,入口温度为300℃,出口温度为100℃,最大质流密度为$10\text{kg}/(\text{m}^2 \cdot \text{s})$,管子外表面温度为40℃。求对流换热系数。

15-24 有一个竖向封闭夹层,两壁面由边长为0.5m的方形壁组成,两壁间距为15mm,温度分别为100℃和40℃。试计算通过此空气夹层的自然对流换热量。

15-25 某房间顶棚面积为$3 \times 5\text{m}$,顶棚表面温度40℃,室内空气温度25℃,试求顶棚的自由流动换热系数及散热量。

15-26 室内温度为10℃的车间中有一个直径为10cm的烟筒,其竖直部分高1.5m,水平部分长15m。求烟筒的平均壁温为110℃时每小时的对流散热量。

15-27 有一倾斜放置45°的$1 \times 1\text{m}$的平板,热面朝上接受辐射热$300\text{W}/\text{m}^2$,辐射热被全部吸收,然后以自然对流方式散出,环境温度为0℃,板背面绝热。试求稳态时,该板能够达到的最大温度值。

15-28 套管换热器,内管外径$d_1=12\text{mm}$,外管内径$d_2=16\text{mm}$,管长400mm,内外管之间的环形流道内水流速为2.4m/s,平均温度为$t_f=3.1℃$,内管壁温$t_w=96℃$。试求内管外表面的换热系数。

15-29 水平蒸汽管道外保温材料。保温材料的表面温度为90℃,外直径为100mm;远离蒸汽管的空气温度为10℃。试计算:

(1) 每米管道长散热损失量;

(2) 改用优质保温材料,其外表面温度为50℃时每米管长散热损失量。

15-30 试求空气横掠顺排管束的换热系数。已知管束为8排,空气通过最窄截面处的平均流速为10m/s,冲击角度为90°,管壁温度为500℃。空气平均温度为300℃,管径$d=40\text{mm}$。且已知$S_1=0.06\text{m}$,$S_2=0.08\text{m}$。

第十六章 沸腾与凝结对流换热

工质在饱和温度下,由气态凝结为液态或由液态汽化为气态的过程称为凝结或沸腾。二者都伴随着物态发生变化,属于高强度对流换热过程。沸腾与凝结对流换热过程在工程中被广泛应用。例如制冷机中的蒸发器和冷凝器、电站中的锅炉和冷凝器等换热设备中的液体因受热而沸腾、蒸汽因遇冷而凝结时的换热过程都属于沸腾与凝结对流换热范围。本章将在讨论这两种相变换热机理的基础上,介绍它们的计算方法。

第一节 沸 腾 换 热

当液体与高于其相应压力下饱和温度的壁面接触时可能发生沸腾换热。沸腾换热可分为大容器沸腾和管内强迫对流沸腾两种,也可以按液体温度分为饱和沸腾和过冷沸腾。

一、大空间沸腾换热

高于饱和温度的加热面沉浸于具有自由表面的液体中所发生的沸腾称为大空间沸腾。此时产生的气泡能自由浮升,穿过液体自由表面进入容器空间。

一定压力下,当液体主体温度为饱和温度 t_s,壁面温度 t_w 高于饱和温度 t_s 时的沸腾称为饱和沸腾。如果液体的主体温度低于饱和温度,而壁面温度超过饱和温度时发生的沸腾为过冷沸腾。根据饱和沸腾时壁面与饱和温度之差的变化,可将沸腾换热过程划分四段即四个沸腾换热过程段的区分,图 16-1 示出了在 1.013×10^5 Pa 压力下饱和沸腾时热流通量与沸腾温差($\Delta t = t_w - t_s$)的关系曲线。

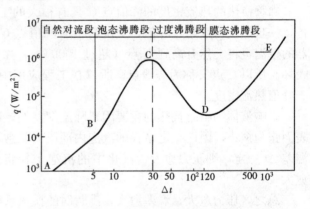

图 16-1 大空间沸腾曲线 ($p = 1.013 \times 10^5$ Pa)

1. 自然对流沸腾段

液体在沸腾过程中,加热面传给液体的热量全部用来使液体转变为气体,而液体的温度并不改变。沸腾过程中壁面温度与液体的饱和温度之差为沸腾温差,即存在着过热现象。过热的程度取决于液体的种类及沸腾的强烈程度。

实验表明,在加热之初加热壁面的过热度很小,在壁面上产生的气泡非常少,并且这些气泡不能脱离壁面而浮升,热量靠自然对流由壁面传递到液体主体,蒸发在液体自由表面进行,看不到沸腾现象,我们称其为自然对流沸腾。该部分换热系数可近似按单相流体自然对流换热计算。

2. 泡态沸腾段

随着沸腾温差的不断升高,加热壁面热流密度的增大,从 B 点开始,产生的气泡迅速增多，在该过程中，气泡逐渐长大而脱离壁面向上浮升，最后冲破液面进入气相空间。随着气泡的大量生成，气泡之间相互影响，此时，热流密度随着沸腾温差急剧增大，直到热流密度达到它的峰值点 C。在此过程中，我们知道气泡的生成及运动起着决定性的影响，所以称为泡态沸腾。

3. 过度沸腾段

在泡态沸腾段中，从热流密度峰值点 C 以后，随着沸腾温差的增加，热流密度有下降趋势。这是因为生成的气泡太多汇聚而形成气膜覆盖在加热面上所致，这种气膜阻碍了传热，而且气膜不稳定，使换热情况恶化，这种情况持续到热流密度最低值点 D。这一段的换热是不稳定的，因此，我们称它为过度沸腾。

4. 膜态沸腾段

随着沸腾温差继续提高，在 D 点以后，汇聚在加热面上的气泡联片，形成一层稳定的覆盖气膜，由于有气膜的热阻出现，此时换热系数很小，汽化只能在气－液面上进行，通过气膜以对流、辐射、导热三种方式传递汽化所需要的潜热，产生的蒸汽有规律地排离膜层。热流密度随着沸腾温差的增大而加大，这一段称为稳定膜态沸腾。

沸腾过程中，由于汽泡在加热面上不断产生、扩大、脱离，冷液体不断冲刷壁面，使紧贴加热面的液体层剧烈扰动，换热强度也就大幅度增加。所以，对同一流体来说，沸腾换热时的换热系数比无相变时对流换热的换热系数大得多。沸腾换热时的换热系数的数值与加热面的过热程度有关，随着温差 Δt 或热流密度而显著变化。

沸腾换热的热流密度的峰值点 C 具有很大的工程意义。在实际工程中的一些电加热设备，一旦热流密度超过峰值，工况将沿着峰值点 C 直接变化到（沿虚线）膜态沸腾段，容器的壁温也将突然升高到 E 点（超过 1000℃），如图 16-1 所示。此时设备因瞬时过热而被毁坏。所以 C 点又称为烧毁点。所以在工程应用中的热力设备的热流密度的设计值必须低于峰值热流密度。

影响液体沸腾时换热的重要因素除温度差外，还有压力。压力愈大，饱和温度下的液体表面张力愈小，因而一定半径的汽泡内部压力就愈小，它所要求的温差 Δt 也就愈小。如果温差 Δt 一定，则压力愈大，汽化中的汽泡半径将愈小，因而汽泡数将愈多，换热系数就愈大。

总之，压力愈大，温差愈大，沸腾时的换热系数就愈大。另外，沸腾液的润湿能力、导热性以及加热面的材料、加热面的情况都对换热系数产生影响。

目前，不同学者提出了不同的实验数据和计算公式。由于沸腾换热比较复杂，他们提出的这些数据和公式往往分歧较大。在此仅介绍两种类型的计算式。一种类型是针对水的，另一种类型是适用于各种液体的。

对于水在大容器中饱和沸腾时，米海耶夫（MuxeeB）推荐在 0.1～4MPa 压力下的计算公式为

$$\alpha = 0.533 p^{0.5} \cdot q^{0.7} \tag{16-1}$$

由于 $q = \alpha \Delta t$ 的关系，将上式表示为

$$\alpha = 0.122 \Delta t^{2.33} \cdot p^{0.5} \tag{16-2}$$

式中　p——沸腾时的绝对压力，Pa；

　　　Δt——沸腾温差 $(t_w - t_s)$℃；

第十六章 沸腾与凝结对流换热

q——加热面的负荷（热流密度），W/m^2。

对于各种不同液体在不同壁面材料的大空间中泡态沸腾，罗森瑙（Rohsenow）提出以下实验关联式

$$\frac{c_p \Delta t}{rPr} = c_w \left[\frac{q}{\mu r} \sqrt{\frac{\sigma}{g(\rho - \rho_v)}} \right]^{1/3} \tag{16-3}$$

式中 c_p——饱和液体定压比热，$J/(kg \cdot ℃)$；

c_w——取决于液体和壁面材料不同组合情况的实验系数，见表 16-1；

r——液体的汽化潜热，J/kg；

g——重力加速度，m/s^2；

Pr——饱和液体的普朗特准则，$Pr = \frac{c_p \mu}{\lambda}$；

Δt——沸腾温差（壁面过热度），$℃$；

μ——饱和液体的动力黏度，$kg/(m \cdot s)$；

ρ、ρ_v——相应于饱和液体与饱和蒸汽的密度，kg/m^3；

σ——液体—蒸汽界面表面张力，N/m；

S——经验指数，对于水 $s=1$，对于其他液体 $s=1.7$。

表 16-1　　　　　　　　　　　　　　　c_w 值

液体壁面材料	c_w	液体壁面材料	c_w
水—铜	0.013	水—金刚砂磨光的铜	0.0128
水—铂	0.013	水—金、磨光的不锈钢	0.0080
水—黄铜	0.006	水—化学腐蚀的不锈钢	0.0133
苯—铬	0.010	水—机械磨光的不锈钢	0.0132
乙醇—铬	0.027	四氯化碳—金刚砂磨光的铜	0.007

【例 16-1】 水在大容器内沸腾。已知加热壁面蒸汽的饱和温度差 $10℃$，绝对压力 $1.28MPa$。试求加热面上的换热系数和热负荷。

解 沸腾时的换热系数可按式（16-2）计算。

$$\alpha = 0.122\Delta t^{2.33} \cdot p^{0.5} = 0.122 \times 10^{2.33} \times 12.8 \times 10^5 = 29509.7 [W/(m^2 \cdot ℃)]$$

加热面热负荷为

$$q = \alpha \Delta t = 29509.7 \times 10 = 295097(W/m^2)$$

【例 16-2】 试计算压力为 $0.1013MPa$ 的饱和水在黄铜表面进行泡态沸腾时的换热系数和热负荷。已知沸腾换热温差为 $10℃$。

解 由附录 7 查得在压力为 $0.1013MPa$ 下饱和水的各物性参数为

$t_s = 100℃, \rho = 958.4 J/(kg/m^3), \mu = 282.5 \times 10^{-6} kg/(m \cdot s), \sigma = 588.6 \times 10^{-4} N/m, Pr = 1.75$

由附录 8 查 $t_s = 100℃$ 干饱和水蒸气的参数为

$$\rho_v = 0.5977 kg/m^3, r = 2257.1 \times 10^3 J/kg$$

对于水，式中普朗特数的指数 $S=1$；对与水—黄铜表面，查表 16-1 得 $c_w = 0.006$

于是由

$$\frac{c_p \Delta t}{rPr} = c_w \left[\frac{q}{\mu r} \sqrt{\frac{\sigma}{g(\rho - \rho_v)}} \right]^{1/3}$$

整理得

$$q = \mu r \left[\frac{g(\rho-\rho_v)}{\sigma}\right]^{1/2} \left[\frac{c_p(t_w-t_s)}{c_w r Pr}\right]^3$$

$$= 282.5 \times 10^{-6} \times 2257.1 \times 10^3 \left[\frac{9.81 \times (958.4-0.5977)}{588.6 \times 10^{-4}}\right]^{1/2}$$

$$\times \left(\frac{4220 \times 10}{0.006 \times 2257.1 \times 10^3 \times 1.75}\right)^3 = 1.4 \times 10^6 (W/m^2)$$

所以换热系数为 $\alpha = \dfrac{q}{\Delta t} = \dfrac{1.4 \times 10^6}{10} = 1.4 \times 10^5$ [W/(m²·℃)]

二、管内沸腾换热

液体在管内沸腾时的换热与大空间的沸腾换热不完全相同。液体一方面在加热面上沸腾，另一方面又以一定的速度流过加热面。管内流动换热在工程应用较为广泛，如在制冷机的管式蒸发器和水管锅炉等等。管内沸腾换热又分为竖管和水平管两种。

1. 竖管内沸腾换热

当过冷液体（$t_f < t_s$）由下而上流过被加热的竖管时，随着液体的流动和被加热过程的进行，到达一定地点时壁面上开始出现气泡。由于主流液体温度此时低于饱和温度，使得气泡进入主流后很快凝结而消失，这种沸腾称为过冷沸腾。随后，液体全部被加热到饱和温度，管壁上的气泡增多，流动的截面上都有气泡，形成核态沸腾，此时的管内流动状态为泡状流。随着气泡的增多且连成片，泡状流转变成块状流。随着液体被加热和气泡的继续增多，在管道中心部分形成气柱，液体被排挤到管壁上，此时的流动称为环状流。继而液体全部变成湿蒸汽，形成雾状流。此时管壁接触的是蒸汽，因此换热系数骤然下降，管壁温度升高，进入单相蒸汽流的对流换热过程。垂直管内沸腾换热过程见图 16-2。

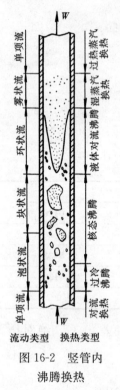

图 16-2 竖管内沸腾换热

2. 水平管内沸腾换热

对于发生在水平管内的对流换热，如果流速较高时，管内的情形与垂直管基本相似。如流速不高，由于重力的影响，易产生气液分层流动，进入环流后，管道上半部管壁容易过热而毁坏。随着液体的不断汽化，干燥面积不断扩大，直到成为干蒸汽，进入单相汽体对流换热区。水平管内沸腾换热过程见图 16-3。

显然，上述各种不同的汽水运动状况必然会导致换热强度的不同。此外，管子的直径和

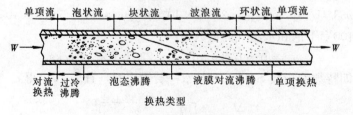

图 16-3 水平管内沸腾换热过程

位置、汽液比例、汽液混合物在管内的流动速度等等，对沸腾换热也将产生影响。实验结果表明，在管内沸腾中，最主要的影响参数为含汽量、质量流量和压力。有关管内沸腾换热的详细论述，可参阅有关文献。

第二节 凝 结 换 热

一、凝结换热概述

当蒸汽与低于饱和温度的壁面相接触时，将会发生凝结过程。凝结时蒸汽释放出汽化潜热并传给固体壁面，凝结为液体并附着在壁面上。按照凝结液体能否润湿冷却壁面，可以将凝结过程区分为膜状凝结和珠状凝结两种。如果凝结液体能够润湿冷却壁面，凝结液体就在壁面上形成一层完整的液膜，这种形式的凝结称为膜状凝结〔见图 16-4（a）〕。膜状凝结时壁面总是被一层完整的液膜所覆盖，由于重力作用，随着凝结液的增加而不断向下移动。此时蒸汽凝结所放出的潜热必经过液膜才能传到冷却面上。由于液膜的热阻大，致使换热系数值较低。当凝结液不能润湿冷却壁面时，凝结液体在壁面上形成小液珠，而不能形成连续的液膜，这些小液珠逐渐发展增大，直至沿壁面滚下。这种形式的凝结称为珠状凝结〔见图 16-4（b）〕。这种凝结，由于蒸汽与冷却壁面之间没有液膜的间隔，所以热阻小，换热系数可达同样情况下膜状凝结的 5～10 倍。

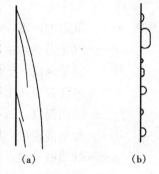

图 16-4 蒸汽在壁面上的凝结
(a) 膜状凝结；(b) 珠状凝结

由于珠状凝结换热系数较高，工程上人们努力用珠状凝结来代替膜状凝结，以达到强化换热的目的。如在冷却壁面上涂油，把油混入蒸汽中，以及在特别磨光的表面上，可得到人工珠状凝结。在实际工作中大多数场合下是膜状凝结，所以我们下面主要研究膜状凝结换热。

二、竖壁膜状凝结换热计算

在膜状凝结时，凝结中所放出的热量是经过膜层的厚度传播的，所以膜层的热阻对于蒸汽向冷却面的放热具有决定性作用。为了证明这一点，努谢尔特首先提出了纯净蒸汽层流膜状凝结的分析解。在稳定换热时存在下列关系

$$q = \frac{\lambda}{\delta_x}(t - t_w) = \alpha_x(t - t_w); \alpha_x = \frac{\lambda}{\delta_x}$$

式中 t——凝结液温度，℃；

t_w——冷却表面温度，℃；

δ_x——膜层厚度，m；

q——凝结换热量，W/m²；

α_x——凝结换热系数，W/(m²·℃)。

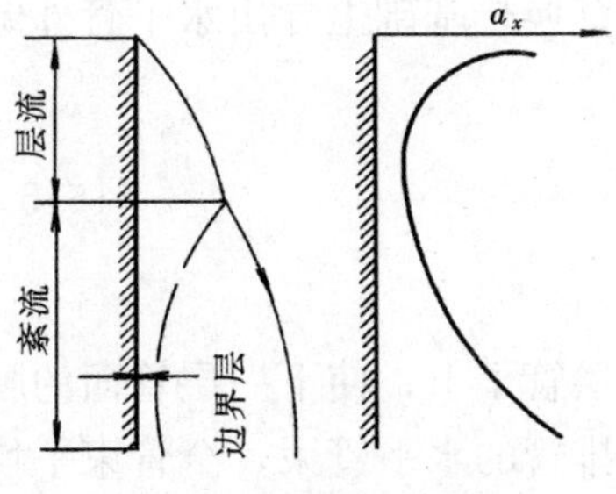

根据热传导热阻的概念可知，液体膜层越厚，其热阻越大，因而换热系数也愈小。换热系数在很大程度上取决于液膜的运动情况，如图 16-5 所示。当已形成的凝结液膜向下运动时，膜层逐渐加厚，换热系数 α_x 逐渐减小，直至层流运动

图 16-5 换热系数随液膜运动的变化

转变为紊流流动以后,由于边界层减薄及膜层波动,换热系数 α_x 才重新增加。

由此可见蒸汽凝结换热过程的复杂性。凝结液膜中的速度和换热系数分布较为复杂,理论分析有困难。努谢尔特提出了一系列的假设条件,这些假定条件是:①纯净蒸汽凝结成层流液膜,且物性为常量;②蒸汽是静止的,蒸汽对液膜表面无黏滞切应力作用;③液膜很薄,且流动缓慢,可以忽略液膜的惯性力;④气—液界面上无温差(液膜表面温度为饱和蒸气温度),界面上仅发生凝结换热而无对流换热和辐射换热;⑤凝结热以导热通过液膜,膜内温度呈线性分布;⑥忽略液膜的过冷度,亦即凝结液的焓为饱和液体的焓,忽略液膜放出的显热。经过这些假设使物理模型得到简化,从而得出了竖壁层流膜状凝结换热的(理论上的)平均换热系数公式

$$\alpha = 0.943 \left[\frac{gr\rho^2\lambda^3}{\mu H(t_s - t_w)} \right]^{1/4} \tag{16-4a}$$

式中 g——重力加速度,m/s^2;
  r——汽化潜热,由饱和温度 t_s 查取,J/kg;
  H——竖壁高度,m;
  t_s——蒸气相应压力下的饱和温度,℃;
  t_w——壁面温度,℃;
  ρ——凝结液密度,kg/m^3;
  λ——凝结液导热系数,W/(m·℃);
  μ——凝结液动力黏度,kg/m·s。

凝结液的物性值用液膜平均温度 $t_m = \frac{1}{2}(t_s + t_w)$ 来查取。

由于凝结液向下流动时存在液体表面张力等因素,使液膜发生波动,促进了液膜内的对流传递作用,实验换热系数比上述理论解高 20%。所以在实际应用时将式(16-4a)的系数修改为 1.13,即

$$\alpha = 1.13 \left[\frac{gr\rho^2\lambda^3}{\mu H(t_s - t_w)} \right]^{1/4} \tag{16-4b}$$

上面叙述的竖壁换热系数计算公式同样适用于有倾斜角度的斜壁。如果平面与斜壁之间的夹角为 ϕ,则在公式(16-4b)中的 g 项用 $g\sin\phi$ 来代替。

三、横管外壁膜状凝结换热计算

水平放置的横管假定条件与竖壁上冷凝条件相同。横管与竖壁冷凝不同之处是凝结液沿管子周围流动,流动方向随重力方向改变。努谢尔特在分析斜壁换热基础上导出水平管外壁的膜状凝结平均换热系数为

$$\alpha = 0.725 \left[\frac{gr\rho^2\lambda^3}{\mu d_0(t_s - t_w)} \right]^{1/4} \tag{16-5}$$

式中:d_0 为圆管外径,单位 m。其他符号同式(16-4)。

水平管束在凝结换热时,上一层管子的凝结液体流到下一层管子上,使下一层管面的膜层增厚,平均换热系数将比上一层低。对于沿凝结液流向有 n 排管的水平管束,全管束平均换热系数可采用式(16-5)近似计算,特性尺寸 d_0 用 nd_0 代替。这种计算方法是基于管间距较小,凝结液平静地由上一根管流到下一根管的管面上,且保持与高度 $H = nd$ 的竖壁相

当的层流状态。但当管子间距较大时，由于上一根管子滴溅到下一根管子的凝结液会使换热有所增强，所以计算值可能偏低。

四、膜状凝结换热准则关联式及紊流凝结换热计算

上述各计算式都是针对液膜为层流时的。如果出现液膜紊流，上式就不能应用了。为了判断液膜的流态，所用的准则是凝结雷诺数和凝结准则 Co。

1. 凝结雷诺数 Re

参见图 16-6，当液膜宽及厚度分别为 W、δ 时，润湿壁面的周边 $U \approx W$，液膜流通截面积为 $f = W\delta$，当量直径为 $d_e = 4f/U = 4\delta$。则凝结雷诺数的表达式可描述为

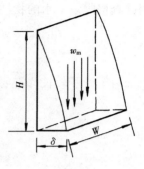

图 16-6 液膜流动示意图

$$Re = \frac{w_m \rho d_e}{\mu} = \frac{4 w_m \rho \delta}{\mu} = \frac{4M}{\mu} \quad (16\text{-}6)$$

式中　　w_m——竖壁低部液膜层的平均流速，m/s；

$M = w_m \delta \cdot \rho$——竖壁低部液膜宽度为 1m 时液膜截面上的液膜质量流量，kg/(s·m)。

由此可以得到，凝结液 M 乘以潜热 r 就等于宽为 1m 高为 H 的竖壁凝结换热量。即

$$\alpha(t_s - t_w)H = M \cdot r$$

将上式代入式（16-6）中得到凝结雷诺数的另一种表达式，即

$$Re = \frac{4\alpha(t_s - t_w)H}{\mu \cdot r} \quad (16\text{-}7)$$

式中的定性尺寸为竖壁高度 H，对于水平圆管为 πd。

从上式中可以看出，在没有计算出换热系数之前，凝结雷诺数无法计算，也就无法判断液膜的流态。所以在求解凝结换热系数时，可先假定液膜流态，一般以 $Re = 1600$ 为分界点来选用计算式。求出换热系数后，再计算凝结雷诺数与假定雷诺数相比较，如果不符合假定的流态则需要重新计算。

2. 凝结准则 Co

凝结准则为 $Co = \alpha \left[\dfrac{g\rho^2 \lambda^3}{\mu^2} \right]^{-1/3}$ 为无量纲数群，其大小反映凝结换热的强弱。

3. 紊流凝结换热计算

一般情况下，由于在横管外表面上液膜流程较短，不容易出现紊流。但在竖壁、管束面上，随着凝结液体流量的不断增加，当 $Re > 1600$ 时就会出现紊流膜状凝结，此时可通过下式求出平均换热系数。

$$Co = 0.0077 Re^{0.4} \quad (16\text{-}8)$$

【例 16-3】 压力为 1.013×10^5 Pa 的饱和水蒸气在长度为 1.2m 的竖管外壁凝结，管壁平均温度为 60℃。求凝结换热系数和使凝结水量不少于 36kg/h 的竖管外径。

解（1）凝结换热系数

由题意可知，在压力为 1.013×10^5 Pa 的饱和水蒸气下对应的饱和温度为 100℃，汽化潜热 $r = 2257.1$ kJ/kg。

假设本题为层流膜状凝结。定性温度为

$$t_m = \frac{1}{2}(t_s + t_w) = \frac{1}{2} \times (100 + 60) = 80 \text{（℃）}$$

由此查得附录7水的物性值为

$$\rho = 971.8 \text{kg/m}^3, \mu = 355 \times 10^{-6} \text{kg/(m·s)},$$
$$\lambda = 0.674 \text{W/(m·℃)}$$

由于管子较长,需要考虑液膜表面波动的影响,所以采用式(16-4b)计算得

$$\alpha = 1.13 \left[\frac{g r \rho^2 \lambda^3}{\mu H (t_s - t_w)} \right]^{1/4}$$

$$= 1.13 \times \left[\frac{9.81 \times 2257.1 \times 10^3 \times 971.8^2 \times 0.674^3}{355.1 \times 10^{-6} \times 1.2 \times (100-60)} \right]^{1/4}$$

$$= 4974.7 \ [\text{W/(m}^2 \cdot ℃)]$$

(2) 凝结水量不少于36kg/h时的竖管外径

由热平衡可知,凝结换热量等于凝结水蒸气放出的汽化潜热,即

$$\alpha \pi d_x (t_s - t_w) H = M \cdot r$$

整理得 $$d_x = \frac{Mr}{\alpha \pi H (t_s - t_w)} = \frac{36/3600 \times 2257.1 \times 10^3}{4974.7 \times 3.14 \times 1.2 \times (100-60)} = 30.1 \ (\text{mm})$$

(3) 校核

$$Re = \frac{4\alpha (t_s - t_w) H}{\mu \cdot r} = \frac{4 \times 4974.7 \times 1.2 \times (100-60)}{355.1 \times 10^{-6} \times 2257.1 \times 10^3} = 1192 < 1600$$

流动属于层流,说明假设正确。

【例16-4】 有一块宽30cm、高1.5m的竖壁,壁面温度为70℃,暴露在压力为1.013×10^5Pa的饱和水蒸气中。试计算每小时的凝结换热量及每小时的蒸汽凝结量。

解 由题意可知,在压力为1.013×10^5Pa的饱和水蒸气下对应的饱和温度为100℃,汽化潜热$r = 2257.1$kJ/kg。

假设本题为层流膜状凝结。定性温度为

$$t_m = \frac{1}{2}(t_s + t_w) = \frac{1}{2} \times (100+70) = 85 \ (℃)$$

由此查附录7水的物性值为

$$\rho = 968 \text{kg/m}^3, \mu = 337 \times 10^{-6} \text{kg/(m·s)},$$
$$\lambda = 0.674 \text{W/(m·℃)}$$

由于管子较长,需要考虑液膜表面波动的影响,所以采用式(16-4b)计算得

$$\alpha = 1.13 \left[\frac{g r \rho^2 \lambda^3}{\mu H (t_s - t_w)} \right]^{1/4}$$

$$= 1.13 \times \left[\frac{9.81 \times 2257.1 \times 10^3 \times 968^2 \times 0.674^3}{337 \times 10^{-6} \times 1.5 \times (100-70)} \right]^{1/4}$$

$$= 5112 \ [\text{W/(m}^2 \cdot ℃)]$$

由(16-7)式校核

$$Re = \frac{4\alpha (t_s - t_w) H}{\mu \cdot r} = \frac{4 \times 5112 \times (100-70) \times 1.5}{357 \times 10^{-6} \times 2257.1 \times 10^3} = 1142 < 1600$$

流动属于层流,说明假设正确。

凝结换热量为

$$Q = \alpha F (t_s - t_w) \times 3600$$
$$= 5112 \times 1.5 \times 0.3 (100-70) \times 3600$$
$$= 2.5 \times 10^5 \text{ (kJ/h)}$$

每小时的凝结液量为

$$M = \frac{Q}{r} = \frac{2.5 \times 10^5}{2257} = 111 \text{ (kg/h)}$$

五、凝结换热影响因素及增强凝结换热措施

1. 影响因素

蒸气凝结时,除了前面分析的,如流体种类、换热面形状、尺寸和放置情况、换热温差等一些影响换热因素外,还有以下几项主要影响因素:

(1) 蒸气流动速度与其方向的影响。如果蒸气流动方向与膜层流动方向一致,则由于摩擦的结果,将使膜层减薄,致使换热系数增大;反之,它们的流动方向相反时,会增加膜层厚度,换热系数值因而减小。在后一种情况中,如果蒸气压力大,流速较高(大于10m/s),虽然蒸气与膜层运动方向相反,但由于摩擦力超过了膜层向下流动的重力,将会把膜层吹离表面,换热系数反而会增大。

(2) 表面情况的影响。冷却壁面不清洁(如有水垢、氧化物)或管壁粗糙,产生附加阻力,会使膜层加厚,因而换热系数将降低。

(3) 蒸气中不凝结气体含量的影响。当蒸气中含有空气、氮气之类的不凝结气体时,这些气体会附在冷却面上,造成很大的热阻,影响凝结放热。实验证明,当蒸气中含1%的空气时,换热系数将降低近60%~70%。

(4) 蒸气过热度的影响。如进入冷凝器的蒸气,往往具有一定的过热度。但蒸气的过热度对膜状凝结平均换热系数的影响不大。实验证明,在大气压力下过热度为38℃时,换热系数仅增加1%;过热度为538℃时,换热系数约增加10%,一般可以忽略不计。

2. 增强凝结换热措施

对于增强凝结换热的整体思路是,如何使凝结液膜层变薄,具体措施有:

(1) 在壁面上顺着重力方向开槽或挂丝,改变表面的几何特征,可使换热系数成倍增加。主要将凝结液拉回沟槽内(利用液体表面张力作用),这样凝结液沿着沟槽流动,降低了液膜热阻,从而增强了换热。

(2) 人为造成珠状凝结,即在冷凝壁面上涂镀润湿能力差的材料,使凝结液附着力减小,促进珠状凝结的形成。

(3) 有效排除不凝性气体,这就应该使设备正压运行,如是负压运行的设备,必须有抽气装置。

(4) 加快凝结液的排除,如加装中间导流装置等。

对于沸腾和凝结换热技术在实际工程中的应用,以热管的应用最有代表性。热管是将沸腾与凝结换热巧妙地结合在一起,通过同一种介质在热管中周而复始地进行沸腾和凝结两种相变过程而工作的。有关热管的详细介绍可参阅有关资料。

【例 16-5】 100℃的干饱和蒸汽在外径为 40mm，高度为 1m 的竖直管外凝结。已知管壁温度为 80℃，试分别计算管子竖直放置时、水平放置时的平均换热系数？

解 (1) 管子竖直放置时。

液膜的平均温度为 $t_m = \frac{1}{2}(t_s + t_w) = \frac{1}{2}(100+80) = 90℃$，凝结温差 $\Delta t = t_s - t_w = 100 - 80 = 20℃$，根据 $t_m = 90℃$ 查附录 8 表中水的物性参数

$$\rho = 965.3 \text{kg/m}^3,\ \lambda = 0.68 \text{W/(m·℃)},\ \mu = 314.9 \times 10^{-6} \text{kg/(m·s)}$$

由附录 8 表中查饱和温度为 100℃ 的蒸汽的凝结热为 $r = 2257.1 \text{kJ/kg}$

由式 (16-4) 计算得竖直放置时的平均换热系数为

$$\alpha = 0.943 \left[\frac{gr\rho^2\lambda^3}{\mu H(t_s - t_w)} \right]^{1/4}$$

$$= 0.943 \left[\frac{965.3^2 \times 9.81 \times 0.68^3 \times 2257100}{314.9 \times 10^{-6} \times 1(100-80)} \right]^{1/4}$$

$$= 5342.3\ [\text{W/(m}^2\cdot℃)]$$

(2) 管子水平放置时

由式 (16-5) 计算得水平放置时的平均换热系数为

$$\alpha = 0.725 \left[\frac{gr\rho^2\lambda^3}{\mu d_0(t_s - t_w)} \right]^{1/4}$$

$$= 0.725 \left[\frac{965.3^2 \times 9.81 \times 0.68^3 \times 2257100}{314.9 \times 10^{-6} \times 0.04(100-80)} \right]^{1/4}$$

$$= 9184.2\ [\text{W/(m}^2\cdot℃)]$$

通过上述计算可知，同种条件下，水平放置的平均换热系数较竖直放置的大，因此实际工程中使用的换热器多为卧式。

【例 16-6】 横向排列的黄铜管束顺排 14 排管子，管外径为 20mm，水蒸气饱和温度为 140℃，如果管子表面温度为 60℃ 时，试计算管束的平均凝结换热系数。

解 由附录 8 表中查得饱和温度为 140℃ 蒸汽的汽化潜热为 $r = 2145 \text{kJ/kg}$。

液膜的平均温度为 $t_m = \frac{1}{2}(t_s + t_w) = \frac{1}{2}(140 + 60) = 100\ (℃)$

凝结温差 $\Delta t = t_s - t_w = 140 - 60 = 80\ (℃)$

根据 $t_m = 100℃$ 查附录 7 表得水的物性参数

$$\rho = 958.4 \text{kg/m}^3,\ \lambda = 0.683 \text{W/(m·℃)},\ \mu = 2.83 \times 10^{-4} \text{kg/(m·s)}$$

参考式 (16-5) 得平均换热系数为

$$\alpha = 0.725 \left[\frac{gr\rho^2\lambda^3}{\mu n d_0(t_s - t_w)} \right]^{1/4}$$

$$= 0.725 \left[\frac{958.4^2 \times 9.81 \times 0.683^3 \times 2145000}{2.83 \times 10^{-4} \times 14 \times 0.02(140-60)} \right]^{1/4}$$

$$= 4047.6\ [\text{W/(m}^2\cdot℃)]$$

小 结

本章介绍的凝结换热和沸腾换热都是有相变换热,比单相换热复杂。本章要求掌握沸腾换热和凝结换热的关联式的应用,理解大空间沸腾换热的沸腾曲线等。本章目的是使读者弄清这些换热过程基本的物理特征,并给出适用于工程的近似的计算关系式。

学习本章要注意理解和掌握以下内容:

(1) 理解大空间饱和沸腾曲线各区段的沸腾状态,能计算大空间饱和沸腾换热系数。

(2) 了解膜状凝结和珠状凝结的物理过程,能够判别膜状凝结是层流还是紊流。能计算竖壁、水平圆管外侧表面和管束外侧表面的层流膜状凝结的换热系数以及换热凝结量和紊流换热系数的计算等。

(3) 了解影响凝结换热的主要因素及改进措施。

习 题

16-1 为什么相变换热比单相对流换热要好?

16-2 过冷沸腾和饱和沸腾的含义是什么?

16-3 定性分析沸腾曲线中的换热系数随温差变化的规律?

16-4 试简述水平、竖直管内沸腾换热的换热系数都受哪些因素影响。

16-5 为什么珠状凝结比膜状凝结的换热系数高?

16-6 通过描述膜状凝结换热系数沿液膜流向变化规律与自然对流换热的换热系数变化规律有何不同?

16-7 膜状凝结换热的主要影响因素有哪些? 如何改进?

16-8 试着从沸腾换热过程分析,为什么电加热器容易发生气壁被烧毁的现象,而采用蒸汽加热则不会?

16-9 水蒸气在管外凝结换热时,一般将管束水平放置而不竖直放置,为什么?

16-10 为什么冷凝器上要装抽气器将其中的不凝结气体抽出?

16-11 计算 1.013bar 干饱和水蒸气,在外径 $d=40$mm、高为 $h=1$m、表面温度 $t_w=60$℃ 的竖管表面的凝结换热系数及在管子表面的蒸汽凝结量。

16-12 $7.1×10^5$Pa 绝对压力下的饱和蒸汽在一个直径为 25.4mm 的水平管外凝结,管壁温度保持 137.8℃,试计算换热系数。

16-13 外径 12mm、管长为 1.5m 的管,表面平均温度为 55℃,被用来冷凝 6bar 的蒸汽。求该管水平放置和竖直放置时的对流换热系数。

16-14 电加热器管直径 16mm,长 4m,加热功率 3kW,试求水在标准大气压下沸腾时,电加热器管表面温度及换热系数。

16-15 在 $p=2×10^5$Pa 的压力下,水在管外作大空间核态沸腾,管外表面的热负荷 $q=2×10^5$W/m^2。试求沸腾换热系数。

16-16 110℃的饱和水在温度 119℃的壁表面沸腾,壁面材料为抛光铜,试求换热系数。

16-17 试求水在水平蒸发器管面上沸腾时的换热系数。管外径 $d=38$mm，$t_w=195$℃，绝对压强为 10.3bar。

16-18 上题若 t_w 降为 183℃，其他条件不变，换热系数相应为多少？并与按自然对流关联式计算的结果相比较。

16-19 水在大空间泡态沸腾时，如果（1）温差 Δt 不变，液体压力增加 n 倍；（2）在定压下液体沸腾温差 Δt 提高 m 倍。试求换热系数增加的倍数。

16-20 立式氨冷凝器由外径为 50mm 的钢管制成，管外表面温度 25℃，冷凝温度为 30℃。要求每根管的氨凝结量为 0.009kg/s，确定每根管的长度。已知氨的汽化潜热为 1145kJ/kg。

16-21 有一块宽 30×30cm 的方形竖壁面上凝结压力为 1.013×10^5Pa 的水蒸气，壁面温度保持 98℃。试计算每小时的换热量及凝结蒸气量。

16-22 温度为 -10℃ 的氟利昂 F-12 干饱和蒸气在直径为 50mm、长度为 1.5m、表面温度为 -15℃ 的垂直管上凝结，求凝结换热系数及凝结液量。

第十七章 辐 射 换 热

辐射换热是热量传递的三种基本方式之一，是一种不依赖介质传热的一种换热方式。实际工程中存在着大量的辐射换热问题，例如辐射采暖、锅炉炉膛火焰与受热面之间的换热、太阳能供热以及空调房间的太阳辐射得热等，都是以辐射为主要传热方式而进行换热的。本章将介绍辐射换热的基本概念、基本定律和计算方法以及气体辐射等。

第一节　辐射换热的基本概念

一、热辐射的本质和特点

1. 热辐射的本质

物质是由分子、原子、电子等基本粒子组成的。任何物体都会由于原子内部电子受到激发或振动而产生交替变化的磁场，从而生电磁波向空间传播，这就是辐射。辐射时所传递的能量称为辐射能。原子内的电子被激发的方向不同，所产生的电磁波波长就不同，因而投射到物体上产生的效应也不同。由于自身热运动或温度而激发产生的电磁波传播，称为热辐射。各类电磁波的波长范围很大，可以从几万分之一微米到千米，它们的名称和分类见图17-1。通常把波长 $\lambda=0.1\sim100\mu m$ 的电磁波称为热射线，其中包括可见光线（波长为 $0.38\sim0.76\mu m$）、部分紫外线（波长小于 $0.38\mu m$）和红外线（波长大于 $0.76\mu m$），它们投射到物体上能产生热效应。工程上通常遇到的大部分能量的波长位于 $0.76\sim20\mu m$。而红外线中波长小于 $4\mu m$ 的电磁波称为近红外线，波长大于 $4\mu m$ 的电磁波称为远红外线。所以工程常遇到的热辐射主要是红外辐射。可见光的热效应通常小到可以忽略。

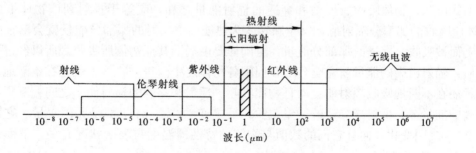

图 17-1　电磁波谱

2. 热辐射的特点

辐射换热过程与其他几种传热方式有很大区别：

辐射换热与导热对流换热有着本质的差别。辐射不需要任何介质，即使在真空中也不会阻止电磁波的传播，如太阳辐射能穿过辽阔的太空向地面辐射能量等。热辐射换热在传递过程中伴随有能量形式的转变，即物体的内能转变为电磁波辐射能向四周传播，当落到其他物质上被吸收后又变为内能。任何物体都不断地向外发射热射线。高温物体传给低温物体能量，即使各物体温度相同，热辐射换热仍在不停地彼此进行。只是在一段时间内辐射和吸收的能量相等，处于动态平衡。由于热射线是电磁波，所以具有电磁波的共性。与可见光、无线电波等一样，热射线也以光速在空间传播。电磁波的传递速度 c、波长 λ 和频率 ν 之间有以下关系

$$c = \nu\lambda \tag{17-1}$$

式中　c——介质中的光速，m/s。在真空中的传播速度为 3×10^8 m/s，大气中的 c 略低于此值；

　　　ν——频率，1/s；

　　　λ——波长，μm。

可见光也是电磁波，它的直线传播、投射、反射和折射的规律对热射线也同样适用。

二、吸收率、反射率和穿透率

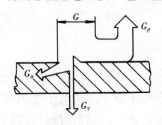

图 17-2　物体的吸收、反射和穿透

自然界中任何物体都在不断地向外辐射能量。当一物体辐射出去的辐射能 G 到达物体表面时，其中一部分（该部分能量为 G_ρ）被物体反射，一部分（该部分能量为 G_a）被物体吸收，剩余部分能量（G_τ）穿透物体，这些部分能量与总能量之间的关系（见图 17-2）可用能量守恒得出

$$G = G_a + G_\rho + G_\tau \tag{17-2}$$

将上式两端除以 G 得

$$1 = \alpha + \rho + \tau$$

式中　$\alpha = \dfrac{G_a}{G}$——吸收率，它表示物体对辐射能的吸收能力；

　　　$\rho = \dfrac{G_\rho}{G}$——反射率，它表示物体对辐射能的反射能力；

　　　$\tau = \dfrac{G_\tau}{G}$——穿透率，它表示物体对辐射能的透过能力。

由上式可知，物体吸收、反射和穿透的辐射能量之和，应等于投射到该物体上的总能量。物体所吸收的那部分辐射能，又重新转变为热能。被反射的那部分能量就会落在周围其他物体上而被吸收。穿透的那部分能量，也同样要由周围其他物体所吸收。所以经过一系列的吸收后，辐射出去的能量就完全分配在周围各物体之中。每一物体不仅是在不断地放射辐射能而且还在不断地吸收辐射能。而且物体吸收、反射和穿透的辐射能量之间相互影响，如物体吸收的能量多，反射或穿透的能量就少；反之亦然。α、ρ、τ 都是无因次量，它们的数值均在 0~1 之间变化，而且它们的数值与物体的特性即温度与表面状况有关。下面讨论几种极限情况，即 $\alpha=1$，$\rho=1$，$\tau=1$ 的情况。

若 $\alpha=1$，$\rho=\tau=0$ 表明所有落在物体上的辐射能完全被吸收，这样的物体称为绝对黑体，简称黑体。如碳 $\alpha=0.96$，雪对于红外线的投射而言，$\alpha=0.98$，就接近于 1。

若 $\rho=1$，$\alpha=\tau=0$，表明所有落在物体上的辐射能全部被反射出去。此时，如果反射的情况是正常反射，即反射时遵循几何光学的规律性，该物体就叫做镜体；如果反射的情况是乱反射，该物体就叫做绝对白体。磨光的黄金表面 $\rho=0.98$。

若 $\tau=1$，$\alpha=\rho=0$ 表明所有落在物体上的辐射能量全部透过，这种物体叫做绝对透明体或透热体。只有真空才能如此。

上面所说的黑体、镜体（或白体）和透明体，都是假设的理想物体，都是为了研究问题的方便而做的假设。实际上自然界中绝对黑体、镜体（或白体）和透明体是没有的。

但是必须注意，颜色对可见光的特性并不能概括为颜色对全部热射线的特性，如普通玻璃对于可见光是透明体而对于紫外线和红外线却不是透明体；又如白色漆对可见光具有很高的反射率，但对于红外线的反射率却很低；白漆和黑漆对红外线的反射率和吸收率几乎没有什么区别。可见，对于热射线的吸收与反射并不取决于颜色，实际上很大程度上与物体表面的状况、粗糙度等因素有关。

黑体是一个理想表面。在辐射分析中，常把实际物体的辐射与黑体辐射相比较，找出与黑体辐射的偏差，然后加以修正，所以说黑体对研究热辐射具有重要意义。虽然并没有天然的绝对黑体，却可以用人工的方法得到它。在高吸收率不透明材料构成的等温空腔上开一小孔，就可以把小孔视为该温度下的黑体，如图17-3所示。由于投射到小孔上的射线进入空腔后，经过反复吸收、反射，而最后从小孔反射出的能量将是可以忽略的。因此，可以认为投射到小孔上全部能量被小孔所吸收，小孔面积与空腔表面积相差越大，这种人工黑体就越接近黑体。在工程上，锅炉炉膛的窥视孔就可以看作是这种人工黑体的实例。

图 17-3 人工黑体的模型

第二节 热辐射的基本定律

通常首先以黑体辐射为研究对象得出描述这些物体辐射规律的定律：普朗克定律、维恩位移定律、斯忒藩—波尔兹曼定律和基尔霍夫定律。下面就这些基本规律进行叙述。

一、普朗克定律和维恩位移定律

当物体具有一定温度时，该物体表面就向空间辐射各种不同波长的电磁波。不同波长的电磁波具有不同的辐射能。描述这种辐射能的物理量有辐射力（或称全辐射力）和单色辐射力。

在物体单位表面积上，单位时间内所辐射出的波长从0到∞的一切波长的总能量称为物体的辐射力，用符号 E 表示，单位为 W/m^2。而单色辐射力是辐射物体单位表面积在单位时间内、某一波长下，单位波长间隔向空间辐射的能量。用符号 E_λ 表示，单位为 $W/(m^2 \cdot \mu m)$，即

$$E_\lambda = \frac{dE}{d\lambda} \tag{17-3}$$

根据普朗克研究的结果，绝对黑体单色辐射力与波长和温度的关系如下

$$E_{b,\lambda} = \frac{C_1 \lambda^{-5}}{\exp(C_2/\lambda T) - 1} \tag{17-4}$$

式中　下标 b——黑体的物理量；

　　　　λ——波长，μm；

　　　　T——黑体的热力学温度，K；

　　　　C_1、C_2——分别为实验常数，其中 $C_1 = 3.743 \times 10^8 (\mu m^4 \cdot W/m^2)$；$C_2 = 1.439 \times 10^4$ $(\mu m \cdot K)$。

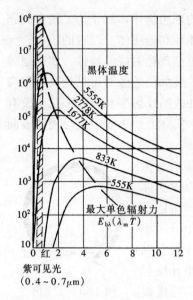

图 17-4 不同温度下黑体的单色
辐射力随波长的变化

式（17-4）就是普朗克定律的数学表达式，它描述了单色辐射力随波长的变化关系，因此也称普朗克分布定律。这种数学表达式也可以用图形（见图 17-4）表示。由图中可以看到黑体的单色辐射力随波长连续变化，当波长 λ 趋近于零或趋近于无穷大时，黑体的单色辐射力都趋近零；对于任意波长，其单色辐射力随温度的升高，先是增加后是减小；任一温度下的黑体单色辐射力有一极大值，其对应的波长为峰值波长，并且随着温度的增加峰值波长由最大值逐渐变小，即向短波方向移动。对应于最大辐射力的波长与温度之间的关系，可由维恩位移定律确定。即

$$\lambda_{max} T = 2897.6 \mu m \cdot K \tag{17-5}$$

上式就是维恩位移定律的数学表达式。该式表明，黑体携带辐射能最多的射线波长 λ_{max} 随绝对温度 T 的升高而移向波长较短的方向。

维恩定律在高温测量中应用很广，如利用该公式可以方便地估算出太阳表面的温度为 5800K，因为太阳可以近似看成黑体。而用仪器测得太阳最大单色辐射力的波长为 $0.5\mu m$，所以较为迅速地知道温度结果。

黑体辐射力可利用单色黑体辐射力从波长等于零到无穷大积分求得。即

$$E_b = \int_0^\infty E_{b\lambda} d\lambda \tag{17-6}$$

二、斯忒藩—波尔兹曼定律

在辐射换热的分析计算中，首先确定辐射力是很重要的。将上述的普朗克定律式（17-4）代入式（17-6）中有

$$E_b = \int_0^\infty E_{b\lambda} d\lambda = \int_0^\infty \frac{C_1 \lambda^{-5}}{\exp(C_2/\lambda T) - 1} d\lambda = \sigma_b T^4 \tag{17-7}$$

式中 σ_b——黑体辐射常数，$\sigma_b = 5.67 \times 10^{-8} W/(m^2 \cdot K^4)$。

式（17-7）就是著名的斯忒藩—波尔兹曼定律的数学表达式，它揭示了黑体辐射力与其绝对温度的四次方成正比，所以又称四次方定律。工程上为了计算方便，通常把上式改写成如下形式

$$E_b = C_b \left(\frac{T}{100}\right)^4 \tag{17-8}$$

式中：C_b 为黑体辐射系数，$C_b = 5.67 W/(m^2 \cdot K^4)$。

尽管黑体辐射力可以用积分的方法得到全波长范围内的辐射能量，但在工程上往往需要确定在某一特定波段内的黑体辐射量，参见图 17-5，图中阴影面积即为波长 λ_1 到 λ_2 内的辐射能量。在实际应用中，为了方便确定波段内的辐射能量，通常把波段内的辐射能表示成占

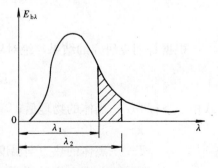

图 17-5 黑体特定波段内的辐射力

同温度下黑体辐射力的百分数。

如图 17-5 所示，$\lambda=0\sim\lambda_1$ 波段内的辐射能占温度为 T 的黑体辐射力的份额为

$$F_{b(0-\lambda_1)T} = \frac{\int_0^{\lambda_1} E_{b\lambda} d\lambda}{E_b}$$

将式（17-4）和式（17-7）代入则有

$$F_{b(0-\lambda_1)T} = \frac{1}{\sigma_b} \int_0^{\lambda_1 T} \frac{C_1 (\lambda T)^{-5}}{e^{C_2/(\lambda T)} - 1} d(\lambda T) = f(\lambda T) \tag{a}$$

同理，$\lambda=0\sim\lambda_2$ 波段内的辐射能占温度为 T 的黑体辐射力的份额为

$$F_{b(0-\lambda_2)T} = \frac{1}{\sigma_b} \int_0^{\lambda_2 T} \frac{C_1 (\lambda T)^{-5}}{e^{C_2/(\lambda T)} - 1} d(\lambda T) = f(\lambda T) \tag{b}$$

因此得到在 $\lambda_1\sim\lambda_2$ 内的辐射能量占同温下黑体总辐射能的份额为

$$F_{b(\lambda_1-\lambda_2)T} = F_{b(0-\lambda_2)T} - F_{b(0-\lambda_1)T}$$

故温度为 T 的黑体，在波段（$\lambda_1\sim\lambda_2$）内的辐射能为

$$E_{b(\lambda_1-\lambda_2)T} = \left[F_{b(0-\lambda_2)T} - F_{b(0-\lambda_1)T}\right] E_b \tag{17-9}$$

式中　$F_{b(0-\lambda_1)T}$，$F_{b(0-\lambda_2)T}$——波段 $0\sim\lambda_1$ 和 $0\sim\lambda_2$ 内的黑体辐射能占同温度下黑体辐射力的份额，它们都是单一变量（λT）的函数，称为黑体的辐射函数。该函数列于表 17-1 中。

　　　　E_b——温度为 T 的黑体辐射力，W/m^2。

【例 17-1】 太阳可视为温度为 5800K 的黑体。试求可见光（$0.38\sim0.76\mu m$）的能量占太阳辐射能的比例。

解　当 $\lambda=0.38\sim0.76\mu m$ 时

$$\lambda_1 T = 0.38 \times 5800 = 2204 \ (\mu m \cdot K)$$

查表 17-1 得

$$F_{b(0-0.38)T} = 10.11\% \qquad F_{b(0-0.76)T} = 54.92\%$$

所以太阳能辐射能中可见光所占的份额为

$$F_{b(0.38-0.76)T} = 54.92\% - 10.11\% = 44.8\%$$

【例 17-2】 试分别计算 50℃和 500℃黑体的辐射力。

解　应用式（17-8）计算得

50℃时

$$E_b = C_b \left(\frac{T}{100}\right)^4 = 5.67 \times \left(\frac{273+50}{100}\right)^4 = 617 \ (W/m^2)$$

500℃时

$$E_b = C_b \left(\frac{T}{100}\right)^4 = 5.67 \times \left(\frac{273+500}{100}\right)^4 = 20244 \ (W/m^2)$$

三、兰贝特定律

斯忒藩—波尔兹曼定律叙述了单位黑体表面发射到半球空间的总能量,但没有说明在半球空间范围内能量的分布规律。为了说明此问题,必须引入立体角及辐射强度的概念。

立体角与平面角定义有所不同,它是以半径为 r 的球面上所切割的面积 F 与球面半径 r^2 之比来表示,即 $\omega = \dfrac{F}{r^2}$,对于微元立体角为

$$d\omega = \frac{dF}{r^2} \tag{17-10}$$

表 17-1　　　　　　　　　　　黑体辐射函数表

λT ($\mu m \cdot K$)	$F_{b(0-\lambda)}$ (%)	λT ($\mu m \cdot K$)	$F_{b(0-\lambda)}$ (%)	λT ($\mu m \cdot K$)	$F_{b(0-\lambda)}$ (%)
800	0	3600	40.40	16000	97.38
900	0.009	3800	44.38	18000	98.08
1000	0.0323	4000	48.13	20000	98.56
1100	0.0916	4200	51.64	22000	98.89
1200	0.214	4400	54.92	24000	99.12
1300	0.434	4600	57.96	26000	99.30
1400	0.782	4800	60.79	28000	99.43
1500	1.290	5000	63.41	30000	99.53
1600	1.979	5500	69.12	35000	99.70
1700	2.862	6000	73.81	40000	99.79
1800	3.946	6500	77.66	45000	99.85
1900	5.225	2000	80.83	50000	99.89
2000	6.690	7500	83.46	55000	99.42
2200	10.11	8000	85.64	60000	99.94
2400	14.05	8500	87.47	70000	49.96
2600	18.34	9000	89.07	80000	99.97
2800	22.82	9500	90.32	90000	99.98
3000	27.36	10000	91.43	100000	99.99
3200	31.85	12000	94.51		
3400	36.21	14000	96.29		

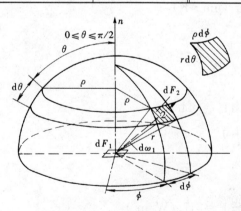

图 17-6　立体角定义图

参考图 17-6,半球底面上微元面积 dF_1 对半径为 r 的球面上的微元面积 dF_2 张开微元立体角 $d\omega_1$,$dF_2 = \rho d\phi \cdot r d\theta$,而 $\rho = r\sin\theta$,根据式(17-10)得

$$d\omega_1 = \frac{dF_2}{r^2} = \frac{\rho d\phi \cdot r d\theta}{r^2} = \frac{r\sin\theta d\phi \cdot r d\theta}{r^2} = \sin\theta d\theta d\phi \tag{17-11}$$

辐射强度是指物体表面向某一给定方向对垂直于该方向的单位投影面积,在单位时间、单位立体角内,所发出辐射全波长的总能量,用 I 表示,单位是 $W/(m^2 \cdot sr)$。参考 17-6 图可知在单位时间内微元面积 dF_1 对微元面积 dF_2 的辐射总能量为 $dQ_{1\to 2}$,微元面积 dF_1 对半径为 r 的球面上的微元面积 dF_2 所张的微元立体角 $d\omega_1$,辐射方向为纬度角 θ,根据辐射强度定义得

$$I = \frac{\mathrm{d}Q_{1\to2}}{\mathrm{d}\omega_1 \mathrm{d}F_1 \cos\theta} \tag{17-12}$$

从理论上可以证明，黑体表面具有漫辐射（均匀辐射）的性质（见图 17-7），且在半球空间各个方向上的定向辐射强度相等，即

$$I_{\theta 1} = I_{\theta 2} = \cdots = I_{\theta n} \tag{17-13a}$$

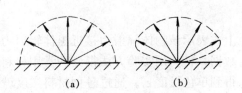

图 17-7 均匀辐射和非均匀辐射
(a) 均匀辐射；(b) 非均匀辐射

黑体的辐射强度与方向无关的定律，称为兰贝特定律，式（17-13a）即为兰贝特定律的数学表达式之一。

在单位时间内，单位面积向 θ 方向的单位立体角内辐射的能量为 $\mathrm{d}Q_{1\to2}$，则 θ 方向上的辐射力为

$$E_\theta = \frac{\mathrm{d}Q_{1\to2}}{\mathrm{d}\omega_1 \mathrm{d}F_1}$$

整理该式与式（17-12）得

$$E_\theta = I_\theta \cos\theta = I_n \cos\theta = E_n \cos\theta \tag{17-13b}$$

上式是兰贝特定律的另一种数学表达式，该式表明黑体单位表面发出的辐射能落到空间不同方向单位立体角内的能量不相等，其数值正比于该方向与表面法线方向之间夹角的余弦。所以兰贝特定律又称为余弦定律。黑体在半球范围内的辐射力 E 是定向辐射力在半球范围内积分，即

$$E = \int_{\omega=2\pi} E_\theta \mathrm{d}\omega_1 = \int_{\omega=2\pi} E_n \cos\theta \mathrm{d}\omega_1 = \int_{\omega=2\pi} I\cos\theta \mathrm{d}\omega_1$$

将立体角的表达式代入上式，并注意到纬度角 θ 积分从 0 到 $\pi/2$，经度角 ϕ 积分从 0 到 2π。得

$$E = I \int_0^{2\pi} \mathrm{d}\phi \int_0^{\pi/2} \sin\theta\cos\theta \mathrm{d}\theta = I\pi$$

可以看出，对于漫辐射表面，辐射力是任意方向辐射强度的 π 倍。

四、黑度、灰体

前面叙述的普朗克定律、维恩位移定律、斯忒藩—波尔兹曼定律等都是在理论黑体前提下得出来的。但自然界中并不存在理想黑体。实际物体的单色辐射力与波长的关系并不像图 17-4 所示的形状，而是较为复杂的变化规律，如图 17-8 所示。为了计算实际物体的辐射能力，我们先介绍两个新概念：黑度（或发射率）和灰体。实际物体的辐射力与同温度下黑体

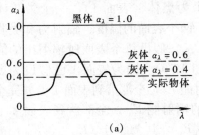
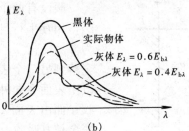

图 17-8 黑体、灰体和实际物体的比较
(a) 单色吸收率；(b) 单色辐射力

辐射力之比称为黑度（或发射率），用符号 ε 表示，即

$$\varepsilon = \frac{E}{E_b} \tag{17-14}$$

上式表示该物体辐射力接近黑体辐射力的程度。因为黑度是分析和计算热辐射的一个重要的数据，特将用实验方法得到的常用材料黑度值列于表 17-2 中。依据式（17-14）推理还可以得到单色黑度 ε_λ。通过各种材料黑度就可以计算其相应的实际辐射力，即

$$E = \varepsilon E_b = \varepsilon \sigma T^4 \tag{17-15}$$

实际物体的单色吸收率与黑体相差甚远 [见图 17-8(a)]，不但小于 1，而且不是常数。如果某一物体单色吸收率 α_λ 小于 1，且是不随投射辐射波长变化的常数，则它的吸收率（α）也是常数。这种物体称为灰体。灰体也是理想化的物体。对于灰体有

$$\alpha_\lambda = \alpha = 常数 \tag{17-16}$$

实际工程计算中，一般都近似地把实际物体视为灰体。

表 17-2　　　　　　　　各种材料的辐射黑度 ε

材料名称和表面状况	温度（℃）	ε	材料名称和表面状况	温度（℃）	ε
磨光的钢铸件	770～1305	0.52～0.56	混凝土	—	0.63
压轧钢板	21	0.657	耐火砖	—	0.71～0.85
有非常粗糙氧化层的钢板	24	0.80	黏土	—	0.37
磨光的铬	150	0.058	白色粗糙石灰砂浆	—	0.87
粗糙的铝板	25	0.055	光滑水泥砂浆	—	0.68
磨光的铸铁	200	0.21	粗糙石棉水泥覆面板	—	0.86
生锈的铁板	20	0.685	粗糙屋面焦油纸毡	—	0.90
稍加磨光的黄铜	38～260	0.12	16 种颜色油漆	100	0.92～0.96
无光泽黄铜	38	0.22	黑色油灯煤烟	—	0.93
镀锡发亮铁片	25	0.043～0.064	无光泽纸	—	0.93
镀锌铁皮	38	0.23	平静水面	—	0.96
镀锌铁皮被氧化成灰色	24	0.276	雪	—	0.98
磨光或电镀层银	38～1090	0.01～0.03	光滑铝粉漆	—	0.40
抛光的铝	—	0.052	光滑玻璃	—	0.94
粗糙红砖	20	0.93	磨光大理石	—	0.93

五、基尔霍夫定律

基尔霍夫定律揭示实际物体的辐射力 E 和它的吸收率 α 之间的关系。从两个物体表面之间的辐射换热过程中可以推导出来这种关系。

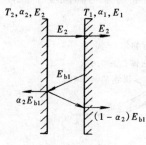

图 17-9　两平行表面间的辐射换热

假设有两个表面，一个为黑体（表面 1），一个为灰体（表面 2），相互平行且距离很近。两个表面的温度、辐射力和吸收率分别为 T_1、E_1、α_1 和 T_2、E_2、α_2，假设每个表面所辐射出的能量都完全落到另一个表面上（见图 17-9）。因为表面 1 已假设为黑体，所以由表面 2 向外发出的辐射能 E_2，全部落到表面 1 上并完全被其吸收；而由表面 1 向外发出的辐射能 E_{b1}，全部落到表面 2 上却没有完全被其吸收，只吸收了 $\alpha_2 E_{b1}$，其余部分 $(E_{b1} - \alpha_2 E_{b1})$ 被反射回到了表面 1，并完全被其吸收。于是，对于表面 2 而言，单位时间单位表面积的辐射换热量为

$$q_{21} = E_2 - \alpha_2 E_{b1}$$

当两表面处于热辐射的动平衡状态，即 $T_1 = T_2 = T$ 时，两表面间辐射换热量为零，即 $q_{21} = 0$，上式变成

$$E_2 = \alpha_2 E_{b1}$$

或写成

$$\frac{E_2}{\alpha_2} = E_{b1}$$

表面 2 为任意物体，所以将得到的上述关系推广到任何物体，于是就得到下列形式

$$\frac{E_1}{\alpha_1} = \frac{E_2}{\alpha_2} = \cdots = \frac{E_i}{\alpha_i} = E_b = f(T) \tag{17-17}$$

式（17-17）是基尔霍夫定律的数学表达式。它可以表述为：任何物体的辐射力与吸收率之间的比值都相同，且恒等于同温度下绝对黑体的辐射力，并且只与温度有关，而与物体的性质无关。

由基尔霍夫定律可以得出下面的结论：

（1）物体的辐射力愈大，它的吸收率就愈强。如果物体的吸收率很小，那么它的辐射力也就很小。所以善于反射辐射能的物体，它的辐射能力就很小，尤其是绝对白体的辐射力小到等于零。

（2）因为实际物体的吸收率永远小于 1，所以从式（17-17）可知，实际物体的辐射力永远小于绝对黑体在同一温度下的辐射力。因此，在任何温度下，各种物体以绝对黑体的辐射力为最大。

（3）由式（17-17）和黑度定义 $\varepsilon = \dfrac{E}{E_b}$ 得

$$\alpha = \varepsilon \tag{17-18}$$

此式表明实际物体（即漫—灰表面）的吸收率和同温度下的黑度在数值上彼此相等。

（4）基尔霍夫定律同样也适用于单色辐射，在这种情况下这一定律应该叙述为：任何物体在一定波长下的吸收率和同温度下在同样波长下的黑度在数值上彼此相等。即

$$\alpha_\lambda = \varepsilon_\lambda \tag{17-19}$$

（5）由灰体的定义，$\alpha_\lambda = \alpha =$ 常数，结合式（17-18）和式（17-19）得

$$\varepsilon = \varepsilon_\lambda \tag{17-20}$$

第三节 辐射换热量的计算

温度不同的诸表面，当表面间被透明介质（如真空、空气等）或半透明介质（如烟气）所分隔，此时表面间会有辐射换热，例如空气夹层两壁面间的辐射换热，锅炉炉膛与水冷壁管间的辐射换热，采暖辐射板对整个车间的辐射换热，以及采暖辐射板对一个人或一个工作台的辐射换热等。影响辐射换热的因素，除物体的表面温度外，还有物体大小、形状、相互位置以及表面的辐射性质等。本节将介绍一些几何特征具有代表性的实际物体辐射换热计算，至于其他性质的表面辐射换热可参阅有关书籍。

在了解辐射换热之前，我们先介绍一个概念——有效辐射。灰体表面对投入辐射只能部分地吸收，其余部分则反射出去。正因为如此，灰体间的辐射换热比黑体间的辐射换热要复杂，它存在着灰体表面间多次反射、吸收的现象。为使分析和计算得到简化，引用有效辐射

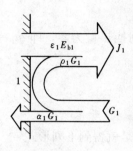

图 17-10 有效辐射示意图

概念来处理。

有效辐射。若定义单位时间内投射到单位表面积上的总辐射能为投入辐射，记为 G，单位时间内离开单位表面积的总辐射能为该表面的有效辐射，记为 J，有效辐射包括表面的本身辐射和反射辐射之和，有效辐射可以用图 17-10 来表示。在图中假设灰体表面 1 的表面温度均匀、表面特性为常数，根据有效辐射的定义，则该表面有效辐射 J_1 为

$$J_1 = \varepsilon_1 E_{b1} + \rho_1 G_1 = \varepsilon_1 E_{b1} + (1-\alpha_1) G_1 \qquad (a)$$

从图中的灰体表面 1 的外侧来观察能量的收支情况，可以得到单位面积的净辐射换热量为

$$\frac{Q_1}{F_1} = J_1 - G_1 \qquad (b)$$

从式（a）和式（b）中消去 G_1 并整理得

$$Q_1 = \frac{E_{b1} - J_1}{\dfrac{1-\varepsilon_1}{\varepsilon_1 F_1}} \qquad (c)$$

由该式推广到通式

$$Q_i = \frac{E_{bi} - J_i}{\dfrac{1-\varepsilon_i}{\varepsilon_i F_i}} \qquad (17\text{-}21)$$

与欧姆定律对比，Q_i 为辐射热流，相当于电流；$(E_{bi}-J_i)$ 为辐射势差，相当于电位差；$\dfrac{1-\varepsilon_i}{\varepsilon_i F_i}$ 为表面热阻，相当于电阻。当黑度趋近于 1 或表面积趋于无穷大时，表面热阻趋近于零。由此可见，表面热阻是因为表面的黑度不等于 1 或表面积不是无穷大而产生的热阻。表面热阻电路模拟图如图 17-11 所示。

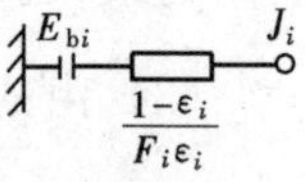

图 17-11 表面热阻电路模拟图

一、两平行平壁间的辐射换热

假设有两块相互平行的灰体板壁表面，尺寸要比其相互之间的距离大很多，如图 17-12 所示。如果用 T_1、E_1、α_1 和 T_2、E_2、α_2 分别代表两个物体的温度、辐射力和吸收系数。下面根据两个平壁间的有效辐射来计算辐射换热。

假设第一块平板 Ⅰ 的有效辐射为 J_1，第二块平板 Ⅱ 的有效辐射为 J_2，则有效辐射 J_1 等于平板 Ⅰ 本身的辐射能量 E_1 与平板 Ⅱ 辐射来的能量经反射而向平板 Ⅱ 射去的能量之和，即

$$J_1 = E_1 + (1-\alpha_1) J_2 \qquad (a)$$

同理，有效辐射 J_2 为

$$J_2 = E_2 + (1-\alpha_2) J_1 \qquad (b)$$

将式（a）移项得

$$(1-\alpha_1) J_2 = J_1 - E_1 \qquad (c)$$

将式（b）各项分别乘以 $(1-\alpha_1)$ 得

$$(1-\alpha_1) J_2 = (1-\alpha_1) E_2 + (1-\alpha_1)(1-\alpha_2) J_1 \qquad (d)$$

联立式（c）、式（d）解得 J_1 为

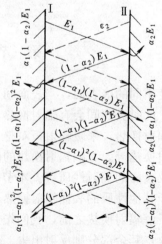

图 17-12 两平行平壁间的辐射换热

$$J_1 = \frac{E_1 + E_2 - \alpha_1 E_2}{\alpha_1 + \alpha_2 - \alpha_1 \alpha_2} \quad \text{(e)}$$

同理，有效辐射 J_2 为

$$J_2 = \frac{E_1 + E_2 - \alpha_2 E_1}{\alpha_1 + \alpha_2 - \alpha_1 \alpha_2} \quad \text{(f)}$$

两板面间的有效辐射的差值即为两平面间的辐射换热量

$$q_{12} = J_1 - J_2 = \frac{E_1 + E_2 - \alpha_1 E_2}{\alpha_1 + \alpha_2 - \alpha_1 \alpha_2} - \frac{E_1 + E_2 - \alpha_2 E_1}{\alpha_1 + \alpha_2 - \alpha_1 \alpha_2}$$

$$= \frac{\alpha_2 E_1 - \alpha_1 E_2}{\alpha_1 + \alpha_2 - \alpha_1 \alpha_2} \quad (17\text{-}22\text{a})$$

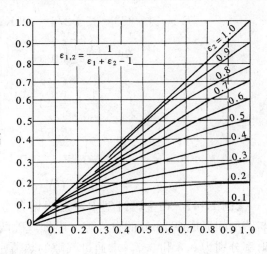

图 17-13　相当黑度图表

将 $E = \varepsilon E_b = \varepsilon C_b \left(\dfrac{T}{100}\right)^4$ 和基尔霍夫定律推论 $\alpha = \varepsilon$ 代入式（17-22a）中得

$$q_{12} = \frac{1}{\varepsilon_1 + \varepsilon_2 - \varepsilon_1 \varepsilon_2} \left[\varepsilon_2 \varepsilon_1 C_b \left(\frac{T_1}{100}\right)^4 - \varepsilon_1 \varepsilon_2 C_b \left(\frac{T_2}{100}\right)^4 \right]$$

$$= \frac{\varepsilon_1 \varepsilon_2 C_b}{\varepsilon_1 + \varepsilon_2 - \varepsilon_1 \varepsilon_2} \left[\left(\frac{T_1}{100}\right)^4 - \left(\frac{T_2}{100}\right)^4 \right]$$

$$= \frac{C_b}{\dfrac{1}{\varepsilon_2} + \dfrac{1}{\varepsilon_1} - 1} \left[\left(\frac{T_1}{100}\right)^4 - \left(\frac{T_2}{100}\right)^4 \right]$$

$$= C_{1,2} \left[\left(\frac{T_1}{100}\right)^4 - \left(\frac{T_2}{100}\right)^4 \right] \quad (17\text{-}22\text{b})$$

式中　$C_{1,2} = \dfrac{C_b}{\dfrac{1}{\varepsilon_2} + \dfrac{1}{\varepsilon_1} - 1}$——平行平壁的相当辐射系数。

令

$$\varepsilon_{1,2} = \frac{1}{\dfrac{1}{\varepsilon_2} + \dfrac{1}{\varepsilon_1} - 1}$$

$\varepsilon_{1,2}$ 称为相当黑度，其值可由图 17-13 中查得。

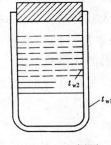

图 17-14　例题 17-3 图

利用式（17-22b）可求得两平行平板间的辐射换热量 q_{12}，在实际工程中对于加热炉外壳与炉壁间的辐射换热，空气夹层两侧壁表面之间的辐射换热等都可用此方法进行计算。

【**例 17-3**】　液氧贮存容器如图 17-14 所示的双壁镀银夹层结构。已知镀银夹层外壁温度为 35℃，内壁温度为 -180℃，镀银壁的发射率 $\varepsilon = 0.02$。试求容器壁每单位面积的辐射换热量。

解　容器夹层的间隙很小，本题可认为属于无限大平行平壁间的问题。先算得两表面的绝对温度，再利用式（17-22b）计算单位面积的辐射换热量。

$$T_1 = t_{w1} + 273 = 35 + 273 = 308\text{K}; \quad T_2 = t_{w2} + 273 = -180 + 273 = 93\text{K}$$

$$q_{12} = C_{1,2}\left[\left(\frac{T_1}{100}\right)^4 - \left(\frac{T_2}{100}\right)^4\right]$$

$$= \frac{C_b}{\frac{1}{\varepsilon_2} + \frac{1}{\varepsilon_1} - 1}\left[\left(\frac{T_1}{100}\right)^4 - \left(\frac{T_2}{100}\right)^4\right]$$

$$= \frac{5.67}{\frac{1}{0.02} + \frac{1}{0.02} - 1}\left[\left(\frac{308}{100}\right)^4 - \left(\frac{93}{100}\right)^4\right]$$

$$= 5.11 \ (\text{W}/\text{m}^2)$$

【例 17-4】 在金属铸型中铸造镍铬合金板铸件。由于铸件凝固收缩，受热膨胀，铸件与铸型间形成厚1mm的空气隙。已知气隙两侧分别为310℃和590℃，铸型和铸件的表面发射率分别为0.8和0.7。求通过气隙的热流密度。

解 由于气隙尺寸很小，对流难于发展而可以忽略，热量通过气隙的热流密度应由辐射换热和导热两种方式组成。

(1) 辐射换热 可由式（17-22b）计算。

单位面积的辐射换热量为

$$q_{12} = \frac{C_b}{\frac{1}{\varepsilon_2} + \frac{1}{\varepsilon_1} - 1}\left[\left(\frac{T_1}{100}\right)^4 - \left(\frac{T_2}{100}\right)^4\right]$$

$$= \frac{5.67}{\frac{1}{0.8} + \frac{1}{0.7} - 1}\left[\left(\frac{863}{100}\right)^4 - \left(\frac{583}{100}\right)^4\right]$$

$$= 14834 \ (\text{W}/\text{m}^2)$$

(2) 导热可由十一章平壁导热公式计算。

由附录6查得空气在450℃时

$$\lambda = 0.0548 \ \text{W}/(\text{m} \cdot \text{℃})$$

单位面积的导热热量

$$q = \frac{\lambda}{\delta}\Delta t = \frac{0.0548}{0.001} \times (590 - 310) = 15344 \ (\text{W}/\text{m}^2)$$

通过气隙的热流密度为 $14834 + 15344 = 30178 \ (\text{W}/\text{m}^2)$

二、任意位置的两物体之间的辐射换热

在实际工程中，经常遇到的是属于任意位置的物体之间的辐射换热（见图17-15）。例如辐射采暖板与人或与工作台之间的辐射换热就属于这种情况。这种情况下辐射换热的特点是，由于两物体间有一段距离，因而从物体1辐射的能量将只有一部分能投射到物体2上，而物体2辐射的能量也只有一部分投射到物体1上。同理，物体1向物体2的反射也是如此。这样两物体及两物体间的辐射能量就有如下表达。

设两物体的辐射力、面积、温度、吸收率分别为 E_1、F_1、T_1、α_1 和 E_2、F_2、T_2、α_2。由于忽略了反射辐射，物体1能

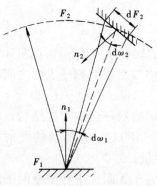

图 17-15 任意位置的两物体之间的辐射换热

够向外辐射的能量为 E_1F_1，然而能够落到物体 2 上的能量为 $\varphi_{1,2}E_1F_1$，能够被物体 2 吸收的辐射能量为 $\alpha_2\varphi_{1,2}E_1F_1$。同理，物体 2 能够向外辐射的能量为 E_2F_2，然而能够落到物体 1 上的能量为 $\varphi_{2,1}E_2F_2$，能够被物体 1 吸收的辐射能量为 $\alpha_1\varphi_{2,1}E_2F_2$。

上面提到的 $\varphi_{1,2}$（或 $\varphi_{2,1}$）是表示 1（或 2）表面向半球空间辐射的能量投射到 2（或 1）面上的百分数，它是无量纲数，称为角系数。右下第一角码 1 是指发射体，第二角码 2 指受射体。角系数是反映了物体相对位置、大小、形状等几何因素的量，可由数学分析或实验的方法确定。图 17-16 中是两种情况下求角系数的图表，仅供计算时使用。对于其他特殊形状的角系数可参考有关文献。

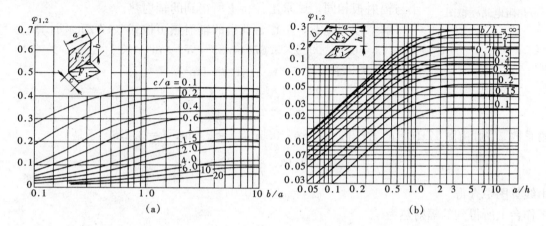

图 17-16 辐射换热角系数
(a) 平行长方形的角系数；(b) 相互垂直的长方形的角系数

于是两物体间的辐射换热量为

$$Q_{1,2} = \alpha_2\varphi_{1,2}E_1F_1 - \alpha_1\varphi_{2,1}E_2F_2$$

$$= \alpha_2\varphi_{1,2}\varepsilon_1 C_b \left(\frac{T_1}{100}\right)^4 F_1 - \alpha_1\varphi_{2,1}\varepsilon_2 C_b \left(\frac{T_2}{100}\right)^4 F_2$$

$$= \varepsilon_2\varepsilon_1 C_b \left[\left(\frac{T_1}{100}\right)^4 \varphi_{1,2}F_1 - \left(\frac{T_2}{100}\right)^4 \varphi_{2,1}F_2\right] \qquad (17\text{-}23)$$

当两物体的温度相同，即 $T_1 = T_2$ 时，$Q_{1,2} = 0$，对于式（17-23）有

$$\varphi_{1,2}F_1 = \varphi_{2,1}F_2 \qquad (17\text{-}24)$$

上式表示了两表面在辐射换热时的互换性。利用这种性质就可以很方便地计算工程中常涉及的任意两个位置的表面间的换热。所以式（17-23）又可以表示成为

$$Q_{1,2} = C_{1,2}\left[\left(\frac{T_1}{100}\right)^4 - \left(\frac{T_2}{100}\right)^4\right]\varphi_{2,1}F_2 \qquad (17\text{-}25\text{a})$$

或

$$Q_{1,2} = C_{1,2}\left[\left(\frac{T_1}{100}\right)^4 - \left(\frac{T_2}{100}\right)^4\right]\varphi_{1,2}F_1 \qquad (17\text{-}25\text{b})$$

式中：$C_{1,2}$ 相当辐射系数，W/(m²·K⁴)，$C_{1,2} = \varepsilon_2\varepsilon_1 C_b$。

如果在上述公式中物体的发射率为 1（即为黑体）时，公式（17-25b）变成

$$Q_{1,2} = C_b\left[\left(\frac{T_1}{100}\right)^4 - \left(\frac{T_2}{100}\right)^4\right]\varphi_{1,2}F_1$$

$$= (E_{b1} - E_{b2}) \bigg/ \frac{1}{\varphi_{1,2}F_1} \text{ 或 } (E_{b1} - E_{b2}) \bigg/ \frac{1}{\varphi_{2,1}F_2} \qquad (17\text{-}25\text{c})$$

式中 $\dfrac{1}{\varphi_{2,1}F_2}$ 或 $\left(\dfrac{1}{\varphi_{1,2}F_1}\right)$ ——1、2 黑体表面间的空间辐射热阻；空间辐射热阻电路模拟图如图 17-17 所示；

$E_{b1}-E_{b2}$ ——两表面的辐射力差，等同于电位差；

$Q_{1,2}$ ——两表面辐射换热量，等同于电流。

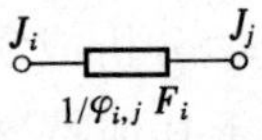

图 17-17 空间辐射热阻电路模拟图

【例 17-5】 某车间采用带型辐射板采暖，尺寸为 2.5×0.5 m 的辐射板水平吊装在桁架下，标高为 4.0m，板表面温度为 120℃，黑度为 0.9，已知水平工作面温度为 15℃，黑度为 0.95，标高为 0.8m，其大小与辐射板相同，试求工作台上所得到的辐射热。

解 按照题意，工作台获得的辐射热可按式（17-25c）计算。

$$C_{1,2}=\varepsilon_2\varepsilon_1 C_b=0.95\times 0.9\times 5.67=4.85\ [\text{W}/(\text{m}^2\cdot\text{K}^4)]$$

$$F_1=F_2=2.5\times 0.5=1.25\ (\text{m}^2)$$

$$T_1=273+120=393\ (\text{K}^4)$$

$$T_2=273+15=288\ (\text{K}^4)$$

角系数 $\varphi_{1,2}$ 可由图 17-16 (a) 查得，由于 $b=0.5$m，$a=2.5$m，$h=3.2$m，于是

$$\frac{b}{h}=\frac{0.5}{3.2}=0.16,\quad \frac{a}{h}=\frac{2.5}{3.2}=0.78$$

由线算图中查得 $\varphi_{1,2}=\varphi_{2,1}=0.04$

工作台上所得到的辐射热为

$$Q_{1,2}=C_{1,2}\left[\left(\frac{T_1}{100}\right)^4-\left(\frac{T_2}{100}\right)^4\right]\varphi_{2,1}F_2$$

$$=4.85\times\left[\left(\frac{393}{100}\right)^4-\left(\frac{288}{100}\right)^4\right]0.04\times 1.25$$

$$=41.16\ (\text{W})$$

三、密闭空间内的物体与周围壁面之间的辐射换热

设 1 物体被 2 物体所包围（见图 17-18），它们的辐射力、表面积、温度、吸收率分别为 E_1、F_1、T_1、α_1 和 E_2、F_2、T_2、α_2。在这种情况下，物体 1 与 2 之间的辐射换热仍然可以从这两个表面的有效辐射出发，推导出它们之间的辐射换热量。这里与两平壁、任意位置辐射换热不同之处在于由 1 表面辐射出来的能量可以全部落到 2 表面上，但是由 2 表面射出的能量，却不能完全投射到 1 表面上，必然要有一部分辐射到自身的表面上。由此也可以得到 $\varphi_{1,2}=1$。

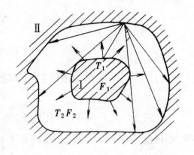

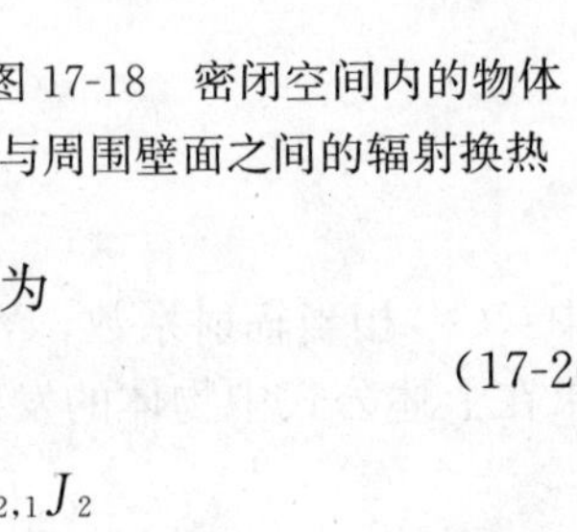

图 17-18 密闭空间内的物体与周围壁面之间的辐射换热

设表面 F_1 和表面 F_2 的有效辐射分别为 J_1、J_2，两物体表面反射辐射量分别为 E_{1f}、E_{2f}。则两物体之间的辐射换热量为

$$Q_{12}=J_1-\varphi_{2,1}J_2 \tag{17-26a}$$

而

$$J_1=E_1+E_{1f}=\varepsilon_1 C_b\left(\frac{T_1}{100}\right)^4 F_1+(1-\alpha_1)\varphi_{2,1}J_2 \tag{a}$$

$$J_2=E_2+E_{2f}=\varepsilon_2 C_b\left(\frac{T_2}{100}\right)^4 F_2+(1-\alpha_2)J_1+(1-\alpha_2)(1-\varphi_{2,1})J_2 \tag{b}$$

在上式中 E_{2f} 包括两部分，由于物体 2 包围着物体 1，所以物体 2 反射辐射为反射物体 1 的有效辐射 $(1-\alpha_2)J_1$ 与反射自身有效辐射 $(1-\alpha_2)(1-\varphi_{2,1})J_2$ 之和。

联立式（a）和（b）可求得 J_1、J_2，代入公式（17-18a）中得两物体间的换热量

$$Q_{1,2} = \frac{C_b}{\frac{1}{\alpha_1} + \varphi_{2,1}\left(\frac{1}{\alpha_2} - 1\right)} \left[F_1\left(\frac{T_1}{100}\right)^4 - \varphi_{2,1}F_2\left(\frac{T_2}{100}\right)^4\right]$$

$$= \frac{C_b}{\frac{1}{\varepsilon_1} + \varphi_{2,1}\left(\frac{1}{\varepsilon_2} - 1\right)} \left[F_1\left(\frac{T_1}{100}\right)^4 - \varphi_{2,1}F_2\left(\frac{T_2}{100}\right)^4\right] \tag{17-26b}$$

根据角系数互换性有 $\varphi_{1,2}F_1 = \varphi_{2,1}F_2$，并且已知 $\varphi_{1,2} = 1$。
所以式（17-26b）将变为

$$Q_{1,2} = \frac{C_b}{\frac{1}{\varepsilon_1} + \frac{F_1}{F_2}\left(\frac{1}{\varepsilon_2} - 1\right)} \left[\left(\frac{T_1}{100}\right)^4 - \left(\frac{T_2}{100}\right)^4\right] F_1$$

$$= C_{1,2} F_1 \left[\left(\frac{T_1}{100}\right)^4 - \left(\frac{T_2}{100}\right)^4\right] \tag{17-26c}$$

式中：$C_{1,2}$ 为密闭空间内相当辐射系数，$C_{1,2} = \dfrac{C_b}{\dfrac{1}{\varepsilon_1} + \dfrac{F_1}{F_2}\left(\dfrac{1}{\varepsilon_2} - 1\right)}$。

在式（17-26c）中，当 $F_1 \approx F_2$ 时，密闭空间内物体间辐射换热就变成了平行平壁间的辐射换热；当 $F_2 \gg F_1$，且 ε_2 的数值较大时，可以忽略 $\dfrac{F_1}{F_2}\left(\dfrac{1}{\varepsilon_2} - 1\right)$ 项。例如车间内的辐射采暖板、热力管道等，其面积与车间内周围墙的表面积相比就属于此种情况。

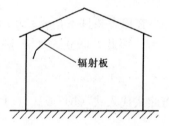

图 17-19 辐射采暖板与周围墙壁之间的辐射换热

【例 17-6】 已知某车间辐射采暖（见图 17-19）系统中，块状辐射板的尺寸为 $1 \times 0.5 \text{m}^2$，辐射板面的平均温度为 100℃，黑度为 0.9，车间周围壁面温度为 10℃，如果不考虑辐射板背面及侧面的作用，试求辐射板面与四周壁面的辐射换热量。

解 根据题意可知，辐射采暖板 F_1 与车间周围墙壁面积 F_2 相比小得多，所以可以忽略公式（17-26c）中 $\dfrac{F_1}{F_2}\left(\dfrac{1}{\varepsilon_2} - 1\right)$ 项进行计算得

$$Q_{1,2} = C_b / \frac{1}{\varepsilon_1} \left[\left(\frac{T_1}{100}\right)^4 - \left(\frac{T_2}{100}\right)^4\right] F_1$$

$$= 5.67 \times 0.9 \left[\left(\frac{373}{100}\right)^4 - \left(\frac{283}{100}\right)^4\right] \times 0.5$$

$$= 330.3 \text{（W）}$$

四、遮热板

在实际工程中，采用某些手段降低辐射换热，这种做法称为辐射隔热。减少表面间辐射换热的有效方法是采用高反射率的表面涂层，或在表面间加设遮热板。例如保温瓶胆的真空夹层就是由于高反射率的涂层而减少辐射损失的。再如钢铁工业中为挡住高温炉膛对炉门外的强烈辐射而采用的水幕也是起遮热板作用的。

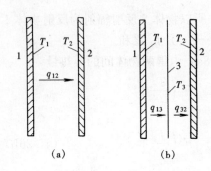

图 17-20 遮热板工作原理图
(a) 加板前；(b) 加板后

为了说明遮热板的工作原理，设有两块无限大平行平板 1 和 2，它们的温度、发射率分别为 T_1、ε_1 和 T_2、ε_2，并且板 1 温度高于板 2，即热量从 1 向 2 传递。在未加遮热板时的辐射换热量可按两平行平壁公式计算，对于单位表面积的辐射换热量为

$$q_{12} = \frac{C_b}{\frac{1}{\varepsilon_2}+\frac{1}{\varepsilon_1}-1}\left[\left(\frac{T_1}{100}\right)^4 - \left(\frac{T_2}{100}\right)^4\right] \tag{a}$$

当在 1、2 板间加入遮热板 3 后（见图 17-20），使辐射传热过程中增了阻力，辐射温差减小。此时，热量不是由板 1 通过辐射直接给板 2，而是由板 1 先辐射给遮热板 3，再由遮热板辐射给板 2。如板 3 很薄，其导热系数又大，则板 3 两侧的表面温度可认为相等。设此板温度、发射率为 T_3、ε_3，于是可得板 1、3 和板 3、2 的辐射换热量为

$$q_{13} = \frac{C_b}{\frac{1}{\varepsilon_1}+\frac{1}{\varepsilon_3}-1}\left[\left(\frac{T_1}{100}\right)^4 - \left(\frac{T_3}{100}\right)^4\right] \tag{b}$$

$$q_{32} = \frac{C_b}{\frac{1}{\varepsilon_2}+\frac{1}{\varepsilon_3}-1}\left[\left(\frac{T_3}{100}\right)^4 - \left(\frac{T_2}{100}\right)^4\right] \tag{c}$$

在稳态条件下，$q_{13}=q_{32}=q$。为分析方便起见，设各表面的发射率均相等，即 $\varepsilon_1=\varepsilon_2=\varepsilon_3=\varepsilon$。因此，联立式（b）和式（c）可得

$$T_3^4 = \frac{1}{2}(T_1^4 + T_2^4)$$

将此式代入式（b）或式（c）得

$$q_{13} = \frac{\frac{1}{2}C_b}{\frac{1}{\varepsilon_1}+\frac{1}{\varepsilon_2}-1}\left[\left(\frac{T_1}{100}\right)^4 - \left(\frac{T_2}{100}\right)^4\right] \tag{d}$$

比较式（a）和式（d），可发现在加入一块与壁面发射率相同的遮热薄板后，壁面的辐射换热量将减少为原来的二分之一。可以推论，当加入 n 块与壁面发射率相同的遮热板，则换热量将减少到原来的 $\frac{1}{n+1}$。这表明遮热板层数越多，遮热效果越好。以上是按壁面发射率均相同所得出的结论。实际上由于选用反射率较高的材料（如铝箔）作遮热板，ε_3 要远小于 ε_2 和 ε_1，此时的遮热效果比以上分析要显著得多。例如，在发射率为 0.8 的两个平行平板之间插入一块发射率为 0.05 的金属薄板，可使辐射热量减小到原来的 1/27。

【例 17-7】 已知两平行平板的温度及发射率分别为 150℃、0.95 和 110℃、0.95。为了减少两平行平面之间的辐射换热，在平行平板之间放置一块遮热板，其中放置遮热板后两块板面温度不变，且该板的发射率为 0.05 温度为 131.45℃。如图 17-21 所示。试求放置一块遮热板后辐射换热量占原来辐射换热量的多少。假定这些平板的尺寸比起它们之间的距离来都很大。

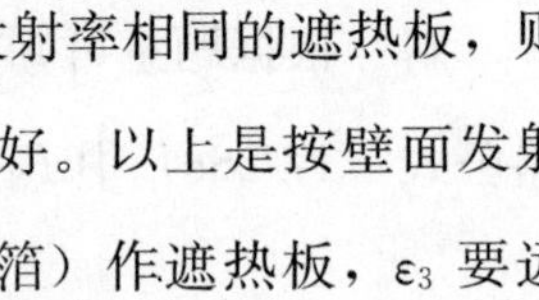

解 （1）没有放置遮热板时的辐射换热量为

图 17-21 [例 17-7] 图

$$q_{12} = \frac{C_b}{\frac{1}{\varepsilon_2} + \frac{1}{\varepsilon_1} - 1}\left[\left(\frac{T_1}{100}\right)^4 - \left(\frac{T_2}{100}\right)^4\right]$$

$$= \frac{5.67}{\frac{1}{0.95} + \frac{1}{0.95} - 1}\left[\left(\frac{423}{100}\right)^4 - \left(\frac{383}{100}\right)^4\right]$$

$$= 539 \; (W/m^2)$$

(2) 放置遮热板后的辐射换热量为

$$q_{13} = \frac{C_b}{\frac{1}{\varepsilon_1} + \frac{1}{\varepsilon_3} - 1}\left[\left(\frac{T_1}{100}\right)^4 - \left(\frac{T_3}{100}\right)^4\right]$$

$$= \frac{5.67}{\frac{1}{0.95} + \frac{1}{0.05} - 1}\left[\left(\frac{423}{100}\right)^4 - \left(\frac{404.45}{100}\right)^4\right]$$

$$= 15 \; (W/m^2)$$

当中间加入一块遮热板后辐射换热量由 $539W/m^2$ 将为 $15W/m^2$，所占原来比例 $\frac{15}{539} \times 100\% = 2.8\%$。

第四节 气 体 辐 射

前面讨论固体表面间辐射换热时，均未涉及固体表面间的介质对辐射换热的影响，即认为固体表面间的介质既不吸收也不辐射能量，是热的透明体。事实上，不是所有介质都是这样。在工业上常见的温度范围内，单原子气体和对称型双原子气体如 O_2、N_2、H_2 等对热辐射的吸收能力和自身的辐射能力都很弱，可认为是热的透明体，非对称型双原子气体如 CO、NO 等都具有一定的辐射能力和吸收能力，多原子气体如 CO_2、H_2O 等一般都具有相当大的辐射能力和吸收能力。工程上烟气（或燃气）中的二氧化碳和水蒸气是主要的具有辐射能力的气体，它们的辐射和吸收特性对烟气的影响很大。本章将着重介绍二氧化碳和水蒸气的辐射和吸收特性及吸收定律等。

一、气体辐射的特点

气体的辐射和固体辐射、液体辐射相比，有如下两个特点：

1. 气体的辐射和吸收，对波长有选择性

通常固体和液体表面的辐射和吸收光谱是连续的，它能辐射和吸收 $0\sim\infty$ 所有波长的辐射能（见图 17-22），气体辐射和吸收的这些波长范围称为光带。对于光带以外的辐射线，气体就成为透明体，所吸收和放射的能量等于零，所以气体的辐射和吸收都带有选择性。二氧化碳和水蒸气的辐射和吸收的光带列于表 17-3。

通过表 17-3 可以发现，它们有部分光带是重叠的。由于气体的选择性吸收，所以不管气体层有多厚，总有一定波长范围的辐射能可以穿透气体。

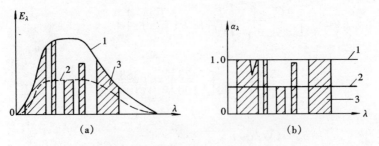

图 17-22 黑体、灰体和气体的辐射光谱和吸收光谱的比较
(a) 辐射光谱；(b) 吸收光谱
1—黑体；2—灰体；3—气体

表 17-3　　　　　　　　　二氧化碳和水蒸气的辐射和吸收光带

光　带	气　体　种　类			
	H_2O		CO_2	
	波长范围（μm）	带宽（μm）	波长范围（μm）	带宽（μm）
第一光带	2.24～3.27	1.03	2.36～3.02	0.66
第二光带	4.8～8.5	3.7	4.01～4.8	0.79
第三光带	12～25	13	11.5～16.5	4.0

2. 气体的辐射和吸收是在整个体积内进行

固体的辐射和吸收都是在表面进行的，气体则不同，气体是在整个体积内进行。当热射线穿过气体时，其能量因沿途被气体吸收而减少［见图 17-23（a）］。这种减少的程度取决于沿途所遇到的分子数目。碰到的气体分子数目越多，被吸收的辐射能越多。而射线沿途所遇到的分子数目与射线穿过时所经过的路径长短以及气体的压力有关［见图 17-23（b）］。射线穿过气体的路程称为射线行程或辐射层厚度。当光带中的热射线穿过吸收性气体层时，沿途将被气体分子所吸收。随着距离的增加，射线能量不断减弱，当 $x \to \infty$ 时，热射线将全部被吸收。设 $x=0$ 处单色辐射强度为 $I_{\lambda x=0}$，若在距壁面为 x 的地方经过 dx 厚度的气体层，

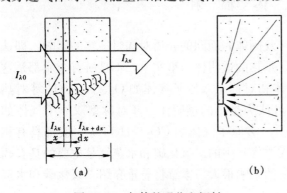

图 17-23　气体的吸收和辐射
(a) 气体吸收；(b) 气体辐射

辐射强度由 I_λ 减弱到 $I_\lambda - dI_\lambda$，即减弱 dI_λ。令

$$-K_\lambda = \frac{\dfrac{dI_\lambda}{I_\lambda}}{dx}$$

式中：K_λ 为单位距离内辐射力减弱的百分数，即减弱系数，1/m。式中的负号表明单色辐射强度 I_λ 随气体层厚度 x 的增加而减弱。减弱系数与气体的性质、压力、温度以及射线的波长有关。

将上式变形进行分离变量积分得

$$\int_{I_{\lambda x=0}}^{I_{\lambda x=X}} \frac{dI_\lambda}{I_\lambda} = -\int_0^X K_\lambda dx$$

$$\ln \frac{I_{\lambda X}}{I_{\lambda x=0}} = -K_\lambda X$$

$$I_{\lambda X} = I_{\lambda x=0} \cdot e^{-K_\lambda X} \tag{17-27}$$

上式即为气体比尔定律的数学表达式。该定律表明，波长为 λ 的单色辐射力在穿过气体层时是按指数规律减弱的。

二、气体的黑度和吸收率

按照吸收率的定义，气体的单色吸收率 α_λ 应为气体吸收的单色辐射能量与投射到该气体的单色辐射能量的比值，即

$$\alpha_\lambda = \frac{I_{\lambda x=0} - I_{\lambda x}}{I_{\lambda x=0}}$$

将（17-27）代入上式得

$$\alpha_\lambda = \frac{I_{\lambda x=0}(1-e^{-K_\lambda X})}{I_{\lambda x=0}} = 1 - e^{-K_\lambda X}$$

当气体和固体壁面温度相同时，有

$$\varepsilon_\lambda = \alpha_\lambda = 1 - e^{-K_\lambda X}$$

上式为气体的单色辐射吸收率和发射率。

由于 K_λ 与沿途的气体分子数有关，即在一定的温度条件下与气体的分压力有关，所以还可以将上式改写成

$$\varepsilon_\lambda = \alpha_\lambda = 1 - e^{-K_\lambda p X} \tag{17-28}$$

式中　p——气体的分压力，Pa；

　　　K_λ——在一个大气压下气体单色减弱系数，$1/(m \cdot Pa)$，它与气体的性质及其温度有关。

如果气体辐射的全波长能量为 E_q，它与气体单色发射率和单色辐射力的关系是

$$E_q = \int_0^\infty \varepsilon_{q\lambda} E_{b\lambda} d\lambda = \int_0^\infty (1-e^{-K_\lambda X}) E_{b\lambda} d\lambda = \varepsilon_q \sigma_b T_q^4$$

整理得

$$\varepsilon_q = \frac{\int_0^\infty (1-e^{-K_\lambda X}) E_{b\lambda} d\lambda}{\sigma_b T_q^4} \tag{17-29}$$

由上式可以看出，影响气体发射率的因素为气体温度、种类、分压力和所处总压力以及辐射层厚度等。实际计算时，各种气体的黑度可由实验提供的线算图查得。

图 17-24 所示线算图是由透明气体与二氧化碳 CO_2 组成的混合气体的黑度，总压力为 $1.013 \times 10^5 Pa$。当混合气体的总压力不同时，应予以修正，修正系数 β_{CO_2}，可由图 17-26 中查得。对于 CO_2 分压的单独影响可以忽略不计，于是

$$\varepsilon_{CO_2} = \beta_{CO_2} \varepsilon'_{CO_2} \qquad (17\text{-}30)$$

式中：ε'_{CO_2} 为图 17-26 中查得的数值。

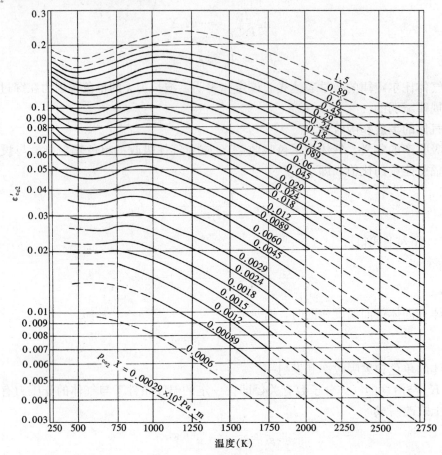

图 17-24　二氧化碳的黑度

图 17-25 所示是不同 p_{H_2O}、X 及温度 T 下的 H_2O 气体的黑度。可以看出，水蒸气的黑度不仅受温度和分压力影响，而且还与射线行程（气体厚度）X 有关，图中查得的 ε'_{H_2O} 的值相当于总压力为 $1.013 \times 10^5 Pa$、水蒸气分压力接近于零的理想条件下的数值，条件不同时应予修正，修正系数 β_{H_2O}。见图 17-27，于是

$$\varepsilon_{H_2O} = \beta_{H_2O} \varepsilon'_{H_2O} \qquad (17\text{-}31)$$

燃烧过程产生的烟气中，主要的吸收性气体是水蒸气和二氧化碳，而其他多原子气体的含量极少，可不予考虑。此时烟气的总黑度可按下式计算

$$\varepsilon_q = \varepsilon_{CO_2} + \varepsilon_{H_2O} - \Delta\varepsilon \qquad (17\text{-}32)$$

式中：$\Delta\varepsilon$ 是对 H_2O 和 CO_2 的吸收光带有一部分是重叠而进行的修正。即当这两种气体并存时，二氧化碳所辐射的能量有一部分被水蒸气所吸收，而水蒸气辐射的能量也有一部分被二氧化碳所吸收，这就使得烟气的总辐射能量比单一种气体分别辐射时的能量总和少些，因此上式中要减去 $\Delta\varepsilon$，$\Delta\varepsilon$ 值可由图 17-28 中查得。

对于各种不同形状的气体容积射线平均行程或辐射层有效厚度 X 可以由表 17-4 查得，

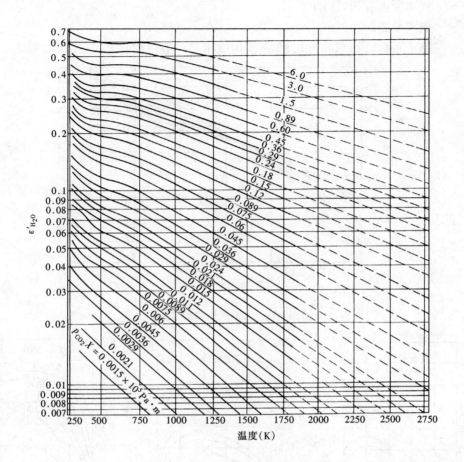

图 17-25 水蒸气的黑度

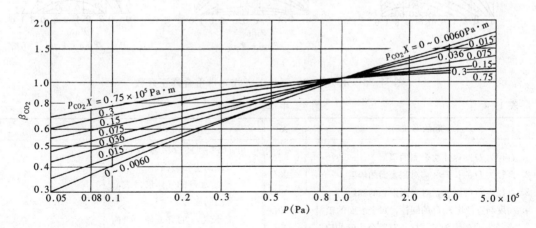

图 17-26 二氧化碳压力的修正

对于非正规形状可用下式计算

$$X = C \frac{4V}{F} \tag{17-33}$$

式中　　V——气体所占容积，m^3；

　　　　F——周围壁表面积，m^2；

　　　　C——修正系数，在 0.85～0.95 范围内取用，一般可用 0.9。

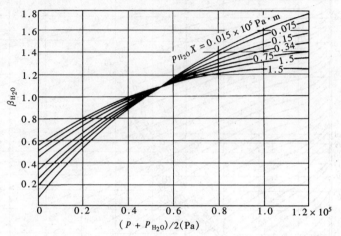

图 17-27　水蒸气压力的修正

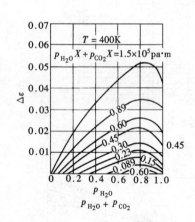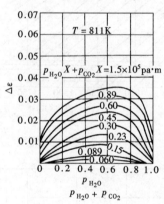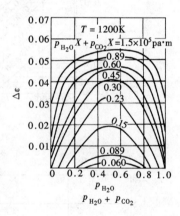

图 17-28　水蒸气和二氧化碳吸收光带重叠修正系数

表 17-4　　　　　　　　　　射 线 平 均 行 程 X

空间的形状	X	空间的形状	X
1. 直径为 D 的球体对表面的辐射	$0.65D$	6. 高度与直径均为 D 的圆柱，对底面中心的辐射	$0.71D$
2. 直径为 D 的长圆柱，对侧表面的辐射	$0.95D$	7. 厚度为 D 的气体层对表面上微元面的辐射	$1.8D$
3. 直径为 D 的圆柱，对底面中心的辐射	$0.90D$		
4. 高度与直径均为 D 的圆柱，对全表面的辐射	$0.60D$		
5. 直径为 D 的无限长圆柱，对整个包壁的辐射	$0.90D$	8. 边长为 a 的立方体对表面的辐射	$0.60a$

【例 17-8】　某锅炉炉膛内周围壁面面积为 $60m^2$，炉膛容积为 $20m^3$，烟气分析结果为：水蒸气的容积成分为 7.5%，二氧化碳的容积成分为 18.5%。经测定，炉内平均温度为 1000℃，烟气压力为 101.325kPa，试求水蒸气和二氧化碳的黑度。

解　辐射线平均行程

$$X = C\frac{4V}{F} = 0.9 \times 4\frac{20}{60} = 1.2 \text{ (m)}$$

水蒸气分压力

$$p_{H_2O} = p\frac{V_{H_2O}}{V} = 101.325 \times 0.075 = 7598 \text{ (Pa)}$$

二氧化碳的分压力

$$p_{CO_2} = p\frac{V_{CO_2}}{V} = 101.325 \times 0.185 = 18745 \text{ (Pa)}$$

$$p_{H_2O} \cdot X = 7598 \times 1.2 = 9118 \text{ (Pa·m)}$$

$$p_{CO_2} \cdot X = 18745 \times 1.2 = 22494 \text{ (Pa·m)}$$

查图 17-24 得 $\varepsilon'_{CO_2} = 0.05$

查图 17-25 得 $\varepsilon'_{H_2O} = 0.18$

查图 17-26 得 $\beta_{CO_2} = 1$

查图 17-27 得 $\beta_{H_2O} = 1.5$

查图 17-28 得 $\Delta\varepsilon = 0.035$

于是烟气的黑度

$$\begin{aligned}\varepsilon_g &= \varepsilon_{CO_2} + \varepsilon_{H_2O} - \Delta\varepsilon \\ &= \beta_{CO_2}\varepsilon'_{CO_2} + \beta_{H_2O}\varepsilon'_{H_2O} - \Delta\varepsilon \\ &= 1 \times 0.05 + 1.5 \times 0.18 - 0.035 \\ &= 0.285\end{aligned}$$

【例 17-9】 某燃气轮机燃烧室的直径为 0.305m，燃气温度为 1000℃，压力为 0.98×10^5Pa，水蒸气和二氧化碳的容积含量均为 12%。求烟气对包壁辐射的黑度。

解 一般燃烧室较长，气体的容积形状可近似认为是无限长圆柱体。所以射线平均行程为

$X = 0.9D = 0.90 \times 0.305 = 0.275$ (m) （由查表 17-4 得）

$$p_{H_2O} \cdot X = p\frac{V_{H_2O}}{V}X = 0.98 \times 10^5 \times 0.12 \times 0.275 = 3228 \text{ (Pa·m)}$$

$$p_{CO_2} \cdot X = p\frac{V_{CO_2}}{V}X = 0.98 \times 10^5 \times 0.12 \times 0.275 = 3228 \text{ (Pa·m)}$$

查图 17-24 得 $\varepsilon'_{CO_2} = 0.07$

查图 17-25 得 $\varepsilon'_{H_2O} = 0.046$

查图 17-26 得 $\beta_{CO_2} = 1.0$

查图 17-27 得 $\beta_{H_2O} = 1.1$

查图 17-28 得 $\Delta\varepsilon = 0.002$

于是烟气的黑度

$$\begin{aligned}\varepsilon_g &= \varepsilon_{CO_2} + \varepsilon_{H_2O} - \Delta\varepsilon \\ &= \beta_{CO_2}\varepsilon'_{CO_2} + \beta_{H_2O}\varepsilon'_{H_2O} - \Delta\varepsilon \\ &= 1 \times 0.07 + 1.1 \times 0.046 - 0.002 \\ &= 0.119\end{aligned}$$

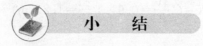

小　结

本章从分析热辐射的本质和辐射换热的特点开始，结合表面的辐射性质引出有关辐射的一系列概念：黑体、灰体、发射率（黑度）、吸收率；针对辐射的规律引出热辐射的基本定律；针对灰体表面间的辐射换热进行了分析，并阐述了空间辐射热阻、表面辐射热阻的概念，并引用了辐射换热电路模拟图来解决辐射换热问题。气体辐射有别于固体、液体辐射。首先辐射和吸收具有对波长的选择性，其次气体辐射和吸收是在气体容积中进行的。

学习本章的基本要求是：

（1）很好地掌握黑体、灰体、发射率、吸收率、角系数、有效辐射的概念。掌握灰体的概念，灰体也是假想的理想物体，它的光谱与同温度下的黑体光谱相似。即灰体的发射率与波长无关，或者说吸收率与波长无关，只取决于本身的温度。

（2）熟悉普朗克定律、维恩位移定律、斯忒蒲—波尔兹曼定律和基尔霍夫定律等基本定律，并能够计算某波段内的辐射换热所占全波长能量的份额。

（3）了解工程上常用的几种辐射换热计算，并能够利用空间辐射热阻和表面辐射热阻组成的电路模拟图进行简化辐射换热计算。

（4）了解遮热板的工作原理，了解气体辐射的特点及影响气体发射率的因素。

17-1　太阳与地球之间存在着广阔的真空地带，它是怎样把能量传到地球上的？

17-2　两物体的温度分别为 100℃ 及 200℃，若将其温度各提高 450℃ 维持其温差不变，辐射换热热流是否变化？

17-3　人可隔着玻璃晒太阳取暖，隔着玻璃烤火是否有同样效果？

17-4　穿白衬衣和黑衬衣在炉边烤火，效果是否明显不同？

17-5　若严冬及盛夏时室内温度均维持 20℃，人裸背站在室内，其冷热感是否冬夏一样？

17-6　两个同心球壳之间充以空气或二氧化碳气，若不计自然对流和导热，两球壳的分别维持 500K 及 300K，两种情况下的热流是否相同？

17-7　保温瓶的夹层玻璃表面为什么镀一层反射率很高的材料？夹层抽真空的目的是什么？

17-8　为什么太阳灶的受热面做成粗糙的黑色表面，而辐射采暖板不涂黑色？

17-9　热辐射和其他形式的电磁辐射有何区别？

17-10　影响固体及气体的黑度及吸收率的主要因素是什么？

17-11　何谓黑体、白体、透体、灰体？

17-12　什么是辐射角系数，它有什么特性？

17-13　窗玻璃对红外线几乎是不透过的，但为什么隔着玻璃晒太阳却使人感到暖和。

17-14　表面辐射热阻和空间辐射热阻是否一样？都受哪些因素影响？

17-15　两平行的钢板，温度各维持在 527℃，27℃，黑度均为 0.8。两板间距离比起钢板相对很小。试求这两块钢板的本身辐射和辐射换热量。

17-16 上题中,如果在两钢板间安放一块钢遮热板,其黑度与两平行板相同均为0.8,试求两钢板间的辐射换热量。

17-17 有一白炽灯的灯丝温度为3000K,假设灯丝的辐射光谱近似于黑体辐射,试求可见光区($0.38\mu m \sim 0.76\mu m$)的辐射能所占的份额。

17-18 房间的表面积为$80m^2$,其壁面温度为20℃,在室内设置有一表面积为$6m^2$、温度为200℃的加热炉。当加热炉的黑度为0.95,房间壁面的黑度为0.9时,求辐射换热量。

17-19 已知物体的吸收率数为0.75,求其辐射系数。

17-20 试求直径为70mm,长为3m的钢管在温度227℃时的辐射散热量。假定此管处在(1)很大的砖屋内,砖壁温度为27℃;(2)$0.3 \times 0.3m^2$砖槽内温度为27℃。

17-21 试求直径为300mm的裸汽管由辐射所放出的热量。已知汽管表面温度为450℃,黑度为0.8,而周围介质的温度25℃。

17-22 有两平行板壁,第一块板壁为砖,温度为800℃,发射率0.9,而第二块板壁为铸铁,温度为100℃,发射率0.8,求两板壁间的辐射换热量。

17-23 已知某加热炉膛尺寸长700mm,宽500mm,高400mm。炉衬黑度0.7,被加热物为钢板,其尺寸为长500mm,宽400mm,表面温度500℃,黑度0.8,炉衬表面温度为1350℃,试求炉膛内衬每小时辐射给钢板的热量。

17-24 有一外径368mm,表面温度120℃的裸铁管,试求在铁管置于表面温度为40℃的大空间中这种情况下铁管的辐射损失。铁管的发射率为0.8。

17-25 有一平板表面接收到的太阳投射辐射为$1262W/m^2$,该表面对太阳能的吸收率为α,自身发射率为ε。平板的另一侧绝热,平板的向阳面对环境的散热相当于对-50℃的表面进行辐射换热。试对$\varepsilon=0.5$、$\alpha=0.9$及$\varepsilon=0.1$、$\alpha=0.15$两种情形,确定平板表面处于稳定工况下的温度。

17-26 两平行平壁的发射率均为$\varepsilon=0.4$,它们中间放置有$\varepsilon=0.04$的遮热板一块。当平壁的表面温度分别为250℃和40℃时,试计算辐射换热量和遮热板的表面温度(不考虑导热和对流换热),如果不用遮热板时则辐射换热量为多大?

17-27 有两块长方形的黑表面,尺寸为$0.6 \times 1.2m$,平行地相对放置着,相距1.2m,它们的温度分别为200℃和500℃。试计算两表面间的辐射换热量。

17-28 在直径为$D=1m$的烟道中,烟气的平均温度800℃,烟气中CO_2含量为14%,H_2O含量为6%,总压力为1bar,求此烟气的发射率。

17-29 保温(热水)瓶胆是一夹层结构,且夹层里面涂水银,水银层的黑度0.04。瓶内存放100℃的开水,周围环境温度20℃。设瓶胆内外层的温度分别与水和周围环境温度大致相同,求瓶胆的散热量。如用导热系数$0.04W/(m \cdot ℃)$的软木代替瓶胆夹层保温,问需用多厚的软木才能达到保温瓶原来的保温效果?

17-30 两块平行放置的无限大灰体平板,温度分别为T_1和T_2,表面黑度均为0.9。在二灰体间插入一块薄的金属板,使辐射换热量减为原来的1/20。问此金属板的表面黑度应为多少?

17-31 将一快装4t锅炉改装成链条炉,炉膛容积为$35m^3$,炉内面积为$55m^2$。经烟气分析得知:水蒸气的容积百分数为7.6%,二氧化碳的容积百分数为18.6%,烟气压力为

1.01×10^5 Pa，炉内平均温度为 1200℃。试求烟气黑度。

17-32 某车间的辐射采暖散热板的尺寸为 1.5×1m，辐射板面的黑度 0.94，板面平均温度 100℃，车间周围壁温 11℃，如果不考虑辐射板背面及侧面的热作用，试求辐射板面与四周壁面的辐射换热量。

17-33 空气夹层两内表面温度为 200℃、30℃，黑度均为 0.9。试求此夹层单位表面积的辐射换热量。已知此夹层板面尺寸远大于夹层厚度。

17-34 水平悬吊在屋架下面的采暖辐射板的尺寸为 1.8×0.9m^2，辐射板表面温度 107℃，黑度为 0.95。已知辐射板与工作台距离为 3m，工作台与辐射板平行相对，且尺寸相同，工作台 12℃，黑度 0.9。试求工作台上所得到的辐射热量。

第十八章 传 热 过 程

前面已经讨论了热传导、对流换热和辐射换热三种换热规律。但在实际情况下，并不是单一方式的换热过程，而往往是由导热、对流和辐射三种基本传热方式组成的复杂组合。例如通过采暖房间的外墙向室外传递热量的过程就是由复合换热—导热—复合换热组成的传热过程；又如锅炉炉膛中火焰与水冷壁的换热，存在着热烟气与水冷壁的对流换热和火焰对水冷壁的辐射换热。

本章主要利用前面讲过的传热基本方式的规律分析复合换热、平壁、圆筒壁的传热等几种稳定的传热过程，推导出计算公式，找出增强和减弱传热的方法。

第一节 复 合 换 热

如前所述，人们把一般的热量传递过程划分为导热、对流和辐射三种基本方式，我们把同时存在两种或两种以上热交换方式的组合换热称为复合换热。例如蒸汽锅炉中从高温烟气到沸水管表面的热量传递方式就同时具有导热和对流。为了简化计算，常把几种基本换热方式共同作用的结果看作是由其中某一种主要方式所造成，而其他方式则只是影响主要方式特性的大小而已。这样，就可能把整个复杂的换热过程简化为一种或两种基本换热方式控制的过程。如室内的散热器外壁面与周围物质的换热过程，由于空气中二氧化碳和水蒸气的分压力很低，所以散热器外壁与室内空气的辐射换热可以忽略不计。但在计算散热器外壁与室内墙壁换热时，辐射换热就不能忽略了。又如对建筑物的外墙与空气之间的换热问题，又把对流看作是主要换热方式，并用复合换热系数 $\Sigma \alpha = \alpha_j + \alpha_f$ 来表示（复合换热示意图如18-1所示），此处 α_j 是考虑对流和导热同时作用的换热系数，称为接触换热系数；α_f 则是考虑辐射作用的换热系数称为辐射换热系数。如果用 t_f、t_w 分别代表空气的温度和壁面温度，

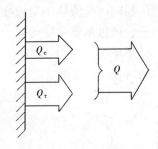

图 18-1 复合换热示意图

则壁面每单位表面积的接触传热量为

$$q_j = \alpha_j (t_f - t_w) \tag{a}$$

同理，壁面每单位表面积的辐射换热热量为

$$q_f = \varepsilon C_b \left[\left(\frac{T_f}{100} \right)^4 - \left(\frac{T_w}{100} \right)^4 \right] \tag{b}$$

则总换热量为

$$\Sigma q = q_j + q_f = \alpha_j (t_f - t_w) + \varepsilon C_b \left[\left(\frac{T_f}{100} \right)^4 - \left(\frac{T_w}{100} \right)^4 \right] \tag{c}$$

整理（c）式得

$$\Sigma q = (t_f - t_w)\left\{\alpha_j + \varepsilon C_b\left[\frac{\left(\frac{T_f}{100}\right)^4 - \left(\frac{T_w}{100}\right)^4}{T_f - T_w}\right]\right\} \quad (d)$$

令 $\alpha_f = \varepsilon C_b\left[\dfrac{\left(\dfrac{T_f}{100}\right)^4 - \left(\dfrac{T_w}{100}\right)^4}{T_f - T_w}\right]$，

则（d）式变为

$$\Sigma q = (t_f - t_w)(\alpha_j + \alpha_f) = \Sigma\alpha(t_f - t_w) \quad (18\text{-}1)$$

式中：$\Sigma\alpha$ 为总换热系数，$\Sigma\alpha = (\alpha_j + \alpha_f)[\text{W}/(\text{m}^2\cdot\text{K})]$。

式（18-1）是考虑以对流为主，将辐射换热合并到对流换热系数中，以对流换热形式的公式求解总的换热量。但值得注意的是，在分析各种具体换热方式的作用时，要注意温度的作用。导热和对流换热的热流量与冷热物体的温差成正比，而与换热物体的温度绝对值无直接关系。比如换热系数一定时，流体与壁面温度分别为 300℃ 和 400℃ 或者分别为 1800℃ 和 1900℃，其对流换热热流量是一样的，因为两者的温差都是 100℃。但是，对于辐射换热就不同了，辐射换热与换热物体绝对温度的四次方之差成正比。因此，在高温情况下，即使有较小的温差也会引起很大的辐射热流。所以在高温情况下，要特别注意辐射换热。

第二节 通过平壁的传热

传热过程是指热流体通过固体传给冷流体的全部过程。本节将介绍的传热过程既包括导热也包括固体与流体的对流换热。

一、通过单层平壁传热

设平壁（厚度为 δ，导热系数为 λ）两侧的流体温度分别为 t_{f1} 和 t_{f2}，平壁两侧的壁温分别为 t_{w1} 和 t_{w2}，壁面与流体间的换热系数分别为 α_1 和 α_2，如图 18-2（a）所示。传热过程的热流量表达式分别为：

热流体与壁面 1 之间的单位面积换热量为

$$q_1 = \alpha_1(t_{f1} - t_{w1}) \quad (a)$$

壁面 1 与壁面 2 之间的单位面积导热换热量为

$$q_2 = \frac{\lambda}{\delta}(t_{w1} - t_{w2}) \quad (b)$$

壁面 2 与热流体之间的单位面积换热量为

$$q_3 = \alpha_2(t_{w2} - t_{f2}) \quad (c)$$

整理（a）、（b）、（c）式得

$$t_{f1} - t_{w1} = \frac{q_1}{\alpha_1} \quad (d)$$

$$t_{w1} - t_{w2} = \frac{q_2}{\frac{\lambda}{\delta}} \quad (e)$$

$$t_{w2} - t_{f2} = \frac{q_3}{\alpha_2} \quad (f)$$

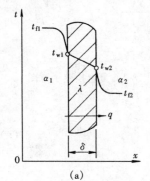

图 18-2 通过单层平壁的传热

将 (d)、(e)、(f) 式相加，由于稳定传热，所以 $q_1=q_2=q_3=q$，整理得

$$q = \frac{t_{f1} - t_{f2}}{\frac{1}{\alpha_1} + \frac{\delta}{\lambda} + \frac{1}{\alpha_2}} \tag{18-2a}$$

令 $K = \dfrac{1}{\frac{1}{\alpha_1} + \frac{\delta}{\lambda} + \frac{1}{\alpha_2}}$，$K$ 为单层平壁的传热系数，$W/(m^2 \cdot ℃)$。它表示热、冷流体之间单位温差、单位时间内通过单位传热面积的热量。它的大小是反映传热过程强弱的指标。它与冷热流体的性质、流动情况、壁面的材料、几何尺寸等诸多因素有关。而令传热系数的分母 $\dfrac{1}{\alpha_1} + \dfrac{\delta}{\lambda} + \dfrac{1}{\alpha_2} = R$，$R$ 为单层平壁的传热热阻。它是热流体与热壁的对流换热热阻、热壁与冷壁之间的导热热阻和冷壁面与冷流体的对流换热热阻之和。它可以模拟成电工学中电阻串联之和。如图 18-2 (b) 所示。利用传热系数 K 可将式 (18-2a) 将简写成

$$q = K(t_{f1} - t_{f2}) \tag{18-2b}$$

二、通过多层平壁传热

多层平壁是由几层材料组成的平壁，多层平壁的总热阻等于各层导热热阻之和加上壁两侧的换热热阻。于是热流体经过多层平壁传给冷流体的传热过程的单位面积热流量可参照公式 (18-2b) 写出。

$$q = \frac{t_{f1} - t_{f2}}{\frac{1}{\alpha_1} + \sum_{i=1}^{n} \frac{\delta_i}{\lambda_i} + \frac{1}{\alpha_2}} \tag{18-3}$$

如果传热平壁的面积为 F，传热热流量可写为

$$Q = qF = \frac{t_{f1} - t_{f2}}{\frac{1}{\alpha_1} + \sum_{i=1}^{n} \frac{\delta_i}{\lambda_i} + \frac{1}{\alpha_2}} F = K(t_{f1} - t_{f2})F \tag{18-4}$$

式中：K 为多层平壁的传热系数。

$$K = \frac{1}{\frac{1}{\alpha_1} + \sum_{i=1}^{n} \frac{\delta_i}{\lambda_i} + \frac{1}{\alpha_2}}, \ W/(m^2 \cdot ℃)$$

【例 18-1】 一无窗冷室，墙壁总面积为 $500m^2$ (见图 18-3)，壁厚为 370mm，室内空气温度 $-17℃$，室外空气温度 $22℃$，墙壁的导热系数 $0.95W/(m \cdot ℃)$。墙壁内表面有厚度为 15mm 的白灰粉刷层，导热系数为 $0.7\ W/(m \cdot ℃)$；墙壁的外表面水泥粉刷厚度为 15mm，导热系数为 $0.87W/(m \cdot ℃)$。室内空气对墙壁自然对流换热系数为 $10W/(m^2 \cdot ℃)$，室外空气对墙壁的对流换热系数为 $25W/(m^2 \cdot ℃)$，通过墙壁从室外传入室内的热量为多少？

解 通过墙壁传热的传热系数为

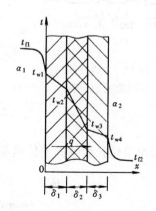

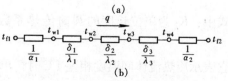

图 18-3 通过多层平壁的传热

$$K = \cfrac{1}{\cfrac{1}{\alpha_1} + \sum_{i=1}^{n}\cfrac{\delta_i}{\lambda_i} + \cfrac{1}{\alpha_2}} = \cfrac{1}{\cfrac{1}{25} + \cfrac{0.015}{0.7} + \cfrac{0.37}{0.95} + \cfrac{0.015}{0.87} + \cfrac{1}{10}}$$

$$= 0.568 [\text{W}/(\text{m}^2 \cdot ℃)]$$

依据（18-4）式可求出通过传热的热量为

$$Q = K(t_{f1} - t_{f2})F = 0.568 \times (22 + 17) \times 500 = 11076(\text{W})$$

第三节 通过圆筒壁的传热

一、通过单层圆筒壁的传热

如图 18-4 所示，有一根长度 l 远大于管径的圆管，其内、外直径（半径为）分别为 d_1（r_1）和 d_2（r_2），内外两侧的流体温度分别为 t_{f1} 和 t_{f2}，内外两侧管壁温分别为 t_{w1} 和 t_{w2}，管内、外的对流换热系数分别为 α_1 和 α_2。假定流体温度和壁内温度只沿着径向发生变化，则达到稳定传热时，热流体与管内表面、管壁内外表面之间以及管外壁与冷流体之间的热流量是相等的。因此通过各面的单位圆管长的热量为

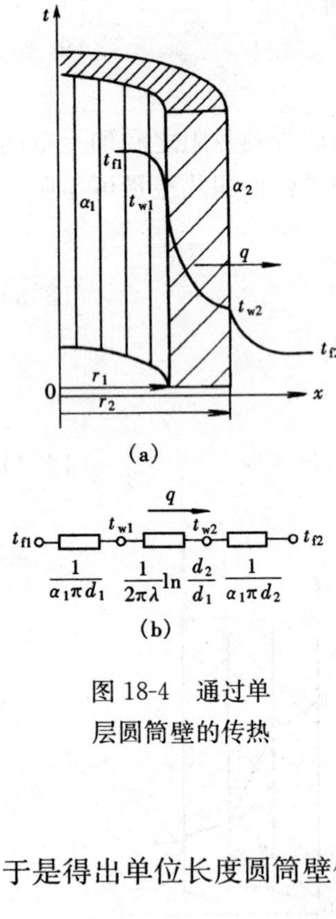

热流体与圆筒壁面的对流换热量

$$q_1 = \alpha_1 \pi d_1 (t_{f1} - t_{w1}) \tag{a}$$

管内壁与管外壁之间的导热换热量

$$q_2 = \frac{2\pi\lambda}{\ln\left(\dfrac{d_2}{d_1}\right)}(t_{w1} - t_{w2}) \tag{b}$$

管外壁与冷流体之间的对流换热量

$$q_3 = \alpha_2 \pi d_2 (t_{w2} - t_{f2}) \tag{c}$$

图 18-4 通过单层圆筒壁的传热

由于 $q_1 = q_2 = q_3 = q_1$，所以将（a）、（b）、（c）整理相加得

$$t_{f1} - t_{f2} = \frac{q_1}{\pi}\left(\frac{1}{\alpha_1 d_1} + \frac{1}{2\lambda}\ln\frac{d_2}{d_1} + \frac{1}{\alpha_2 d_2}\right)$$

于是得出单位长度圆筒壁传热量为

$$q_1 = \frac{t_{f1} - t_{f2}}{\dfrac{1}{\alpha_1 \pi d_1} + \dfrac{\ln(d_2/d_1)}{2\pi\lambda} + \dfrac{1}{\alpha_2 \pi d_2}} = K_1(t_{f1} - t_{f2}) \tag{18-5}$$

式中：K_1 为单位长度的圆筒传热系数，$K_1 = \cfrac{1}{\cfrac{1}{\alpha_1 \pi d_1} + \cfrac{\ln(d_2/d_1)}{2\pi\lambda} + \cfrac{1}{\alpha_2 \pi d_2}}$，W/(m·℃)，它表示冷热流体间温度相差 1℃ 时，单位时间内、单位管长圆筒壁的传热量。传热系数的倒数 $\dfrac{1}{K_1}$ 为单位长度的圆筒传热的总热阻 $R_1 = \dfrac{1}{\alpha_1 \pi d_1} + \dfrac{\ln(d_2/d_1)}{2\pi\lambda} + \dfrac{1}{\alpha_2 \pi d_2}$。

二、通过多层圆筒壁的传热

如果圆筒壁是由多层不同材料组成的,则圆筒壁的总热阻为各个不同材料的导热热阻之和加上冷热流体与管壁的换热热阻。即

$$R_1 = \frac{1}{\alpha_1 \pi d_1} + \sum_{i=1}^{n} \frac{\ln(d_{i+1}/d_i)}{2\pi\lambda_i} + \frac{1}{\alpha_2 \pi d_{n+1}}$$

则,通过单位管长多层圆筒壁的传热量为

$$q_1 = \frac{t_{f1} - t_{f2}}{\dfrac{1}{\alpha_1 \pi d_1} + \sum_{i=1}^{n} \dfrac{\ln(d_{i+1}/d_i)}{2\pi\lambda_i} + \dfrac{1}{\alpha_2 \pi d_{n+1}}} = K_1(t_{f1} - t_{f2}) \tag{18-6}$$

对于 l 长度的圆筒壁的传热量为

$$Q = K_1(t_{f1} - t_{f2})l \tag{18-7}$$

【例 18-2】 内外直径分别为 100、110mm,长度为 50m 的钢管内流过温度为 150℃的蒸汽,钢管的导热系数为 50W/(m·℃),蒸汽与管面的放热系数 1000W/(m²·℃),周围空气温度为 20℃。当管外表面敷以厚度为 50mm 的膨胀珍珠岩[导热系数为 0.09W/(m·℃)]保温层,保温层外侧与空气间换热系数 11W/(m²·℃),试求管内蒸汽每小时传给周围空气的热量。

解 按题意每米长多层圆筒壁的传热系数为

$$R_1 = \frac{1}{\alpha_1 \pi d_1} + \frac{\ln(d_2/d_1)}{2\pi\lambda_1} + \frac{\ln(d_3/d_2)}{2\pi\lambda_2} + \frac{1}{\alpha_2 \pi d_3}$$

$$= \frac{1}{1000 \times 3.14 \times 0.1} + \frac{\ln(0.11/0.1)}{2 \times 3.14 \times 50} + \frac{\ln(0.21/0.11)}{2 \times 3.14 \times 0.09} + \frac{1}{11 \times 3.14 \times 0.21}$$

$$= 1.29 (\text{m}\cdot\text{℃/W})$$

$$K = \frac{1}{R_1} = \frac{1}{1.29} = 0.78[\text{W}/(\text{m}\cdot\text{℃})]$$

50m 长圆筒壁向外传给周围空气的热量为

$$Q = K \times L(t_{f1} - t_{f2}) = 0.78 \times 50(150 - 20) = 5039(\text{W})$$

第四节 通过肋壁的传热

在实际工程中通过肋壁传热的设备应用较多。例如采暖用的翼型散热器和串片式散热器,通风、空调用的空气加热器和冷却器,锅炉用的铸铁省煤器等等,都是采用肋壁来增加换热面积,以达到增强传热的目的。下面就肋壁如何传热进行分析。

设有一平壁厚度为 δ,导热系数为 λ,壁和肋用同样材料制成的,设肋壁表面积为 F_2 (它等于肋片表面积 F_2'' 加肋与肋之间壁的表面积 F_2',即 $F_2 = F_2'' + F_2'$),无肋的光壁表面积为 F_1,光壁侧流体温度为 t_{f1},换热系数 α_1,肋壁侧流体的温度为 t_{f2},换热系数 α_2;光壁面温度 t_{w1},肋基壁面温度 t_{w2},肋片 F_2'' 的平均温度为 $t_{w2,m}$。图 18-5 为通过肋壁传热示意图。设 $t_{f1} > t_{f2}$,则在稳态传热情况下,通过肋壁的传热量可写成下式:

光壁侧吸热 $\qquad Q = \alpha_1 F_1(t_{f1} - t_{w1}) \qquad$ (a)

通过壁导热 $\qquad Q = \dfrac{\lambda}{\delta} F_1(t_{w1} - t_{w2}) \qquad$ (b)

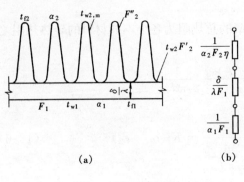

图 18-5 通过肋壁传热

肋壁侧散热

$$Q = \alpha_2 F'_2(t_{w2} - t_{f2}) + \alpha_2 F''_2(t_{w2,m} - t_{f2}) \quad (c)$$

根据第十一章肋片效率的定义式，此肋片的效率为

$$\eta_f = \frac{t_{w2,m} - t_{f2}}{t_{w2} - t_{f2}} \quad (d)$$

将 (d) 代入 (c) 式得

$$Q = \alpha_2 F'_2(t_{w2} - t_{f2}) + \alpha_2 F''_2 \eta_f(t_{w2} - t_{f2})$$
$$= \alpha_2 (F'_2 + F''_2 \eta_f)(t_{w2} - t_{f2})$$
$$= \alpha_2 F_2 \eta (t_{w2} - t_{f2}) \quad (e)$$

式中 η —— 肋壁的总效率，$\eta = \frac{F'_2 + F''_2 \eta_f}{F_2}$。

将式 (a) (b) (c) 式整理得

$$Q_1 = \frac{(t_{f1} - t_{f2})}{\frac{1}{\alpha_1 F_1} + \frac{\delta}{\lambda F_1} + \frac{1}{\alpha_2 F_2 \eta}} = \frac{(t_{f1} - t_{f2})}{\frac{1}{\alpha_1} + \frac{\delta}{\lambda} + \frac{F_1}{\alpha_2 F_2 \eta}} F_1 = K_1 F_1 (t_{f1} - t_{f2}) \quad (18\text{-}8)$$

式中 K_1 —— 以肋壁光面为基准的传热系数。

$$K_1 = \frac{1}{\frac{1}{\alpha_1} + \frac{\delta}{\lambda} + \frac{1}{\alpha_2 \beta \eta}} \quad (18\text{-}9)$$

式中 β —— 肋化系数，为肋壁面面积与光面面积之比，即 $\beta = \frac{F_2}{F_1}$。β 值总是大于 1。

整理式 (18-8) 得到以肋壁面积为基准的传热公式

$$Q_2 = K_2 F_2 (t_{f1} - t_{f2}) \quad (18\text{-}10)$$

式中 K_2 —— 以肋壁面面积为基准的传热系数。

$$K_2 = \frac{1}{\frac{1}{\alpha_1}\beta + \frac{\delta}{\lambda}\beta + \frac{1}{\alpha_2 \eta}} \quad (18\text{-}11)$$

由于光面面积 F_1 和肋面面积 F_2 的不同，所以 K_1 和 K_2 亦不同。在选用公式进行传热计算时，要特别注意是以哪一个面为计算基准面的。由于 $F_2 \gg F_1$，所以以光面面积 F_1 为计算基准面的传热系数 K_1 要大于以肋面面积 F_2 为计算基准面的 K_2 值。

肋壁技术应用甚广，主要用肋面来调整换热热阻较大一侧的热阻，使热阻减小，以增强传热。肋片应装在换热系数值小的一侧，如通风工程中的空气加热器，如果用蒸汽或热水来加热空气，两侧流体的换热系数相差悬殊，理论上肋化系数应采用很大的数值，但是，由于受工艺及其他因素的限制，目前一般采用 $F_2/F = 10 \sim 30$。而在锅炉的空气预热器中，由于烟气和空气两侧的换热系数无多大差别，故不必加肋。另外还应该注意，肋片在传热面上的安装须顺着工作流体的流动方向。在流体自然对流情况下，肋片应垂直安装。

【例 18-3】 有空气加热器，传热面为肋壁，光面面积为 $F_1 = 2m^2$，肋侧面积 $F_2 = 26m^2$（其中肋间基面面积 $F'_2 = 2m^2$，肋片表面积 $F''_2 = 24m^2$），厚度为 10mm，材料的导热系数为 47W/(m·℃)，肋片效率为 $\eta_f = 0.85$，传热面两侧的换热系各为 12W/(m^2·℃) 和 226 W/(m^2·℃)，冷流体侧温度为 $t_{f2} = 15℃$，热流体侧温度为 $t_{f1} = 75℃$，试求通过肋壁的传热量和传热系数。

解 根据题意，肋壁总效率为

$$\eta = \frac{F_2' + F_2''\eta_f}{F_2} = \frac{2 + 24 \times 0.85}{26} = 0.86$$

以光面的单位面积计算传热系数

$$K_1 = \frac{1}{\frac{1}{\alpha_1} + \frac{\delta}{\lambda} + \frac{1}{\alpha_2 \beta \eta}} = \frac{1}{\frac{1}{226} + \frac{0.01}{47} + \frac{1}{12 \times 13 \times 0.86}} = 82.7[\text{W}/(\text{m}^2 \cdot ℃)]$$

以肋壁面单位面积为基准的传热系数

$$K_2 = \frac{1}{\frac{1}{\alpha_1}\beta + \frac{\delta}{\lambda}\beta + \frac{1}{\alpha_2 \eta}} = \frac{1}{\frac{13}{226} + \frac{0.01}{47} \times 13 + \frac{1}{12 \times 0.86}} = 6.36[\text{W}/(\text{m}^2 \cdot ℃)]$$

从上述计算传热系数结果看，$K_1 \gg K_2$，分别用它们来计算传热量，相差也是非常大的。

以肋壁面的传热系数来计算传热量

$$Q_2 = K_2 F_2 (t_{f1} - t_{f2}) = 6.36 \times 26 \times (75 - 15) = 9921.6(\text{W})$$

以平壁来计算传热量

$$Q_2' = \frac{(t_{f1} - t_{f2})}{\frac{1}{\alpha_1} + \frac{\delta}{\lambda} + \frac{F_1}{\alpha_2 F_2 \eta}} F_1 = \frac{(75 - 15)}{\frac{1}{226} + \frac{0.01}{47} + \frac{1}{12}} \times 2 = 1364.1(\text{W})$$

从上述计算结果看，加肋可以增强传热。

第五节 传热的增强与减弱

工程上常常遇到需要增强和减弱传热的问题。所谓增强传热，是指通过分析影响传热的各种因素，进而采取措施提高换热设备单位面积的传热量。这不仅可使设备紧凑、重量减轻并节省金属材料，而且是节约能源的有效措施。减弱传热与增强传热相反，要求减少热力设备的传热量，以满足生产和节能的要求，减少对环境的热污染，改善工作条件。本节将以讨论增强传热为重点，对减弱传热仅作扼要的叙述。

一、增强传热的基本途径

（一）提高传热系数

在传热系数的表达式中，换热设备两侧的换热系数是重要的组成内容。在讨论对流换热时曾指出：流体的流动状态、物理性质、换热面的形状及大小等诸多影响因素的综合效果，全部反映在对流换热系数的大小上。改变对流换热系数的技术途径大体上是：改变流体的流动状态、物理性质，改变换热面的形状大小和表面状况，依靠外力产生振荡等。

1. 流动状况的改变

（1）增加流速。增加流速可改变流态，提高紊流强度。管内紊流时换热系数与流速 0.8 次幂成正比；外掠管束流动与流速的 0.6～0.84 次幂有关，对增强传热效果显著。

（2）流道中增加插入物增强扰动。在管内或管外加进插入物，如金属丝、麻花铁、翼形物，以及将传热面做成波纹状等措施都可增强扰动，破坏流动边界层，增强传热。

（3）采用旋转流动装置。在流道进口装涡流发生器，使流体在一定压力下从切线方向进入管内做剧烈的旋转运动。用涡旋流动以强化传热，其原理如同前面所述，流体在弯管中流动旋转产生了二次环流。

(4) 采用射流方法喷射传热表面。由于射流撞击壁面，能直接破坏边界层，故能强化换热，是近代强化传热的新技术之一。它特别适用于强化局部点的传热，如用来强化冷却设备或仪器中的小型元器件的传热等。

2. 流体物理性质的改变

(1) 气流中添加少量固体颗粒，如石墨、黄沙、铅粉、玻璃球等形成气—固悬浮系统。

加固体颗粒能增强传热的原因是：固体颗粒具有较高的容积比热，从而提高了流体的容积比热和它的热容量，增强气流的扰动程度，固体颗粒与壁面撞击起到破坏边界层和携带热能的作用，增强了换热。

(2) 在蒸汽或气体中喷入液滴。在凝结换热的增强技术中曾提到珠状凝结要强于膜状，向蒸汽中加入如油酸、硬脂酸等物质形成珠状凝结。又如在空气冷却器入口喷入水雾，当水雾碰到壁面时形成液膜，使气相换热变为液膜换热，而液膜表面的蒸发又兼相变换热的优点，故能使换热加强。

3. 换热面的形状、大小的改变

如用小直径管代替大直径管，用椭圆管代替圆管的措施，能提高换热系数。因为换热系数与 $d^{-0.2}$（管内）和 $d^{-0.4\sim-0.18}$（管外）成比例。

4. 表面状况的改变

(1) 表面涂层。在换热表面涂镀表面张力很小的材料，以造成珠状凝结；在辐射换热条件下，涂镀选择性涂层或发射率大的材料以增强辐射换热，这些都是增强传热的有效方法。

(2) 增加粗糙度。从前几章的叙述不难理解，增加壁面粗糙度不仅对管内受迫流动换热、外掠平板流动换热等有利，也有利于沸腾换热和凝结换热（凝结雷诺数较大时）。

(3) 改变表面结构。采用烧结、机械加工或电火花加工等方法在表面形成很薄的多孔金属层，以增强沸腾换热。在壁上切削出沟槽或螺纹也会改变表面结构，是强凝结换热的主要措施。

5. 外力产生振荡强化换热

(1) 用机械或电的方法使传热面产生振动；

(2) 对流体施加超声波或声波使流体交替受到膨胀或压缩，以增加脉冲。

(3) 施加静电场，对流体加以高电压形成一个非均匀的电场，静电场使传热面附近电介质流体的混合作用加强，强化了对流换热。

综上所述，随着生产和科技发展而提出的增强传热方法很多，不可能一一列举。一些方法有的已实用化，有些则还有待进一步研究。但应注意的是，采用上述方法进行加强换热的同时，也有负面影响。如增加流速提高了换热，但同时也增加了阻力，此时一定要综合考虑，以达到合理、经济的目的。

(二) 扩展传热面积

扩展传热面积是工业上最有实效的强化传热途径之一。这里当然不是指单纯增大设备的几何尺寸来增加传热面积，而应从改进传热面的结构出发，合理提高设备单位面积传热系数。近二十年来，世界各国已研制出各种高效传热面，不仅使传热面积得到了充分的扩大且改善了传热面的流动特性。这些高效传热面常见的有：光滑波纹翅片、多孔波纹翅片等不同结构翅片；扁管、椭圆管、波纹管和螺旋槽纹管等各种异形管；螺旋板式和板翅式等板型传热面。它们使换热设备传热系数及单位体积的传热面积增加，能收到高效紧凑的效益。

（三）加大传热温差

提高冷、热流体间的传热温差，可以通过升高热流体的温度和降低冷流体的温度实现。冷凝器和油冷却器中的冷却水，用温度较低的深井水代替自来水，这是降低冷流体实例。提高热流体温度，如提高供热管内蒸汽压力或热水温度，在核动力工程中利用液态金属或高温有机物作为载热介质等等，都可以直接增大传热温差。但应指出，由加大传热温差来强化传热，其效果是有一定限度的，有时还要受到工艺条件的限制。并且，加大温差还将使设备的结垢速度提高。此外，加大传热温差，还会使热力系统的不可逆性增加，降低热力系统的可用能。所以采用这种强化传热方案时，也必须综合考虑。

二、减弱传热的方法

与增强传热相反，削弱传热则要求降低传热系数。削弱传热是为了减少热设备及其管道热损失，节约能源以及保温。主要方法可概括为两方面：

（一）改变表面状况

（1）采用有选择性的涂层，既增强对投入辐射的吸收，又减弱本身对环境的热辐射损失。常见的太阳能热水器表面上就涂有一层氧化铜、镍黑等选择性吸收材料。

（2）加设抑制对流的元件，如在热表面之间设置遮热板。在太阳能集热器的玻璃盖板与吸热板间装蜂窝状结构的元件，抑制空气对流，同时也减少集热器对外辐射热损失。

（二）覆盖隔热材料

覆盖隔热材料，是工程中较普遍的一种减少热损失方法。这项技术称为隔热保温技术，它已成为传热学应用技术中的一个重要部分。在这项技术中，隔热材料占有重要地位。目前实用的隔热材料种类很多。常温（100℃以下）用的隔热材料有玻璃纤维、石棉、岩棉、泡沫聚乙烯、泡沫氨基甲酸乙酯、泡沫酚醛树脂、棉和纸等。用于 0℃ 以下的保冷材料，有一般性的隔热材料，如各种疏松纤维和泡沫多孔材料；效果更好些的有抽真空至 10Pa 的粉末颗粒隔热材料；效果最好的是多层真空隔热材料。这种材料由多层导热系数低的玻璃纤维板和铝箔复合结构组成，抽真空达 $0.01\sim0.001$Pa，在 $300\sim80$K 温度下，导热系数为 1×10^{-4}W/(m·℃)。用于工业窑炉和高炉等高温隔热材料有石棉、硅酸钙、二氧化硅纤维、硅藻土、耐火绝热砖等。

三、传热增强与减弱的应用

在实际工程中，传热增强与减弱应用最多的是管道、设备等的保温（分保热和保冷）。对于任何一种保温材料，并不是都能起到保温作用，这需要了解保温材料的性能并进行详细的计算。

临界热绝缘直径在热力管道隔热保温技术中值得注意。由于管壁的传热，传热热阻和隔热材料层厚度的关系不是单调地渐增。图 18-6 显示出了管道敷设隔热材料后的传热过程图。

根据本章的多层圆筒壁传热分析，图 18-6 的过程的总热阻为

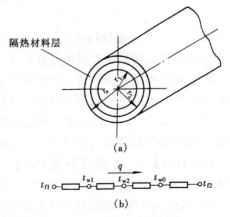

图 18-6 管道敷设隔热材料后传热过程图

$$R_1 = \frac{1}{\alpha_1 \pi d_1} + \frac{\ln(d_2/d_1)}{2\pi\lambda} + \frac{\ln(d_x/d_2)}{2\pi\lambda_x} + \frac{1}{\alpha_2 \pi d_x}$$

式中 d_1、d_2——被保温管道的内外径，m；

d_x——所采用的保温材料的外径，m；

λ、λ_x——管道和保温材料的导热系数，W/(m·℃)。

对某一热力管道进行传热过程分析时，式中右边前两项的值是一定的。在保温材料选定之后，式中右边后两项热阻的数值随保温层外径 d_x 变化。当保温层加厚时，d_x 增大。总热阻 R_1 中的 $\frac{\ln(d_x/d_2)}{2\pi\lambda_x}$ 项随着 d_x 增大而增大，而 $\frac{1}{\alpha_2 \pi d_x}$ 项随着 d_x 增大而减小。变化过程见图 18-7（a）。

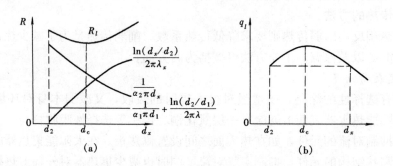

图 18-7 带有保温层的圆管传热热阻与散热量和隔热层外径的关系

由图 18-7 可见，总热阻 R_1 随 d_x 的增大，先是逐渐减小，然后是逐渐增大，具有一极小值。与这一变化相对应的传热量随 d_x 的变化，先是逐渐增大，然后是逐渐减小，具有一极大值，参见图 18-7（b）。对应于总热阻 R_1 为极小值时的保温层外径称为临界热绝缘直径，用符号 d_c 表示。这一公式可由总热阻对保温材料层外径求导并使其值为零得到。

$$\frac{dR_1}{dd_x} = \frac{1}{\pi d_x}\left(\frac{1}{2\lambda_x} - \frac{1}{\alpha_2 d_x}\right) = 0$$

整理上式得

$$d_x = d_c = \frac{2\lambda_x}{\alpha_2} \tag{18-12}$$

在上式中，d_c 与保温材料的导热系数以及外表面换热系数 α_2 有关。只要知道 α_2 和 λ_x 就能计算出管道保温层的临界热绝缘直径 d_c。

在实际工程中必须注意，当选择热力管道外壁上敷盖的隔热材料时，如果所选择的保温材料的临界热绝缘直径 d_c 大于管道外径 d_2，管道的散热量反而比没有保温层时更大，直到保温层外径 d_x 大于 d_c 时，才开始起到减少热损失的作用。由此可以得出，只有管道选择的保温材料的临界热绝缘直径 d_c 小于 d_2 时，覆保温层才起减少热损失的作用。

【例 18-4】 某蒸汽管道的内、外直径分别为 235mm 和 250mm，导热系数为 40W/(m·℃)，蒸汽和大气温度分别为 190℃ 和 −10℃，蒸汽与管内侧的换热系数 1000W/(m²·℃)，保温层与大气的换热系数为 12W/(m²·℃)。为减少管道的热损失，须在管道的外侧壁面上覆盖一层 30mm 厚保温材料。现有混凝土 [λ=0.7W/(m·℃)] 和

石棉灰 [$\lambda=0.1W/(m\cdot℃)$] 可用，试通过计算确定选用哪一种隔热材料？

解 （1）未保温前的每米长热损失为

$$R_l = \frac{1}{\alpha_1 \pi d_1} + \frac{\ln(d_2/d_1)}{2\pi\lambda} + \frac{1}{\alpha_2 \pi d_2}$$

$$= \frac{1}{1000\times 3.14\times 0.235} + \frac{\ln(0.250/0.235)}{2\times 3.14\times 40} + \frac{1}{12\times 3.14\times 0.25}$$

$$= 0.108(m\cdot℃/W)$$

$$K = \frac{l}{R_l} = \frac{1}{0.108} = 9.26[W/(m\cdot℃)]$$

$$q_l = K(t_{f1} - t_{f2})$$

$$= 9.26\times(190+10)$$

$$= 1852(W/m)$$

（2）敷盖混凝土材料每米管道的热损失

$$R_l = \frac{1}{\alpha_1 \pi d_1} + \frac{\ln(d_2/d_1)}{2\pi\lambda} + \frac{\ln(d_x/d_2)}{2\pi\lambda_x} + \frac{1}{\alpha_2 \pi d_x}$$

$$= \frac{1}{1000\times 3.14\times 0.235} + \frac{\ln(0.250/0.235)}{2\times 3.14\times 40} + \frac{\ln(0.31/0.25)}{2\times 3.14\times 0.7} + \frac{1}{12\times 3.14\times 0.31}$$

$$= 0.136(m\cdot℃/W)$$

$$K = \frac{1}{R_l} = \frac{1}{0.136} = 7.35[W/(m\cdot℃)]$$

$$q_l = K(t_{f1} - t_{f2})$$

$$= 7.35\times(190+10) = 1470(W/m)$$

（3）敷盖石棉灰材料每米管道的热损失

$$R_l = \frac{1}{\alpha_1 \pi d_1} + \frac{\ln(d_2/d_1)}{2\pi\lambda} + \frac{\ln(d_x/d_2)}{2\pi\lambda_x} + \frac{1}{\alpha_2 \pi d_x}$$

$$= \frac{1}{1000\times 3.14\times 0.235} + \frac{\ln(0.250/0.235)}{2\times 3.14\times 40} + \frac{\ln(0.31/0.25)}{2\times 3.14\times 0.1} + \frac{1}{12\times 3.14\times 0.31}$$

$$= 0.428(m\cdot℃/W)$$

$$K = \frac{1}{R_l} = \frac{1}{0.428} = 2.34[W/(m\cdot℃)]$$

$$q_l = K(t_{f1} - t_{f2})$$

$$= 2.34\times(190+10) = 468(W/m)$$

通过上述计算可知，应该采用敷盖石棉灰这种材料较好。因为从上述计算的散热损失看，两种保温材料虽然都起作用，但石棉灰这种效果更好些。这种计算方法较为繁琐，若采用式（18-12）来解决该问题，就变得相对简单。

$$d_{混} = d_c = \frac{2\lambda_x}{\alpha_2} = \frac{2 \times 0.7}{12} = 0.117 \text{(m)}$$

$$d_{石} = d_c = \frac{2\lambda_x}{\alpha_2} = \frac{2 \times 0.1}{12} = 0.017 \text{(m)}$$

而要选择保温材料临界直径的条件是 $d_x < d_2$ 即可。而现在经过计算后，$d_{混}$、$d_{石}$ 两种保温材料的临界直径均小于 d_2，说明都适合作保温材料。但相比之下，由于 $d_{混} > d_{石}$，所以，选择石棉灰这种材料作保温更好。

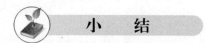

小　　结

本章主要讨论了通过平壁、圆筒壁、肋壁的稳定传热，并导出各传热面的传热系数计算式，以及加强传热和削弱传热的措施。学习本章的基本要求是：掌握典型壁面（平壁、圆筒壁、肋壁）的传热过程及其计算方法，并针对实际工程能够解决传热的一些问题。

本章的主要内容有：

（1）通过对平壁、圆筒壁、肋壁传热分析，导出了传热系数的计算式。对于肋壁传热，注意传热系数是以光面面积还是以肋面面积为计算基准面。

（2）加强传热和削弱传热的方法，保温层临界直径的计算，了解实际工程中如何选择保温材料。

习　　题

18-1　肋壁的传热系数与平壁的有何不同？

18-2　如何强化换热器中的传热过程？

18-3　什么是传热过程？利用热阻概念分析传热过程有何优点？

18-4　在换热器的传热面上设置肋片的作用是什么？应该将肋片设置在哪一侧？

18-5　强化传热的基本方法有哪些？某房间用热水采暖，若供暖量不足，可采用哪些方法改进供暖以增加供热量？

18-6　什么情况下需要削弱传热？对热力输送管道保温时，是否保温层越厚越好？

18-7　导线的绝缘皮起保温作用还是起散热作用？

18-8　试分析热水保温瓶的热量散失过程，在保温瓶设计中采取了哪些保温措施？

18-9　常温下空气的导热系数约为 0.023W/（m·℃），比一般隔热保温材料的导热系数低，从隔热保温的要求出发，是否在热力设备的外壁上敷盖保温材料层反而没有好处，你对此如何认识？

18-10　试问为了提高内燃机散热器单位体积的散热量，可以采取哪些可能的措施？

18-11　如果已知某换热器热、冷流体的温差为 86℃，换热器的传热面积为 13.5m²，传热系数为 53W/（m²·℃），试计算此换热器的传热量？

18-12　有一台空气加热器，传热面积为 11.5m²，传热面壁厚为 1mm，导热系数为

45W/(m·℃)，被加热空气的换热系数为83W/(m²·℃)。热介质为热水，换热系数为5300W/(m²·℃)。热水与空气温差为42℃。试计算该空气加热器的传热量。

18-13 加热炉炉壁由耐火砖层和保温层组成，炉内壁耐火砖表面的温度保持800℃，炉外层表面温度小于等于50℃。炉外空气温度为20℃，换热系数12W/(m²·℃)。耐火材料的导热系数0.94W/(m·℃)，厚度为115mm。保温材料的导热系数0.047W/(m·℃)。试确定满足条件的保温层的厚度。

18-14 有一板式换热器，两侧流体的平均温度差为60℃，壁厚2mm，导热系数λ=50W/(m·℃)，两侧流体的平均对流换热系数分别α_1=400W/(m²·℃)和α_2=800W/(m²·℃)，试计算α_2和λ增大一倍时的传热量。

18-15 一蒸汽管道的外径为60mm，壁厚为2.5mm，导热系数50W/(m·℃)。外部包有30mm的保温层，保温材料的导热系数λ_2=0.07+0.002t（t为保温层的平均温度）。管内蒸汽温度为145℃，它对管壁的平均对流换热系数240W/(m²·℃)，保温层对空气的平均对流换热系数为7.6W/(m²·℃)，空气的温度为20℃，试求每米管长的热损失。

18-16 有一块1×1m²的平板，板厚为10mm，板材的导热系数为35W/(m·℃)。板的一侧为光面，另一侧有同样材料制成的直肋片，肋高为30mm，肋厚为5mm，肋间距为25mm。光面一侧流体温度为85℃，换热系数为2500W/(m²·℃)；肋片侧流体温度为28℃，换热系数为5W/(m²·℃)。试计算该平板的传热量。

18-17 外径为10mm，壁厚为0.6mm的钢管，管外装有厚度为0.25mm的钢栅环形肋片，肋高为7mm，肋片间距为4mm，肋与壁的导热系数为45W/(m·℃)。管内流体温度为45℃，换热系数为1800W/(m²·℃)；管外流体温度为20℃，换热系数为55W/(m²·℃)。试计算每米管长的传热量。

18-18 直径为100mm的蒸汽管外表面温度为500℃，周围空气温度为20℃。为了使蒸汽管热损失不超过400W/m，试求采用矿渣棉保温时保温层厚度应该为多少？已知矿渣棉的导热系数为0.07W/(m·℃)。

18-19 锅炉平壁一侧烟气温度为1000℃，另一侧水温为200℃，壁厚为20mm，导热系数为58W/(m·℃)，烟气一侧的换热系数116W/(m²·℃)，水一侧的换热系数为2328W/(m²·℃)。试求锅炉壁两表面的温度及通过锅炉壁的传热量。

18-20 上题中，如果锅炉壁面烟气侧表面挂一层烟灰，厚度为0.5mm，导热系数为0.095W/(m·℃)，而水一侧表面挂一层水垢，厚度为2mm，导热系数为1.163W/(m·℃)。试计算此时锅炉壁的传热量和各层表面温度。

18-21 有一温度为300℃的过热蒸汽管，管内径为320mm，外径为350mm，管外空气温度为20℃。外加厚度为50mm，导热系数为0.035W/(m·℃)的岩棉热绝缘层。如果再加一层厚度为40mm，导热系数为0.093W/(m·℃)的软木层。已知保温后管内、外表面的换热系数分别为349W/(m²·℃)和23W/(m²·℃)。试求通过管壁的热流量及壁面温度。如果不加软木层，热量要损失多少？

18-22 在周围空气温度为25℃的环境中有一外径为50mm供热管道，表面温度为200℃，拟采用蛭石作保温材料，已知该材料的导热系数为0.1W/(m·℃)，试计算保温层厚度为多少时，才能使其外表面温度不超过50℃？已知保温层外表面与空气间的换热系数为14W/(m²·℃)。

18-23　有一平壁炉墙厚为 250mm，导热系数为 0.7W/(m·℃)。炉内气体温度为 600℃，炉外室温为 30℃，已知炉墙内、外侧复合换热系数为 28W/(m²·℃)和 15W/(m²·℃)，试求通过每 m² 炉墙的散热量。

18-24　厚度为 10mm、导热系数为 50W/(m·℃)的平壁，两侧表面面积均为 F_1，总换热系数分别为 200W/(m²·℃)和 10W/(m²·℃)。一侧加肋后的肋化系数为 13，肋壁总效率为 0.9，两侧流体温度分别为 75℃和 15℃。求以未加肋侧面积 F_1 为基准的热流密度和加肋前后热流量的变化？

18-25　有一外径为 25mm、内径为 22mm 的换热器管，导热系数为 89W/(m·℃)，水蒸气在管外凝结，换热系数为 5000W/(m²·℃)，管内的冷却水的对流换热系数为 1000W/(m²·℃)。试分别计算以管内外表面积为基准的传热系数。

第十九章 换 热 器

在工程中经常遇到某种热介质，由于某种原因，如温度过高、压力过大、卫生条件较差、工质的种类要求不同等等，不能直接应用于工程中，这样一来就要求使这种热介质的热能转化为能够直接应用于工程的介质的热能。能够实现两种或两种以上温度不同的流体相互换热的设备就是换热器。

第一节 换热器的基本类型与构造

一、换热器的工作原理及分类

换热器按工作原理不同可分为三种：①间壁式换热器——冷热流体被壁面隔开，冷热流体通过壁面进行换热。如冷凝器、蒸发器、暖风机、风机盘管、表冷器等，如图 19-1 所示；②混合式换热器——冷热流体直接接触，彼此之间相互混合进行换热，在热交换的同时进行质交换，将热流体的热量直接传递给冷流体，使冷热流体同时达到某一共同状态。如空调工

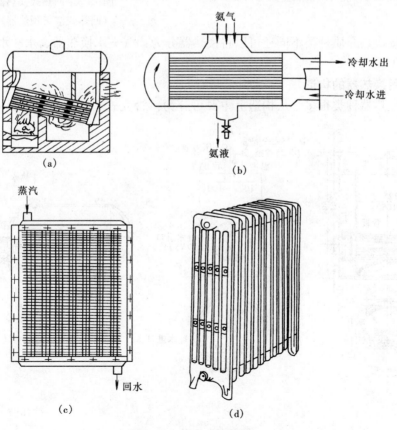

图 19-1 间壁式换热器
(a) 锅炉；(b) 冷凝器；(c) 空气加热器；(d) 散热器

程中的喷淋室、蒸汽喷射泵等,如图 19-2 所示;③回热式换热器——换热器由蓄热材料构成,并分成两部分,冷热流体交互通过换热器的一部分通道,从而交替式的吸收或放出热量,即热流体流过换热器时,蓄热材料吸收并储存热量,温度升高,经过一段时间后切换为冷流体,蓄热材料放出热量加热冷流体。如全热回收式空气调节器、锅炉中回热式空气预热器等,如图 19-3 所示。

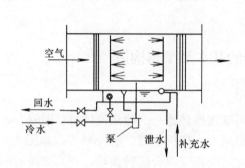

图 19-2 混合式换热器(空调喷水室)

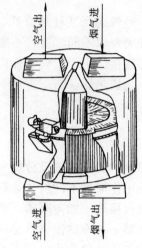

图 19-3 回热式换热器
(回热式空气预热器)

换热器按换热介质种类不同还可以将换热器分为:气—水换热器、水—水换热器及其他介质换热器等。

二、常用换热器的构造

间壁式换热器种类很多,从构造上主要可分为:管壳式、肋片管式、板式、螺旋板式、

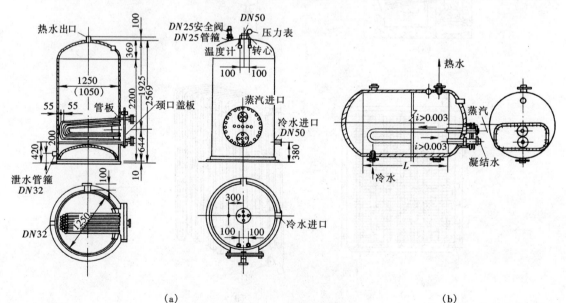

图 19-4 容积式换热器
(a) 立式容积式换热器;(b) 卧式容积式换热器

板翅式等，其中以前三种在工程中应用较为广泛。

1. 管壳式换热器

管壳式换热器又分为容积式换热器和壳程式（一根大管中套一根小管）换热器。容积式换热器是一种既能换热又能储存热量的换热设备，如图19-4所示，容积式换热器从外形上可分为立式和卧式两种。根据加热管的形式不同可分为：固定管板的管壳式换热器、带膨胀节的壳管式换热器以及浮动头式壳管换热器。容积式换热器是由外壳、加热盘管、冷热流体进出口等组成。换热器上还装有温度计、压力表和安全阀等仪表、阀件。蒸汽（或热水）由上部进入盘管，在流动过程中进行换热，最后变成凝结水（或低温回水）从下部流出盘管。

壳程式换热器又称快速加热器（见图19-5）其优点为结构坚固、易于制造、适应能力强、处理能力大，并且在高温高压下也能使用，但是它还具有材料消耗量大、结构不紧凑、占用空间大等缺点。

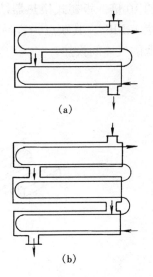

图19-5 壳程式换热器
(a) 2壳程4管程；
(b) 3壳程6管程

由于容积式换热器运行稳定，常用于要求工质参数稳定、噪声低的场所。壳程式换热器容量较大，常用于容量大且负荷较均匀的场所，如热水供应工程中。

常见的容积式换热器型号见附表17。

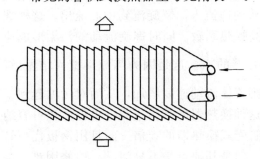

图19-6 肋片管式换热器

2. 肋片管式换热器

肋片管式换热器的结构如图19-6所示，在管子的外壁加肋片，大大地增加了对流换热系数小的一侧的换热面积，强化了传热，与光管相比，传热系数可提高1～2倍。这类换热器的结构紧凑对于换热面两侧流体换热系数相差较大的场所非常适用。

肋片式换热器在结构上最主要的问题是：肋片的形状、结构以及肋片和管子的连接方式。肋片的形状可分为圆盘形、带槽或孔式、皱纹式、钉式或金属丝式等。与管子的连接形式可分为张力缠绕式、嵌片式、热套胀式、焊接、整体轧制、铸造及机加工等。肋片管的主要缺点是肋片侧阻力大，不同的结构与不同的连接方法，对流体流动阻力，特别是传热性能有很大影响。当肋片与基管接触不良而存在缝隙时，将造成肋片与基管之间的接触热阻而降低肋片的作用。

3. 板翅式换热器

板翅式换热器结构方式很多，但都是由若干层基本换热单元组成。如图19-7（a）所示，在两块平隔板1中央放一块波纹型热翅片3，两端用侧条2封闭，形成一层基本换热元件，许多层这样的换热元件叠积焊接起来就构成板翅式换热器。如图19-7（b）所示，为一种叠积方式。波纹板可做成多种形式，以增加流体的扰动，从而达到增强换热的效果。板翅式换热器由于两侧都有翅片，作为气—气预热器时，传热系数有很大的提高，约为管壳式换热器的 10 倍。板翅式换热器结构紧凑，每立方米换热体积中，可容纳换热面积 2500m²，承压可达 10MPa。其缺点为容易堵塞，清洗困难，检修不易。板翅式换热器适用于清洁和腐蚀性低的气体间换热。

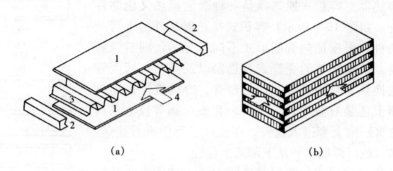

图 19-7 板翅式换热器
1—平隔板；2—侧条；3—翅片；4—流体

4. 螺旋板换热器

螺旋板换热器的结构原理如图 19-8 所示，由两张平行的金属板卷制而成，构成两个螺旋通道，再加上下盖及连接管组成。冷热两种流体分别在两个螺旋通道中流动。两流体可布置成逆流，流体 1 从中心进入，螺旋流到周边流出，而流体 2 则从周边流入，螺旋流到中心流出。这种螺旋流动有利于提高换热系数。同时螺旋流动的污垢形成速度约是管壳式换热器的 $\frac{1}{10}$。这是因为当流动壁面结垢后，通道截面减小，则流体流动速度增加，从而对污垢起到了冲刷作用。此外这种换热器的结构紧凑，单位体积可容纳的换热面积约为管壳式换热器的 3 倍。而且用钢板代替管材，材料范围广。但是其缺点是不易清洗、检修困难、承压能力小、储热能力小，常用于城市换热站、卫生热水加

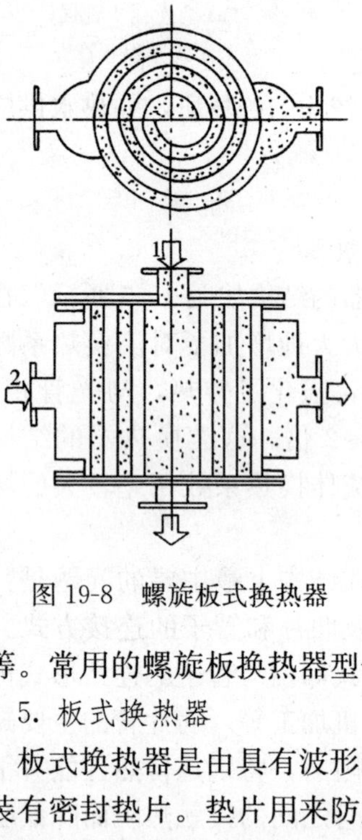

图 19-8 螺旋板式换热器

热等。常用的螺旋板换热器型号见附表 18。

5. 板式换热器

板式换热器是由具有波形凸起或半球形凸起的若干个传热板叠加压紧而成。传热板片间加装有密封垫片。垫片用来防止介质泄漏和控制构成板片流体的流道，垫片的厚度就是两板的间隔距离，故流道很窄，通常只有 3～4mm。板四个角上开有圆孔，供流体通过。当流体由一个角的圆孔流入后，经两板间流道，由对角线上的圆孔流出。该板上的另外两个圆孔与流道之间则用垫片隔断，这样就能够使冷热流体在相邻的两个流道中逆向流动，进行换热。如图 19-9 为一种基本板式换热器流道示意图。冷热流体分别由上、下角孔进入换热器并相间流过偶、奇数流道，然后再分别从下、上角孔流出换热器。传热板片是板式换热器的关键元件，板片形式的不同直接影响到换热系数、流动阻力和承压能力。如图 19-10 所示，列举了平直波纹、人字形波纹、锯齿形及斜纹形等 4 种板型。

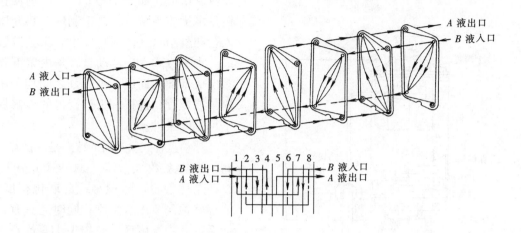

图 19-9 板式换热器的工作原理

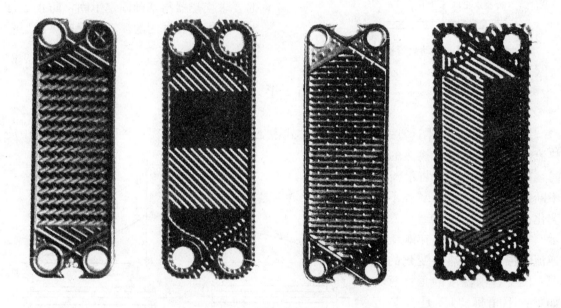

图 19-10 板式换热器的板片

板式换热器具有传热系数高、阻力小、结构紧凑、金属耗量低、使用灵活性大、拆装清洗方便等优点，故已广泛应用于供热、食品、医药、化工、冶金等部门。目前板式换热器所达到的主要性能数据为：最佳传热系数，$7000W/(m^2 \cdot ℃)$（水—水）；最大处理水量，$1000m^3/h$；最高操作压力，$2.744MPa$；紧凑性，$250 \sim 1000m^2/m^3$；金属耗量，$16kg/m^2$。板式换热器的发展主要在于继续研究波形与传热性能的关系，以探求更佳的板形，向更高的参数及大容量方向发展。常用板式换热器型号见附表 19。

6. 浮动盘管式换热器

浮动盘管式换热器是 20 世纪 80 年代从国外引进的一种新型半即热式换热器，它是由上（左）、下（右）两个端盖、外筒、热介质导入管、冷凝水（回水）导出管及水平（垂直）浮

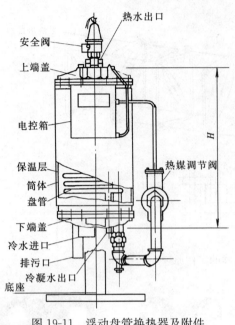

图 19-11 浮动盘管换热器及附件

动盘管组成,如图 19-11 所示。端盖和外筒是由优质碳钢或不锈钢制成,热介质导入管和凝结水(回水)导出管由黄铜管制成。水平(垂直)浮动盘管是由紫铜管经多次成型加工而成。各部分之间均采用螺栓(或螺纹)连接,为该设备的检修提供了可靠的条件。

浮动盘管式换热器的特点是:换热效率高、传热系数大 $[K \geqslant 3000\text{W}/(\text{m}^2 \cdot \text{℃})]$;设备结构紧凑,体积小;自动化程度高,能很好地调节出水温度;同时还具有自动清垢、外壳温度低、热损失小等优点。但是该换热器在运输及安装时严禁滚动,同时要求换热器与基础固定牢固,防止运行时产生振动。常用的浮动盘管换热器型号见附表 20。

第二节 平 均 温 度 差

换热器传热的基本计算式为 $\Phi = kF\Delta t$,式中 Δt 是冷热物体的温度差。对于换热器中冷热流体沿传热面进行换热的同时,冷热流体的温度将沿流向不断变化,故温度差 Δt 在不断变化。如图 19-12(a)、(b)所示,表示了冷热流体在顺流和逆流时温度沿传热面变化的情况。图中各项温度的角标意义如下:下角标"1"是指热流体,"2"是指冷流体;上角标"'"是指进口端温度,"''"是指出口端温度。由于温差变化,自传热面 F_x 处取一微元面积 $\text{d}F$,其传热量为

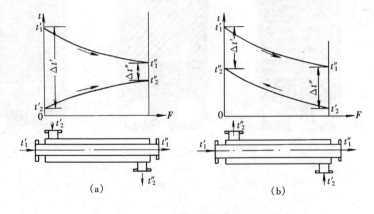

图 19-12 流体温度随传热面变化示意图
(a) 顺流;(b) 逆流

$$\text{d}\Phi = k_x (t_1 - t_2)_x \text{d}F \tag{a}$$

则换热器的传热量可由式(a)积分求得,即

$$\Phi = \int_0^F k_x (t_1 - t_2)_x \text{d}F \tag{b}$$

若取 k_x 为常数(即与面积 F 无关),则(b)式可表达为

$$\Phi = k\int_0^F (t_1 - t_2)_x \mathrm{d}F = k\Delta t_\mathrm{m} F \tag{19-1}$$

式中 Δt_m 称为换热器的平均温差,其意义是

$$\Delta t_\mathrm{m} = \frac{\int_0^F (t_1 - t_2)_x \mathrm{d}F}{F} = \frac{1}{F}\int_0^F \Delta t_x \mathrm{d}F \tag{c}$$

若已知 Δt_x 沿换热面的变化规律,则 Δt_m 可以由式(c)积分求出。如图 19-13 所示,对顺流换热器进行分析,顺流换热器的一端两流体的温差为 $\Delta t'$,另一端为 $\Delta t''$,在 x 处的面积上,热流体温度变化了 $\mathrm{d}t_1$,换热量为

$$\mathrm{d}\Phi = -M_1 c_1 \mathrm{d}t_1 \tag{d}$$

式中 M——流体质量流量,kg/s;
  c——定压比热,J/(kg·K),Mc 表示质量流量为 M 时流体温度升高(或降低)1℃所需热量,称为流体的比热容量,W/K。

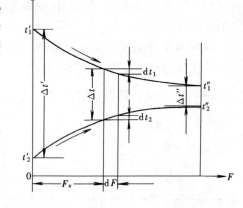

图 19-13 顺流对数平均温差推导

上式中负号是因热流体流过 $\mathrm{d}F$ 面时,$\mathrm{d}t_1$ 为温度降。

同理,冷流体换热量为

$$\mathrm{d}\Phi = M_2 c_2 \mathrm{d}t_2 \tag{e}$$

式中 $\mathrm{d}t_2$ 为冷流体在 $\mathrm{d}F$ 上的温度增量。若在分析过程中不考虑冷热流体的热损失,则式(d)与式(e)的值相等。所以有

$$\mathrm{d}t_1 - \mathrm{d}t_2 = \mathrm{d}(t_1 - t_2)_x = -\mathrm{d}\Phi\left(\frac{1}{M_1 c_1} + \frac{1}{M_2 c_2}\right) \tag{f}$$

将式(a)代入(f),且 k_x 为常量时有

$$\frac{\mathrm{d}(t_1 - t_2)_x}{(t_1 - t_2)_x} = \frac{\mathrm{d}(\Delta t)_x}{\Delta t_x} = -k\left(\frac{1}{M_1 c_1} + \frac{1}{M_2 c_2}\right)\mathrm{d}F \tag{g}$$

将上式从 0 到 F_x 积分,由于 $F_x = 0$ 时,$\Delta t_x = \Delta t'$;F_x 处则为 Δt_x,得

$$\ln\frac{\Delta t_x}{\Delta t'} = -k\left(\frac{1}{M_1 c_1} + \frac{1}{M_2 c_2}\right) F_x \tag{h}$$

或

$$\Delta t_x = \Delta t' \mathrm{e}^{-k\left(\frac{1}{M_1 c_1} + \frac{1}{M_2 c_2}\right) F_x} \tag{19-2}$$

式(19-2)表明温差 Δt_x 沿传热面成指数函数规律变化。根据公式(19-2)可以求得换热器中任一 F_x 处冷热流体间的温度差。

对于整个换热器来说,冷热流体的平均温差的求取是求取换热量 Φ 或换热面积的基本数据。将式(g)对整个换热面积 F 进行积分,即 $F_x = 0$,$\Delta t_x = \Delta t'$;当 $F_x = F$ 时,$\Delta t_x = \Delta t''$,则有

$$\ln\frac{\Delta t''}{\Delta t'} = -k\left(\frac{1}{M_1 c_1} + \frac{1}{M_2 c_2}\right) F \tag{i}$$

在换热器中冷热流体的换热量,在不考虑热损失时为

$$\Phi = M_1 c_1 (t_1' - t_1'') = M_2 c_2 (t_2'' - t_2') \tag{j}$$

将式(j)中的 $M_1 c_1$ 及 $M_2 c_2$ 代入式(i),并整理得

$$\Phi = kF \frac{(t'_1 - t'_2) - (t''_1 - t''_2)}{\ln \frac{\Delta t'}{\Delta t''}} = kF \frac{\Delta t' - \Delta t''}{\ln \frac{\Delta t'}{\Delta t''}} \qquad (19\text{-}3)$$

对应于公式（19-1），对于换热器的平均温度差

$$\Delta t_m = \frac{\Delta t' - \Delta t''}{\ln \frac{\Delta t'}{\Delta t''}} \qquad (19\text{-}4)$$

式（19-4）所表示的为对数平均温差（简称为 LMTD—Logarithmic Mean Temperature Difference）。

同理对于逆流换热器也可以得出同样形式的结果，但是式中的 $\Delta t'$ 和 $\Delta t''$ 为换热器两端的冷热流体温度差，而在许多资料中，通常把 $\Delta t'$ 作为较大的温差。

当 $\frac{\Delta t'}{\Delta t''} < 2$ 时，可以用算术平均温差代替对数平均温差来计算换热器的换热量，其误差不大于 4%，即

$$\Delta t_m = \frac{\Delta t' + \Delta t''}{2} \qquad (19\text{-}5)$$

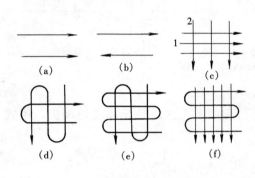

图 19-14 流体在换热器中的流动形式

流体在换热器中的流动除顺流和逆流外，根据流体在换热器中的安排，还存在着许多其他形式，如图 19-14 所示图中（a）为顺流，（b）为逆流，（c）为横流式（或称交叉流），是两种流体在相互垂直的方向流动；(d)、(e)、(f) 则是三种不同组合的混合流。对于横流式以及混合流的情况下，换热器的平均温差的推导是比较麻烦的，通常是将推导结果整理成温差修正系数 $\varepsilon_{\Delta t}$。$\varepsilon_{\Delta t}$ 是通过建立微元面积的传热和热平衡方程推导的。$\varepsilon_{\Delta t}$ 的大小反映了换热器中两流体的流动方式接近逆流的程度。图 19-15～图 19-18 列举了四种常见的流动方式的 $\varepsilon_{\Delta t}$ 线算图。在图中整理成辅助量 P 和 R 的函数。利用图来修正平均温差的计算程序步骤如下：

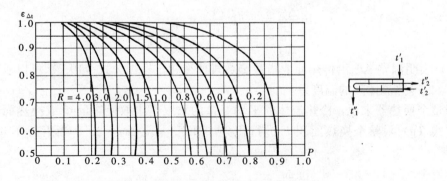

图 19-15 壳侧 1 程，管侧 2、4、6、…程的 $\varepsilon_{\Delta t}$

(1) 在计算换热器时，采用逆流算出对数平均温差；
(2) 计算辅助量

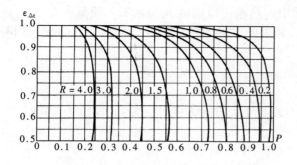
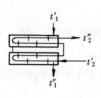

图 19-16　壳侧 2 程，管侧 4，8，12…程的 $\varepsilon_{\Delta t}$

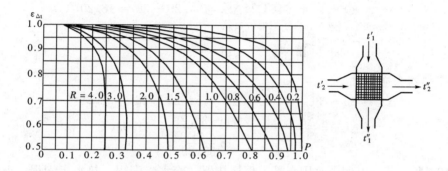

图 19-17　一次交叉流，两种流体各自都不混合的 $\varepsilon_{\Delta t}$ 值

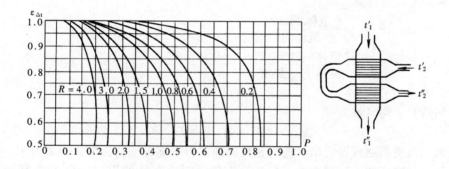

图 19-18　两次交叉流动，管侧流体不混合，壳侧流体混合，顺流布置的 $\varepsilon_{\Delta t}$ 值

$$P = \frac{冷流体的加热度(t''_2 - t'_2)}{冷、热流体进口温差(t'_1 - t'_2)}$$

$$R = \frac{热流体的冷却度(t'_1 - t''_1)}{冷流体的加热度(t''_2 - t'_2)}$$

(3) 根据 P 和 R 查 $\varepsilon_{\Delta t}$ 线算图求取 $\varepsilon_{\Delta t}$；

(4) 求取换热器的平均温差，即

$$\Delta t_m = \varepsilon_{\Delta t} \frac{\Delta t' - \Delta t''}{\ln(\Delta t'/\Delta t'')} \tag{19-6}$$

在实际设计过程中，除非有特殊的要求，应使 $\varepsilon_{\Delta t} > 0.9$，一般说来，$\varepsilon_{\Delta t}$ 至少不应小于 0.8，否则应该为其他流动形式。

【例 19-1】 在一板式换热器中,热水进口温度 $t_1'=80℃$,流量为 0.7kg/s,冷水进口温度 $t_2'=16℃$,流量为 0.9kg/s。如果要求将冷水加热到 $t_2''=36℃$,试求顺流和逆流时的平均温差。

解 根据热平衡,得

$$m_1 c_{p1}(t_1' - t_1'') = m_2 c_{p2}(t_2'' - t_2')$$

由于本题目中水的温度变化不大,故水的比热可以认为 $c_{p1}=c_{p2}=4.19\text{kJ/(kg·k)}$,故上式为

$$0.7 \times (80 - t_1'') = 0.9 \times (36 - 16)$$

得

$$t_1'' = 54.29(℃)$$

(1) 换热器在顺流时

$$\Delta t' = 80 - 16 = 64(℃), \Delta t'' = 54.29 - 36 = 18.29(℃)$$

所以

$$\Delta t_m = \frac{\Delta t' - \Delta t''}{\ln \frac{\Delta t'}{\Delta t''}} = \frac{64 - 18.29}{\ln \frac{64}{18.29}} = 36.49(℃)$$

(2) 换热器为逆流时

$$\Delta t' = 80 - 36 = 44(℃), \Delta t'' = 54.29 - 16 = 38.29(℃)$$

所以

$$\Delta t_m = \frac{\Delta t' - \Delta t''}{\ln \frac{\Delta t'}{\Delta t''}} = \frac{44 - 38.29}{\ln \frac{44}{38.29}} = 41.08(℃)$$

【例 19-2】 若在上例中改用壳管 1 程换热器,冷水走壳程,热水走管程,求该换热器的平均温差。

解 根据辅助量计算式

$$P = \frac{冷流体的加热度(t_2'' - t_2')}{冷、热流体进口温差(t_1' - t_2')} = \frac{36 - 16}{80 - 16} = 0.37$$

$$R = \frac{热流体的冷却度(t_1' - t_1'')}{冷流体的加热度(t_2'' - t_2')} = \frac{80 - 54.29}{36 - 16} = 1.29$$

查图 19-15 得

$$\varepsilon_{\Delta t} = 0.91$$

所以该换热器的平均温差为

$$\Delta t_m = 0.91 \times 41.08 = 37.38℃$$

从上面的两道例题可以看出,逆流布置的换热器平均温差要比顺流布置时大,其他流动方式也总是不如逆流的平均温差大。另外还有顺流时冷流体的出口温度 t_2'' 总是低于热流体的出口温度 t_1'',而逆流时 t_2'' 则有可能大于 t_1'',从而获得较高的冷流体出口温度。因此,在工程上换热器一般尽可能布置成逆流。但是,逆流也存在着缺点,即冷、热流体的最高温度 t_2'' 和 t_1' 集中在换热器的一端,使得该处换热器的壁温较高。有时为了降低此处的壁温,有意改为顺流。例如锅炉中的高温过热器。

另外,还须指出,如果在换热器的某一侧流体发生相变,即凝结或沸腾,则由于相变流体温度保持不变,此时该流体的 $dt=0$,在这种情况下,该侧流体的比热容 Mc 可认为是无穷大。顺流或逆流的平均温差及传热效果也就没有差别了。

第三节 换热器的热计算

换热器的热计算有两种情况需要进行。其一是设计一个新的换热器,已确定换热器所需

的换热面积，这类计算属于设计计算。另一类计算是对已有的或已经选定了换热面积的换热器，在非设计工况条件下校核它能否胜任规定的换热任务。例如，一台现成的换热器移作他用时，要核算能否完成新的换热任务；在锅炉设计中，一个蒸汽过热器已按额定负荷选定了换热面积，需要校核部分负荷时的换热性能。对于这种类型的换热器计算称为校核计算。

换热器热计算的基本公式为传热方程式及热平衡方程式。

$$\Phi = kF\Delta t_m \quad (19\text{-}7)$$
$$\Phi = M_1 c_1 (t'_1 - t''_1) = M_2 c_2 (t''_2 - t'_2) \quad (19\text{-}8)$$

上两式中的符号意义同前所示。

设计计算通常是按给定的冷热流体比热容量 $M_1 c_1$、$M_2 c_2$ 和四个进出口温度中的三个温度，求解换热器传热表面积 F 或 (k、F)；对于校核计算，即对已给定的换热器按已知的 kF、$M_1 c_1$、$M_2 c_2$ 及冷、热流体进口温度 t'_1、t'_2，求解出出口温度 t''_1 和 t''_2，以进行非设计工况性能的验算。

换热器计算的方法有平均温差法（LMTD 法）和效能—传热单元数法（ε-NTU 法），现介绍如下。

一、平均温差法（LMTD 法）

对于换热器的设计计算通常采用平均温差法，其计算步骤如下：

(1) 初步布置换热面，并计算出相应的传热系数 k。
(2) 根据给定条件，由热平衡式 (19-8) 求出进、出口温度中的那个待定的温度。
(3) 由冷、热流体的 4 个进、出口温度确定平均温差 Δt_m。
(4) 由传热方程式 (19-7) 求出所需的换热面积 F，并核算换热面两侧的流动阻力。
(5) 若流动阻力过大，则改变设计方案，重新设计。

平均温差法也可以用于换热器的校核计算，其步骤如下：

(1) 假定一个出口温度初值，如 $[t''_2]_\mathrm{I}$，用热平衡式 (19-8) 求出另一个出口温度 $[t''_1]_\mathrm{I}$，并求取这种假定下的冷热流体平均温差 $[\Delta t_m]_\mathrm{I}$；
(2) 用传热方程式 (19-7) 求出 Q_I；
(3) 再用热平衡方程式求出 $[t''_2]_\mathrm{II}$ 与 $[t''_2]_\mathrm{I}$ 比较，若两者相差较大，则重新假定出口温度初值 t''_2，并重复以上步骤，直到假设的出口温度与计算的出口温度偏差满足规定的工程允许偏差（一般 $\leqslant 4\%$）为止。

对于如此的校核计算，由于必须多次反复才能逐渐接近假定值，且在非逆流、非顺流时换热器计算中还要考虑温度差修正系数 ε_Δ 的影响，故比较繁琐，应用较少。

二、传热单元法（ε-NTU 法）

1. 传热单元数和换热器的效能

换热器的效能 ε 按下式定义

$$\varepsilon = \frac{(t' - t'')_{\max}}{t'_1 - t'_2} \quad (19\text{-}9)$$

式中，分母为流体在换热器中可能发生的最大温度差值，而分子是冷流体或热流体在换热器中的实际温度差值中的大者。如果冷流体的温度变化大，则 $(t' - t'')_{\max} = t''_2 - t'_2$，反之则 $(t' - t'')_{\max} = t'_1 - t''_1$。从定义式可知，效能 ε 表示换热器的实际换热效果与最大可能的换热效果之比。

研究表明，对于各种流动方式的表面式换热器，其温度效能 ε 是参变量 $(Mc)_{\min}/(Mc)_{\max}$、

$KF/(Mc)_{\min}$ 及换热流动方式的函数。对于已定流动方式的换热器,则

$$\varepsilon = f\left[\frac{KF}{(Mc)_{\min}}, \frac{(Mc)_{\min}}{(Mc)_{\max}}\right] \tag{19-10}$$

式中:$\dfrac{KF}{(Mc)_{\min}}$ 是个无量纲量,用 NTU 表示,称其为传热单元数。由于 NTU 包括的 K 和 F 两个量分别反映了换热器的运行费用和初投资,所以 NTU 是一个反映换热器综合技术经济性能的指标。NTU 值大意味着换热器换热效率高。

各种不同流动组合方式换热器的式(19-11)函数关系线算图,即换热器 ε－NTU 的关系图可参见图 19-19～图 19-23 以及有关换热器设计手册。

2. 采用效能—传热单元数法(ε－NTU 法)计算换热器的步骤

根据 ε 和 NTU 的定义及换热器两类热计算的任务可知,设计计算是已知 ε 求 NTU,而校核计算则是由 NTU 求取 ε,其具体步骤如下:

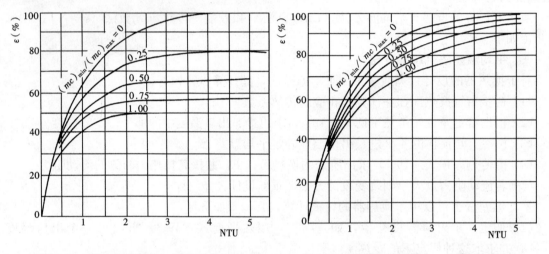

图 19-19 顺流换热器的 ε－NTU 关系图　　图 19-20 逆流换热器的 ε－NTU 关系图

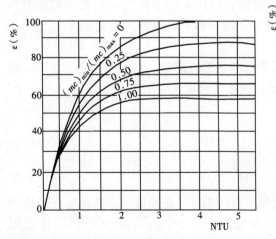

图 19-21 单壳程,2、4、6 管程换热器 ε－NTU 图

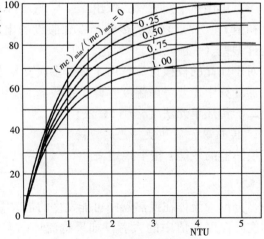

图 19-22 双壳程,4、8、12 管程换热器的 ε－NTU 图

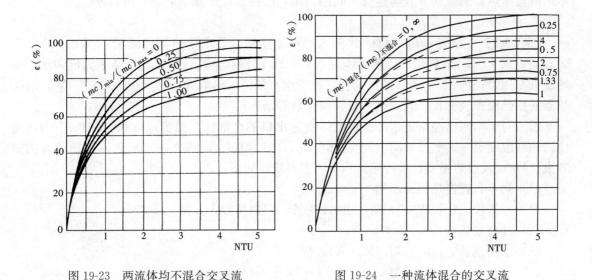

图 19-23　两流体均不混合交叉流　　　　图 19-24　一种流体混合的交叉流
　　　ε－NTU 关系图　　　　　　　　　　　换热器的 ε－NTU 关系图

A. 进行换热器校核计算的步骤

（1）根据给定的换热器进口温度和假定的出口温度算出传热系数 K；

（2）计算 NTU 和热容量之比 $(Mc)_{min}/(Mc)_{max}$；

（3）根据所给的换热器流动方式，在相应的 ε－NTU 关系图上查出与 NTU 及 $(Mc)_{min}/(Mc)_{max}$ 相对应的 ε 值；

（4）根据公式 $Q=\varepsilon Q_{max}$ 求取换热器的传热量；

（5）由热平衡式（19-8）求出冷、热流体的出口温度 t''_1、t''_2；

（6）与假定的出口温度比较，若相差较大（>4%），则重复上述步骤，直到满足要求为止。

ε－NTU 法与用平均温差法进行的校核计算比较，其相同点在于冷热出口的温度均未知，都需要试算，但是 ε－NTU 法不需要平均温差的计算，且由于 k 随终温变化而引起的变化不大，经过几次试算就能够满足要求，故 ε－NTU 法用于换热器的校核计算比较简单。如果换热器的传热系数取为定值，则 ε－NTU 法可更加简便的求出结果。

B. 进行换热器设计计算的步骤

（1）根据换热器热平衡式（19-8）计算冷、热流体中未知的出口温度，然后按式（19-10）求取 ε；

（2）根据选定的换热器流动方式及 ε 和 $(Mc)_{min}/(Mc)_{max}$，查相应的 ε－NTU 关系图，求取 NTU；

（3）根据初步布置的换热器换热表面，算出其相应的传热系数 K；

（4）确定所需换热面积 $F=\dfrac{(Mc)_{min}}{K}\mathrm{NTU}$；

（5）校验换热器冷、热流体的流动阻力。如果偏大，则应改变方案，重复上述有关步骤。

由于 ε－NTU 法在进行换热器设计计算时，不进行温差修正系数 $\varepsilon_{\Delta t}$ 的计算，也就判断不出所选换热器的流动方式与逆流之间的差距,故在设计计算中常用平均温差法。

3. 换热器选型计算举例

【例 19-3】 设计一卧式管壳式蒸汽—水加热器。要求换热器把流量 3.5kg/s 的水从 60℃加热到 90℃,加热器进口热流体为 0.16MPa 的饱和蒸汽,出口时凝结水为饱和水。换热器管采用管径为 19/17mm 的黄铜管,并考虑水侧污垢热阻 R_f=0.00017m^2·℃/W,求换热器的换热面积及管长、管程数、每管程管数等结构尺寸。

解 对于本题已经给定了冷、热流体的进出口的全部四个温度,即 0.16MPa 下的热流体的饱和温度 $t'_1=t''_1$=113.3℃和冷流体的进、出口温度 t'_2=60℃、t''_2=90℃,冷流体的热容量 $(Mc)_2$ 及换热量 Q,求传热面积 F。主要步骤如下:

(1) 初步布置换热器的结构

设为四管程、每管程 16 根管、共 64 根管,纵向排数为 8 排。

(2) 计算换热量 Q

已知水的比热 c_2=4.19kJ/(kg·K),故

$$Q = M_2 c_2 (t''_2 - t'_2) = 3.5 \times 4.19 \times (90 - 60)$$
$$= 4.4 \times 10^2 \text{(kW)}$$

(3) 计算对数平均温差 Δt_m

由于热流体为饱和温度,故 $t'_1=t''_1$=113.3℃

$$\Delta t' = t'_1 - t'_2 = 113.3 - 60 = 53.3(℃)$$
$$\Delta t'' = t''_1 - t''_2 = 113.3 - 90 = 23.3(℃)$$

所以

$$\Delta t_m = \frac{\Delta t' - \Delta t''}{\ln \frac{\Delta t'}{\Delta t''}} = \frac{53.3 - 23.3}{\ln \frac{53.3}{23.3}} = 36.3(℃)$$

(4) 求换热器传热系数 K

1) 水侧换热系数 α_2

①水的定性温度 t_{f2}。取水的平均温度。由于蒸汽侧温度不变,水和蒸汽的平均温度差已定,故

$$t_{f2} = t_s - \Delta t_m = 113.3 - 36.3 = 77 \ (℃)$$

由 t_{f2} 查附录 7,查取水的物性参数

$$v_2 = 0.38 \times 10^{-6} m^2/s; \quad \rho_2 = 973.6 kg/m^3$$
$$\lambda_2 = 0.672 W/(m·℃); \quad Pr = 2.32$$

②定型尺寸 l。取圆管内径,即 $l=d$=0.017m。

③求雷诺数 Re。为了增加换热,一般 Re 控制在 $10^4 \sim 10^5$ 之间。Re 太大,流速则太快,消耗的功率就过大。现布置的管数 n=16 根,所以

$$Re = \frac{\omega_2 d}{v} = \frac{m_2}{\rho_2 \frac{\pi d^2}{4} n} \frac{d}{v}$$

$$= \frac{3.5 \times 4}{973.6 \times \pi \times 0.017^2 \times 16} \times \frac{0.017}{0.38 \times 10^{-6}}$$

$$= 4.4 \times 10^4 > 10^4$$

属于紊流,说明管程中管子的根数布置满足要求。

④求 Nu 及 α_2。管内强迫紊流水被加热的准则方程式为
$$Nu = 0.023Re^{0.8}Pr^{0.4}$$
$$= 0.023 \times (4.4 \times 10^4)^{0.8} \times 2.32^{0.4} = 167$$
$$\alpha_2 = Nu\frac{\lambda_2}{d} = 167 \times \frac{0.672}{0.017} = 6601[\text{W}/(\text{m}^2 \cdot \text{℃})]$$

2) 求蒸汽侧凝结换热系数 α_1

①定型温度。取凝结液的平均温度 t_m。
$$t_m = \frac{t_w + t_s}{2}$$

式中壁温 t_w 未知,需用试算法。现假设壁温为 $t_w = 102.7$℃,则
$$t_m = \frac{102.7 + 113.3}{2} = 108 \text{ (℃)}$$

由 t_m 查附录 7,得凝结液的有关物性参数
$$\rho = 952.5\text{kg/m}^3; \lambda_2 = 0.684\text{W}/(\text{m} \cdot \text{℃});$$
$$\mu = 2.64 \times 10^{-4}\text{N} \cdot \text{s/m}^2$$

对应于蒸汽压力 $p = 0.16\text{MPa}$ 的潜热 $r = 2221 \times 10^3 \text{J/kg}$。

②定型尺寸 l。对于水平布置的管束,定型尺寸取 $l = D = 0.019\text{m}$。

③求换热系数 α_1。根据凝结换热公式求管束的换热系数。
$$\alpha_1 = C\sqrt[4]{\frac{\rho^2\lambda^3 gr}{\mu nd_0(t_s - t_w)}}$$
$$= 0.725 \times \sqrt[4]{\frac{952.5^2 \times 0.684^3 \times 9.81 \times 2221 \times 10^3}{2.64 \times 10^{-4} \times 8 \times 0.019 \times (113.3 - 102.7)}}$$
$$= 8006.16[\text{W}/(\text{m}^2 \cdot \text{℃})]$$

3) 求传热系数 K。由于铜的热阻很小,故忽略铜管壁的热阻,考虑水垢热阻,并且因为管壁的 $D/d = 19/17 < 2$,故可按平壁计算
$$K = 1/\left(\frac{1}{\alpha_1} + R_f + \frac{1}{\alpha_2}\right)$$
$$= 1/\left(\frac{1}{8006.16} + 0.00017 + \frac{1}{6601}\right) = 2240.18[\text{W}/(\text{m}^2 \cdot \text{℃})]$$

根据 K 及 α_1 值校核原假定温度 t_w。
$$q = K\Delta t_m = 2240.18 \times 36.3 = 8.13 \times 10^4 \text{ (W/m}^2\text{)}$$

由换热公式 $q = \alpha_1(t_s - t_w)$,得
$$t_w = t_s - \frac{q}{\alpha_1} = 113.3 - \frac{8.13 \times 10^4}{8006.16} = 103.15 \text{ (℃)}$$

与原假定 $t_w = 102.7$℃ 相差不大,故不需要再计算。

(5) 求换热面积 F 及管程长 L
$$F = \frac{Q}{K\Delta t_m} = \frac{4.4 \times 10^5}{2240.18 \times 36.3} = 5.41 \text{ (m}^2\text{)}$$

由于总管数 $N = 64$,故管程长
$$L = \frac{F}{\pi d_m \cdot N} = \frac{5.41}{\pi \times 0.018 \times 64} = 1.5 \text{ (m)}$$

最后取管程长为 $L=1.5$m，管程数 $Z=4$，每管程管数 16 根，总管数为 $16\times4=64$ 根，实际换热面积 $F=N\pi d_m L=64\times3.14\times0.018\times1.5=5.41$ (m²)。

（6）阻力计算

水经过换热器时压降计算式为

$$\Delta p = \left(f\frac{ZL}{d}+\Sigma\zeta\right)\frac{\rho\omega^2}{2}$$

式中 f——摩擦阻力系数。$f=\dfrac{0.3164}{Re^{0.25}}=\dfrac{0.3164}{(4.4\times10^4)^{0.25}}=0.0218$。

$\Sigma\zeta$——各局部阻力系数之和。该换热器有一个水室进口和一个水室出口，一个管束转180°进入另一管束共三次，故

$$\Sigma\zeta=2\times1+3\times2.5=9.5$$

ω——管中水流速度。

$$\omega=\frac{m_2}{\rho_2 F_总}=\frac{3.5}{973.6\times\left(\pi\times\dfrac{0.017^2}{4}\right)\times16}=0.99(\text{m/s})$$

所以

$$\Delta p=\left(0.0218\times\frac{4\times1.5}{0.017}+9.5\right)\times\frac{973.6\times0.99^2}{2}$$
$$=8203.53(\text{Pa})$$

换热器内的压力降合乎要求，故以上计算成立。

【例 19-4】 用 ε-NTU 法求蒸汽—空气加热器出口温度和换热量，空气质流量 $M_2=8.4$kg/s，$t_2'=2$℃，加热器面积 $F=52.9$m²，加热蒸汽为 3×10^5Pa（绝对压力）饱和蒸汽，传热系数 $k=40$W/(m²·℃)。

解 由于不知道空气的出口温度，$(Mc)_{\min}$ 为未知，则 NTU 无法计算，为此须先设定出口温度，确定比热 c_2，然后计算进而校核。假设 $t_2''<100$℃，则空气平均温度不会超过 50℃，此时空气的比热为 $c_2=1.005$kJ/(kg·K)，则

$$\text{NTU}=\frac{KF}{(Mc)_{\min}}=\frac{40\times52.9}{8.4\times1005}=0.251$$

对于凝结换热，由于存在 $\dfrac{(Mc)_{\min}}{(Mc)_{\max}}=0$，所以有

$$\varepsilon=1-e^{-\text{NTU}}=1-e^{-0.251}=0.222$$

查饱和水蒸气表知，饱和蒸汽的温度为 $t_s=133.5$℃，所以

$$t_2''=\varepsilon(t_1'-t_2')+t_2'=0.222\times(133.2-2)+2=31.2(℃)$$

换热量 $\Phi=M_2 c_2(t_2''-t_2')=8.4\times1005\times(31.2-2)=2.465\times10^5$(W)

t_2'' 处于原设定的范围内，故所用的比热 c_2 是合理的。

对于一般的空气加热器是不需要针对假设—试算—校核计算反复进行的，因为空气的比热在常温（0~60℃）范围内可以认为是常数。

【例 19-5】 一肋片管式余热换热器，废气进口 $t_1'=300$℃，出口 $t_1''=100$℃。水由 $t_2'=35$℃加热升至 $t_2''=125$℃，水的质量流量 $M_2=1$kg/s。废气比热 $c_1=1$kJ/(kg·K)，以肋片侧为基准的传热系数 $k=100$W/(m²·℃)，试用 LMTD 法及 ε-NTU 法确定肋片侧的传热面积。

解 本题是两种流体各自不相混合的换热器。

由 LMTD 法计算。为确定该换热器的温差修正系数，由辅助量 P、R 值

$$P = \frac{t_2'' - t_2'}{t_1' - t_2'} = \frac{125 - 35}{300 - 35} = 0.34$$

$$R = \frac{t_2' - t_1''}{t_2'' - t_2'} = \frac{300 - 100}{125 - 35} = 2.22$$

用图 19-17 查得 $\varepsilon_{\Delta t} = 0.87$。

逆流时

$$\Delta t_m = \frac{\Delta t' - \Delta t''}{\ln \frac{\Delta t'}{\Delta t''}} = \frac{(t_1' - t_2'') - (t_1'' - t_2')}{\ln \frac{t_1' - t_2''}{t_1'' - t_2'}}$$

$$= \frac{(300 - 125) - (100 - 35)}{\ln \frac{300 - 125}{100 - 35}} = 111(\text{℃})$$

$$F = \frac{\Phi}{k \Delta t_m \varepsilon_{\Delta t}} = \frac{M_2 c_2 (t_2'' - t_2')}{k \Delta t_m \varepsilon_{\Delta t}} = \frac{4195 \times (125 - 35)}{100 \times 111 \times 0.87} = 39.1(\text{m}^2)$$

由 ε－NTU 法计算水侧平均温度

$$t_{2,m} = \frac{t_2' + t_2''}{2} = \frac{35 + 125}{2} = 80 \ (\text{℃})$$

查附录 7 水的物性表，$c_2 = 4195\text{J}/(\text{kg} \cdot \text{K})$。

$$M_2 c_2 = 1 \times 4195 = 4195(\text{W/K})$$

$$M_1 c_1 = M_2 c_2 \frac{t_2'' - t_2'}{t_1' - t_1''} = 4195 \times \frac{125 - 35}{300 - 100} = 1887.75(\text{W/K})$$

即 $M_2 c_2 > M_1 c_1$，故

$$\varepsilon = \frac{t_1' - t_1''}{t_1' - t_2'} = \frac{300 - 100}{300 - 35} = 0.755$$

对于

$$\frac{M_1 c_1}{M_2 c_2} = \frac{1887.75}{4195} = 0.45$$

查图 19-23，得 NTU＝2.1。

$$F = \frac{\text{NTU} \ (Mc)_{\min}}{k} = \frac{2.1 \times 1887.75}{100} = 39.7 \ (\text{m}^2)$$

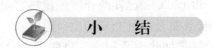

小　结

本章叙述了换热器的结构、工作原理及其基本计算方法。学习本章的基本要求是：了解常见间壁式换热器的类型、特点及工作原理；掌握对数平均温度差、换热器效能、传热单元数的概念；会应用平均温差法及 ε－NTU 法进行换热器的设计计算和校核计算。

本章主要内容如下：

（1）换热器结构。本章扼要介绍了几种换热器的结构及工作原理。换热器按工作原理不同分为：间壁式换热器、混合式换热器和回热式换热器三种。在工程中最常用的是间壁式换

热器（又称表面式换热器），其又分为：壳管式换热器、肋片管式换热器、螺旋板式换热器、板翅式换热器、板式换热器以及浮动盘管式换热器。一个良好的换热器应具备传热系数高、结构紧凑、满足承压的要求以及便于清理检修等。在了解各种换热器时，应着重其主要优点和缺点。

(2) 换热器的热计算。换热器的热计算分为平均温差法（LMTD法）和效能—传热单元法（ε—NTU法）。平均温差法的基本计算公式是传热公式 $\Phi = KF\Delta t_m$；传热单元数法则基于 $\varepsilon = f\left[\text{NTU}, \dfrac{(Mc)_{\min}}{(Mc)_{\max}}, 流动方式\right]$ 的函数关系或图表。换热器计算有两种类型：设计计算与校核计算。在设计计算中一般都用平均温差法（LMTD法）。对于换热器的校核计算常用 ε—NTU 法。不论是校核计算还是设计计算，通常都要采用试算法。

习 题

19-1 换热器是如何分类的？

19-2 换热器用久了，会有哪些原因使出力下降？应采取什么措施改变出力状况？

19-3 工程中常用的换热器类型有哪些？各自应用于何处？

19-4 试求换热器中的平均温差。已知换热器中热流体由 300℃ 被冷却至 200℃，而冷流体从 25℃ 被加热到 175℃，冷、热流体被布置成顺流式。

19-5 若上题冷、热流体被布置成逆流，换热器中的平均温差为多少？

19-6 某冷却设备每小时必须把 300kg 的热流体从 150℃ 冷却至 50℃（热流体的比热 $c_1 = 3.04$ kJ/kg·k）。为了冷却热流体，现用流量 $m_2 = 1000$ kg/h 的 10℃ 水进行冷却，试求（1）当换热器为顺流式和逆流式时的平均温差；（2）若换热器总传热系数 $k = 4180$ kJ/(m²·h·℃) 时，顺流和逆流两种情况下各需要的换热面积是多少？

19-7 一换热器，重油从 300℃ 冷却到 150℃，而石油从 20℃ 被加热到 150℃，如换热器流动方式为 (1) 顺流；(2) 逆流；(3) 交叉流（石油不混合），问平均温差各为多少？

19-8 一套管换热器，水由 180℃ 被冷却到 120℃，油从 80℃ 被加热到 120℃，求换热器效能？

19-9 一管式空气预热器，空气由 15℃ 加热到 130℃。烟气在 400℃ 下进入空气预热器管内，160℃ 时离开，总换热量为 3×10^4 W，传热系数为 40W/(m²·℃)，求换热器面积？

19-10 已知套管式换热器，换热面积 $F = 2$m²，传热系数 $k = 1000$W/(m²·℃)，冷、热介质的进口温度分别为 10℃ 和 150℃。已知两介质的比热容量都是 1000J/(kg·k)。求按顺流和逆流安排时，换热器的传热量及两种介质的出口温度？

19-11 某工厂为了利用废气来加热生活用水，自制了一台简易的管壳式换热器。烟气在内径为 30mm 钢管的管束内流动，流速为 30m/s，入口温度为 200℃，出口温度取为 100℃。冷水在管束与外壳之间的空间内与烟气逆向流动，要求把它从入口处的 20℃ 加热到 50℃，试估算所需的直管长度。（忽略烟气侧的辐射换热）

19-12 在一台逆流的水—水换热器中，$t_1' = 87.5$℃，流量为每小时 9000kg，$t_2' = 32$℃，流量为每小时 13500kg，总传热系数 $k = 1740$W/(m²·℃)，传热面积 $F = 3.75$m²。试确定热水的出口温度？

19-13 已知逆流套管式换热器的换热面积 $F=3.5\text{m}^2$，传热系数 $k=1375\text{W}/(\text{m}^2\cdot\text{℃})$，冷热介质的进口温度分别为 23℃ 和 160℃，热容量分别为 $(Mc)_2=4.18\text{W/K}$ 和 $(Mc)_1=5.7\text{W/K}$，求换热器的传热量及两种介质的出口温度。

19-14 若上题中，将换热器改为 2—4 型壳管式换热器（冷流体走壳程，热流体走管程，传热系数不变），则传热量和两种介质的出口温度又为多少？

第二十章 质交换概论

质交换、热交换、动量交换三者在机理上是类似的,所以在分析质交换的方法上也和热交换及动量交换具有相同之处。扩散要比一元物质的分子动量交换和热交换复杂。本章主要讲扩散的基本定律——斐克定律并阐明质交换的基本原理,从动量交换和质交换类比的角度,介绍有关质交换的基本计算方法。

物质的分子总是在做不规则运动。在有两种物质组成的二元混合物中,如果存在浓度差,在分子随机性运动的作用下,物质的分子会从浓度高处向浓度低处迁移,这种迁移称为浓度扩散或称扩散,通过浓度扩散产生质交换。正如前面传热学中温度差是传热的推动力一样,浓度差是质交换的推动力。

浓度差并不是质交换的唯一动力。在没有浓度差的二元体系中,如果在该体系中的各处均存在温度差或总压力差,也会发生扩散。由温度差产生的扩散称为热扩散,由总压力差产生的扩散称为压力扩散,扩散的结果会导致浓度发生变化并引起浓度扩散,最后温度、压力、浓度扩散相互平衡,建立一个新的稳定状态。在实际工程当中,当温度差或总压力差不大的条件下,只考虑浓度扩散。

第一节 质交换的基本方式及基本概念

一、质交换基本方式

质交换有两种基本方式:分子扩散和对流扩散。在静止的流体或垂直于浓度梯度方向作层流运动的流体以及固体中的扩散,是由微观分子运动所引起的,称为分子扩散,与传热学中的导热相似。在流体中由于对流运动引起的物质传递,称为对流扩散,它要强于分子扩散。

流体作对流运动时,当流体中存在浓度差时,对流扩散的同时也必伴随着分子扩散,分子扩散与对流扩散两者的共同作用称为对流质交换,它的机理与对流换热相类似。单纯的对流扩散是不存在的。对流质交换是在流体与液体或固体的两相交界面上完成的,如空气掠过液体表面时的蒸发等。

二、浓度

在二元或多元混合物中,各个组分占混合物的份额称为浓度。表示浓度的方法很多,本章主要引用质量浓度和摩尔浓度的概念。在单位容积中所含某组分 i 的质量称为该成分的质量浓度,用符号 ρ_i 表示,单位是 kg/m^3。在单位容积中某组分 i 的摩尔数称为该组分的摩尔浓度,用符号 C_i 表示,单位是 $kmol/m^3$。

设有 A、B 两种物质组成的混合物,其总体积为 V,两种物质质量浓度和摩尔浓度分别表示为

$$\rho_A = \frac{m_A}{V} \quad \rho_B = \frac{m_B}{V} \tag{20-1a}$$

$$C_A = \frac{n_A}{V} \quad C_B = \frac{n_B}{V} \tag{20-1b}$$

根据理想气体状态方程式,质量浓度和摩尔浓度还可以表示为

$$\rho_A = \frac{p_A}{R_A T} \quad \rho_B = \frac{p_B}{R_B T} \tag{20-2a}$$

$$C_A = \frac{p_A}{R_0 T} \quad C_B = \frac{p_B}{R_0 T} \tag{20-2b}$$

三、扩散通量

在传质中,用扩散通量来表示质量传递的速度。扩散通量是指单位时间内垂直通过单位面积的某一组分的物质数量。随着取用的浓度单位不同,扩散通量可表示为质扩散通量 m [kg/(m²·s)]和摩尔扩散通量 N [kmol/(m²·s)]等。

对于二元或多元混合物,当各个组分的扩散速度不同时,此混合物将产生整体流动,并以质平均速度或摩尔平均速度通过某截面。如图 20-1 密闭容器中存有二元混合物的扩散。设初始时,一厚度很薄的隔板,分隔着温度和压力分别相等的两种气体 A 和 B。抽掉隔板后,容器仍然保持相同的温度,而组分 A 和 B 将通过分子扩散互相渗透。当扩散速度不同时,会发生整体移动,因此计算扩散通量

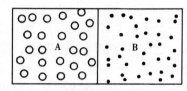

图 20-1 密闭容器中二元混合物的扩散

就与坐标系的选取有关。坐标系有动坐标系和静坐标系,选取某固定点作为坐标原点的坐标系是静坐标系;令坐标随混合物整体平均速度而移动,则为动坐标系。相对静止坐标的扩散通量称为绝对扩散通量或净扩散通量,而相对于整体平均速度移动的动坐标扩散通量则称为相对扩散通量。显然,按静坐标计算的扩散通量应等于按动坐标计算的扩散通量,加上整体运动的传递速率。只有在等质量或等摩尔互扩散条件下,混合物的质平均速度或摩尔平均速度为零,此时净扩散通量才和相对扩散通量一致。

第二节 质扩散基本定律

一、裴克定律

1855 年,物理学家裴克(A. FicK)确认质量扩散(分子扩散)与浓度梯度之间的关系,即扩散通量与浓度梯度之间存在着线性关系。下面介绍裴克定律表达式。

在浓度场不随时间而变化的稳态扩散条件下,当没有整体流动时,组成二元混合物中组分 A 的扩散通量(质量通量 m 或摩尔通量 N)同它的浓度梯度成正比,这就是扩散基本定律——裴克(A. FicK)定律,表达式为

$$m_A = -D_{AB} \frac{d\rho_A}{dy} \tag{20-3}$$

或

$$N_A = -D_{AB} \frac{dC_A}{dy} \tag{20-4}$$

式中 m_A、N_A——扩散物质 A 的相对质量扩散通量和摩尔扩散通量,kg/(m²·s)、kmol/(m²·s);

ρ_A、C_A——组分 A 的质量浓度和摩尔浓度,kg/m³、kmol/m³;

$\frac{d\rho_A}{dy}$、$\frac{dC_A}{dy}$——组分 A 的质量浓度梯度和摩尔浓度梯度;

D_{AB}——比例系数,称为分子扩散系数,m^2/s。右下角码表示物质 A 向物质 B 进行的扩散。

需要注意的是,当混合物以某一质平均速度或摩尔平均速度进行移动时,裴克定律的坐标应取随整体移动的动坐标。上述公式中出现的"一"号是由于扩散是朝着浓度降低的方向,与浓度梯度方向相反。

由式(20-3)、式(20-4)可以发现,表达物质扩散的裴克定律具有类比的性质,即

$$m_A = -D_{AB}\frac{d\rho_A}{dy}$$

$$q = -\lambda\frac{dt}{dy} = -\frac{\lambda}{c_p\rho}\cdot\frac{d(c_p\rho t)}{dy} = -a\frac{d(c_p\rho t)}{dy}$$

$$\tau = -\mu\frac{dw}{dy} = -\mu\cdot\frac{1}{\rho}\cdot\frac{d(\rho w)}{dy} = -\nu\frac{d(\rho w)}{dy}$$

上述三个式子表示了分子扩散速率、导热速率、动量扩散速率各自与其相应的梯度成正比。它们具有相同形式的数学表达式,这说明动量交换、热量交换和质交换这三者之间可以类比。

式中 ρw——运动流体单位容积所具有的动量(或称动量交换传递的量),$kg/(m^2\cdot s)$;

$c_p\rho t$——物质每单位容积所具有的焓(或称热交换传递的量),kJ/kg;

ρ_A——扩散物质每单位容积所具有的物质量也就是浓度(或称质交换的量),kg/m^3;

D——分子扩散或质扩散系数,m^2/s;

a——热扩散系数,m^2/s;

ν——动量扩散系数或称运动黏度,m^2/s。

裴克定律也可以用质量或摩尔份额来表示,当混合物的密度或摩尔数不随扩散方向 y 变化时,有相应于质量浓度、摩尔浓度的质量份额 ρ_A^*、摩尔份额 C_A^* 的下列关系式

$$\rho_A^* = \frac{m_A}{m} = \frac{\rho_A}{\rho} \tag{20-5}$$

$$C_A^* = \frac{C_A}{C} \tag{20-6}$$

将式(20-5)、式(20-6)代入式(20-3)、式(20-4)中得

$$m_A = -\rho D_{AB}\frac{d\rho_A^*}{dy} \tag{20-7}$$

$$N_A = -CD_{AB}\frac{dC_A^*}{dy} \tag{20-8}$$

对于理想混合气体,已知其组分分压力变化时,裴克定律还可以表示为

$$m_A = -\frac{D_{AB}}{R_A T}\frac{d\rho_A}{dy} \tag{20-9}$$

$$N_A = -\frac{D_{AB}}{R_0 T}\frac{d\rho_A}{dy} \tag{20-10}$$

上述裴克定律只适用于混合物无显著宏观对流的等摩尔逆向扩散的场合。如果混合物整体运动不可忽略时,则需要采用其他形式的裴克定律,可参阅有关文献。下面针对等摩尔逆向扩散的情况加以讨论。

设有一容器中有 A、B 两种组分的气体混合物。如果 A 和 B 的扩散方向相反，且摩尔通量相等，即 $N_A = -N_B$，此时为等摩尔逆向扩散。在稳态的等摩尔逆向扩散过程中，系统内任一点的总压力是保持不变的。这样就有

$$\frac{dp_A}{dy} = \frac{dp_B}{dy} \qquad (20\text{-}11)$$

上式表明，当系统中各处总压力相等时，两种组分的气体浓度梯度大小相等，方向相反。根据 $N_A = -N_B$，可由式（20-10）得

$$D_{AB} = D_{BA} = D$$

上式表明二元混合物在等摩尔逆向扩散时，两种组分各自的质扩散系数在数值上相等。此结论同样适用于等质量相互扩散的情况。

对式（20-3）、式（20-4）进行积分可得

$$m_A = D \frac{\rho_{A1} - \rho_{A2}}{\Delta y} \qquad (20\text{-}12)$$

$$N_A = D \frac{C_{A1} - C_{A2}}{\Delta y} \qquad (20\text{-}13)$$

对于混合气体

$$m_A = \frac{D}{R_A T} \frac{p_{A1} - p_{A2}}{\Delta y} \qquad (20\text{-}14)$$

$$N_A = \frac{D}{R_0 T} \frac{p_{A1} - p_{A2}}{\Delta y} \qquad (20\text{-}15)$$

式中 p_{A1}、p_{A2}——组分 A 扩散前后的分压力，Pa；

Δy——扩散变化的距离，m。

【例 20-1】 采用一块塑料薄膜从气流中分离氦气。在稳态下，塑料薄膜内外表面处的氦的浓度分别为 0.01koml/m³ 和 0.0025 koml/m³。如果薄膜的厚度 0.5mm，氦气对塑料的扩散系数为 $1 \times 10^{-9} \text{m}^2/\text{s}$，试求氦气的质量扩散通量。

解 根据题意可知，可以用式（20-13）来求解。

$$m_A = D \frac{p_{A1} - p_{A2}}{\Delta y} = \frac{1 \times 10^{-9}}{0.5 \times 10^{-3}} (0.01 - 0.0025) = 1.5 \times 10^{-8} [\text{kg}/(\text{m}^2 \cdot \text{s})]$$

二、斯蒂芬定律

前面介绍的裴克定律是应用于相互扩散的各种表达式。工程上有时会遇到特定情况下的扩散，如液体表面上的饱和蒸汽向空气中的扩散，对静坐标而言是属于单方向进行的，但对于动坐标而言仍然是双向互扩散。例如有一盛水容器，容器底部的水在向空气作等温蒸发，水蒸气分子通过容器内流动的空气层扩散至容器口，然后被容器外的气流带走。设所分析的扩散过程处于稳态，且容器口上的空气流速较小，因此不致使容器内空气产生扰动而改变其中的浓度分布。由于水面上的蒸汽分压力 $p_{A,1}$ 可认为是水温下的饱和压力，这个压力将大于容器口空气中的蒸汽分压力 $p_{A,2}$，容器内分压力变化曲线如图 20-2 所示，这就产生了水蒸

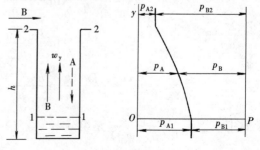

图 20-2 水蒸气向停滞空气的扩散

气由下向上的扩散,以 m_A 表示。由于容器内水蒸气分压力 p_A 和空气分压力 p_B 之和沿高度方向均保持不变,并等于容器外混合空气的总压力。对应容器内高度方向水蒸气分压力的变化,容器内空气也有分压力变化,因而对以质平均速度为 w_y 的动作标而言,空气会有反方向的相对扩散,以 m_B 表示。但由于容器底部水表面不能让空气通过,因此用静坐标系来分析就比较方便,因为空气的净扩散通量对静坐标系为零。

如前所述对静坐标的净扩散通量对水蒸气和空气分别为

$$m'_A = m_A + w_y \rho_A = -\frac{D}{R_A T}\frac{dp_A}{dy} + \rho_A \frac{p_A}{R_A T} \tag{20-16}$$

$$m'_B = m_B + w_y \rho_B = -\frac{D}{R_B T}\frac{dp_B}{dy} + \rho_B \frac{p_B}{R_B T} = 0 \tag{20-17}$$

由上式可知混合物整体运动的速度为

$$w_y = \frac{D}{p_B}\frac{dp_B}{dy}$$

由于

$$p_A + p_B = p = 常数$$

求导有

$$\frac{dp_A}{dy} = -\frac{dp_B}{dy}$$

所以

$$w_y = -\frac{D}{p - p_A}\frac{dp_A}{dy}$$

把上述关系式代入式(20-16),则有

$$m'_A = m_A - \frac{D}{p - p_A}\frac{dp_A}{dy}\rho_A = -\frac{D}{R_A T}\frac{dp_A}{dy} - \frac{D}{p - p_A}\frac{dp_A}{dy}\frac{p_A}{R_A T}$$

整理得

$$m'_A = -\frac{D}{R_A T}\frac{p}{p - p_A}\frac{dp_A}{dy} \tag{20-18}$$

这就是斯蒂芬(J. Stefan)定律的表达式,用于计算单向质扩散通量,它实质上就是对静坐标而言的裴克定律。

对于上式要求得结果,必须给出定解条件,然后用分离变量法进行求解。

从图 20-1 中可知定解条件为

$$y=0,\ p-p_{A1}=p_{B1};\quad y=h,\ p-p_{A2}=p_{B2}$$

将式(20-18)积分并利用 $p_{A1} - p_{A2} = p_{B2} - p_{B1}$,得

$$m'_A = \frac{D}{R_A T}\frac{p}{h}\ln\frac{p - p_{A2}}{p - p_{A1}} = \frac{D}{R_A T}\frac{p}{h}\ln\frac{p_{B2}}{p_{B1}}$$

$$= \frac{D}{R_A T}\frac{p}{h}\ln\frac{p_{B2} - p_{B1}}{p_{Bm}} \tag{20-19}$$

或

$$m'_A = \frac{D}{R_A T}\frac{p}{h}\ln\frac{p_{A2} - p_{A1}}{p_{Bm}};\ m'_A = \frac{D}{h}\frac{p}{p_{Bm}}(\rho_{A2} - \rho_{A1}) \tag{20-20}$$

上式中 $p_{Bm} = \dfrac{p_{B2} - p_{B1}}{\ln(p_{B2}/p_{B1})}$ 是组分 B(空气)分压力的对数平均值。

在上述公式中可以看出,由于 p/p_{Bm} 总是大于 1,所以 $m'_A > m_A$,这是因为混合物整体

运动的缘故。当水蒸气（组分 A）的浓度非常低时，其分压力很小，此时认为 $p_{Bm} \approx p$，即可不计算质平均速度，动坐标和静坐标的表达式一致，这时斯蒂芬定律就转化为斐克定律。利用上式在测出相关物理量后就可求出扩散系数 D 值。

三、扩散系数

依据斐克定律，扩散系数是沿扩散方向，在单位时间内每单位浓度降的条件下，垂直通过单位面积所扩散某物质的质量或摩尔数，即

$$D = \frac{m_A}{-\frac{d\rho_A}{dy}} = \frac{N_A}{-\frac{dC_A}{dy}} \tag{20-21}$$

扩散系数是物质的分子的扩散能力，是物质的物理性质之一。它的大小与扩散物质种类、混合物系统的性质以及扩散时的温度和压力等因素有关。二元混合气体作为理想气体用分子运动理论可以得出 $D \sim p^{-1} T^{3/2}$ 的关系。不同物质之间的分子扩散系数是通过实验来测定的。表 20-1 列举了在压力 $p_0 = 1.013 \times 10^5 Pa$、温度 $T_0 = 273K$ 时各种气体在空气中的扩散系数 D_0，在其他 p、T 状态下的扩散系数可用下式换算

$$D = D_0 \frac{p_0}{p} \left(\frac{T}{T_0}\right)^{3/2} \tag{20-22}$$

两种气体 A 与 B 之间的分子扩散系数可用下列半经验公式估算

$$D = \frac{435.7 T^{3/2}}{p(V_A^{1/3} + V_B^{1/3})^2} \sqrt{\frac{1}{\mu_A} + \frac{1}{\mu_B}} \tag{20-23}$$

式中　T——热力学温度，K；

　　　p——总压力，Pa；

μ_A、μ_B——气体 A、B 的分子量；

V_A、V_B——气体 A、B 在正常沸点时液态克摩尔容积，$cm^3/gmol$。几种常用气体的液态摩尔容积可查表 20-2。

在式（20-23）中，扩散系数 D 与气体的浓度无关，它随气体温度的升高及总压力的下降而加大，这种现象可以用分子运动论来解释。当气体温度升高时，气体分子的平均动能增大，所以扩散加快；当气体压力升高时，分子间的平均自由行程减小，所以扩散减弱。值得注意的是，经验公式中的 D 的单位是 cm^2/s，在计算质扩散通量或摩尔扩散通量时，需要将 D 的单位换算成 m^2/s。

二元混合液体的扩散系数以及气—固、液—固之间的扩散系数，比气体之间的扩散系数复杂，只能用实验的方法获得。

表 20-1　　　　　　　　气体在空气中的分子扩散系数 D_0　　　　　　　　cm^2/s

气体	H_2	N_2	O_2	CO_2	SO_2	NH_3	H_2O	HCl	空气
D_0	0.511	0.132	0.178	0.138	0.103	0.20	0.22	0.13	0.246

注　上表是在 $p_0 = 1.013 \times 10^5 Pa$，$T_0 = 273K$ 下测得的。

表 20-2　　　　　　　　在正常沸点下液态克摩尔容积　　　　　　　　$cm^3/gmol$

气体	H_2	N_2	O_2	CO_2	SO_2	NH_3	H_2O	空气
摩尔容积	14.3	31.1	25.6	34	44.8	25.8	18.9	29.9

【例 20-2】　有一直径为 30mm 的直管，底部盛有 20℃ 的水，水面距管口为 200mm。

当流过管口的空气温度为20℃，相对湿度 $\varphi=30\%$，总压力 $p=1.013\times 10^5$Pa 时，试计算（1）水蒸气往空气中的扩散系数 D；（2）水的质扩散通量（即蒸发速率）。

解 （1）查表 20-1 可得 $D_0=0.22\text{cm}^2/\text{s}$，换算到 20℃时的 D 值为

$$D=D_0\frac{p_0}{p}\left(\frac{T}{T_0}\right)^{3/2}=0.22\left(\frac{293}{273}\right)^{1.5}=0.245(\text{cm}^2/\text{s})$$

如果用式（20-23）计算 D，可查表 20-2，则有

水蒸气的分子容积 $V_A=18.9$
水蒸气的分子量 $\mu_A=18$
空气的分子容积 $V_B=29.9$
空气的分子量 $\mu_B=28.9$

$$D=\frac{437.5\times(293)^{1.5}}{1.013\times 10^5\times(18.9^{1/3}+29.9^{1/3})^2}\sqrt{\frac{1}{18}+\frac{1}{28.9}}$$

$$=0.196(\text{cm}^2/\text{s})$$

通过对比计算可以看到，用经验公式计算和查表所得相差为 $\frac{0.245-0.195}{0.245}\times 100\%=20.4\%$，在没有实验数据的情况下，用经验公式估算是可行的。

（2）水表面的蒸汽分压力相当于水温 20℃时的饱和压力，查附录 8 水蒸气表可以得到 $p_{A1}=2337$Pa，管口的水蒸气分压力 $p_{A2}=0.32\times 2337=701$Pa，相应的空气分压力为

$$p_{B1}=101300-2337=98963(\text{Pa})$$
$$p_{B2}=101300-701=100599(\text{Pa})$$

平均分压力 $p_{Bm}=\dfrac{100599-98963}{\ln(100599/98963)}=99778.8(\text{Pa})$

根据式（20-19）质扩散通量为

$$m'_A=\frac{D}{R_AT}\frac{p}{h}\times\frac{p_{B2}-p_{B1}}{p_{Bm}}=\frac{0.245(100599-98963)}{\frac{8314}{18}\times 293\times 0.2}\times\frac{101300}{99778}\times 10^{-4}$$

$$=1.5\times 10^{-6}[\text{kg}/(\text{m}^2\cdot\text{s})]$$

第三节　对流质交换和对流换热的类比

在上节中讨论了静止的或几乎静止的二元混合物中的扩散质交换，而工程上遇到的质交换往往和流体运动相联系，由于流体的流动而加强了质交换。对流质交换是指流体流过壁面或液体界面时，如果主流与界面间有浓度差引起的质量传递。对流质交换的类比见图 20-3。

对流传质通常采用类似对流换热中牛顿冷却公式的形式来计算，即

$$m_A=\alpha_D(\rho_{Aw}-\rho_{A\infty}) \tag{20-24a}$$

或 $N_A=\alpha_D(C_{Aw}-C_{A\infty})$ (20-24b)

式中　α_D——传质系数，m/s；

$\rho_{Aw}, \rho_{A\infty}$——分别是界面处和远离边界处组分 A 的质量浓度，kg/m³；

$C_{Aw}, C_{A\infty}$——分别是界面处和远离界面的主流中组分 A 的摩尔浓度，kmol/m³。

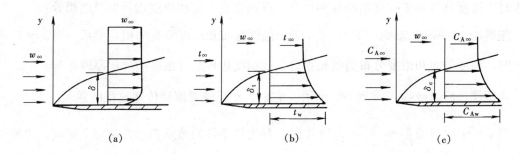

图 20-3 对流质交换的类比
(a) 速度边界层；(b) 温度边界层；(c) 浓度边界层

其他符号意义同前。

上式与牛顿冷却公式比较可以看出，对流传质系数 α_D 与对流换热系数 α 在形式上相同，但物理意义和单位都不同。α_D 可以理解为当混合物的某组分 A 在界面与远离界面处浓度差为单位浓度差时，单位时间内通过单位面积的质扩散通量。与对流换热计算一样，对流传质计算首先必须求出传质系数。确定传质系数的主要方法，一是相似理论指导下的实验法，另一个是动量、热量、质量传递的比拟法。即用质流量代替热流量，用浓度变化代替温度变化，类似于导热微分方程的推导，得到边界层中的扩散方程。对于稳定的、二维、常物性层流的扩散方程是

$$w_x \frac{\partial C_A}{\partial x} + w_y \frac{\partial C_B}{\partial y} = D \frac{\partial^2 C_A}{\partial y^2} \tag{20-25}$$

综合速度分布和扩散边界条件求出边界层中浓度分布，再求 α_D。

一、对流质交换相似准则

在对流质交换时，对于二元混合物的二维稳态层流流动，当不考虑流体的体积力和压力梯度，忽略耗散热、化学反应热以及由于分子扩散而引起的能量传递时，对流质交换微分方程组应包括

$$\frac{\partial w_x}{\partial x} + \frac{\partial w_y}{\partial y} = 0 \tag{20-26}$$

$$w_x \frac{\partial w_x}{\partial x} + w_y \frac{\partial w_x}{\partial y} = \nu \frac{\partial^2 w_x}{\partial y^2} \tag{20-27}$$

$$w_x \frac{\partial t}{\partial x} + w_y \frac{\partial t}{\partial y} = a \frac{\partial^2 t}{\partial y^2} \tag{20-28}$$

$$w_x \frac{\partial C_A}{\partial x} + w_y \frac{\partial C_B}{\partial y} = D \frac{\partial^2 C_A}{\partial y^2}$$

上述四个方程称为对流质交换边界层方程组。它们边界条件是

换热条件 $y=0, w_x=0, w_y=0, t=t_w; y=\infty, w_x=w_\infty, w_y=0, t=t_\infty$

传质条件 $y=0, w_x=0, w_y=w_w, C_A=C_{Aw}; y=\infty, w_x=w_\infty, w_y=0, C_A=C_{A\infty}$

从上面的动量、能量、扩散方程及相对应的边界条件可以看到，它们在形式上是完全类似的，它们统称为边界层传递方程。采用第十四章所叙述的方法，结合边界条件进行分析求解，可获得质交换的准则关系式。

施密特（Schmidt）准则 $Sc = \dfrac{\nu}{D}$，表示速度分布和浓度分布的相互关系。当 $\nu = D$ 或 $\dfrac{\nu}{D}$

= 1 时，速度分布和浓度分布曲线相重合，或速度边界层和浓度边界层厚度相等。

路易斯（Lewis）准则 $Le = \dfrac{a}{D}$，表示温度分布和浓度分布的相互关系。当 $a = D$ 或 $\dfrac{a}{D}$ = 1 时，温度分布和浓度分布曲线相重合，或温度边界层和浓度边界层厚度相等。

舍伍德（Sherwood）准则 $Sh = \dfrac{\alpha_D l}{D}$，它的大小反映对流质传递过程的强弱。

当 $\nu = a = D$ 或 $\dfrac{\nu}{D} = \dfrac{\nu}{a} = \dfrac{a}{D} = 1$ 时，且边界条件的数学表达式又完全相同，边界层中的无因次速度、温度分布和浓度分布曲线完全重合。

现在我们可以用 Sh 与 Sc、Re 等准则的关联式，来表达对流质交换系数与诸影响因素的关系。对流沿平面或管内流动时质交换的准则关联式为

$$Sh = f(Sc, Re)$$

或

$$\frac{\alpha_D l}{D} = f\left(\frac{\nu}{D}, \frac{wl}{\nu}\right)$$

函数的具体形式需要实验确定。在实际应用上对流质交换的准则关联式常常套用相应的对流换热的准则关联式。当然，这种套用是近似的，因为只是在忽略了某些次要的因素后，表达质交换、热交换和动量交换的微分方程式才相类似。

在给定 Re 准则的条件下，当流体的 $a = D$ 即流体的 $Pr = Sc$ 或 $Le = 1$ 时，基于热交换和质交换过程对应的定型准则数值相等，因此

$$Nu = Sh$$

即

$$\frac{\alpha l}{\lambda} = \frac{\alpha_D l}{D}$$

或

$$\alpha_D = \alpha \frac{D}{\lambda} = \alpha \frac{a}{\lambda} = \frac{\alpha}{c_p \rho} \tag{20-29}$$

这个关系式称为路易斯关系，即热质交换类比律。式中流体的 c_p 和 ρ 作为已知值。因此，当 $Le = 1$ 时，质交换系数可直接从换热系数的类比关系求得。对气体混合物，通常可以近似地认为 $Le \approx 1$。例如水表面向空气中蒸发，在 20℃ 时，热扩散系数 $a = 21.4 \times 10^{-6} \text{m}^2/\text{s}$，动量扩散系数 $\nu = 15.11 \times 10^{-6} \text{m}^2/\text{s}$，经过修正后的质扩散系数 $D = 24.5 \times 10^{-6} \text{m}^2/\text{s}$，所以 $Le = \dfrac{a}{D} = 0.873 \approx 1$。说明当空气掠过水面，在边界层中的温度分布和浓度分布曲线近乎相似。

二、动量交换与热交换的类比在质交换中的应用

与前面叙述的热量传递和质量传递类比的道理相同，在界面上物质传递速度很小时，动量传递和质量传递的数学描述也类似，可以建立起摩擦系数 f 与传质系数 α_D 之间的关系。这就提供了另一条确定传质系数的途径。

例如，管内强制对流流动，对于换热来说，在 $Pr = 1$ 时，由雷诺类比可得

$$St_D = \frac{f}{8}$$

当 $Pr \neq 1$ 时，上式为

$$St_D \cdot Pr^{2/3} = \frac{f}{8}$$

第二十章 质交换概论

对于传质来说，由雷诺类比可以得到

$$St_D \cdot Sc^{2/3} = \frac{f}{8} \tag{20-30}$$

式中，$St_D = \dfrac{Sh}{Re \cdot Sc} = \dfrac{\alpha_D}{w}$ 称为质交换斯坦登准则。

如果沿平板强制流动的对流，传质类比关系为

$$St_D \cdot Sc^{2/3} = \frac{f}{2} = 0.332 Re^{-1/2} \tag{20-31}$$

$$St_D \cdot Sc^{2/3} = \frac{f}{2} = 0.0296 Re^{-1/5} \tag{20-32}$$

根据动量交换与热交换的类比以及动量交换与质交换的类比有

$$\frac{\alpha}{\alpha_D} = \alpha_p \left(\frac{Sc}{Pr}\right)^{2/3} = \alpha_p Le^{2/3} \tag{20-33}$$

上式是 $Le \neq 1$ 时传质系数 α_D 与对流换热系数 α 之间的普遍关系式。

对于对流传质关联式见表 20-3。

表 20-3　　　　　　　　　　对流传质关联式

流体接触对象	关联式		适用范围
管内强制对流流动传质	$Sh = 0.023 Re^{0.83} \cdot Sc^{0.44}$		$2000 < Re < 35000$ $0.6 < Sc < 2.5$
流体沿平板流动的传质	层流	$Sh = 0.664 Re^{1/2} \cdot Sc^{1/3}$	$Re < 5 \times 10^5$
	紊流	$Sh = (0.037 Re^{0.8} - 850) Sc^{1/3}$	$Re > 5 \times 10^5$
气体流过单个球体	$Sh = 2.0 + 0.552 Re^{1/2} \cdot Sc^{1/3}$		$2 < Re < 4.8 \times 10^4$ $0.6 < Sc < 2.7$

利用上表中准则关联式计算传质系数是很方便的，确定传质系数后，即可计算质量通量或摩尔通量。还需指出，对于可以当作理想气体的混合物体，对于质量通量或摩尔通量还有下列表达式

$$m_A = \frac{\alpha_D}{R_A T}(p_{A1} - p_{A2}) \tag{20-34}$$

$$N_A = \frac{\alpha_D}{R_0 T}(p_{A1} - p_{A2}) \tag{20-35}$$

【例 20-3】　空气流以 3m/s 的速度平行于水面流动，水表面沿气流方向长 0.1m，水面温度为 15℃，空气温度为 20℃，空气总压力为 $p = 1.013 \times 10^5 Pa$，其中水蒸气的分压力 p_{A2} 为 701Pa（相当于空气相对湿度为 $\varphi = 30\%$）。试计算对流传质系数和蒸发速率。

解　（1）对流传质系数。

边界层的平均温度为　　$t_m = \dfrac{t_w + t_\infty}{2} = \dfrac{1}{2}(15+20) = 17.5$（℃）

由附录 6 中查空气的物性参数为　　$\nu = 14.83 \times 10^{-6} m^2/s$

雷诺数　　　　　　　　$Re = \dfrac{w_\infty l}{\nu} = \dfrac{3 \times 0.1}{14.83 \times 10^{-6}} = 20229 < 5 \times 10^5$

查表 20-1 得空气的 $D_0 = 0.246 \text{cm}^2/\text{s}$

所以
$$Sc = \frac{\nu}{D_0} = \frac{14.83 \times 10^{-6}}{0.246 \times 10^{-4}} = 0.6$$

$$Sh = 0.664 Re^{1/2} \cdot Sc^{1/3} = 0.664(20229)^{1/2}(0.6)^{1/3} = 79.7$$

$$D = D_0 \frac{p_0}{p} \left(\frac{T}{T_0}\right)^{3/2} = 0.246 \times \left(\frac{293}{273}\right)^{3/2} = 0.274 (\text{cm}^2/\text{s})$$

所以
$$\alpha_D = \frac{D}{l} Sh = \frac{0.274 \times 10^{-4}}{0.1} \times 79.7 = 2.18 \times 10^{-2} (\text{m/s})$$

水表面的水蒸气分压力在水温 15℃ 时的饱和压力，$p_{A1} = 1705\text{Pa}$

（2）蒸发速率。

由于水蒸气的浓度很小，附加传质忽略不计。所以蒸发速率（实际为质流通量）为

$$m_A = \frac{\alpha_D}{R_A T}(p_{A1} - p_{A2})$$
$$= \frac{2.18 \times 10^{-2}}{462 \times 288}(1705 - 701) = 1.645 \times 10^{-4} [\text{kg}/(\text{m}^2 \cdot \text{s})]$$
$$= 0.59 [\text{kg}/(\text{m}^2 \cdot \text{h})]$$

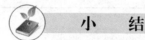

小　结

本章主要针对二元混合物在组分浓度不均匀时所产生的质量传递进行了介绍。学习的基本要求是：理解物质浓度扩散的两个基本定律，能通过动量传递与热量传递的类比关系进一步了解质量传递与它们类比关系，并能正确使用准则方程式进行对流传质计算。主要内容有：

（1）质交换是通过扩散来实现的，它的推动力是浓度差或分压力差。质交换的基本方式有分子扩散和对流扩散。分子扩散的机理相当于传热过程中的导热，对流扩散相当于对流。分子扩散和对流扩散的共同作用称为对流质交换，相当于对流换热。除了浓度差能产生扩散以外，温度差和总压力差也会产生热扩散及压力扩散，但在温差和总压差不大的情况下，通常这两项附加扩散可不计算。

（2）分子扩散的基本定律是裴克定律和斯蒂芬定律。

（3）动量传递、热量传递和质传递这三传是可以类比的。对流质交换系数 α_D 和对流换热系数 α 的作用相似，但它们的单位不同。

（4）对流质交换计算中常用的相似准则：

舍伍德准则 $Sh = \frac{\alpha_D l}{D}$；施密特准则 $Sc = \frac{\nu}{D}$；路易斯准则 $Le = \frac{a}{D}$；雷诺准则 $Re = \frac{wl}{\nu}$；斯坦登准则：$St_D = \frac{\alpha_D}{w}$。

20-1　试述传质的定义和推动力。

20-2 传质有哪两种基本方式？它们有什么不同？

20-3 试述裴克定律（含表达式、物理意义、适用范围、单位等）。

20-4 扩散系数是如何定义的？

20-5 传质为何有动坐标系和静坐标系之分？它们之间有何联系？

20-6 对流传质系数是如何定义的？

20-7 试写出 Sc、Sh 和 Le 这三个准则的表达式，并说明它们的物理意义？

20-8 如何理解动量，热量和质量传递的类比性？

20-9 试估算 CO_2 在空气（压力为 1 个物理大气压，温度为 40℃）中的扩散系数。

20-10 有一直径为 30mm 的容器，底部盛有 20℃ 的水，水面至容器口为 200mm。当流过容器的空气温度为 20℃，总压力为 1 个物理大气压，容器出口处水蒸气的分压力 P_{A2} 为 700Pa，计算水蒸气向空气中的扩散系数。

20-11 输送氧气的橡皮管外径为 12mm，厚度为 1.5mm。在稳态情况下，管的内侧表面上氧气的浓度为 0.05kmol/m^3，外侧表面上氧气的浓度为 0.0107kmol/m^3，氧气在橡皮管壁中的扩散率为 $1.5 \times 10^{-9} \text{m}^2/\text{s}$。试计算每小时通过每米管的氧气扩散量。

20-12 从分子运动论的观点来分析扩散系数 D 与压力 p、温度 t 的关系。并计算总压力为 $1.0132 \times 10^5 \text{Pa}$，温度为 25℃ 时，下列气体之间的扩散系数：（1）氧气和氮气；（2）氨气和空气。

20-13 在标准状态下空气中的氨气被潮湿的管壁所吸收，含氨空气以 5m/s 的流速横向掠过湿管壁。如从热、质交换类比律出发，对相同条件下计算对流换热求得换热系数 56W/($\text{m}^2 \cdot$℃)，试计算相应的对流质交换系数 α_D。

20-14 一个敞开的直径为 15cm、深为 7.5cm 的平底容器，底部盛有一层 25℃ 的水。与水相接触的空气温度为 25℃，压力为 $1.013 \times 10^5 \text{Pa}$，相对湿度为 50%，试计算水的蒸发率。

附 录

附录1 各种单位制常用单位换算

长度　$1m = 3.2808ft = 39.37in$
　　　$1ft = 12in = 0.3048m$
　　　$1in = 2.54cm$
　　　$1mile = 5280ft = 1.6093 \times 10^3 m$

质量　$1kg = 1000g = 2.2046lb = 6.8521 \times 10^{-2} slug$
　　　$1lb = 0.45359kg = 3.10801 \times 10^{-2} slug$
　　　$1slug = 1lbf \cdot s^2/ft = 32.174lb = 14.594kg$

时间　$1h = 3600s = 60min$
　　　$1ms = 10^{-3} s$
　　　$1\mu s = 10^{-6} s$

力　　$1N = 1kg \cdot m/s^2 = 0.102kgf = 0.2248lbf$
　　　$1dyn = 1g \cdot cm/s^2 = 10^{-5} N$
　　　$1lbf = 4.448 \times 10^5 dyn = 4.448N = 0.4536kgf$
　　　$1kgf = 9.8N = 2.2046lbf = 9.8 \times 10^5 dyn = 9.8kg \cdot m/s^2$

能量　$1J = 1kg \cdot m^2/s^2 = 0.102kgf \cdot m = 0.2389 \times 10^{-3} kcal = 1N \cdot m$
　　　$1Btu = 778.16ft \cdot lbf = 252cal = 1055.0J$
　　　$1kcal = 4186J = 427.2kgf \cdot m = 3.09ft \cdot lbf$
　　　$1ft \cdot lbf = 1.3558J = 3.24 \times 10^{-4} kcal = 0.1383kgf \cdot m$
　　　$1erg = 1g \cdot cm^2/s^2 = 10^{-7} J$
　　　$1eV = 1.602 \times 10^{-19} J$
　　　$1kJ = 0.9478Btu = 0.2388kcal$

功率　$1W = 1kg \cdot m^2/s^2 = 1J/s = 0.9478Btu/s = 0.2388kcal/s$
　　　$1kW = 1000W = 3412Btu/h = 859.9kcal/h = 1kJ/s$
　　　$1hp = 0.746kW = 2545Btu/h = 550ft \cdot lbf/s$
　　　1 马力 $= 75kgf \cdot m/s = 735.5W = 2509Btu/h = 542.3ft \cdot lbf/s$

压力　$1atm = 760mmHg = 101325N/m^2 = 1.0333kgf/cm^2$
　　　　　$= 14.6959lbf/in^2 = 1.03323at$
　　　$1bar = 10^5 N/m^2 = 1.0197kgf/cm^2 = 750.06mmHg = 14.5038lbf/in^2$
　　　$1kgf/cm^2 = 735.6mmHg = 9.80665 \times 10^4 N/m^2 = 14.2233lbf/in^2$
　　　$1Pa = 1N/m^2 = 10^{-5} bar = 750.06 \times 10^{-5} mmHg$
　　　　　$= 10.1974 \times 10^{-5} mH_2O = 1.01972 \times 10^{-5} at = 0.98692 \times 10^{-5} atm$
　　　$1mmHg = 1.3595 \times 10^{-3} kgf/cm^2 = 0.01934lbf/in^2 = 1Torr = 133.3Pa$
　　　$1mmH_2O = 1kgf/m^2 = 9.81Pa$

比热容　$1kJ/(kg \cdot K) = 0.23885kcal/(kg \cdot K) = 0.2388Btu/(lb \cdot °R)$
　　　　$1kcal/(kg \cdot K) = 4.1868kJ/(kg \cdot K) = 1Btu/(lb \cdot °R)$
　　　　$1Btu/(lb \cdot °R) = 4.1868kJ/(kg \cdot K) = 1kcal/(kg \cdot K)$

续表

比体积　　$1m^3/kg = 16.0185 ft^3/lb$
　　　　　$1 ft^3/lb = 0.062428 m^3/kg$
温度　　　$1℃ = 1K = 1.8°R$
　　　　　$1°F = \dfrac{9}{5}℃ + 32$
　　　　　$1°R = °F + 459.67$

常用物理常数
阿伏伽德罗数　　　　　　　$N_A = 6.022 \times 10^{23} mol^{-1}$
玻尔兹曼常数　　　　　　　$k = 1.380 \times 10^{-23} J/K$
普朗克常数　　　　　　　　$h = 6.626 \times 10^{-34} J·s$
摩尔气体常数　　　　　　　$R = 8.314510 J/(mol·K)$
　　　　　　　　　　　　　　$= 1.9858 Btu/(lbmol·°R)$
　　　　　　　　　　　　　　$= 1.9858 cal/(mol·K)$
1kg 干空气的气体常数　　　$R_a = 287.05 J/(kg·K)$
　　　　　　　　　　　　　　$= 29.23 kgf·m/(kg·K)$
1kg 水蒸气的气体常数　　　$R_{H_2O} = 461.5 J/(kg·K)$
重力加速度　　　　　　　　$g = 9.80665 m/s^2$
水的比热容　　　　　　　　$c = 4.1868 kJ/(kg·K)$
1物理大气压　　　　　　　$1 atm = 760 mmHg = 101.325 kPa$

附录2　饱和水与饱和水蒸气表（按温度排列）

温度	饱和压力	比容		焓		汽化潜热	熵	
		饱和水	饱和蒸汽	饱和水	饱和蒸汽		饱和水	饱和蒸汽
t (℃)	P_s (MPa)	v' (m³/kg)	v'' (m³/kg)	h' (kJ/kg)	h'' (kJ/kg)	r (kJ/kg)	s' (kJ/kg·K)	s'' (kJ/kg·K)
0	0.0006108	0.0010002	206.321	−0.04	2501.0	2501.0	−0.0002	9.1565
0.01	0.0006112	0.00100022	206.175	0.000614	2501.0	2501.0	0.0000	9.1562
1	0.0006566	0.0010001	192.611	4.17	2502.8	2498.6	0.0152	9.1298
2	0.0007054	0.0010001	179.935	8.39	2504.7	2496.3	0.0306	9.1035
4	0.0008129	0.0010000	157.267	16.80	2508.3	2491.5	0.0611	9.0514
6	0.0009346	0.0010000	137.768	25.21	2512.0	2486.8	0.0913	9.0003
8	0.0010721	0.0010001	120.952	33.60	2515.7	2482.1	0.1213	8.9501
10	0.0012271	0.0010003	106.419	41.99	2519.4	2477.4	0.1510	8.9009
12	0.0014015	0.0010004	93.828	50.38	2523.8	2472.6	0.1805	8.2525
14	0.0015974	0.0010007	82.893	58.75	2526.7	2467.9	0.2098	8.8050
16	0.0018170	0.0010010	73.376	67.13	2530.4	2463.5	0.2388	8.7583
18	0.0020626	0.0010013	65.080	75.50	2534.0	2458.5	0.2677	8.7125

续表

温度	饱和压力	比容		焓		汽化潜热	熵	
		饱和水	饱和蒸汽	饱和水	饱和蒸汽		饱和水	饱和蒸汽
t (℃)	P_s (MPa)	v' (m³/kg)	v'' (m³/kg)	h' (kJ/kg)	h'' (kJ/kg)	r (kJ/kg)	s' (kJ/kg·K)	s'' (kJ/kg·K)
20	0.0023368	0.0010017	57.833	83.86	2537.7	2453.8	0.2963	8.6674
22	0.0026424	0.0010022	51.488	92.22	2541.4	2449.2	0.3247	8.6232
24	0.0029824	0.0010026	45.923	100.59	2545.0	2444.4	0.3530	8.5797
26	0.0033600	0.0010032	41.031	108.95	2548.6	2439.6	0.3810	8.5370
28	0.0037785	0.0010037	36.726	117.31	2552.3	2435.0	0.4088	8.4950
30	0.0042417	0.0010043	32.929	125.66	2555.9	2430.2	0.4365	8.4537
35	0.0056217	0.0010060	25.246	146.56	2565.0	2418.4	0.5049	8.3536
40	0.0073729	0.0010078	19.548	167.45	2574.0	2406.5	0.5721	8.2576
45	0.0095817	0.0010099	15.278	188.35	2582.9	2394.5	0.6383	8.1655
50	0.012335	0.0010121	12.048	209.26	2591.8	2382.5	0.7035	8.0771
55	0.015740	0.0010145	9.5812	230.17	2600.7	2370.5	0.7677	7.9922
60	0.019919	0.0010171	7.6807	251.09	2609.5	2358.4	0.8310	7.9106
65	0.025008	0.0010199	6.2042	272.02	2618.2	2346.2	0.8933	7.8320
70	0.031161	0.0010228	5.0479	292.97	2626.8	2333.8	0.9548	7.7565
75	0.038548	0.0010259	4.1356	313.94	2635.3	2321.4	1.0154	7.6837
80	0.047359	0.0010292	3.4104	334.92	2643.8	2308.9	1.0752	7.6135
85	0.057803	0.0010326	2.8300	355.92	2652.1	2296.2	1.1343	7.5459
90	0.070108	0.0010361	2.3624	376.94	2660.3	2283.4	1.1925	7.4805
95	0.084525	0.0010398	1.9832	397.99	2668.4	2270.4	1.2500	7.4174
100	0.101325	0.0010437	1.6738	419.06	2676.3	2257.2	1.3069	7.3564
110	0.14326	0.0010519	1.2106	461.32	2691.8	2230.5	1.4185	7.2402
120	0.19854	0.0010606	0.89202	503.70	2706.6	2202.9	1.5276	7.1310
130	0.27012	0.0010700	0.66815	546.30	2720.7	2174.4	1.6344	7.0281
140	0.36136	0.0010801	0.50875	589.10	2734.0	2144.9	1.7390	6.9037
150	0.47597	0.0010908	0.39261	632.20	2746.3	2114.1	1.8416	6.8381
160	0.61804	0.0011022	0.30685	675.50	2757.7	2082.2	1.9425	6.7498
170	0.79202	0.0011145	0.24259	719.10	2768.0	2048.9	2.0416	6.6652
180	1.0027	0.0011275	0.19381	763.10	2777.1	2014.0	2.1393	6.5838
190	1.2552	0.0011415	0.15631	807.50	2784.9	1977.4	2.2356	6.5052
200	1.5551	0.0011565	0.12714	852.40	2791.4	1939.0	2.3307	6.4289
210	1.9079	0.0011726	0.10422	897.80	2796.4	1898.6	2.4247	6.3546
220	2.3201	0.0011900	0.08602	943.70	2799.9	1856.2	2.5178	6.2819
230	2.7979	0.0012087	0.07143	990.30	2801.7	1811.4	2.6102	6.2104
240	3.3480	0.0012291	0.05964	1037.60	2801.6	1764.0	2.7021	6.1397
250	3.9776	0.0012513	0.05002	1085.80	2799.5	1713.7	2.7936	6.0693
260	4.6940	0.0012756	0.04212	1135.0	2795.2	1660.2	2.8850	5.9989
270	5.5051	0.0013025	0.03557	1185.4	2788.3	1602.9	2.9676	5.9278
280	6.4191	0.0013324	0.3010	1237.0	2778.6	1541.6	3.0687	5.8555
290	7.4448	0.0013659	0.02551	1290.3	2765.4	1475.1	3.1616	5.7811
300	8.5917	0.0014041	0.02162	1345.4	2748.4	1403.0	3.2559	5.7038
310	9.8697	0.0014480	0.01829	1402.9	2726.8	1323.9	3.3522	5.6224
320	11.290	0.0014995	0.01544	1463.4	2699.6	1236.2	3.4513	5.5356
330	12.865	0.0015614	0.01296	1527.5	2665.5	1138.0	3.5546	5.4414
340	14.608	0.0016390	0.01078	1596.8	2622.3	1025.6	3.6638	5.3363
350	16.537	0.0017407	0.008822	1672.9	2566.1	893.2	3.7816	5.2149
360	18.674	0.0018930	0.00697	1763.1	2485.7	722.5	3.9189	5.0603
370	21.053	0.002231	0.004958	1896.2	2335.7	439.6	4.1198	4.8031
①374.12	22.115	0.003147	0.003147	2095.2	2095.2	0.00	4.4237	4.4237

① 这一行的数据为临界状态的参数值。

附录3 饱和水与饱和水蒸气表（按压力排列）

压力	饱和温度	比容		焓		汽化潜热	熵	
		饱和水	饱和蒸汽	饱和水	饱和蒸汽		饱和水	饱和蒸汽
P (MPa)	t_s (℃)	v' (m³/kg)	v'' (m³/kg)	h' (kJ/kg)	h'' (kJ/kg)	r (kJ/kg)	s' (kJ/kg·K)	s'' (kJ/kg·K)
0.0010	6.982	0.0010001	129.208	29.33	2513.8	2484.5	0.1060	8.9756
0.0020	17.511	0.0010012	67.006	73.45	2533.2	2459.8	0.2606	8.7236
0.0030	24.098	0.0010027	45.668	101.00	2545.2	2444.2	0.3543	8.5776
0.0040	28.981	0.0010040	34.803	121.41	2554.1	2432.7	0.4224	8.4747
0.0050	32.90	0.0010052	28.196	137.77	2561.2	2423.4	0.4763	8.3952
0.0060	36.18	0.0010064	23.742	151.50	2567.1	2415.6	0.5209	8.3305
0.0070	39.02	0.0010074	20.532	163.38	2572.2	2408.8	0.5591	8.2760
0.0080	41.53	0.0010084	18.106	173.87	2576.7	2402.8	0.5926	8.2289
0.0090	43.79	0.0010094	16.206	183.28	2580.8	2397.5	0.6224	8.1875
0.0100	45.83	0.0010102	14.676	191.84	2584.4	2392.6	0.6493	8.1505
0.015	54.00	0.0010140	10.025	225.98	2598.9	2372.9	0.7549	8.0089
0.020	60.09	0.0010172	7.6515	251.46	2609.6	2358.1	0.8321	7.9092
0.025	64.99	0.0010199	6.2060	271.99	2618.1	2346.1	0.8932	7.8321
0.030	69.12	0.0010223	5.2308	289.31	2625.3	2336.0	0.9441	7.7695
0.040	75.89	0.0010265	3.9949	317.65	2636.8	2319.2	1.0261	7.6711
0.050	81.35	0.0010301	3.2415	340.57	2646.0	2305.4	1.0912	7.5951
0.060	85.95	0.0010333	2.7329	359.93	2653.6	2293.7	1.1454	7.5332
0.070	89.96	0.0010361	2.3658	376.77	2660.2	2283.4	1.1921	7.4811
0.080	93.51	0.0010387	2.0879	391.72	2666.0	2274.3	1.2330	7.4360
0.090	96.71	0.0010412	1.8701	405.21	2671.1	2265.9	1.2696	7.3963
0.100	99.63	0.0010434	1.6946	417.51	2675.7	2258.2	1.3027	7.3608
0.12	104.81	0.0010476	1.4289	439.36	2683.8	2244.4	1.3609	7.2996
0.14	109.32	0.0010513	1.2370	458.42	2690.8	2232.4	1.4109	7.2480
0.16	113.32	0.0010547	1.0917	475.38	2696.8	2221.4	1.4550	7.2032
0.18	116.93	0.0010579	0.97775	490.70	2702.1	2211.4	1.4944	7.1638
0.20	120.23	0.0010608	0.88592	504.7	2706.9	2202.2	1.5301	7.1286
0.25	127.43	0.0010675	0.71881	535.4	2717.2	2181.8	1.6072	7.0540
0.30	133.54	0.0010735	0.60586	561.4	2725.5	2164.1	1.6717	6.9930
0.35	138.88	0.0010789	0.52425	584.3	2732.5	2148.2	1.7273	6.9414
0.40	143.62	0.0010839	0.46242	604.7	2738.5	2133.8	1.7764	6.8966
0.45	147.92	0.0010885	0.41392	623.2	2743.8	2120.6	1.8204	6.8570
0.50	151.85	0.0010928	0.37481	640.1	2748.5	2108.4	1.8604	6.8215
0.60	158.84	0.0011009	0.31556	670.4	2756.4	2086.0	1.9308	6.7598
0.70	164.96	0.0011082	0.27274	697.1	2762.9	2065.8	1.9918	6.7074
0.80	170.42	0.0011150	0.24030	720.9	2768.4	2047.5	2.0457	6.6618

续表

压力	饱和温度	比容		焓		汽化潜热	熵	
		饱和水	饱和蒸汽	饱和水	饱和蒸汽		饱和水	饱和蒸汽
P (MPa)	t_s (℃)	v' (m³/kg)	v'' (m³/kg)	h' (kJ/kg)	h'' (kJ/kg)	r (kJ/kg)	s' (kJ/kg·K)	s'' (kJ/kg·K)
0.90	175.36	0.0011213	0.21484	742.6	2773.0	2030.4	2.0941	6.6212
1.0	179.88	0.0011274	0.19430	762.6	2777.0	2014.4	2.1382	6.5847
1.1	184.06	0.0011331	0.17739	781.1	2780.4	1999.3	2.1786	6.5515
1.2	187.96	0.0011386	0.16320	798.4	2783.4	1985.0	2.2160	6.5210
1.3	191.60	0.0011438	0.15112	814.7	2786.0	1971.3	2.2509	6.4927
1.4	195.04	0.0011489	0.14072	830.1	2788.4	1958.3	2.2836	6.4665
1.5	198.28	0.0000538	0.13165	844.7	2790.4	1945.7	2.3144	6.4418
1.6	201.37	0.0011586	0.12368	858.6	2792.2	1933.6	2.3436	6.4187
1.7	204.30	0.0011633	0.11661	871.8	2793.8	1922.0	2.3712	6.3967
1.8	207.10	0.0011678	0.11031	884.6	2795.1	1910.5	2.3976	6.3759
1.9	209.79	0.0011722	0.10464	896.8	2796.4	1899.6	2.4227	6.3561
2.0	212.37	0.0011766	0.09953	908.6	2797.4	1888.8	2.4468	6.3373
2.2	217.24	0.0011850	0.09064	930.9	2799.1	1868.2	2.4922	6.3018
2.4	221.78	0.0011932	0.08319	951.9	2800.4	1848.5	2.5343	6.2691
2.6	226.03	0.0012011	0.07685	971.7	2801.2	1929.5	2.5736	6.2386
2.8	230.04	0.0012088	0.007138	990.5	2801.7	1811.2	2.6106	6.2101
3.0	233.84	0.0012163	0.06662	1008.4	2801.9	1793.5	2.6455	6.1832
3.5	242.54	0.0012345	0.05702	1049.8	2801.3	1751.5	2.7253	6.1218
4.0	250.33	0.0012521	0.04974	1087.5	2799.4	1711.9	2.7967	6.0670
4.5	257.41	0.0012691	0.4402	1122.2	2796.5	1674.3	2.8614	6.0171
5.0	263.92	0.0012858	0.03941	1154.6	2792.8	1638.2	2.9209	5.9712
6.0	275.56	0.0013187	0.03241	1213.9	2783.3	1569.4	3.0277	5.8878
7.0	285.80	0.0013514	0.02734	1267.7	2771.4	1503.7	3.1225	5.8126
8.0	294.98	0.0013843	0.02349	1317.5	2757.5	1440.0	3.2083	5.7430
9.0	303.31	0.0014179	0.02046	1364.2	2741.8	1377.6	3.2875	5.6773
10.0	310.96	0.0014526	0.01800	1408.6	2724.4	1315.8	3.3616	5.6143
12.0	324.64	0.0015267	0.01425	1492.6	2684.8	1192.2	3.4986	5.4930
14.0	336.63	0.0016104	0.01149	1572.8	2638.3	1065.5	3.6262	5.3737
16.0	347.32	0.0017101	0.009330	1651.5	2582.7	931.2	3.7486	5.2496
18.0	356.96	0.0018380	0.007534	1733.4	2514.4	781.0	3.8789	5.1135
20.0	365.71	0.0020380	0.005873	1828.8	2413.8	585.0	4.0181	4.9338
22.0	373.68	0.002675	0.003757	2007.7	2192.5	184.8	4.2891	4.5748
22.115	374.12	0.003147	0.003147	2095.2	2095.2	0.00	4.4237	4.4237

附录 4 未饱和水与过热蒸汽表

p	0.001MPa			0.005MPa			0.01MPa			0.04MPa		
饱和参数	t_s=6.982 v''=129.208 h''=2513.8 s''=8.9756			t_s=32.90 v''=28.196 h''=2561.2 s''=8.3952			t_s=45.83 v''=14.676 h''=2584.4 s''=8.1505			t_s=75.89 v''=3.9949 h''=2636.8 s''=7.6711		
t (℃)	v (m³/kg)	h (kJ/kg)	s [kJ/(kg·K)]	v (m³/kg)	h (kJ/kg)	s [kJ/(kg·K)]	v (m³/kg)	h (kJ/kg)	s [kJ/(kg·K)]	v (m³/kg)	h (kJ/kg)	s [kJ/(kg·K)]
0	0.0010002	−0.0412	−0.0001	0.0010002	0.0	−0.0001	0.0010002	+0.0	−0.0001	0.0010002	0.0	−0.0001
10	130.60	2519.5	8.9956	0.0010002	42.0	0.1510	0.0010002	42.0	0.1510	0.0010002	42.0	0.1510
20	135.23	2538.1	9.0604	0.0010017	83.9	0.2963	0.0010017	83.9	0.2963	0.0010017	83.9	0.2963
30	139.85	2556.8	9.1230	0.0010043	125.7	0.4365	0.0010043	125.7	0.4365	0.0010043	125.7	0.4365
40	144.47	2575.5	9.1837	28.86	2574.6	8.4385	0.0010078	167.4	0.5721	0.0010078	167.5	0.5721
50	149.09	2594.2	9.2426	29.78	2593.4	8.4977	14.87	2592.3	8.1752	0.0010121	209.3	0.7035
60	153.71	2613.0	9.2997	30.71	2612.3	8.5552	15.34	2611.3	8.2331	0.0010171	251.1	0.8310
70	158.33	2631.8	9.3552	31.64	2631.1	8.6110	15.80	2630.3	8.2892	0.0010228	293.0	0.9548
80	162.95	2650.6	9.4093	32.57	2650.0	8.6652	16.27	2649.3	8.3437	4.044	2644.9	7.6940
90	167.57	2669.4	9.4619	33.49	2668.9	8.7180	16.73	2668.3	8.3968	4.162	2664.4	7.7485
100	172.19	2688.3	9.5132	34.42	2687.9	8.7695	17.20	2687.2	8.4484	4.280	2683.8	7.8013
120	181.42	2726.2	9.6122	36.27	2725.9	8.8687	18.12	2725.4	8.5479	4.515	2722.6	7.9025
140	190.66	2764.3	9.7066	38.12	2764.0	8.9633	19.05	2763.6	8.6427	4.749	2761.3	7.9986
160	199.89	2802.6	9.7971	39.97	2802.3	9.0539	19.98	2802.0	8.7334	4.983	2800.1	8.0903
180	209.12	2841.0	9.8839	41.81	2840.8	9.1408	20.90	2840.6	8.8204	5.216	2838.9	8.1780
200	218.35	2879.6	9.9672	43.66	2879.5	9.2244	21.82	2879.3	8.9041	5.448	2877.9	8.2621
220	227.58	2918.6	10.0480	45.51	2918.5	9.3049	22.75	2918.3	8.9848	5.680	2917.1	8.3432
240	236.82	2957.7	10.1257	47.36	2957.6	9.3828	23.67	2957.4	9.0626	5.912	2956.4	8.4213
260	246.05	2997.1	10.2010	49.20	2997.0	9.4580	24.60	2996.8	9.1379	6.144	2995.9	8.4969
280	255.28	3036.7	10.2739	51.05	3036.6	9.5310	25.52	3036.5	9.2109	6.375	3035.6	8.5700
300	264.51	3076.5	10.3446	52.90	3076.4	9.6017	26.44	3076.3	9.2817	6.606	3075.6	8.6409
400	310.66	3279.5	10.6709	62.13	3279.4	9.9280	31.06	3279.4	9.6081	7.763	3278.9	8.9678
500	356.81	3489.0	10.960	71.36	3489.0	10.218	35.68	3488.9	9.8982	8.918	3488.6	9.2581
600	402.96	3705.3	11.224	80.59	3705.3	10.481	40.29	3705.2	10.161	10.07	3705.0	9.5212

* 粗水平线之上为未饱和水状态,粗水平线之下为过热蒸汽状态。

续表

p	0.08MPa				0.1MPa				0.5MPa				1MPa			
饱和参数	$t_s=93.51$ $v''=2.0879$ $h''=2666.0$ $s''=7.4360$				$t_s=99.63$ $v''=1.6946$ $h''=2675.7$ $s''=7.3608$				$t_s=151.85$ $v''=0.37481$ $h''=2748.5$ $s''=6.8215$				$t_s=179.88$ $v''=0.19430$ $h''=2777.0$ $s''=6.5847$			
t (°C)	v (m³/kg)	h (kJ/kg)	s [kJ/(kg·K)]		v (m³/kg)	h (kJ/kg)	s [kJ/(kg·K)]		v (m³/kg)	h (kJ/kg)	s [kJ/(kg·K)]		v (m³/kg)	h (kJ/kg)	s [kJ/(kg·K)]	
0	0.0010002	0.0	−0.0001		0.0010002	0.1	−0.0001		0.0010000	0.5	−0.0001		0.0009997	1.0	−0.0001	
10	0.0010002	42.1	0.1510		0.0010002	42.1	0.1510		0.0010000	42.5	0.1509		0.0009998	43.0	0.1509	
20	0.0010017	83.9	0.2963		0.0010017	84.0	0.2963		0.0010015	84.3	0.2962		0.0010013	84.8	0.2961	
30	0.0010043	125.7	0.4365		0.0010043	125.8	0.4365		0.0010041	126.1	0.4364		0.0010039	126.6	0.4362	
40	0.0010078	167.5	0.5721		0.0010078	167.5	0.5721		0.0010076	167.9	0.5719		0.0010074	168.3	0.5717	
50	0.0010121	209.3	0.7035		0.0010121	209.3	0.7035		0.0010119	209.7	0.7033		0.0010117	210.1	0.7030	
60	0.0010171	251.1	0.8310		0.0010171	251.2	0.8309		0.0010169	251.5	0.8307		0.0010167	251.9	0.8305	
70	0.0010228	293.0	0.9548		0.0010228	293.0	0.9548		0.0010226	293.4	0.9545		0.0010224	293.8	0.9452	
80	0.0010292	334.9	1.0752		0.0010292	335.0	1.0752		0.0010290	335.3	1.0750		0.0010287	335.7	1.0746	
90	0.0010361	376.9	1.1925		0.0010361	377.0	1.1925		0.0010359	377.3	1.1922		0.0010357	377.7	1.1918	
100	2.127	2679.0	7.4712		1.696	2676.5	7.3628		0.0010435	419.4	1.3066		0.0010432	419.7	1.3062	
120	2.247	2718.8	7.5750		1.793	2716.8	7.4681		0.0010605	503.9	1.5273		0.0010602	504.3	1.5269	
140	2.366	2758.2	7.6729		1.889	2756.6	7.5669		0.0010800	589.2	1.7388		0.0010796	589.5	1.7383	
160	2.484	2797.5	7.7658		1.984	2796.2	7.6605		0.3836	2767.4	6.8653		0.0011019	675.7	1.9420	
180	2.601	2836.8	7.8544		2.078	2835.7	7.7496		0.4046	2812.1	6.9664		0.1944	2777.3	6.5854	
200	2.718	2876.1	7.9393		2.172	2875.2	7.8348		0.4249	2855.4	7.0603		0.2059	2827.5	6.6940	
220	2.835	2915.5	8.0208		2.266	2914.7	7.9166		0.4449	2897.9	7.1481		0.2169	2874.9	6.7921	
240	2.952	2955.0	8.0994		2.359	2954.3	7.9954		0.4646	2939.9	7.2314		0.2275	2920.5	6.8826	
260	3.068	2994.7	8.1753		2.453	2994.1	8.0714		0.4841	2981.4	7.3109		0.2378	2964.8	6.9674	
280	3.184	3034.6	8.2486		2.546	3034.0	8.1449		0.5034	3022.8	7.3871		0.2480	3008.3	7.0475	
300	3.300	3074.6	8.3198		2.639	3074.1	8.2162		0.5226	3064.2	7.4605		0.2580	3051.3	7.1239	
400	3.879	3278.3	8.6472		3.103	3278.0	8.5439		0.6172	3271.8	7.7944		0.3066	3264.0	7.4606	
500	4.457	3488.2	8.9378		3.565	3487.9	8.8346		0.7109	3483.6	8.0877		0.3540	3478.3	7.7627	
600	5.035	3704.7	9.2011		4.028	3704.5	9.0979		0.8040	3701.4	8.3525		0.4010	3697.4	8.0292	

续表

p	2MPa				3MPa				4MPa				5MPa			
饱和参数	$t_s=212.37$ $v''=0.09953$ $h''=2797.4$ $s''=6.3373$				$t_s=233.84$ $v''=0.06662$ $h''=2801.9$ $s''=6.1832$				$t_s=250.33$ $v''=0.04974$ $h''=2799.4$ $s''=6.0670$				$t_s=263.92$ $v''=0.03941$ $h''=2792.8$ $s''=5.9712$			
t (°C)	v (m³/kg)	h (kJ/kg)	s [kJ/(kg·K)]		v (m³/kg)	h (kJ/kg)	s [kJ/(kg·K)]		v (m³/kg)	h (kJ/kg)	s [kJ/(kg·K)]		v (m³/kg)	h (kJ/kg)	s [kJ/(kg·K)]	
0	0.0009992	2.0	0.0000		0.0009987	3.0	0.0001		0.0009982	4.0	0.0002		0.0009977	5.1	0.0002	
10	0.0009993	43.9	0.1508		0.0009988	44.9	0.1507		0.0009984	45.9	0.1506		0.0009979	46.9	0.1505	
20	0.0010008	85.7	0.2959		0.0010004	86.7	0.2957		0.0009999	87.6	0.2955		0.0009995	88.6	0.2952	
30	0.0010034	127.5	0.4359		0.0010030	128.4	0.4356		0.0010025	129.3	0.4353		0.0010021	130.2	0.4350	
40	0.0010069	169.2	0.5713		0.0010065	170.1	0.5709		0.0010060	171.0	0.5706		0.0010056	171.9	0.5702	
50	0.0010112	211.0	0.7026		0.0010108	211.8	0.7021		0.0010103	212.7	0.7016		0.0010099	213.6	0.7012	
60	0.0010162	252.7	0.8299		0.0010158	253.6	0.8294		0.0010153	254.4	0.8288		0.0010149	255.3	0.8283	
70	0.0010219	294.6	0.9536		0.0010215	295.4	0.9530		0.0010210	296.2	0.9524		0.0010205	297.0	0.9518	
80	0.0010282	336.5	1.0740		0.0010278	337.3	1.0733		0.0010273	338.1	1.0726		0.0010268	338.8	1.0720	
90	0.0010352	378.4	1.1911		0.0010347	379.3	1.1904		0.0010342	380.0	1.1897		0.0010337	380.7	1.1890	
100	0.0010427	420.5	1.3054		0.0010422	421.2	1.3046		0.0010417	422.0	1.3038		0.0010412	422.7	1.3030	
120	0.0010596	505.0	1.5260		0.0010590	505.7	1.5250		0.0010584	506.4	1.5242		0.0010579	507.1	1.5232	
140	0.0010790	590.2	1.7373		0.0010783	590.8	1.7362		0.0010777	591.5	1.7352		0.0010771	592.1	1.7342	
160	0.0010012	676.3	1.9408		0.0011005	676.9	1.9396		0.0010997	677.5	1.9385		0.0010990	678.0	1.9373	
180	0.0011266	763.6	2.1379		0.0011258	764.1	2.1366		0.0011249	764.8	2.1352		0.0011241	765.2	2.1339	
200	0.0011560	852.6	2.3300		0.0011550	853.0	2.3284		0.0011540	853.4	2.3268		0.0011530	853.8	2.3253	
220	0.1021	2820.4	6.3842		0.0011891	943.9	2.5166		0.0011878	944.2	2.5147		0.0011866	944.4	2.5129	
240	0.1084	2876.3	6.4953		0.06818	2823.0	6.2245		0.0012280	1037.7	2.7007		0.0012264	1037.8	2.6985	
260	0.1144	2927.9	6.5941		0.07286	2885.5	6.3440		0.05174	2835.6	6.1355		0.0012750	1135.0	2.8842	
280	0.1200	2976.9	6.6842		0.07714	2941.8	6.4477		0.05547	2903.2	6.2581		0.04424	2857.0	6.0889	
300	0.1255	3024.0	6.7679		0.08116	2994.2	6.5408		0.05885	2961.5	6.3634		0.04532	2925.4	6.2104	
400	0.1512	3248.1	7.1285		0.09933	3231.6	6.9231		0.07339	3214.5	6.7713		0.05780	3196.9	6.6486	
500	0.1756	3467.4	7.4323		0.1161	3456.4	7.2345		0.08638	3445.2	7.0909		0.06853	3433.8	6.9768	
600	0.1995	3689.5	7.7024		0.1324	3681.5	7.5084		0.09879	3673.4	7.3686		0.07864	3665.4	7.2586	

续表

p	6MPa			7MPa			8MPa			9MPa		
饱和参数	$t_s=275.56$ $v''=0.03241$ $h''=2783.3$ $s''=5.8878$			$t_s=285.80$ $v''=0.02734$ $h''=2771.4$ $s''=5.8126$			$t_s=294.98$ $v''=0.02349$ $h''=2757.5$ $s''=5.7430$			$t_s=303.31$ $v''=0.02046$ $h''=2741.8$ $s''=5.6773$		
t (℃)	v (m³/kg)	h (kJ/kg)	s [kJ/(kg·K)]	v (m³/kg)	h (kJ/kg)	s [kJ/(kg·K)]	v (m³/kg)	h (kJ/kg)	s [kJ/(kg·K)]	v (m³/kg)	h (kJ/kg)	s [kJ/(kg·K)]
0	0.0009972	6.1	0.0003	0.0009967	7.1	0.0004	0.0009962	8.1	0.0004	0.0009958	9.1	0.0005
10	0.0009974	47.8	0.1505	0.0009970	48.8	0.1504	0.0009965	49.8	0.1503	0.0009960	50.7	0.1502
20	0.0009990	89.5	0.2951	0.0009986	90.4	0.2948	0.0009981	91.4	0.2946	0.0009977	92.3	0.2944
30	0.0010016	131.1	0.4347	0.0010012	132.0	0.4344	0.0010008	132.9	0.4340	0.0010003	183.8	0.4337
40	0.0010051	172.7	0.5698	0.0010047	173.6	0.5694	0.0010043	174.5	0.5690	0.0010038	175.4	0.5686
50	0.0010094	214.4	0.7007	0.0010090	215.3	0.7003	0.0010086	216.1	0.6998	0.0010081	217.0	0.6993
60	0.0010144	256.1	0.8278	0.0010140	256.9	0.8273	0.0010135	257.8	0.8267	0.0010131	258.6	0.8262
70	0.0010201	297.8	0.9512	0.0010196	298.7	0.9506	0.0010192	299.5	0.9500	0.0010187	300.3	0.9494
80	0.0010263	339.6	1.0713	0.0010259	340.4	1.0707	0.0010254	341.2	1.0700	0.0010249	342.0	1.0694
90	0.0010332	381.5	1.1882	0.0010327	382.3	1.1875	0.0010322	383.1	1.1868	0.0010317	383.8	1.1861
100	0.0010406	423.5	1.3023	0.0010401	424.2	1.3015	0.0010396	425.0	1.3007	0.0010391	425.8	1.3000
120	0.0010573	507.8	1.5224	0.0010567	508.5	1.5215	0.0010562	509.2	1.5206	0.0010556	509.9	1.5197
140	0.0010764	592.8	1.7332	0.0010758	593.4	1.7321	0.0010752	594.1	1.7311	0.0010745	594.7	1.7301
160	0.0010983	678.6	1.9361	0.0010976	679.2	1.9350	0.0010968	679.8	1.9338	0.0010961	680.4	1.9326
180	0.0011232	765.7	2.1325	0.0011224	766.2	2.1312	0.0011216	766.7	2.1299	0.0011207	767.2	2.1286
200	0.0011519	854.2	2.3237	0.0011510	854.6	2.3222	0.0011500	855.1	2.3207	0.0011490	855.5	2.3191
220	0.0011853	944.7	2.5111	0.0011841	945.0	2.5093	0.0011829	945.3	2.5075	0.0011817	945.6	2.5057
240	0.0012249	1037.9	2.6963	0.0012233	1038.0	2.6941	0.0012218	1038.2	2.6920	0.0012202	1038.3	2.6899
260	0.0012729	1134.8	2.8815	0.0012708	1134.7	2.8789	0.0012687	1134.6	2.8762	0.0012667	1134.4	2.8737
280	0.03317	2804.0	5.9253	0.0013307	1236.7	3.0667	0.0013277	1236.2	3.0633	0.0013249	1235.6	3.0600
300	0.03616	2885.0	6.0693	0.02946	2839.2	5.9322	0.02425	2785.4	5.7918	0.0014022	1344.9	3.2539
400	0.04738	3178.6	6.5438	0.03992	3159.7	6.4511	0.03431	3140.1	6.3670	0.02993	3119.7	6.2891
500	0.05662	3422.2	6.8814	0.04810	3410.5	6.7988	0.04172	3398.5	6.7254	0.03675	3386.4	6.6592
600	0.06521	3657.2	7.1673	0.05561	3649.0	7.0890	0.04841	3640.7	7.0201	0.04281	3632.4	6.9585

续表

p	10MPa			12MPa			14MPa			16MPa		
饱和参数	$t_s=310.96$ $v''=0.01800$ $h''=2724.7$ $s''=5.6143$			$t_s=324.64$ $v''=0.01425$ $h''=2684.8$ $s''=5.4930$			$t_s=336.63$ $v''=0.01149$ $h''=2638.3$ $s''=5.3737$			$t_s=347.32$ $v''=0.009330$ $h''=2582.7$ $s''=5.2496$		
t (°C)	v (m³/kg)	h (kJ/kg)	s [kJ/(kg·K)]	v (m³/kg)	h (kJ/kg)	s [kJ/(kg·K)]	v (m³/kg)	h (kJ/kg)	s [kJ/(kg·K)]	v (m³/kg)	h (kJ/kg)	s [kJ/(kg·K)]
0	0.0009953	10.1	0.0005	0.0009943	12.1	0.0006	0.0009933	14.1	0.0007	0.0009924	16.1	0.0008
10	0.0009956	51.7	0.1500	0.0009947	53.6	0.1498	0.0009938	55.6	0.1496	0.0009928	57.5	0.1494
20	0.0009972	93.2	0.2942	0.0009964	95.1	0.2937	0.0009955	97.0	0.2933	0.0009946	98.8	0.2928
30	0.0009999	134.7	0.4334	0.0009991	136.6	0.4328	0.0009982	138.4	0.4322	0.0009973	140.2	0.4315
40	0.0010034	176.3	0.5682	0.0010026	178.1	0.5674	0.0010017	179.8	0.5666	0.0010008	181.6	0.5659
50	0.0010077	217.8	0.6989	0.0010068	219.6	0.6979	0.0010060	221.3	0.6970	0.0010051	223.0	0.6961
60	0.0010126	259.4	0.8257	0.0010118	261.1	0.8246	0.0010109	262.8	0.8236	0.0010100	264.5	0.8225
70	0.0010182	301.1	0.9489	0.0010174	302.7	0.9477	0.0010164	304.4	0.9465	0.0010156	306.0	0.9453
80	0.0010244	342.8	1.0687	0.0010235	344.4	1.0674	0.0010226	346.0	1.0661	0.0010217	347.6	1.0648
90	0.0010312	384.6	1.1854	0.0010303	386.2	1.1840	0.0010293	387.7	1.1826	0.0010284	389.3	1.1812
100	0.0010386	426.5	1.2992	0.0010376	428.0	1.2977	0.0010366	429.5	1.2961	0.0010356	431.0	1.2946
120	0.0010551	510.6	1.5188	0.0010540	512.0	1.5170	0.0010529	513.5	1.5153	0.0010518	514.9	1.5136
140	0.0010739	595.4	1.7291	0.0010727	596.7	1.7271	0.0010715	598.0	1.7251	0.0010703	599.4	1.7231
160	0.0010954	681.0	1.9315	0.0010940	682.2	1.9292	0.0010926	683.4	1.9269	0.0010912	684.6	1.9247
180	0.0011199	767.8	2.1272	0.0011183	768.8	2.1246	0.0011167	769.9	2.1220	0.0011151	771.0	2.1195
200	0.0011480	855.9	2.3176	0.0011461	856.8	2.3146	0.0011442	857.7	2.3117	0.0011423	858.6	2.3087
220	0.0011805	946.0	2.5040	0.0011782	946.6	2.5005	0.0011759	947.2	2.4970	0.0011736	947.9	2.4936
240	0.0012188	1038.4	2.6878	0.0012158	1038.8	2.6837	0.0012129	1039.1	2.6796	0.0012101	1039.5	2.6756
260	0.0012648	1134.3	2.8711	0.0012609	1134.2	2.8661	0.0012572	1134.1	2.8612	0.0012535	1134.0	2.8563
280	0.0013221	1235.2	3.0567	0.0013167	1234.3	3.0503	0.0013115	1233.5	3.0441	0.0013065	1232.8	3.0381
300	0.0013978	1343.7	3.2494	0.0013895	1341.5	3.2407	0.0013816	1339.5	3.2324	0.0013742	1337.7	3.2245
400	0.02641	3098.5	6.2158	0.02108	3053.3	6.0787	0.01726	3004.0	5.9488	0.01427	2949.7	5.8215
500	0.03277	3374.1	6.5984	0.02679	3349.0	6.4893	0.02251	3323.0	6.3922	0.01929	3296.3	6.3038
600	0.03833	3624.0	6.9025	0.03161	3607.0	6.8034	0.02681	3589.8	6.7172	0.02321	3572.4	6.6401

续表

p	18MPa			20MPa			25MPa			30MPa		
饱和参数	t_s=356.96 v''=0.007534 h''=2514.4 s''=5.1135			t_s=365.71 v''=0.005873 h''=2413.8 s''=4.9338								
t (°C)	v (m³/kg)	h (kJ/kg)	s [kJ/(kg·K)]	v (m³/kg)	h (kJ/kg)	s [kJ/(kg·K)]	v (m³/kg)	h (kJ/kg)	s [kJ/(kg·K)]	v (m³/kg)	h (kJ/kg)	s [kJ/(kg·K)]
0	0.0009914	18.1	0.0008	0.0009904	20.1	0.0008	0.0009881	25.1	0.0009	0.0009357	30.0	0.008
10	0.0009919	59.4	0.1491	0.0009910	61.3	0.1489	0.0009888	66.1	0.1482	0.0009866	70.8	0.1475
20	0.0009937	100.7	0.2924	0.0009929	102.5	0.2919	0.0009907	107.1	0.2907	0.0009886	111.7	0.2895
30	0.0009965	142.0	0.4309	0.0009956	143.8	0.4303	0.0009935	148.2	0.4287	0.0009915	152.7	0.4271
40	0.0010000	183.3	0.5651	0.0009992	185.1	0.5643	0.0009971	189.4	0.5623	0.009950	193.8	0.5604
50	0.0010043	224.7	0.6952	0.0010034	226.4	0.6943	0.0010013	230.7	0.6920	0.0009993	235.0	0.6897
60	0.0010092	266.1	0.8215	0.0010083	267.8	0.8204	0.0010062	272.0	0.8178	0.0010041	276.1	0.8153
70	0.0010147	307.6	0.9442	0.0010138	309.3	0.9430	0.0010116	313.3	0.9401	0.0010095	317.4	0.9373
80	0.0010208	349.2	1.0636	0.0010199	350.8	1.0623	0.0010177	354.8	1.0591	0.0010155	358.7	1.0560
90	0.0010274	390.8	1.1798	0.0010265	392.4	1.1784	0.0010242	396.2	1.1750	0.0010219	400.1	1.1716
100	0.0010346	432.5	1.2931	0.0010337	434.0	1.2916	0.0010313	437.8	1.2879	0.0010289	441.6	1.2843
120	0.0010507	516.3	1.5118	0.0010496	517.7	1.5101	0.0010470	521.3	1.5059	0.0010445	524.9	1.5017
140	0.0010691	600.7	1.7212	0.0010679	602.0	1.7192	0.0010650	605.4	1.7144	0.0010621	608.7	1.7096
160	0.0010899	685.9	1.9225	0.0010886	687.1	1.9203	0.0010853	690.2	1.9148	0.0010821	693.3	1.9095
180	0.0011136	772.0	2.1170	0.0011120	773.1	2.1145	0.0011082	775.9	2.1083	0.0011046	778.7	2.1022
200	0.0011405	859.5	2.3058	0.0011387	860.4	2.3030	0.0011343	862.8	2.2960	0.0011300	865.2	2.2891
220	0.0011714	948.6	2.4903	0.0011693	949.3	2.4870	0.0011640	951.2	2.4789	0.0011590	953.1	2.4711
240	0.0012074	1039.9	2.6717	0.0012047	1040.3	2.6678	0.0011983	1041.5	2.6584	0.0011922	1042.8	2.6493
260	0.0012500	1134.0	2.8516	0.0012466	1134.1	2.8470	0.0012384	1134.3	2.8359	0.0012307	1134.8	2.8252
280	0.0013017	1232.1	3.0323	0.0012971	1231.6	3.0266	0.0012863	1230.5	3.0130	0.0012762	1229.9	3.0002
300	0.0013672	1336.1	3.2168	0.0013606	1334.6	3.2095	0.0013453	1331.5	3.1922	0.0013315	1329.0	3.1763
400	0.01191	2889.0	5.6926	0.009952	2820.1	5.5578	0.006009	2583.2	5.1472	0.002806	2159.1	4.4854
500	0.01678	3268.7	6.2215	0.01477	3240.2	6.1440	0.01113	3165.0	5.9639	0.008679	3083.9	5.7954
600	0.02041	3554.8	6.5701	0.01816	3536.9	6.5055	0.01413	3491.2	6.3616	0.01144	3444.2	6.2351

附录 5 在 0.1MPa 时的饱和空气状态参数表

干球温度 t (℃)	水蒸气压力 p_s (10^2Pa)	含湿量 d_a (g/kg)	饱和焓 h_s (kJ/kg)	密 度 ρ (kg/m³)	汽化热 γ (kJ/kg)
−20	1.03	0.64	−18.5	1.38	2839
−19	1.13	0.71	−17.4	1.37	2839
−18	1.25	0.78	−16.4	1.36	2839
−17	1.37	0.85	−15.0	1.36	2838
−16	1.50	0.94	−13.8	1.35	2838
−15	1.65	1.03	−12.5	1.35	2838
−14	1.81	1.13	−11.3	1.34	2838
−13	1.98	1.23	−10.0	1.34	2838
−12	2.17	1.35	−8.7	1.33	2837
−11	2.37	1.48	−7.4	1.33	2837
−10	2.59	1.62	−6.0	1.32	2837
−9	2.83	1.77	−4.6	1.32	2836
−8	3.09	1.93	−3.2	1.31	2836
−7	3.38	2.11	−1.8	1.31	2836
−6	3.68	2.30	−0.3	1.30	2836
−5	4.01	2.50	1.2	1.30	2835
−4	4.37	2.73	2.8	1.29	2835
−3	4.75	2.97	4.4	1.29	2835
−2	5.17	3.23	6.0	1.28	2834
−1	6.62	3.52	7.8	1.28	2834
0	6.11	3.82	9.5	1.27	2500
1	6.56	4.11	11.3	1.27	2498
2	7.05	4.42	13.1	1.26	2496
3	7.57	4.75	14.9	1.26	2493
4	8.13	5.10	16.8	1.25	2491
5	8.72	5.47	18.7	1.25	2489
6	9.35	5.87	20.7	1.24	2486
7	10.01	6.29	22.8	1.24	2484
8	10.72	6.74	25.0	1.23	2481
9	11.47	7.22	27.2	1.23	2479
10	12.27	7.73	29.5	1.22	2477
11	13.12	8.27	31.9	1.22	2475
12	14.01	8.84	34.4	1.21	2472
13	15.00	9.45	37.0	1.21	2470
14	15.97	10.10	39.5	1.21	2468
15	17.04	10.78	42.3	1.20	2465
16	18.17	11.51	45.2	1.20	2463
17	19.36	12.28	48.2	1.19	2460
18	20.62	13.10	51.3	1.19	2458
19	21.96	13.97	54.5	1.18	2456
20	23.37	14.88	57.9	1.18	2453
21	24.85	15.85	61.4	1.17	2451
22	26.42	16.88	65.0	1.17	2448

续表

干球温度 t (°C)	水蒸气压力 p_s (10^2Pa)	含湿量 d_a (g/kg)	饱和焓 h_s (kJ/kg)	密度 ρ (kg/m³)	汽化热 γ (kJ/kg)
23	28.08	17.97	68.8	1.16	2446
24	29.82	19.12	72.8	1.16	2444
25	31.67	20.34	76.9	1.15	2441
26	33.60	21.63	81.3	1.15	2439
27	35.64	22.99	85.8	1.14	2437
28	37.78	24.42	90.5	1.14	2434
29	40.04	25.94	95.4	1.14	2432
30	42.41	27.52	100.5	1.13	2430
31	44.91	29.25	106.0	1.13	2427
32	47.53	31.07	111.7	1.12	2425
33	50.29	32.94	117.6	1.12	2422
34	53.18	34.94	123.7	1.11	2420
35	56.22	37.05	130.2	1.11	2418
36	59.40	39.28	137.0	1.10	2415
37	62.74	41.64	144.2	1.10	2413
38	66.24	44.12	151.6	1.09	2411
39	69.91	46.75	159.5	1.08	2408
40	73.75	49.52	167.7	1.08	2406
41	77.77	52.45	176.4	1.08	2403
42	81.98	55.54	185.5	1.07	2401
43	86.39	58.82	195.0	1.07	2398
44	91.00	62.26	205.0	1.06	2396
45	95.82	65.92	218.6	1.05	2394
46	100.85	69.76	226.7	1.05	2391
47	106.12	73.84	238.4	1.04	2389
48	111.62	78.15	250.7	1.04	2386
49	117.36	82.70	263.6	1.03	2384
50	123.35	87.52	277.3	1.03	2382
51	128.60	92.62	291.7	1.02	2379
52	136.13	98.01	306.8	1.02	2377
53	142.93	103.73	322.9	1.01	2375
54	150.02	109.80	339.8	1.00	2372
55	157.41	116.19	357.7	1.00	2370
56	165.09	123.00	376.7	0.99	2367
57	173.12	130.23	396.8	0.99	2365
58	181.46	137.89	418.0	0.98	2363
59	190.15	146.04	440.6	0.97	2360
60	199.17	154.72	464.5	0.97	2358
65	250.10	207.44	609.2	0.93	2345
70	311.60	281.54	811.1	0.90	2333
75	385.50	390.20	1105.7	0.85	2320
80	473.60	559.61	1563.0	0.81	2309
85	578.00	851.90	2351.0	0.76	2295
90	701.10	1459.00	3983.0	0.70	2282
95	845.20	3396.00	9190.0	0.64	2269
100	1013.00			0.60	2257

附录6 干空气的热物理性质（$p=1.013\times10^5\text{Pa}$）

t (℃)	ρ (kg/m²)	c_p [kJ/(kg·K)]	$\lambda\times10^2$ [W/(m·K)]	$a\times10^6$ (m²/s)	$\mu\times10^6$ (N·s/m²)	$\nu\times10^6$ (m²/s)	Pr
−50	1.584	1.013	2.04	12.7	14.6	9.23	0.728
−40	1.515	1.013	2.12	13.8	15.2	10.04	0.728
−30	1.453	1.013	2.20	14.9	15.7	10.80	0.723
−20	1.395	1.009	2.28	16.2	16.2	11.61	0.716
−10	1.342	1.009	2.36	17.4	16.7	12.43	0.712
0	1.293	1.005	2.44	18.8	17.2	13.28	0.707
10	1.247	1.005	2.51	20.0	17.6	14.16	0.705
20	1.205	1.005	2.59	21.4	18.1	15.06	0.703
30	1.165	1.005	2.67	22.9	18.6	16.00	0.701
40	1.128	1.005	2.76	24.3	19.1	16.96	0.699
50	1.093	1.005	2.83	25.7	19.6	17.95	0.698
60	1.060	1.005	2.90	27.2	20.1	18.97	0.696
70	1.029	1.009	2.96	28.6	20.6	20.02	0.694
80	1.000	1.009	3.05	30.2	21.1	21.09	0.692
90	0.972	1.009	3.13	31.9	21.5	22.10	0.690
100	0.946	1.009	3.21	33.6	21.9	23.13	0.688
120	0.898	1.009	3.34	36.8	22.8	25.45	0.686
140	0.854	1.013	3.49	40.3	23.7	27.80	0.684
160	0.815	1.017	3.64	43.9	24.5	30.09	0.682
180	0.779	1.022	3.78	47.5	25.3	32.49	0.681
200	0.746	1.026	3.93	51.4	26.0	34.85	0.680
250	0.674	1.038	4.27	61.0	27.4	40.61	0.677
300	0.615	1.047	4.60	71.6	29.7	48.33	0.674
350	0.566	1.059	4.91	81.9	31.4	55.46	0.676
400	0.524	1.068	5.21	93.1	33.0	63.09	0.678
500	0.456	1.093	5.74	115.3	36.2	79.38	0.687
600	0.404	1.114	6.22	138.3	39.1	96.89	0.699
700	0.362	1.135	6.71	163.4	41.8	115.4	0.706
800	0.329	1.156	7.18	138.8	44.3	134.8	0.713
900	0.301	1.172	7.63	216.2	46.7	155.1	0.717
1000	0.277	1.185	8.07	245.9	49.0	177.1	0.719
1100	0.257	1.197	8.50	276.2	51.2	199.3	0.722
1200	0.239	1.210	9.15	316.5	53.5	233.7	0.724

附录7 饱和水的热物理性质

t (℃)	$P \times 10^{-5}$ (Pa)	ρ (kg/m³)	h' (kJ/kg)	c_p (kJ/kg·K)	λ (W/m·K)	$a \times 10^8$ (m²/s)	$\mu \times 10^6$ (N·s/m²)	$\nu \times 10^6$ (m²/s)	$\beta \times 10^4$ (K^{-1})	$\sigma \times 10^4$ (N/m)	Pr
0	0.00611	999.9	0	4.212	55.1	13.1	1788	1.789	−0.81	756.4	13.67
10	0.012270	999.7	42.04	4.191	57.4	13.7	1306	1.306	+0.87	741.6	9.52
20	0.02338	998.2	83.91	4.183	59.9	14.3	1004	1.006	2.09	726.9	7.02
30	0.04241	995.7	125.7	4.174	61.8	14.9	801.5	0.805	3.05	712.2	5.42
40	0.07375	992.2	167.5	4.174	63.5	15.3	653.3	0.659	3.86	696.5	4.31
50	0.12335	998.1	209.3	4.174	64.8	15.7	549.4	0.556	4.57	676.9	3.54
60	0.19920	983.1	251.1	4.179	65.9	16.0	469.9	0.478	5.22	662.2	2.99
70	0.3116	977.8	293.0	4.187	66.8	16.3	406.1	0.415	5.83	643.5	2.55
80	0.4736	971.8	355.0	4.195	67.4	16.6	355.1	0.365	6.40	625.9	2.21
90	0.7011	965.3	377.0	4.208	68.0	16.8	314.9	0.326	6.96	607.2	1.95
100	1.013	958.4	419.1	4.220	68.3	16.9	282.5	0.295	7.50	588.6	1.75
110	1.43	951.0	461.4	4.233	68.5	17.0	259.0	0.272	8.04	569.0	1.60
120	1.98	943.1	503.7	4.250	68.6	17.1	237.4	0.252	8.58	548.4	1.47
130	2.70	934.8	546.4	4.266	68.6	17.2	217.8	0.233	9.12	528.8	1.36
140	3.61	926.1	589.1	4.287	68.5	17.2	201.1	0.217	9.68	507.2	1.26
150	4.76	917.0	632.2	4.313	68.4	17.3	186.4	0.203	10.26	486.6	1.17
160	6.18	907.0	675.4	4.346	68.3	17.3	173.6	0.191	10.87	466.0	1.10
170	7.92	897.3	719.3	4.380	67.9	17.3	162.8	0.181	11.52	443.4	1.05
180	10.03	886.9	763.3	4.417	67.4	17.2	153.0	0.173	12.21	422.8	1.00
190	12.55	876.0	807.8	4.459	67.0	17.1	144.2	0.165	12.96	400.2	0.96
200	15.55	863.0	852.8	4.505	66.3	17.0	136.4	0.158	13.77	376.7	0.93
210	19.08	852.3	897.7	4.555	65.5	16.9	130.5	0.153	14.67	354.1	0.91
220	23.20	840.3	943.7	4.614	64.5	16.6	124.6	0.148	15.67	331.6	0.89
230	27.98	827.3	990.2	4.681	63.7	16.4	119.7	0.145	16.80	310.0	0.88
240	33.48	813.6	1037.5	4.756	62.8	16.2	114.8	0.141	18.08	285.5	0.87
250	39.78	799.0	1085.7	4.884	61.8	15.9	109.9	0.137	19.55	261.9	0.86
260	46.94	784.0	1135.7	4.949	60.5	15.6	105.9	0.135	21.27	237.4	0.87
270	55.05	767.9	1185.7	5.070	59.0	15.1	102.0	0.133	23.31	214.8	0.88
280	64.19	750.7	1236.8	5.230	57.4	14.6	98.1	0.131	25.79	191.3	0.90
290	74.45	732.3	1290.0	5.485	55.8	13.9	94.2	0.129	28.84	168.7	0.93
300	85.92	712.5	1344.9	5.736	54.0	13.2	91.1	0.128	32.73	144.2	0.97
310	98.70	691.1	1402.2	6.071	52.3	12.5	88.3	0.128	37.85	120.7	1.03
320	112.90	667.1	1462.1	6.574	50.6	11.5	85.3	0.128	44.91	98.10	1.11
330	128.65	640.2	1526.2	6.244	48.4	10.4	81.4	0.127	55.31	76.71	1.22
340	146.08	610.1	1594.8	8.165	45.7	9.17	77.5	0.127	72.10	56.70	1.39
350	165.37	574.4	1671.4	9.504	43.0	7.88	72.6	0.126	103.7	38.16	1.60
360	186.74	528.0	1761.5	13.984	39.5	5.36	66.7	0.126	182.9	20.21	2.35
370	210.53	450.5	1892.5	40.321	33.7	1.86	56.9	0.126	676.7	4.709	6.79

附录 8 干饱和水蒸气的热物理性质

t (℃)	$P\times10^{-5}$ (Pa)	ρ'' (kg/m³)	h'' (kJ/kg)	r (kJ/kg)	c_p (kJ/kg·K)	$\lambda\times10^8$ (W/m·K)	$a\times10^3$ (m²/h)	$\mu\times10^6$ (N·s/m²)	$\nu\times10^6$ (m²/s)	Pr
0	0.00611	0.004847	2051.6	2501.6	1.8543	1.83	7313.0	8.022	1655.01	0.81
10	0.012270	0.009396	2520.0	2477.7	1.8594	1.88	3881.3	8.424	896.54	0.831
20	0.02338	0.01729	2538.0	2454.3	1.8661	1.94	2167.2	8.84	509.90	0.847
30	0.04241	0.03037	2556.5	2430.9	1.8744	2.00	1265.1	9.218	303.53	0.863
40	0.07375	0.05116	2574.5	2407.0	1.8853	2.06	768.45	9.620	188.04	0.883
50	0.12335	0.08302	2592.0	2382.7	1.8987	2.12	483.59	10.022	120.72	0.896
60	0.19920	0.1302	2609.6	2358.4	1.9155	2.19	315.55	10.424	80.07	0.913
70	0.3116	0.1982	2626.8	2334.1	1.9364	2.25	210.57	10.817	54.57	0.930
80	0.4736	0.2933	2643.5	2309.0	1.9615	2.33	145.53	11.219	38.25	0.947
90	0.7011	0.4235	2660.3	2283.1	1.9921	2.40	102.22	11.621	27.44	0.966
100	1.0130	0.5977	2676.2	2257.1	2.0281	2.48	73.57	12.023	20.12	0.984
110	1.4327	0.8265	26913	2229.9	2.0704	2.56	53.83	12.425	15.03	1.00
120	1.9854	1.122	2705.9	2202.3	2.1198	2.65	40.15	12.798	11.41	1.02
130	2.7013	1.497	2719.7	2173.8	2.1763	2.76	30.46	13.170	8.80	1.04
140	3.614	1.967	2733.1	2144.1	2.2408	2.85	23.28	13.543	6.89	1.06
150	4.760	2.548	2745.3	2113.1	2.3145	2.97	18.10	13.896	5.45	1.08
160	6.181	3.260	2756.6	2081.3	2.3974	3.08	14.20	14.249	4.37	1.11
170	7.920	4.123	2767.1	2047.8	2.4911	3.21	11.25	14.612	3.54	1.13
180	10.027	5.160	2776.3	2013.0	2.5958	3.36	9.03	14.965	2.90	1.15
190	12.551	6.397	2784.2	1976.6	2.7126	3.51	7.29	15.298	2.39	1.18
200	15.549	7.864	2790.9	1938.5	2.8428	3.68	5.92	15.651	1.99	1.21
210	19.077	9.593	2796.4	1898.3	2.9877	3.87	4.86	15.995	1.67	1.24
220	23.198	11.62	2799.7	1856.4	3.1497	4.07	4.00	16.338	1.41	1.26
230	27.976	14.00	2801.8	1811.6	3.3310	4.30	3.32	16.701	1.19	1.29
240	33.478	16.76	2802.2	1764.7	3.5366	4.54	2.76	17.073	1.02	1.33
250	39.776	19.99	2800.6	1714.4	3.7723	4.84	2.31	17.446	0.873	1.36
260	46.943	23.73	2796.4	1661.3	4.0470	5.18	1.94	17.848	0.752	1.40
270	55.058	28.10	2789.7	1604.8	4.3735	5.55	1.63	18.280	0.651	1.44
280	64.202	33.19	2780.5	1543.7	4.7675	6.00	1.37	18.70	0.565	1.49
290	74.461	39.16	2767.5	1477.5	5.2528	6.55	1.15	19.270	0.492	1.54
300	85.927	46.19	2751.1	1405.9	5.8632	7.22	0.96	19.839	0.430	1.61
310	98.700	54.54	2731.2	1327.6	6.6503	8.06	0.80	20.691	0.380	1.71
320	112.89	64.60	2738.8	1241.0	7.7217	8.65	0.62	21.691	0.336	1.94
330	128.63	76.99	2670.3	1143.8	9.3613	9.61	0.48	23.093	0.300	2.24
340	146.05	92.76	2626.0	1030.8	12.2108	10.70	0.34	24.692	0.266	2.82
350	165.37	113.6	2567.8	895.6	17.1504	11.90	0.22	26.594	0.234	3.83
360	186.75	144.1	2485.3	721.4	25.1162	13.70	0.14	29.193	0.203	5.34
370	210.54	201.1	2342.9	452.6	76.9157	16.60	0.04	33.989	0.169	15.7
374.15	221.20	315.5	2107.2	0.0	∞	23.79	0.0	44.992	0.143	∞

附录9 几种饱和液体的热物理性质

	t (℃)	$P\times 10^{-5}$ (Pa)	ρ (kg/m³)	r (kJ/kg)	c_p (kJ/kg·K)	λ (W/m·K)	$a\times 10^7$ (m²/s)	$\nu\times 10^6$ (m²/s)	$\beta\times 10^4$ (K⁻¹)	Pr
氟利昂-12 (CF₂Cl₂)	-40	0.6424	1517	170.9	0.8834	0.10	0.747	0.28	19.76	3.79
	-30	1.0047	1487	167.3	0.8960	0.0953	0.717	0.254	20.86	3.55
	-20	1.5069	1456	163.5	0.9085	0.0910	0.686	0.236	21.90	3.44
	-10	2.1911	1425	159.4	0.9211	0.0860	0.656	0.220	20.0	3.36
	0	3.0858	1394	154.9	0.9337	0.0814	0.625	0.211	23.75	3.38
	30	7.4347	1293	138.6	0.9839	0.0674	0.531	0.194	27.20	3.66
	60	15.1822	1167	116.9	1.1179	0.0535	0.411	0.184	37.70	4.49
氟利昂-22 (CHF₂Cl)	-70	0.2048	1489	250.6	0.9504	0.1244	0.878	0.434	15.69	3.94
	-60	0.3746	1465	245.1	0.9836	0.1198	0.833	0.323	16.91	3.88
	-50	0.6473	1439	239.5	1.0174	0.1163	0.794	0.275	19.50	3.46
	-40	1.0552	1411	233.8	1.0457	0.1116	0.753	0.249	19.84	3.31
	-30	1.6466	1382	227.6	1.0802	0.1081	0.722	0.232	20.82	3.20
	-20	2.4616	1350	220.9	1.1137	0.1035	0.689	0.218	23.74	3.17
	-10	3.5599	1318	214.4	1.1472	0.10	0.661	0.210	24.52	3.18
	0	5.0016	1285	207.0	1.1807	0.0953	0.628	0.204	29.72	3.25
	10	6.8551	1249	198.3	1.2142	0.0907	0.608	0.199	29.53	3.32
	20	9.1695	1213	188.4	1.2477	0.0872	0.578	0.197	30.51	3.41
	30	12.0233	1176	177.3	1.2770	0.0826	0.550	0.196	33.70	3.55
	40	15.4852	1132	164.8	1.3105	0.0791	0.531	0.196	39.95	3.67
	50	19.6434	1084	155.3	1.3440	0.0744	0.511	0.196	45.50	3.78
	60		1032	141.9	1.3733	0.0709	0.50	0.202	54.60	3.92
	70		969	125.6	1.4068	0.0733	0.492	0.208	68.83	4.11
	80		895	104.7	1.4403	0.0628	0.486	0.219	95.71	4.41
R152a	-50	0.2808	1063.3	351.69	1.560			0.3822	16.25	
	-40	0.4798	1043.5	343.54	1.590			0.3374	17.18	
	-30	0.7799	1023.3	335.01	1.617			0.3007	18.30	
	-20	1.214	1002.5	326.06	1.645	0.1272	0.771	0.2703	19.64	3.506
	-10	1.821	981.1	316.63	1.674	0.1213	0.739	0.2449	21.23	3.314
	0	2.642	958.9	306.66	1.707	0.1155	0.706	0.2235	23.17	3.166
	10	3.726	935.9	296.04	1.743	0.1097	0.673	0.2052	25.50	3.049
	20	5.124	911.7	284.67	1.785	0.1039	0.638	0.1893	28.38	2.967
	30	6.890	886.3	272.77	1.834	0.0982	0.604	0.1756	31.94	2.907
	40	9.085	859.4	259.15	1.891	0.0926	0.570	0.1635	36.41	2.868
	50	11.770	830.6	244.58	1.963	0.0872	0.535	0.1528	42.21	2.856
R134a	-50	0.2990	1443.1	231.62	1.229	0.1165	0.657	0.4118	18.81	6.268
	-40	0.5164	1414.8	225.59	1.243	0.1119	0.636	0.3550	19.77	5.582
	-30	0.8474	1385.9	219.35	1.260	0.1073	0.614	0.3106	20.94	5.059
	-20	1.3299	1356.2	212.84	1.282	0.1026	0.590	0.2751	22.37	4.663
	-10	2.0073	1325.6	205.97	1.306	0.0980	0.566	0.2462	24.14	4.350
	0	2.9282	1293.7	198.68	1.335	0.0934	0.541	0.2222	26.33	4.107
	10	4.1455	1260.2	190.87	1.367	0.0888	0.515	0.2018	29.05	3.918
	20	5.7160	1224.9	182.44	1.404	0.842	0.490	0.1843	32.52	3.761
	30	7.7006	1187.2	173.29	1.447	0.0796	0.463	0.1691	36.98	3.652
	40	10.164	1146.2	163.23	1.500	0.0750	0.436	0.1554	42.86	3.564
	50	13.176	1102.0	152.04	1.569	0.0704	0.407	0.1431	50.93	3.516

附录 10 几种油的热物理性质

油类名称	t (℃)	ρ (kg/m³)	c (kJ/kg·K)	λ (W/m·K)	$a \times 10^7$ (m²/s)	$\nu \times 10^6$ (m²/s)	Pr
汽油	0	900	1.80	0.145	0.897		
	50		1.842	0.137	0.667		
柴油	20	908.4	1.838	0.128	0.947	620	8000
	40	895.5	1.909	0.126	1.094	135	1840
	60	882.4	1.980	0.124	1.236	45	630
	80	870.0	2.052	0.123	1.367	20	290
	100	857.0	2.123	0.122	1.506	10.8	162
润滑油	0	899	1.796	0.148	0.894	4280	47100
	40	876	1.955	0.144	0.861	242	2870
	80	852	2.131	0.138	0.806	37.5	490
	120	829	2.307	0.135	0.750	12.4	175
锭子油	20	871	1.852	0.144	0.894	15.0	168
	40	858	1.934	0.143	0.861	7.93	92.0
	80	832	2.102	0.141	0.806	3.40	42.1
	120	807	2.269	0.138	0.750	1.91	25.5
变压器油	20	866	1.892	0.124	0.758	36.5	481
	40	852	1.993	0.123	0.725	13.7	230
	60	842	2.093	0.122	0.692	8.7	126
	80	830	2.198	0.120	0.656	5.2	79.4
	100	818	2.294	0.119	0.633	3.8	60.3

附录 11 各种材料的密度、导热系数、比热容及蓄热系数

材料名称	温度 t (℃)	密度 ρ (kg/m³)	导热系数 λ [W/(m·K)]	比热容 c [kJ/(kg·K)]	蓄热系数 s (24h) [W/(m²·K)]
钢 0.5%C	20	7833	54	0.465	—
1.5%C	20	7753	36	0.486	—
铸钢	20	7830	50.7	0.469	—
镍铬钢 18%Cr8%Ni	20	7817	16.3	0.460	—
铸铁 0.4%C	20	7272	52	0.420	—
纯铜	20	8954	398	0.384	—
黄铜 30%Zn	20	8522	109	0.385	—
青铜 25%Sn	20	8666	26	0.343	—
康铜 40%Ni	20	8922	22	0.410	—
纯铝	27	2702	237	0.903	—
铸铝 4.5%Cu	27	2790	168	0.883	—
硬铝 4.5%Cu, 1.5%Mg, 0.6%Mn	27	2770	177	0.875	—
硅	27	2330	148	0.712	—
金	20	19320	315	0.129	—
银 99.9%	20	10524	411	0.236	—

续表

材料名称	温度 t (℃)	密度 ρ (kg/m³)	导热系数 λ [W/(m·K)]	比热容 c [kJ/(kg·K)]	蓄热系数 s (24h) [W/(m²·K)]
泡沫混凝土1	20	232	0.077	0.880	1.07
泡沫混凝土2	20	627	0.29	1.59	4.59
钢筋混凝土	20	2400	1.54	0.84	14.95
碎石混凝土	20	2344	1.84	0.75	15.33
普通黏土砖墙	20	1800	0.81	0.88	9.65
红黏土砖	20	1668	0.43	0.75	6.26
铬砖	900	3000	1.99	0.84	19.1
耐火黏土砖	800	2000	1.07	0.96	12.2
水泥砂浆	20	1800	0.93	0.84	10.1
石灰砂浆	20	1600	0.81	0.84	8.90
黄土	20	880	0.94	1.17	8.39
菱苦土	20	1374	0.63	1.38	9.32
砂土	12	1420	0.59	1.51	9.59
黏土	9.4	1850	1.41	1.84	18.7
微孔硅酸钙	50	182	0.049	0.867	0.169
次超轻微孔硅酸钙	25	158	0.0465	—	—
岩棉板	50	118	0.0355	0.787	0.155
珠珠岩粉料	20	44	0.042	1.59	0.46
珍珠岩粉料	20	288	0.078	1.17	1.38
水玻璃珍珠岩制品	20	200	0.058	0.92	0.88
防水珍珠岩制品	25	299	0.0639	—	—
水泥珍珠岩制品	20	1023	0.35	1.38	6.0
玻璃棉	20	100	0.058	0.75	0.56
石棉水泥板	20	300	0.093	0.34	1.31
石膏板	20	1100	0.41	0.84	5.25
有机玻璃	20	1188	0.20	—	—
玻璃钢	20	1780	0.50	—	—
平板玻璃	20	2500	0.76	0.84	10.8
聚苯乙烯塑料	20	30	0.027	2.0	0.34
聚苯乙烯硬质塑料	20	50	0.031	2.1	0.49
酚醛泡沫塑料	20	20	0.047	1.47	0.32
聚异氰脲脂泡沫塑料	20	41	0.033	1.72	0.41
聚四氟乙烯	20	2190	0.29	1.47	8.24
红松（热流垂直木纹）	20	377	0.11	1.93	2.41
刨花（压实的）	20	300	0.12	2.5	2.56
软木	20	230	0.057	1.84	1.32
陶粒	20	500	0.21	0.84	2.53
棉花	20	50	0.027~0.064	0.88~1.84	0.29~0.65
松散稻壳	—	127	0.12	0.75	0.91
松散锯末	—	304	0.148	0.75	1.57
松散蛭石	—	130	0.058	0.75	0.56
冰	—	920	2.26	2.26	18.5
新降雪	—	200	0.11	2.10	1.83
厚纸板	—	700	0.17	1.47	3.57
油毛毡	20	600	0.17	1.47	3.30

附录12 几种保温、耐火材料的导热系数与温度的关系

材料名称	材料最高允许温度 (℃)	密度 ρ (kg/m³)	导热系数 λ [W/(m·K)]
超细玻璃棉毡、管	400	18~20	0.033+0.00023t[①]
矿渣棉	550~600	350	0.0674+0.000215t
水泥蛭石制品	800	420~450	0.103+0.000198t
水泥珍珠岩制品	600	300~400	0.0651+0.000105t
膨胀珍珠岩	1000	55	0.0424+0.000137t
岩棉保温板[②]	560	118	0.027+0.00017t
岩棉玻璃布缝板	600	100	0.0314+0.000198t
A级硅藻土制品	900	500	0.0395+0.00019t
B级硅藻土制品	900	550	0.0477+0.0002t
粉煤灰泡沫砖	300	300	0.099+0.0002t
微孔硅酸钙[②]	560	182	0.044+0.0001t
微孔硅酸钙制品	650	≥250	0.041+0.0002t
耐火黏土砖	1350~1450	1800~2040	(0.7~0.84)+0.00058t
轻质耐火黏土砖	1250~1300	800~1300	(0.29~0.41)+0.00026t
超轻质耐火黏土砖	1150~1300	540~610	0.093+0.00016t
超轻质耐火黏土砖	1100	270~330	0.058+0.00017t
硅砖	1700	1900~2600	0.93+0.0007t
镁砖	1600~1700	2300~2600	2.1+0.00019t
铬砖	1600~1700	2600~2800	4.7+0.00017t

① 表示材料的平均温度。
② 引自《传热学》(第四版) 章熙民等编著。

附录13 常用材料表面的法向发射率 ε_n

材料名称及表面状况	温度 (℃)	ε_n	材料名称及表面状况	温度 (℃)	ε_n
铝：高度抛光,纯度98%	50~500	0.04~0.06	砖：粗糙红砖	40	0.88~0.93
工业用铝板	100	0.09	耐火黏土砖	500~1000	0.80~0.90
严重氧化的	100~150	0.2~0.31	木材：	40	0.80~0.90
黄铜：高度抛光的	260	0.03	石棉：板	40	0.96
无光泽的	40~260	0.22	石棉水泥	40	0.96
氧化的	40~260	0.46~0.56	石棉瓦	40	0.97
铬：抛光板	40~550	0.08~0.27	碳：灯黑	40	0.95~0.97
铜：高度抛光的电解铜	100	0.02	石灰砂浆：白色、粗糙	40~260	0.87~0.92
轻微抛光的	40	0.12	黏土：耐火黏土	100	0.91
氧化变黑的	40	0.76	土壤（干）	20	0.92
金：高度抛光的纯金	100~600	0.02~0.035	土壤（湿）	20	0.95
钢铁：铜,抛光的	40~260	0.07~0.1	混凝土：粗糙表面	40	0.94
钢板,轧制的	40	0.65	玻璃：平板玻璃	40	0.94
钢板,严重氧化的	40	0.80	派力克斯铅玻璃	260~540	0.95~0.85
铸铁,抛光的	200	0.21	瓷：上釉的	40	0.93
铸铁,新车削的	40	0.44	石膏	40	0.80~0.90
铸铁,氧化的	40~260	0.57~0.68	大理石：浅色、磨光的	40	0.93
不锈钢,抛光的	40	0.07~0.17	油漆：各种油漆	40	0.92~0.96
银：抛光的或蒸镀的	40~540	0.01~0.03	白色油漆	40	0.80~0.95
锡：光亮的镀锡铁皮	40	0.04~0.06	光亮黑漆	40	0.90
锌：镀锌,灰色的	40	0.28	纸：白纸	40	0.95
铂：抛光的	230~600	0.05~0.1	粗糙屋面焦油纸毡	40	0.90
铂带	950~1600	0.12~0.17	橡胶：硬质的	40	0.94
铂丝	30~1200	0.036~0.19	雪	−12~−7	0.82
水银	0~100	0.09~0.12	水：厚度0.1mm以上	0~100	0.96
			人体皮肤	32	0.98

附录14 不同材料表面的绝对粗糙度 k_s

材 料	管子内壁状态	k_s (mm)
黄铜、铜、铝、塑料、玻璃	新的、光滑的	0.0015~0.01
钢	新的冷拔无缝钢管	0.01~0.03
	新的热拉无缝钢管	0.05~0.10
	新的轧制无缝钢管	0.05~0.10
	新的纵缝焊接钢管	0.05~0.10
	新的螺旋焊接钢管	0.10
	轻微锈蚀的	0.10~0.20
	锈蚀的	0.20~0.30
	长硬皮的	0.50~2.0
	严重起皮的	>2
	新的涂沥青的	0.03~0.05
	一般的涂沥青的	0.10~0.20
	镀锌的	0.12~0.15
铸铁	新的	0.25
	锈蚀的	1.0~1.5
	起皮的	1.5~3.0
	新的涂沥青的	0.10~0.15
木材	光滑	0.2~1.0
混凝土	新的抹光的	<0.15
	新的不抹光的	0.2~0.8

附录15 双曲函数表

x	sh$x$	ch$x$	th$x$	x	sh$x$	ch$x$	th$x$	x	sh$x$	ch$x$	th$x$	x	sh$x$	ch$x$	th$x$
0.00	0.0000	1.000	0.0000	0.25	0.2526	1.031	0.2449	0.50	0.5211	1.128	0.4621	0.75	0.8223	1.295	0.6352
0.01	0.0100	1.000	0.0100	0.26	0.2629	1.034	0.2543	0.51	0.5324	1.133	0.4700	0.76	0.8353	1.303	0.6411
0.02	0.0200	1.000	0.0200	0.27	0.2733	1.037	0.2636	0.52	0.5438	1.138	0.4777	0.77	0.8484	1.311	0.6469
0.03	0.0300	1.000	0.0300	0.28	0.2837	1.039	0.2729	0.53	0.5552	1.144	0.4854	0.78	0.8615	1.320	0.6527
0.04	0.0400	1.001	0.0400	0.29	0.2941	1.042	0.2821	0.54	0.5666	1.149	0.4930	0.79	0.8748	1.329	0.6584
0.05	0.0500	1.001	0.0500	0.30	0.3045	1.045	0.2913	0.55	0.5782	1.155	0.5005	0.80	0.8881	1.337	0.6640
0.06	0.0600	1.002	0.0599	0.31	0.3150	1.048	0.3004	0.56	0.5897	1.161	0.5080	0.81	0.9015	1.346	0.6696
0.07	0.0701	1.002	0.0699	0.32	0.3255	1.052	0.3095	0.57	0.6014	1.167	0.5154	0.82	0.9150	1.355	0.6751
0.08	0.0801	1.003	0.0798	0.33	0.3360	1.055	0.3185	0.58	0.6131	1.173	0.5227	0.83	0.9286	1.365	0.6805
0.09	0.0901	1.004	0.0898	0.34	0.3466	1.058	0.3275	0.59	0.6248	1.179	0.5299	0.84	0.9423	1.374	0.6858
0.10	0.1002	1.005	0.0997	0.35	0.3572	1.062	0.3364	0.60	0.6367	1.185	0.5370	0.85	0.9561	1.384	0.6911
0.11	0.1102	1.006	0.1096	0.36	0.3678	1.066	0.3452	0.61	0.6485	1.192	0.5441	0.86	0.9700	1.393	0.6963
0.12	0.1203	1.007	0.1194	0.37	0.3785	1.069	0.3540	0.62	0.6605	1.198	0.5511	0.87	0.9840	1.403	0.7014
0.13	0.1304	1.008	0.1298	0.38	0.3892	1.073	0.3627	0.63	0.6725	1.205	0.5581	0.88	0.9981	1.413	0.7064
0.14	0.1405	1.010	0.1391	0.39	0.4000	1.077	0.3714	0.64	0.6846	1.212	0.5649	0.89	1.012	1.423	0.7114
0.15	0.1506	1.011	0.1489	0.40	0.4108	1.081	0.3800	0.65	0.6967	1.219	0.5717	0.90	1.027	1.433	0.7163
0.16	0.1607	1.013	0.1587	0.41	0.4216	1.085	0.3885	0.66	0.7090	1.226	0.5784	0.91	1.041	1.443	0.7211
0.17	0.1708	1.014	0.1684	0.42	0.4325	1.090	0.3969	0.67	0.7213	1.233	0.5850	0.92	1.055	1.454	0.7259
0.18	0.1810	1.016	0.1781	0.43	0.4434	1.094	0.4053	0.68	0.7336	1.240	0.5915	0.93	1.070	1.465	0.7306
0.19	0.1911	1.018	0.1878	0.44	0.4543	1.098	0.4136	0.69	0.7461	1.248	0.5980	0.94	1.085	1.475	0.7352
0.20	0.2013	1.020	0.1974	0.45	0.4653	1.103	0.4219	0.70	0.7586	1.255	0.6044	0.95	1.099	1.486	0.7398
0.21	0.2115	1.022	0.2070	0.46	0.4764	1.108	0.4301	0.71	0.7712	1.263	0.6107	0.96	1.114	1.497	0.7443
0.22	0.2218	1.024	0.2165	0.47	0.4875	1.112	0.4382	0.72	0.7838	1.271	0.6169	0.97	1.129	1.509	0.7487
0.23	0.2320	1.027	0.2260	0.48	0.4986	1.117	0.4462	0.73	0.7966	1.278	0.6231	0.98	1.145	1.520	0.7531
0.24	0.2423	1.029	0.2355	0.49	0.5098	1.122	0.4542	0.74	0.8094	1.287	0.6291	0.99	1.160	1.531	0.7574
												1.00	1.175	1.543	0.7616

附录16 高斯误差补函数的一次积分值

x	irfc(x)	x	irfc(x)	x	irfc(x)	x	irfc(x)	x	irfc(x)
0.00	0.5642	0.17	0.4104	0.34	0.2882	0.52	0.1902	0.86	0.0767
0.01	0.5542	0.18	0.4024	0.35	0.2819	0.54	0.1811	0.88	0.0724
0.02	0.5444	0.19	0.3944	0.36	0.2758	0.56	0.1724	0.90	0.0682
0.03	0.5350	0.20	0.3866	0.37	0.2722	0.58	0.1640	0.92	0.0642
0.04	0.5251	0.21	0.3789	0.38	0.2637	0.60	0.1559	0.94	0.0605
0.05	0.5156	0.22	0.3713	0.39	0.2579	0.62	0.1482	0.96	0.0569
0.06	0.5062	0.23	0.3638	0.40	0.2521	0.64	0.1407	0.98	0.0535
0.07	0.4969	0.24	0.3564	0.41	0.2465	0.66	0.1335	1.00	0.0503
0.08	0.4878	0.25	0.3491	0.42	0.2409	0.68	0.1267	1.10	0.0365
0.09	0.4787	0.26	0.3419	0.43	0.2354	0.70	0.1201	1.20	0.0260
0.10	0.4698	0.27	0.3348	0.44	0.2300	0.72	0.1138	1.30	0.0183
0.11	0.4610	0.28	0.3278	0.45	0.2247	0.74	0.1077	1.40	0.0127
0.12	0.4523	0.29	0.3210	0.46	0.2195	0.76	0.1020	1.50	0.0086
0.13	0.4437	0.30	0.3142	0.47	0.2144	0.78	0.0965	1.60	0.0058
0.14	0.4352	0.21	0.3075	0.48	0.2094	0.80	0.0912	1.70	0.0038
0.15	0.4268	0.32	0.3010	0.49	0.2045	0.82	0.0861	1.80	0.0025
0.16	0.4186	0.33	0.2945	0.50	0.1996	0.84	0.0813	1.90	0.0016
								2.0	0.0010

注 $\mathrm{ierfc}(x) = \int_x^\infty \mathrm{erfc}\,x\,\mathrm{d}(x) = \frac{1}{\sqrt{\pi}}\mathrm{e}^{-x^2} - x\,\mathrm{erfc}(x)$

$\mathrm{erfc}(x) = 1 - \mathrm{erf}(x) = 1 - \frac{2}{\sqrt{\pi}}\int_0^x \mathrm{e}^{-x^2}\,\mathrm{d}x$

附录17 容积式换热器技术参数

表 17.1 卧式容积式换热器性能表

换热器型号	容积 (L)	直径 (mm)	总长度 (mm)	接管管径(mm)			
				蒸汽(热水)	回水	进水	出水
1	500	600	2100	50	50	80	80
2	700	700	2150	50	50	80	80
3	1000	800	2400	50	50	80	80
4	1500	900	3107	80	80	100	100
5	2000	1000	3344	80	80	100	100
6	3000	1200	3602	80	80	100	100
7	5000	1400	4123	80	80	100	100
8	8000	1800	4679	80	80	100	100
9	10000	2000	4995	100	100	125	125
10	15000	2200	5883	125	125	150	150

表 17.2　　　　　　　　　　　卧式容积式换热器换热面积

换热器型号	U 型 管 束			换热面积 (m^2)
	型　号	管径×长度（mm）	根　数	
1、2、3		$\phi42\times1620$	2 3 4 5 6	0.86 1.29 1.72 2.15 2.58
2、3		$\phi42\times1620$	7	3.01
3		$\phi42\times1870$	5 6 7 8	2.50 3.00 3.50 4.00
4	甲 乙	$\phi38\times2360$	11 6	6.50 3.50
5	甲 乙	$\phi38\times2360$	11 6	7.00 3.80
6	甲 乙 丙	$\phi38\times2730$	16 13 7	11.00 8.90 4.80
7	甲 乙 丙	$\phi38\times3190$	19 15 8	15.20 11.90 6.30
8	甲 乙 丙	$\phi38\times3400$	16 13 7	24.72 19.94 10.62
9	甲 乙 丙	$\phi38\times3400$	22 17 9	34.74 26.62 13.94
10	甲 乙 丙	$\phi45\times4100$	22 17 9	50.82 38.96 20.40

附录18　螺旋板换热器技术参数

表 18.1　　　　　　　　LL1 型螺旋板汽—水换热器换热器性能表

型　号	适用范围 循环水温差℃ $t_进$　$t_出$	蒸汽的饱和压力 P_s (MPa)	计算换热面积 F (m^2)	换热量 Q (kW)	蒸汽量 q_z (t/h)	循环水量 q (t/h)	汽侧压力降 ΔP_1 (MPa)	水侧压力降 ΔP_2 (MPa)
LL1－6－3	70℃~95℃	$0.25<p_s\leqslant0.6$	3.3	299	0.5	10.3	0.004	0.009
LL1－6－6			6.8	598	1.0	20.5	0.008	0.010
LL1－6－12			13.0	1196	2.0	41	0.011	0.012
LL1－6－25			26.7	2392	4.0	82	0.013	0.015
LL1－6－40			44.0	3587	6.0	123	0.029	0.032
LL1－6－60			59.5	4784	8.0	164	0.039	0.049
LL1－10－3		$0.6<p_s\leqslant1.0$	3.3	288	0.5	9.9	0.004	0.009
LL1－10－6			6.7	575	1.0	19.7	0.004	0.011
LL1－10－10			11.9	1150	2.0	39.4	0.005	0.012
LL1－10－20			18.8	2300	4.0	78.8	0.005	0.012
LL1－10－25			26.3	3452	6.0	115.5	0.009	0.024
LL1－16－15	70℃~110℃	$1.0<p_s\leqslant1.6$	15.0	2228	4.0	47.5	0.008	0.012
LL1－16－25			24.5	3342	6.0	71.3	0.012	0.012
LL1－16－30			30.7	4456	8.0	95.3	0.014	0.029
LL1－16－40			40.8	5569	10.0	119.1	0.023	0.039
LL1－16－50			49.0	6684	12.0	143	0.059	0.069

表 18.2　　　　　　　　　　SS 型螺旋板水—水换热器性能表

型　号	换热面积 F (m^2)	换热量 Q (kW)	设计压力 P (MPa)	一次水（130→80℃）		二次水（70→95℃）	
				流量 V_1 (m^3/h)	阻力降 ΔP_1 (MPa)	流量 V_2 (m^3/h)	阻力降 ΔP_2 (MPa)
SS 50—10	11.3	581.5	1.0	10.4	0.02	20.6	0.03
SS 100—10	24.5	1163	1.0	20.8	0.02	41.2	0.035
SS 150—10	36.6	1744.5	1.0	31.0	0.03	62.0	0.045
SS 200—10	50.4	2326	1.0	41.5	0.035	82.0	0.055
SS 250—10	61.0	2907.5	1.0	52.0	0.04	103.0	0.065
SS 50—16	11.3	581.5	1.6	10.4	0.02	20.6	0.035
SS 100—16	24.5	1163	1.6	20.8	0.02	41.2	0.040
SS 150—16	36.6	1744.5	1.6	31.0	0.03	62.0	0.055
SS 200—16	50.4	2326	1.6	41.5	0.04	82.0	0.065
SS 250—16	61.1	2907.5	1.6	52.0	0.04	103.0	0.07

表 18.3　　　　　　　　　RR 型螺旋板卫生热水换热器性能表

型　号	设计压力 MPa	浴水 10℃—50℃		热水 90℃—50℃	
		流量 (t/h)	阻力降	流量 (t/h)	阻力降
RR5	1.0	5	0.015	4.4	0.10
RR10	1.0	10	0.025	8.9	0.015
RR20	1.0	20	0.035	17.9	0.020

表 18.4　　　　　　　　空调专用 KH 型螺旋板水—水换热器性能表

型　号	换热面积 F (m^2)	换热量 Q (kW)	设计压力 P (MPa)	一次水（95→70℃）		二次水（50→60℃）	
				流量 V_1 (m^3/h)	阻力降 ΔP_1 (MPa)	流量 V_2 (m^3/h)	阻力降 ΔP_2 (MPa)
KH 50—10	581.5	13	1.0	20	0.015	50	0.035
KH 100—10	1163	26	1.0	40	0.025	100	0.045
KH 50—15	581.5	13	1.5	20	0.015	50	0.035
KH 100—15	1163	26	1.5	40	0.025	100	0.045

附录 19　板式换热器技术性能表

参数＼型号	换热面积 (m^2)	传热系数 [W/(m^2·℃)]	设计温度 (℃)	设计压力 (MPa)	最大水处理流量 (m^3/h)
BR 002	0.1—1.5	200—5000	≤120、150	1.6	4
BR 005	1—6	2800—6800	150	1.6	20
BR 01	1—8	3500—5800	204	1.6	35
BR 02	3—30	3500—5500	180	1.6	60
BR 035	10—50	3500—6100	150	1.6	110
BR 05	20—70	300—600	150	1.6	250
BR 08	80—200	2500—6200	150	1.6	450
BR 10	60—250	3500—5500	150	1.6	850
BR 20	200—360	3500—5500	150	1.6	1500

附录20 浮动盘管换热器技术性能表

表20.1　　SFQ卧式贮存式浮动盘管换热器技术性能表

参数 型号	总容积 (m³)	设计压力 壳程(MPa)	设计压力 管程(MPa) 蒸汽/高温水	筒体直径 φ	总高 H (mm)	重量 (kg)	传热面积 (m²)	相应面积产水量 热媒为饱和蒸汽产水量 Q_1 (kg/h)	相应面积产水量 热媒为高温水产水量 Q_2 (kg/h)
SFQ-1.5-0.6		0.6	0.6/0.6		1580				
SFQ-1.5-1.0	1.5	1.0	0.6/1.0	1200	1584	1896	4.15/6.64	3000/4800	1700/2800
SFQ-1.5-1.6		1.6	0.6/1.6		1586				
SFQ-2-0.6		0.6	0.6/0.6		1580				
SFQ-2-1.0	2	1.0	0.6/1.0	1200	1584	2079	4.98/8.3	3600/6400	1500/3500
SFQ-2-1.6		1.6	0.6/1.6		1586				
SFQ-3-0.6		0.6	0.6/0.6		1580				
SFQ-3-1.0	3	1.0	0.6/1.0	1200	1584	2442	5.81/9.96	4200/7250	2400/4200
SFQ-3-1.6		1.6	0.6/1.6		1586				
SFQ-4-0.6		0.6	0.6/0.6		1950				
SFQ-4-1.0	4	1.0	0.6/1.0	1600	1954	3204	6.64/9.96	4800/7250	2800/4200
SFQ-4-1.6		1.6	0.6/1.6		1956				
SFQ-5-0.6		0.6	0.6/0.6		1950				
SFQ-5-1.0	5	1.0	0.6/1.0	1600	1954	3215	8.3/11.62	6400/8200	3500/4900
SFQ-5-1.6		1.6	0.6/1.6		1956				
SFQ-6-0.6		0.6	0.6/0.6		2150				
SFQ-6-1.0	6	1.0	0.6/1.0	1800	2154	3962	9.96/13.28	7250/9700	4200/5500
SFQ-6-1.6		1.6	0.6/1.6		2156				
SFQ-8-0.6		0.6	0.6/0.6		2150				
SFQ-8-1.0	8	1.0	0.6/1.0	1800	2154	3970	11.62/16.60	8200/12080	4900/6900
SFQ-8-1.6		1.6	0.6/1.6		2156				

表20.2　　SFL立式贮存式浮动盘管换热器技术性能表

参数 型号	总容积 (m³)	设计压力 壳程(MPa)	设计压力 管程(MPa) 蒸汽/高温水	筒体直径 φ	总高 H (mm)	重量 (kg)	传热面积 (m²)	相应面积产水量 热媒为饱和蒸汽产水量 Q_1 (kg/h)	相应面积产水量 热媒为高温水产水量 Q_2 (kg/h)
SFL-1.5-0.6		0.6	0.6/0.6		1870	962			
SFL-1.5-1.0	1.5	1.0	0.6/1.0	1200	1874	1075	(5.81)/8.3	4200/6400	2700/3100
SFL-1.5-1.6		1.6	0.6/1.6		1878	1150			
SFL-2-0.6		0.6	0.6/0.6		2220	1120			
SFL-2-1.0	2	1.0	0.6/1.0	1200	2224	1166	(6.64)/9.96	4650/7250	2760/4143
SFL-2-1.6		1.6	0.6/1.6		2228	1197			
SFL-3-0.6		0.6	0.6/0.6		3027	1299			
SFL-3-1.0	3	1.0	0.6/1.0	1200	3031	1344	(8.3)/12.45	6400/9060	3100/5200
SFL-3-1.6		1.6	0.6/1.6		3035	1396			
SFL-4-0.6		0.6	0.6/0.6		2670	1596			
SFL-4-1.0	4	1.0	0.6/1.0	1600	2674	1677	(8.3)/12.45	6400/8300	3500/4800
SFL-4-1.6		1.6	0.6/1.6		2678	1709			

续表

参数\型号	总容积 (m³)	设计压力 壳程 (MPa)	设计压力 管程 (MPa) 蒸汽/高温水	筒体直径 φ	总高 H (mm)	重量 (kg)	传热面积 (m²)	相应面积产水量 热媒为饱和蒸汽产水量 Q_1 (kg/h)	相应面积产水量 热媒为高温水产水量 Q_2 (kg/h)
SFL-5-0.6	5	0.6	0.6/0.6	1600	3070	1807	(9.96) 15.77	7300/11480	4100/6500
SFL-5-1.0		1.0	0.6/1.0		3074	1892			
SFL-5-1.6		1.6	0.6/1.6		3078	1973			
SFL-6-0.6	6	0.6	0.6/0.6	1800	3370	2229	(12.45) 18.26	9060/13290	5200/7600
SFL-6-1.0		1.0	0.6/1.0		3374	2346			
SFL-6-1.6		1.6	0.6/1.6		3378	2422			
SFL-8-0.6	8	0.6	0.6/0.6	1800	4200	2669	(14.44) 20.75	10500/15100	6000/8600
SFL-8-1.0		1.0	0.6/1.0		4204	2996			
SFL-8-1.6		1.6	0.6/1.6		4208	3460			

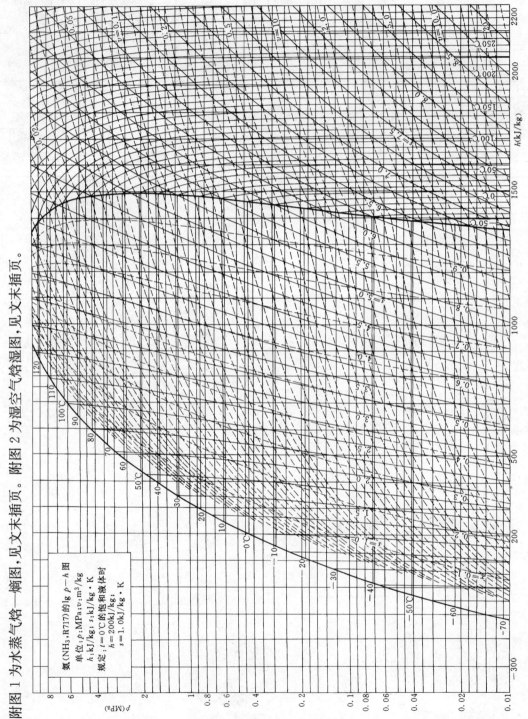

附图 1 为水蒸气焓—熵图,见文末插页。附图 2 为湿空气焓湿图,见文末插页。

附图 3 氨(NH_3,R717)的 $\lg P$-h 图

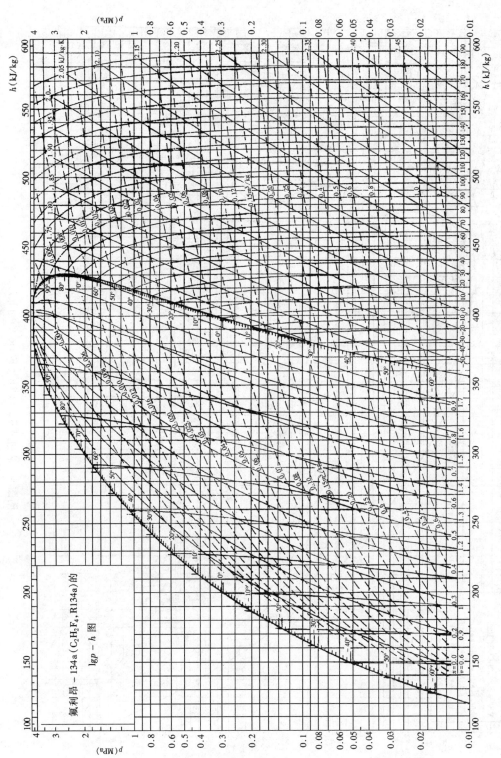

附图 4　氟利昂-134a($C_2H_2F_4$, R134a)的 $\lg P$-h 图

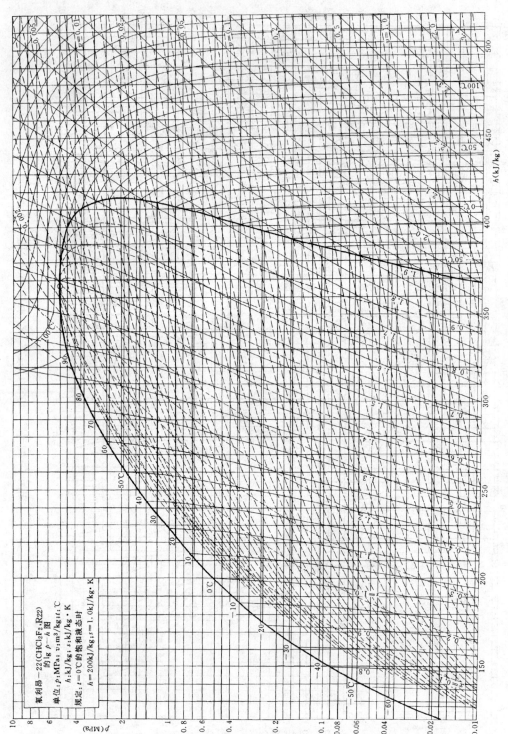

附图 5 氟利昂—22（$CHCl_2F_2$，R22）的 $\lg P$-h 图

参 考 文 献

[1] 刘芙蓉,杨珊璧. 热工理论基础. 北京:中国建筑工业出版社,2010.
[2] 姚仲鹏,王瑞君. 传热学. 2版. 北京:北京理工大学出版社,2003.
[3] 范惠民. 热工学基础. 北京:中国建筑工业出版社,1998.
[4] 戴锅生. 传热学. 2版. 北京:高等教育出版社,1999.
[5] 张兴中,黄文,刘庆国,等. 传热学. 北京:国防工业出版社,2011.
[6] 李友荣,吴双应. 传热学. 北京:科学出版社,2012.
[7] 何燕,张晓光,孟祥文. 传热学. 北京:化学工业出版社,2015.
[8] 杨世铭. 传热学基础. 2版. 北京:高等教育出版社,2003.
[9] 于承训. 工程传热学. 北京:西南交通大学出版社,1996.
[10] 赵镇南. 传热学. 2版. 北京:高等教育出版社,2008.
[11] 杨强生. 高等传热学. 2版. 上海:上海交通大学出版社,2001.
[12] 沈维道,童钧耕. 工程热力学. 5版. 北京:高等教育出版社,2016.
[13] 廉乐明,谭羽非,吴家正,等. 工程热力学. 5版. 北京:中国建筑工业出版社,2007.
[14] 余宁. 热工学与换热器. 北京:中国建筑工业出版社,2001.
[15] 华自强,张忠进. 工程热力学. 4版. 北京:高等教育出版社,2009.
[16] 刘春泽,李国斌. 热工学基础. 3版. 北京:机械工业出版社,2015.
[17] 毛希澜. 换热器设计. 上海:上海科学技术出版社,1999.
[18] 严家騄,余晓福. 水和水蒸气热力性质图表. 3版. 北京:高等教育出版社,2004.
[19] 刘桂玉. 工程热力学. 北京:高等教育出版社,1989.
[20] 余宁. 热工学基础. 3版. 北京:中国建筑工业出版社,2016.
[21] 杨世铭,陶文铨. 传热学. 4版. 北京:高等教育出版社,2006.
[22] J. P. Holman. heat transfer. 北京:机械工业出版社,2011.
[23] F. P. Incropera, D. P. Dewitt, T. L. Bergman,等. 葛新石,叶宏译. 传热和传质基本原理. 北京:化学工业出版社,2007.
[24] 章熙民,朱彤,安青松,等. 传热学. 6版. 北京:中国建筑工业出版社,2014.
[25] 圆山重直(日本),王世学,张信荣,等译. 传热学. 北京:北京大学出版社,2011.
[26] 朱明善,刘颖,林兆庄,等. 工程热力学. 2版. 北京:清华大学出版社,2011.
[27] 傅秦生. 工程热力学. 北京:机械工业出版社,2012.